Gottfried Keller:
Die Leute von Seldwyla, Band 2

Birkhäuser Klassiker

Neue Folge

Herausgegeben von Rémy Charbon

Die Leute von Seldwyla

Erzählungen von Gottfried Keller

Zweiter Band

Herausgegeben von
Michael Böhler und Y. A. Elsaghe

BIRKHÄUSER VERLAG BASEL

Der Text dieser Ausgabe folgt der von Michael Böhler und Y. A. Elsaghe revidierten Buchausgabe von 1874.

CIP-Titelaufnahme der Deutschen Bibliothek
Keller, Gottfried:
Die Leute von Seldwyla : Erzählungen / von Gottfried Keller.
Bd. 2 (1990)
Hrsg. von Michael Böhler und Y. A. Elsaghe
Basel : Birkhäuser (Birkhäuser-Klassiker)

ISBN 3-7643-2458-9

INHALT

Kleider machen Leute 10
Der Schmied seines Glückes 60
Die mißbrauchten Liebesbriefe 93
Dietegen 173
Das verlorene Lachen 239

Anhang
Zur Textgestalt 347
Erläuterungen zum Text 348
Nachwort 364

Seit die erste Hälfte dieser Erzählungen erschienen, streiten sich etwa sieben Städte im Schweizerlande darum, welche unter ihnen mit Seldwyla gemeint sei; und da nach alter Erfahrung der eitle Mensch lieber für schlimm, glücklich und kurzweilig, als für brav aber unbeholfen und einfältig gelten will, so hat jede dieser Städte dem Verfasser ihr Ehrenbürgerrecht angeboten für den Fall, daß er sich für sie erkläre.

Weil er aber schon eine Heimat besitzt, die hinter keinem jener ehrgeizigen Gemeinwesen zurücksteht, so suchte er sie dadurch zu beschwichtigen, daß er ihnen vorgab, es rage in jeder Stadt und in jedem Tale der Schweiz ein Türmchen von Seldwyla, und diese Ortschaft sei mithin als eine Zusammenstellung solcher Türmchen, als eine ideale Stadt zu betrachten, welche nur auf den Bergnebel gemalt sei und mit ihm weiter ziehe, bald über diesen, bald über jenen Gau, und vielleicht da oder dort über die Grenze des lieben Vaterlandes, über den alten Rheinstrom hinaus.

Während aber einige der Städte hartnäckig fortfahren, sich ihres Homers schon bei dessen Lebzeiten versichern zu wollen, hat sich mit dem wirklichen Seldwyla eine solche Veränderung zugetragen, daß sich sein sonst durch Jahrhunderte gleich gebliebener Charakter in weniger als zehn Jahren geändert hat und sich ganz in sein Gegenteil zu verwandeln droht.

Oder, wahrer gesagt, hat sich das allgemeine Leben so gestaltet, daß die besonderen Fähigkeiten und Nücken der wackeren Seldwyler sich herrlicher darin entwickeln können, ein günstiges Fahrwasser, ein dankbares Ackerfeld daran haben, auf welchem gerade sie Meister sind und dadurch zu gelungenen, beruhigten Leuten werden, die sich nicht mehr von der braven übrigen Welt unterscheiden.

Es ist insonderlich die überall verbreitete Spekulationsbetätigung in bekannten und unbekannten Werten, welche den Seldwylern ein Feld eröffnet hat, das für sie wie seit Urbeginn geschaffen schien und sie mit Einem Schlage tausenden von ernsthaften Geschäftsleuten gleichstellte.

Das gesellschaftliche Besprechen dieser Werte, das Herumspazieren zum Auftrieb eines Geschäftes, mit welchem keine weitere Arbeit verbunden ist, als das Erdulden mannigfacher Aufregung, das Eröffnen oder Absenden von Depeschen und hundert ähnliche Dinge, die den Tag ausfüllen, sind so recht ihre Sache. Jeder Seldwyler ist nun ein geborener Agent oder dergleichen, und sie wandern als solche förmlich aus, wie die Engadiner Zuckerbäcker, die Tessiner Gypsarbeiter und die savoyischen Kaminfeger.

Statt der ehemaligen dicken Brieftasche mit zerknitterten Schuldscheinen und Bagatellwechseln führen sie nun elegante kleine Notizbücher, in welchen die Aufträge in Aktien, Obligationen, Baumwolle oder Seide kurz notiert werden. Wo irgend eine Unternehmung sich auftut, sind einige von ihnen bei der Hand, flattern wie die Sperlinge um die Sache herum und helfen sie ausbreiten. Gelingt es einem, für sich selbst einen Gewinn zu erhaschen, so steuert er stracks damit seitwärts, wie der Karpfen mit dem Regenwurm, und taucht vergnügt an einem andern Lockort wieder auf.

Immer sind sie in Bewegung und kommen mit aller Welt in Berührung. Sie spielen mit den angesehensten Geschäftsmännern Karten und verstehen es vortrefflich, zwischen dem Ausspielen schnelle Antworten auf Geschäftsfragen zu geben oder ein bedeutsames Schweigen zu beobachten.

Dabei sind sie jedoch bereits einsilbiger und trockener geworden; sie lachen weniger als früher und finden fast keine Zeit mehr, auf Schwänke und Lustbarkeiten zu sinnen.

Schon sammelt sich da und dort einiges Vermögen an, welches bei eintretenden Handelskrisen zwar zittert wie Espenlaub, oder sich sogar still wieder auseinander begibt wie eine ungesetzliche Versammlung, wenn die Polizei kommt.

Aber statt der früheren plebejisch-gemütlichen Konkurse und Verlumpungen, die sie unter einander abspielten, gibt es jetzt vornehme Accommodements mit stattlichen auswärtigen Gläubigern, anständig besprochene Schicksalswendungen, welche annäherungsweise wie etwas Rechtes aussehen, sodann Wiederaufrichtungen, und nur selten muß noch einer vom Schauplatze abtreten.

Von der Politik sind sie beinahe ganz abgekommen, da sie glauben, sie führe immer zum Kriegswesen; als angehende Besitzlustige fürchten und hassen sie aber alle Kriegsmöglichkeiten, wie den baren Teufel, während sie sonst hinter ihren Bierkrügen mit der ganzen alten Pentarchie zumal Krieg führten. So sind sie, ehemals die eifrigsten Kannegießer, dahin gelangt, sich ängstlich vor jedem Urteil in politischen Dingen zu hüten, um ja kein Geschäft, bewußt oder unbewußt, auf ein solches zu stützen, da sie das blinde Vertrauen auf den Zufall für solider halten.

Aber eben durch alles das verändert sich das Wesen der Seldwyler; sie sehen, wie gesagt, schon aus wie andere Leute; es ereignet sich nichts mehr unter ihnen, was der beschaulichen Aufzeichnung würdig wäre, und es ist daher an der Zeit, in ihrer Vergangenheit und den guten lustigen Tagen der Stadt noch eine kleine Nachernte zu halten, welcher Tätigkeit die nachfolgenden weiteren fünf Erzählungen ihr Dasein verdanken.

KLEIDER MACHEN LEUTE

An einem unfreundlichen Novembertage wanderte ein armes Schneiderlein auf der Landstraße nach Goldach, einer kleinen reichen Stadt, die nur wenige Stunden von Seldwyla entfernt ist. Der Schneider trug in seiner Tasche nichts, als einen Fingerhut, welchen er, in Ermangelung irgend einer Münze, unablässig zwischen den Fingern drehte, wenn er der Kälte wegen die Hände in die Hosen steckte, und die Finger schmerzten ihm ordentlich von diesem Drehen und Reiben, denn er hatte wegen des Fallimentes irgend eines Seldwyler Schneidermeisters seinen Arbeitslohn mit der Arbeit zugleich verlieren und auswandern müssen. Er hatte noch nichts gefrühstückt, als einige Schneeflocken, die ihm in den Mund geflogen, und er sah noch weniger ab, wo das geringste Mittagsbrot herwachsen sollte. Das Fechten fiel ihm äußerst schwer, ja schien ihm gänzlich unmöglich, weil er über seinem schwarzen Sonntagskleide, welches sein einziges war, einen weiten dunkelgrauen Radmantel trug, mit schwarzem Samt ausgeschlagen, der seinem Träger ein edles und romantisches Aussehen verlieh, zumal dessen lange schwarze Haare und Schnurrbärtchen sorgfältig gepflegt waren und er sich blasser aber regelmäßiger Gesichtszüge erfreute.

Solcher Habitus war ihm zum Bedürfnis geworden ohne daß er etwas Schlimmes oder Betrügerisches dabei im Schilde führte; vielmehr war er zufrieden, wenn man ihn nur gewähren und im Stillen seine Arbeit verrichten ließ; aber lieber wäre er verhungert, als daß er sich von seinem Radmantel und von seiner polnischen Pelzmütze getrennt hätte, die er ebenfalls mit großem Anstand zu tragen wußte.

Er konnte deshalb nur in größeren Städten arbeiten, wo solches nicht zu sehr auffiel; wenn er wanderte und keine Ersparnisse mitführte, geriet er in die größte Not. Näherte er sich einem Hause, so betrachteten ihn die Leute mit Verwunderung und Neugierde und erwarteten eher alles andere, als daß er betteln würde; so erstarben ihm, da er überdies nicht beredt war, die Worte im Munde, also daß er der Märtyrer seines Mantels war und Hunger litt, so schwarz wie des letzteren Sammetfutter.

Als er bekümmert und geschwächt eine Anhöhe hinauf ging, stieß er auf einen neuen und bequemen Reisewagen, welchen ein herrschaftlicher Kutscher in Basel abgeholt hatte und seinem Herrn überbrachte, einem fremden Grafen, der irgendwo in der Ostschweiz auf einem gemieteten oder angekauften alten Schlosse saß. Der Wagen war mit allerlei Vorrichtungen zur Aufnahme des Gepäckes versehen und schien deswegen schwer bepackt zu sein, obgleich alles leer war. Der Kutscher ging wegen des steilen Weges neben den Pferden, und als er oben angekommen den Bock wieder bestieg, fragte er den Schneider, ob er sich nicht in den leeren Wagen setzen wolle. Denn es fing eben an zu regnen und er hatte mit einem Blicke gesehen, daß der Fußgänger sich matt und kümmerlich durch die Welt schlug.

Derselbe nahm das Anerbieten dankbar und bescheiden an, worauf der Wagen rasch mit ihm von dannen rollte und in einer kleinen Stunde stattlich und donnernd durch den Torbogen von Goldach fuhr. Vor dem ersten Gasthofe, zur Waage genannt, hielt das vornehme Fuhrwerk plötzlich, und alsogleich zog der Hausknecht so heftig an der Glocke, daß der Draht beinahe entzwei ging. Da stürzten Wirt und Leute herunter und rissen den Schlag auf; Kinder und Nachbarn umringten schon den prächtigen Wagen, neugierig, welch ein Kern sich aus so unerhörter Schale enthülsen werde, und als der verdutzte Schneider endlich hervorsprang in seinem Mantel, blaß und schön und schwermütig zur Erde blickend, schien er ihnen wenigstens ein geheimnisvoller Prinz oder Grafensohn zu sein. Der Raum zwischen dem Reisewagen und der Pforte des Gasthauses war schmal und im Übrigen der Weg durch die Zuschauer ziemlich gesperrt. Mochte es nun der Mangel an Geistesgegenwart oder an Mut sein, den Haufen zu durchbrechen und einfach seines Weges zu gehen, – er tat dieses nicht, sondern ließ sich willenlos in das Haus und die Treppe hinangeleiten und bemerkte seine neue seltsame Lage erst recht, als er sich in einen wohnlichen Speisesaal versetzt sah und ihm sein ehrwürdiger Mantel dienstfertig abgenommen wurde.

Der Herr wünscht zu speisen? hieß es, gleich wird serviert werden, es ist eben gekocht!

Ohne eine Antwort abzuwarten lief der Waagwirt in die Küche und rief: «In's drei Teufels Namen! Nun haben wir nichts als Rindfleisch und die Hammelskeule! Die Rebhuhnpastete darf ich nicht anschneiden, da sie für die Abendherren bestimmt und versprochen ist. So geht es! Den einzigen Tag, wo wir keinen Gast erwarten und nichts da ist, muß ein solcher Herr kommen! Und der Kutscher hat ein Wappen auf den Knöpfen und der Wagen ist wie der eines Herzogs! und der junge Mann mag kaum den Mund öffnen vor Vornehmheit!»

Doch die ruhige Köchin sagte: «Nun, was ist denn da zu lamentieren, Herr? Die Pastete tragen Sie nur kühn auf, die wird er doch nicht aufessen! Die Abendherren bekommen sie dann portionenweise, sechs Portionen wollen wir schon noch herausbringen!»

«Sechs Portionen? Ihr vergeßt wohl, daß die Herren sich satt zu essen gewohnt sind!» meinte der Wirt, allein die Köchin fuhr unerschüttert fort: «Das sollen sie auch! Man läßt noch schnell ein halbes Dutzend Cotelettes holen, die brauchen wir so wie so für den Fremden, und was er übrig läßt, schneide ich in kleine Stückchen und menge sie unter die Pastete, da lassen Sie nur mich machen!»

Doch der wackere Wirt sagte ernsthaft: «Köchin, ich habe Euch schon einmal gesagt, daß dergleichen in dieser Stadt und in diesem Hause nicht angeht! Wir leben hier solid und ehrenfest und vermögen es!»

«Ei der Tausend, ja, ja!» rief die Köchin endlich etwas aufgeregt, «wenn man sich dann nicht zu helfen weiß, so opfere man die Sache! Hier sind zwei Schnepfen, die ich den Augenblick vom Jäger gekauft habe, die kann man am Ende der Pastete zusetzen! Eine mit Schnepfen gefälschte Rebhuhnpastete werden die Leckermäuler nicht beanstanden! Sodann sind auch die Forellen da, die größte habe ich in das siedende Wasser geworfen, wie der merkwürdige Wagen kam, und da kocht auch schon die Brühe im Pfännchen; so haben wir also einen Fisch, das Rindfleisch, das Gemüse mit den Cotelettes, den Hammelsbraten und die Pastete; geben Sie nur den Schlüssel, daß man das Eingemachte und den Dessert herausnehmen kann! Und den Schlüssel könnten Sie, Herr! mir mit Ehren und Zutrauen übergeben, damit man Ihnen nicht allerorten nachspringen muß und oft in die größte Verlegenheit gerät!»

«Liebe Köchin! Das braucht Ihr nicht übel zu nehmen, ich habe meiner seligen Frau am Todbette versprechen müssen, die Schlüssel immer in Händen zu behalten; sonach geschieht es grundsätzlich und nicht aus Mißtrauen. Hier sind die Gurken und hier die Kirschen, hier die Birnen und hier die Aprikosen; aber das alte Konfekt darf man nicht mehr aufstellen; geschwind soll die Lise zum Zuckerbeck laufen und frisches Backwerk holen, drei Teller, und wenn er eine gute Torte hat, soll er sie auch gleich mitgeben!»

«Aber Herr! Sie können ja dem einzigen Gast das nicht alles aufrechnen, das schlägt's beim besten Willen nicht heraus!»

«Tut nichts, es ist um die Ehre! Das bringt mich nicht um; dafür soll ein großer Herr, wenn er durch unsere

Stadt reist, sagen können, er habe ein ordentliches Essen gefunden, obgleich er ganz unerwartet und im Winter gekommen sei! Es soll nicht heißen wie von den Wirten zu Seldwyl, die alles Gute selber fressen und den Fremden die Knochen vorsetzen! Also frisch, munter, sputet euch allerseits!»

Während dieser umständlichen Zubereitungen befand sich der Schneider in der peinlichsten Angst, da der Tisch mit glänzendem Zeuge gedeckt wurde, und so heiß sich der ausgehungerte Mann vor Kurzem noch nach einiger Nahrung gesehnt hatte, so ängstlich wünschte er sich jetzt, der drohenden Mahlzeit zu entfliehen. Endlich faßte er sich einen Mut, nahm seinen Mantel um, setzte die Mütze auf und begab sich hinaus, um den Ausweg zu gewinnen. Da er aber in seiner Verwirrung, und in dem weitläufigen Hause die Treppe nicht gleich fand, so glaubte der Kellner, den der Teufel beständig umhertrieb, jener suche eine gewisse Bequemlichkeit, rief: «Erlauben Sie gefälligst, mein Herr, ich werde Ihnen den Weg weisen!» und führte ihn durch einen langen Gang, der nirgend anders endigte, als vor einer schön lackierten Türe, auf welcher eine zierliche Inschrift angebracht war.

Also ging der Mantelträger ohne Widerspruch sanft wie ein Lämmlein, dort hinein und schloß ordentlich hinter sich zu. Dort lehnte er sich bitterlich seufzend an die Wand, und wünschte der goldenen Freiheit der Landstraße wieder teilhaftig zu sein, welche ihm jetzt, so schlecht das Wetter war, als das höchste Glück erschien.

Doch verwickelte er sich jetzt in die erste selbsttätige Lüge, weil er in dem verschlossenen Raum ein wenig verweilte und er betrat hiermit den abschüssigen Weg des Bösen.

Unterdessen schrie der Wirt, der ihn gesehen hatte im Mantel dahin gehen: «Der Herr friert! heizet mehr ein im Saal! Wo ist die Lise, wo ist die Anne? Rasch einen Korb Holz in den Ofen und einige Hände voll Spähne, daß es brennt! Zum Teufel, sollen die Leute in der Waage im Mantel zu Tisch sitzen?»

Und als der Schneider wieder aus dem langen Gange hervorgewandelt kam, melancholisch wie der umgehende Ahnherr eines Stammschlosses, begleitete er ihn mit hundert Complimenten und Handreibungen wiederum in den verwünschten Saal hinein. Dort wurde er ohne ferneres Verweilen an den Tisch gebeten, der Stuhl zurechtgerückt und da der Duft der kräftigen Suppe, dergleichen er lange nicht gerochen, ihn vollends seines Willens beraubte, so ließ er sich in Gottes Namen nieder und tauchte sofort den schweren Löffel in die braungoldene Brühe. In tiefem Schweigen erfrischte er seine matten Lebensgeister und wurde mit achtungsvoller Stille und Ruhe bedient.

Als er den Teller geleert hatte und der Wirt sah, daß es ihm so wohl schmeckte, munterte er ihn höflich auf, noch einen Löffel voll zu nehmen, das sei gut bei dem rauhen Wetter. Nun wurde die Forelle aufgetragen, mit Grünem bekränzt, und der Wirt legte ein schönes Stück vor. Doch der Schneider, von Sorgen gequält, wagte in seiner Blödigkeit nicht, das blanke Messer zu brauchen, sondern handtierte schüchtern und zimperlich mit der silbernen Gabel daran herum. Das bemerkte die Köchin, welche zur Tür hereinguckte, den großen Herren zu sehen, und sie sagte zu den Umstehenden: «Gelobt sei Jesus Christ! Der weiß noch einen feinen Fisch zu essen, wie es sich gehört, der sägt nicht mit dem Messer in dem zarten Wesen herum, wie wenn er ein Kalb schlachten wollte. Das ist ein Herr von großem Hause, darauf wollt' ich schwören, wenn es nicht verboten wäre! Und wie schön und traurig er ist! Gewiß ist er in ein armes Fräulein verliebt, das man ihm nicht lassen will! Ja ja, die vornehmen Leute haben auch ihre Leiden!»

Inzwischen sah der Wirt, daß der Gast nicht trank, und sagte ehrerbietig: «Der Herr mögen den Tischwein nicht, befehlen Sie vielleicht ein Glas guten Bordeaux, den ich bestens empfehlen kann?»

Da beging der Schneider den zweiten selbsttätigen Fehler, indem er aus Gehorsam ja statt nein sagte, und alsobald verfügte sich der Waagwirt persönlich in den Keller, um eine ausgesuchte Flasche zu holen; denn es lag ihm alles daran, daß man sagen könne, es sei etwas Rechtes im Ort zu haben. Als der Gast von dem eingeschenkten Wein wiederum aus bösem Gewissen ganz kleine Schlücklein nahm, lief der Wirt voll Freuden in die Küche, schnalzte mit der Zunge und rief: «Hol' mich der Teufel, der versteht's, der schlürft meinen guten Wein auf die Zunge, wie man einen Dukaten auf die Goldwage legt!»

«Gelobt sei Jesus Christ!» sagte die Köchin, «ich hab's behauptet, daß er's versteht!»

So nahm die Mahlzeit denn ihren Verlauf und zwar sehr langsam, weil der arme Schneider immer zimperlich und unentschlossen aß und trank und der Wirt, um ihm Zeit zu lassen, die Speisen genugsam stehen ließ. Trotzdem war es nicht der Rede wert, was der Gast bis jetzt zu sich genommen; vielmehr begann der Hunger, der immerfort so gefährlich gereizt wurde, nun den Schrecken zu überwinden, und als die Pastete von Rebhühnern erschien, schlug die Stimmung des Schneiders gleichzeitig um und ein fester Gedanke begann sich in ihm zu bilden. Es ist jetzt einmal, wie es ist, sagte er sich, von einem neuen Tröpflein Weines erwärmt und aufgestachelt; nun wäre ich ein Tor, wenn ich die kommende Schande und Verfolgung ertragen wollte ohne mich dafür satt gegessen zu haben! Also vorgesehen, weil es noch Zeit ist! Das Türmchen, was sie da aufgestelllt haben, dürfte leichtlich die letzte Speise sein, daran will ich mich halten, komme was da wolle! Was ich einmal im Leibe habe, kann mir kein König wieder rauben!

Gesagt, getan; mit dem Mute der Verzweiflung hieb er in die leckere Pastete, ohne an ein Aufhören zu denken, so daß sie in weniger als fünf Minuten zur Hälfte geschwunden war und die Sache für die Abendherren sehr bedenklich zu werden begann. Fleisch, Trüffeln, Klößchen, Boden, Deckel, alles schlang er ohne Ansehen der Person hinunter, nur besorgt, sein Ränzchen voll zu pakken, ehe das Verhängnis hereinbräche; dazu trank er den Wein in tüchtigen Zügen und steckte große Brotbissen in den Mund; kurz es war eine so hastig belebte Einfuhr, wie wenn bei aufsteigendem Gewitter das Heu von der nahen Wiese gleich auf der Gabel in die Scheune geflüchtet wird. Abermals lief der Wirt in die Küche und rief: «Köchin! Er ißt die Pastete auf, während er den Braten kaum berührt hat! Und den Bordeaux trinkt er in halben Gläsern!»

«Wohl bekomm' es ihm», sagte die Köchin, «lassen Sie ihn nur machen, der weiß, was Rebhühner sind! Wär' er ein gemeiner Kerl, so hätte er sich an den Braten gehalten!»

«Ich sag's auch», meinte der Wirt: «es sieht sich zwar nicht ganz elegant an; aber so hab' ich, als ich zu meiner Ausbildung reiste, nur Generäle und Kapitelsherren essen sehen!»

Unterdessen hatte der Kutscher die Pferde füttern lassen und selbst ein handfestes Essen eingenommen in der Stube für das untere Volk, und da er Eile hatte, ließ er bald wieder anspannen. Die Angehörigen des Gasthofes zur Waage konnten sich nun nicht länger enthalten und fragten, eh' es zu spät wurde, den herrschaftlichen Kutscher geradezu, wer sein Herr da oben sei, und wie er heiße? Der Kutscher, ein schalkhafter und durchtriebener Kerl, versetzte: «Hat er es noch nicht selbst gesagt?»

Nein, hieß es, und er erwiderte: «Das glaub' ich wohl, der spricht nicht viel in einem Tage; nun, es ist der Graf Strapinski! Er wird aber heut' und vielleicht einige Tage hier bleiben, denn er hat mir befohlen mit dem Wagen vorauszufahren.»

Er machte diesen schlechten Spaß, um sich an dem Schneiderlein zu rächen, das, wie er glaubte, statt ihm für seine Gefälligkeit ein Wort des Dankes und des Abschiedes zu sagen, sich ohne Umsehen in das Haus begeben hatte und den Herren spielte. Seine Eulenspiegelei aufs Äußerste treibend, bestieg er auch den Wagen, ohne nach der Zeche für sich und die Pferde zu fragen, schwang die Peitsche und fuhr aus der Stadt, und alles ward so in der Ordnung befunden und dem guten Schneider aufs Kerbholz gebracht.

Nun mußte es sich aber fügen, daß dieser, ein geborener Schlesier, wirklich Strapinski hieß, Wenzel Strapinski, mochte es nun ein Zufall sein, oder mochte der Schneider sein Wanderbuch im Wagen hervorgezogen, es dort vergessen und der Kutscher es zu sich genommen haben. Genug, als der Wirt freudestrahlend und händereibend vor ihn hintrat und fragte, ob der Herr Graf Strapinski zum Nachtisch ein Glas alten Tokaier oder ein Glas Champagner nehme, und ihm meldete, daß die Zimmer soeben zubereitet würden, da erblaßte der arme Strapinski, verwirrte sich von neuem und erwiderte gar nichts.

Höchst interessant! brummte der Wirt für sich, indem er abermals in den Keller eilte und aus besonderem Verschlage nicht nur ein Fläschchen Tokaier, sondern auch ein Krügelchen Bocksbeutel holte und eine Champagnerflasche schlechthin unter den Arm nahm. Bald sah Strapinski einen kleinen Wald von Gläsern vor sich, aus welchem der Champagnerkelch wie eine Pappel emporragte. Das glänzte, klingelte und duftete gar seltsam vor ihm, und was noch seltsamer war, der arme, aber zierliche Mann griff nicht ungeschickt in das Wäldchen hinein, und goß, als er sah, daß der Wirt etwas Rotwein in seinen Champagner tat, einige Tropfen Tokaier in den seinigen. Inzwischen war der Stadtschreiber und der Notar gekommen, um den Kafee zu trinken, und das tägliche Spielchen um denselben zu machen; bald kam auch der ältere Sohn des Hauses Häberlin und Co., der jüngere des Hauses Pütschli-Nievergelt, der Buchhalter einer großen Spinnerei, Herr Melcher Böhni; allein statt ihre Partie zu spielen, gingen sämtliche Herren in weitem Bogen hinter dem polnischen Grafen herum, die Hände in den hintern Rocktaschen, mit den Augen blinzelnd und auf den Stockzähnen lächelnd. Denn es waren diejenigen Mitglieder guter Häuser, welche ihr Leben lang zu Hause blieben, deren Verwandte und Genossen aber in aller Welt saßen, weswegen sie selbst die Welt sattsam zu kennen glaubten.

Also das sollte ein polnischer Graf sein? Den Wagen hatten sie freilich von ihrem Comptoirstuhl aus gesehen; auch wußte man nicht, ob der Wirt den Grafen oder dieser jenen bewirte; doch hatte der Wirt bis jetzt noch keine dummen Streiche gemacht; er war vielmehr als ein ziemlich schlauer Kopf bekannt, und so wurden denn die Kreise, welche die neugierigen Herren um den Fremden zogen, immer kleiner, bis sie sich zuletzt vertraulich an den gleichen Tisch setzten und sich auf gewandte Weise zu dem Gelage aus dem Stegreif einluden, indem sie ohne weiteres um eine Flasche zu würfeln begannen.

Doch tranken sie nicht zu viel, da es noch früh war; dagegen galt es, einen Schluck trefflichen Kafee zu nehmen und dem Polacken, wie sie den Schneider bereits heimlich nannten, mit gutem Rauchzeug aufzuwarten, damit er immer mehr röche, wo er eigentlich wäre.

«Darf ich dem Herrn Grafen eine ordentliche Cigarre anbieten? ich habe sie von meinem Bruder auf Cuba direkt bekommen!» sagte der eine.

«Die Herren Polen lieben auch eine gute Cigarette, hier ist echter Tabak aus Smyrna, mein Compagnon hat ihn gesandt», rief der andere, indem er ein rotseidenes Beutelchen hinschob.

«Dieser aus Damaskus ist feiner, Herr Graf», rief der dritte, «unser dortiger Prokurist selbst hat ihn für mich besorgt!»

Der vierte streckte einen ungefügen Cigarrenbengel dar, indem er schrie: «Wenn Sie etwas ganz Ausgezeichnetes wollen, so versuchen Sie diese Pflanzercigarre aus Virginien, selbstgezogen, selbstgemacht, und durchaus nicht käuflich!»

Strapinski lächelte sauersüß, sagte nichts und war bald in feine Duftwolken gehüllt, welche von der hervorbrechenden Sonne lieblich versilbert wurden. Der Himmel entwölkte sich in weniger als einer Viertelstunde, der schönste Herbstnachmittag trat ein; es hieß, der Genuß der günstigen Stunde sei sich zu gönnen, da das Jahr vielleicht nicht viele solcher Tage mehr brächte; und es wurde beschlossen, auszufahren, den fröhlichen Amtsrat auf seinem Gute zu besuchen, der erst vor wenigen Tagen gekeltert hatte, und seinen neuen Wein, den roten Sauser, zu kosten. Pütschli-Nievergelt, Sohn, sandte nach seinem Jagdwagen, und bald schlugen seine jungen Eisenschimmel das Pflaster vor der Waage. Der Wirt selbst ließ ebenfalls anspannen, man lud den Grafen zuvorkommend ein, sich anzuschließen und die Gegend etwas kennen zu lernen.

Der Wein hatte seinen Witz erwärmt; er überdachte schnell, daß er bei dieser Gelegenheit am besten sich unbemerkt entfernen und seine Wanderung fortsetzen könne; den Schaden sollten die törichten und zudringlichen Herren an sich selbst behalten. Er nahm daher die Einladung mit einigen höflichen Worten an und bestieg mit dem jungen Pütschli den Jagdwagen.

Nun war es eine weitere Fügung, daß der Schneider, nachdem er auf seinem Dorfe schon als junger Bursch dem Gutsherrn zuweilen Dienste geleistet, seine Militärzeit bei den Husaren abgedient hatte und demnach genugsam mit Pferden umzugehen verstand. Wie daher sein Gefährte höflich fragte, ob er vielleicht fahren möge, ergriff er sofort Zügel und Peitsche und fuhr in schulgerechter Haltung in raschem Trabe durch das Tor und auf der Landstraße dahin, so daß die Herren einander ansahen und flüsterten: Es ist richtig, es ist jedenfalls ein Herr!

In einer halben Stunde war das Gut des Amtsrates erreicht, Strapinski fuhr in einem prächtigen Halbbogen auf und ließ die feurigen Pferde aufs beste anprallen; man sprang von den Wagen, der Amtsrat kam herbei und führte die Gesellschaft ins Haus, und alsobald war auch der Tisch mit einem halben Dutzend Karaffen voll karneolfarbigen Sausers besetzt. Das heiße, gärende Getränk wurde vorerst geprüft, belobt, und sodann fröhlich in Angriff genommen, während der Hausherr im Hause die Kunde herum trug, es sei ein vornehmer Graf da, ein Polacke, und eine feinere Bewirtung vorbereitete.

Mittlerweile teilte sich die Gesellschaft in zwei Partien, um das versäumte Spiel nachzuholen, da in diesem Lande keine Männer zusammen sein konnten, ohne zu spielen, wahrscheinlich aus angeborenem Tätigkeitstriebe. Strapinski, welcher die Teilnahme aus verschiedenen Gründen ablehnen mußte, wurde eingeladen zuzusehen, denn das schien ihnen immerhin der Mühe wert, da sie so viel Klugheit und Geistesgegenwart bei den Karten zu entwickeln pflegten. Er mußte sich zwischen beide Partien setzen, und sie legten es nun darauf an, geistreich und gewandt zu spielen und den Gast zu gleicher Zeit zu unterhalten. So saß er denn wie ein kränkelnder Fürst, vor welchem die Hofleute ein angenehmes Schauspiel aufführen und den Lauf der Welt darstellen. Sie erklärten ihm die bedeutendsten Wendungen, Handstreiche und Ereignisse, und wenn die eine Partei für einen Augenblick ihre Aufmerksamkeit ausschließlich dem Spiele zuwenden mußte, so führte die andere dafür um so angelegentlicher die Unterhaltung mit dem Schneider. Der beste Gegenstand dünkte sie hiefür Pferde, Jagd und dergleichen; Strapinski wußte hier auch am besten Bescheid, denn er brauchte nur die Redensarten hervorzuholen, welche er einst in der Nähe von Offizieren und Gutsherren gehört und die ihm schon dazumal ausnehmend wohl gefallen hatten. Wenn er diese Redensarten auch nur sparsam, mit einer gewissen Bescheidenheit und stets mit einem schwermütigen Lächeln vorbrachte, so erreichte er damit nur eine größere Wirkung; wenn zwei oder drei von den Herren aufstanden und etwas zur Seite traten, so sagten sie: Es ist ein vollkommener Junker!

Nur Melcher Böhni, der Buchhalter, als ein geborener Zweifler, rieb sich vergnügt die Hände und sagte zu sich selbst: Ich sehe es kommen, daß es wieder einen Goldacher Putsch gibt, ja, er ist gewissermaßen schon da! Es war aber auch Zeit, denn schon sind's zwei Jahre seit dem letzten! Der Mann dort hat mir so wunderlich zerstochene Finger, vielleicht von Praga oder Ostrolenka her! Nun, ich werde mich hüten, den Verlauf zu stören!

Die beiden Partien waren nun zu Ende, auch das Sausergelüste der Herren gebüßt, und sie zogen nun vor, sich an den alten Weinen des Amtsrates ein wenig abzukühlen, die jetzt gebracht wurden; doch war die Abkühlung etwas leidenschaftlicher Natur, indem sofort, um nicht in schnöden Müßiggang zu verfallen, ein allgemeines Hazardspiel vorgeschlagen wurde. Man mischte die Karten, jeder warf einen Brabantertaler hin, und als die Reihe an Strapinski war, konnte er nicht wohl seinen Fingerhut auf den Tisch setzen. «Ich habe nicht ein solches Geldstück», sagte er errötend; aber schon hatte Melcher Böhni, der ihn beobachtet, für ihn eingesetzt, ohne daß jemand darauf Acht gab, denn alle waren viel zu behaglich, als daß sie auf den Argwohn geraten wären, jemand in der Welt könne kein Geld haben. Im nächsten Augenblicke wurde dem Schneider, der gewonnen hatte, der ganze Einsatz zugeschoben; verwirrt ließ er das Geld liegen und Böhni besorgte für ihn das zweite Spiel, welches ein anderer gewann, sowie das dritte. Doch das vierte und fünfte gewann wiederum der Polacke, der allmählig aufwachte und sich in die Sache fand. Indem er sich still und ruhig verhielt, spielte er mit abwechselndem Glücke; einmal kam er bis auf einen Taler herunter, den er setzen mußte, gewann wieder und zuletzt, als man das Spiel satt bekam, besaß er einige Louisd'ors, mehr als er jemals in seinem Leben besessen, welche er, als er sah, daß jedermann sein Geld einsteckte, ebenfalls zu sich nahm, nicht ohne Furcht, daß alles ein Traum sei. Böhni, welcher ihn fortwährend scharf betrachtete, war jetzt im Klaren über ihn und dachte: den Teufel fährt der in einem vierspännigen Wagen!

Weil er aber zugleich bemerkte, daß der rätselhafte Fremde keine Gier nach dem Gelde gezeigt, sich überhaupt bescheiden und nüchtern verhalten hatte, so war er nicht übel gegen ihn gesinnt, sondern beschloß, die Sache durchaus gegen zu lassen.

Aber der Graf Strapinski, als man sich vor dem Abendessen im Freien erging, nahm jetzt seine Gedanken zusammen und hielt den rechten Zeitpunkt einer geräuschlosen Beurlaubung für gekommen. Er hatte ein artiges Reisegeld und nahm sich vor, dem Wirt zur Waage von der nächsten Stadt aus sein aufgedrungenes Mittagsmahl zu bezahlen. Also schlug er seinen Radmantel malerisch um, drückte die Pelzmütze tiefer in die Augen und schritt unter einer Reihe von hohen Akazien in der Abendsonne langsam auf und nieder, das schöne Gelände betrachtend, oder vielmehr den Weg erspähend, den er einschlagen wollte. Er nahm sich mit seiner bewölkten Stirne, seinem lieblichen, aber schwermütigen Mundbärtchen, seinen glänzenden schwarzen Locken, seinen dunkeln Augen, im Wehen seines faltigen Mantels vortrefflich aus; der Abendschein und das Säuseln der Bäume über ihm erhöhte den Eindruck, so daß die Gesellschaft ihn von Ferne mit Aufmerksamkeit und Wohlwollen betrachtete. Allmählig ging er immer etwas weiter vom Hause hinweg, schritt durch ein Gebüsch, hinter welchem ein Feldweg vorüberging, und als er sich vor den Blicken der Gesellschaft gedeckt sah, wollte er eben mit festem Schritt ins Feld rücken, als um eine Ecke herum plötzlich der Amtsrat mit seiner Tochter Nettchen ihm entgegentrat. Nettchen war ein hübsches Fräulein, äußerst prächtig, etwas stutzerhaft gekleidet und mit Schmuck reichlich verziert.

«Wir suchen Sie, Herr Graf!» rief der Amtsrat, «damit ich Sie erstens hier meinem Kinde vorstelle und zweitens, um Sie zu bitten, daß Sie uns die Ehre erweisen möchten, einen Bissen Abendbrot mit uns zu nehmen; die anderen Herren sind bereits im Hause.»

Der Wanderer nahm schnell seine Mütze vom Kopfe und machte ehrfurchtsvolle, ja furchtsame Verbeugungen, von Rot übergossen. Denn eine neue Wendung war eingetreten, ein Fräulein beschritt den Schauplatz der Ereignisse. Doch schadete ihm seine Blödigkeit und übergroße Ehrerbietung nicht bei der Dame; im Gegenteil, die Schüchternheit, Demut und Ehrerbietung eines so vornehmen und interessanten jungen Edelmanns erschien ihr wahrhaft rührend, ja hinreißend. Da sieht man, fuhr es ihr durch den Sinn, je nobler, desto bescheidener und unverdorbener; merkt es euch, ihr Herren Wildfänge von Goldach, die ihr vor den jungen Mädchen kaum mehr den Hut berührt!

Sie grüßte den Ritter daher auf das holdseligste, indem sie auch lieblich errötete, und sprach sogleich hastig und schnell und vieles mit ihm, wie es die Art behaglicher Kleinstädterinnen ist, die sich den Fremden zeigen wollen. Strapinski hingegen wandelte sich in kurzer Zeit um; während er bisher nichts getan hatte, um im geringsten in die Rolle einzugehen, die man ihm aufbürdete, begann er nun unwillkürlich, etwas gesuchter zu sprechen und mischte allerhand polnische Brocken in die Rede, kurz, das Schneiderblütchen fing in der Nähe des Frauenzimmers an seine Sprünge zu machen und seinen Reiter davon zu tragen.

Am Tisch erhielt er den Ehrenplatz neben der Tochter des Hauses; denn die Mutter war gestorben. Er wurde zwar bald wieder melancholisch, da er bedachte, nun müsse er mit den andern wieder in die Stadt zurückkehren oder gewaltsam in die Nacht hinaus entrinnen, und da er ferner überlegte, wie vergänglich das Glück sei, welches er jetzt genoß. Aber dennoch empfand er dies Glück und sagte sich zum Voraus: Ach, einmal wirst du doch in deinem Leben etwas vorgestellt und neben einem solchen höheren Wesen gesessen haben.

Es war in der Tat keine Kleinigkeit, eine Hand neben sich glänzen zu sehen, die von drei oder vier Armbändern klirrte, und bei einem flüchtigen Seitenblick jedesmal einen abenteuerlich reizend frisierten Kopf, ein holdes Erröten, einen vollen Augenaufschlag zu sehen. Denn er mochte tun oder lassen, was er wollte, alles wurde als ungewöhnlich und nobel ausgelegt und die Ungeschicklichkeit selbst als merkwürdige Unbefangenheit liebenswürdig befunden von der jungen Dame, welche sonst stundenlang über gesellschaftliche Verstöße zu plaudern wußte. Da man guter Dinge war, sangen ein paar Gäste Lieder, die in den dreißiger Jahren Mode waren. Der Graf wurde gebeten, ein polnisches Lied zu singen. Der Wein überwand seine Schüchternheit endlich, obschon nicht seine Sorgen; er hatte einst einige Wochen im Polnischen gearbeitet und wußte einige polnische Worte, sogar ein Volksliedchen auswendig, ohne ihres Inhaltes bewußt zu sein, gleich einem Papagei. Also sang er mit edlem Wesen, mehr zaghaft als laut und mit einer Stimme, welche wie von einem geheimen Kummer leise zitterte, auf polnisch:

Hunderttausend Schweine pferchen
Von der Desna bis zur Weichsel,
Und Kathinka, dieses Saumensch,
Geht im Schmutz bis an die Knöchel!

Hunderttausend Ochsen brüllen
Auf Volhyniens grünen Weiden,
Und Kathinka, ja Kathinka,
Glaubt, ich sei in sie verliebt!

«Bravo! Bravo!» riefen alle Herren, mit den Händen klatschend, und Nettchen sagte gerührt: «Ach das Nationale ist immer so schön!» Glücklicher Weise verlangte niemand die Übersetzung dieses Gesanges.

Mit dem Überschreiten solchen Höhepunktes der Unterhaltung brach die Gesellschaft auf; der Schneider wurde wieder eingepackt und sorgfältig nach Goldach zurückgebracht; vorher hatte er versprechen müssen, nicht ohne Abschied davon zu reisen. Im Gasthof zur Waage wurde noch ein Glas Punsch genommen; jedoch Strapinski war erschöpft und verlangte nach dem Bette. Der Wirt selbst führte ihn auf seine Zimmer, deren Stattlichkeit er kaum mehr beachtete, obgleich er nur gewohnt war, in dürftigen Herbergskammern zu schlafen. Er stand ohne alle und jede Habseligkeit mitten auf einem schönen Teppich, als der Wirt plötzlich den Mangel an Gepäck entdeckte und sich vor die Stirne schlug. Dann lief er schnell hinaus, schellte, rief Kellner und Hausknechte herbei, wortwechselte mit ihnen, kam wieder und beteuerte: «Es ist richtig, Herr Graf, man hat vergessen, Ihr Gepäck abzuladen! Auch das Notwendigste fehlt!»

«Auch das kleine Paketchen, das im Wagen lag?» fragte Strapinski ängstlich, weil er an ein handgroßes Bündelein dachte, welches er auf dem Sitze hatte liegen lassen und das ein Schnupftuch, eine Haarbürste, einen Kamm, ein Büchschen Pommade und einen Stengel Bartwichse enthielt.

«Auch dieses fehlt, es ist gar nichts da», sagte der gute Wirt erschrocken, weil er darunter etwas sehr Wichtiges vermutete. Man muß dem Kutscher sogleich einen Expressen nachschicken, rief er eifrig, ich werde das besorgen!

Doch der Herr Graf fiel ihm eben so erschrocken in den Arm und sagte bewegt: «Lassen Sie, es darf nicht sein! Man muß meine Spur verlieren für eine Zeit», setzte er hinzu, selbst betreten über diese Erfindung.

Der Wirt ging erstaunt zu den Punsch trinkenden Gästen, erzählte ihnen den Fall und schloß mit dem Ausspruche, daß der Graf unzweifelhaft ein Opfer politischer oder der Familienverfolgung sein müsse; denn um eben diese Zeit wurden viele Polen und andere Flüchtlinge wegen gewaltsamer Unternehmungen des Landes verwiesen; andere wurden von fremden Agenten beobachtet und umgarnt.

Strapinski aber tat einen guten Schlaf, und als er spät erwachte, sah er zunächst den prächtigen Sonntagsschlafrock des Waagwirtes über einen Stuhl gehängt, ferner ein Tischchen mit allem möglichen Toilettenwerkzeug bedeckt. Sodann harrten eine Anzahl Dienstboten, um Körbe und Koffer, angefüllt mit feiner Wäsche, mit Kleidern, mit Cigarren, mit Büchern, mit Stiefeln, mit Schuhen, mit Sporen, mit Reitpeitschen, mit Pelzen, mit Mützen, mit Hüten, mit Socken, mit Strümpfen, mit Pfeifen, mit Flöten und Geigen abzugeben von Seiten der gestrigen Freunde, mit der angelegentlichen Bitte, sich dieser Bequemlichkeiten einstweilen bedienen zu wollen. Da sie die Vormittagsstunden unabänderlich in ihren Geschäften verbrachten, ließen sie ihre Besuche auf die Zeit nach Tisch ansagen.

Diese Leute waren nichts weniger, als lächerlich oder einfältig, sondern umsichtige Geschäftsmänner, mehr schlau als vernagelt; allein da ihre wohlbesorgte Stadt klein war und es ihnen manchmal langweilig darin vorkam, waren sie stets begierig auf eine Abwechslung, ein Ereignis, einen Vorgang, dem sie sich ohne Rückhalt hingaben. Der vierspännige Wagen, das Aussteigen des Fremden, sein Mittagessen, die Aussage des Kutschers waren so einfache und natürliche Dinge, daß die Goldacher, welche keinem müßigen Argwohn nachzuhängen pflegten, ein Ereignis darauf aufbauten, wie auf einen Felsen.

Als Strapinski das Warenlager sah, das sich vor ihm

ausbreitete, war seine erste Bewegung, daß er in seine Tasche griff, um zu erfahren, ob er träume oder wache. Wenn sein Fingerhut dort noch in seiner Einsamkeit weilte, so träumte er. Aber nein, der Fingerhut wohnte traulich zwischen dem gewonnenen Spielgelde und scheuerte sich freundschaftlich an den Talern; so ergab sich auch sein Gebieter wiederum in das Ding und stieg von seinen Zimmern herunter auf die Straße, um sich die Stadt zu besehen, in welcher es ihm so wohl erging. Unter der Küchentüre stand die Köchin, welche ihm einen tiefen Knix machte und ihm mit neuem Wohlgefallen nachsah; auf dem Flur und an der Haustüre standen andere Hausgeister, alle mit der Mütze in der Hand, und Strapinski schritt mit gutem Anstand und doch bescheiden heraus, seinen Mantel sittsam zusammennehmend. Das Schicksal machte ihn mit jeder Minute größer.

Mit ganz anderer Miene besah er sich die Stadt, als wenn er um Arbeit darin ausgegangen wäre. Dieselbe bestand größtenteils aus schönen, festgebauten Häusern, welche alle mit steinernen oder gemalten Sinnbildern geziert und mit einem Namen versehen waren. In diesen Benennungen war die Sitte der Jahrhunderte deutlich zu erkennen. Das Mittelalter spiegelte sich ab in den ältesten Häusern oder in den Neubauten, welche an deren Stelle getreten, aber den alten Namen behalten aus der Zeit der kriegerischen Schultheiße und der Märchen. Da hieß es: zum Schwert, zum Eisenhut, zum Harnisch, zur Armbrust, zum blauen Schild, zum Schweizerdegen, zum Ritter, zum Büchsenstein, zum Türken, zum Meerwunder, zum goldenen Drachen, zur Linde, zum Pilgerstab, zur Wasserfrau, zum Paradiesvogel, zum Granatbaum, zum Kämbel, zum Einhorn u.dgl. Die Zeit der Aufklärung und der Philanthropie war deutlich zu lesen in den moralischen Begriffen, welche in schönen Goldbuchstaben über den Haustüren erglänzten, wie: zur Eintracht, zur Redlichkeit, zur alten Unabhängigkeit, zur neuen Unabhängigkeit, zur Bürgertugend a, zur Bürgertugend b, zum Vertrauen, zur Liebe, zur Hoffnung, zum Wiedersehen 1 und 2, zum Frohsinn, zur inneren Rechtlichkeit, zur äußeren Rechtlichkeit, zum Landeswohl (ein reinliches Häuschen, in welchem hinter einem Kanarienkäficht, ganz mit Kresse behängt, eine freundliche alte Frau saß mit einer weißen Zipfelhaube und Garn haspelte), zur Verfassung (unten hauste ein Böttcher, welcher eifrig und mit großem Geräusch kleine Eimer und Fäßchen mit Reifen einfaßte und unabläßig klopfte); ein Haus hieß schauerlich: zum Tod! ein verwaschenes Gerippe erstreckte sich von unten bis oben zwischen den Fenstern; hier wohnte der Friedensrichter. Im Hause zur Geduld wohnte der Schuldenschreiber, ein ausgehungertes Jammerbild, da in dieser Stadt keiner dem anderen etwas schuldig blieb.

Endlich verkündete sich an den neuesten Häusern die Poesie der Fabrikanten, Bankiere und Spediteure und ihrer Nachahmer in den wohlklingenden Namen: Rosenthal, Morgenthal, Sonnenberg, Veilchenburg, Jugendgarten, Freudenberg, Henriettenthal, zur Camellia, Wilhelminenburg u.s.w. Die an Frauennamen gehängten Täler und Burgen bedeuteten für den Kundigen immer ein schönes Weibergut.

An jeder Straßenecke stand ein alter Turm mit reichem Uhrwerk, buntem Dach und zierlich vergoldeter Windfahne. Diese Türme waren sorgfältig erhalten; denn die Goldacher erfreuten sich der Vergangenheit und der Gegenwart und taten auch Recht daran. Die ganze Herrlichkeit war aber von der alten Ringmauer eingefaßt, welche, obwohl nichts mehr nütze, dennoch zum Schmucke beibehalten wurde, da sie ganz mit dichtem altem Efeu überwachsen war und so die kleine Stadt mit einem immergrünen Kranze umschloß.

Alles dieses machte einen wunderbaren Eindruck auf Strapinski; er glaubte sich in einer anderen Welt zu befinden. Denn als er die Aufschriften der Häuser las, dergleichen er noch nicht gesehen, war er der Meinung, sie bezögen sich auf die besonderen Geheimnisse und Lebensweisen jedes Hauses und es sehe hinter jeder Haustüre wirklich so aus, wie die Überschrift angab, so daß er in eine Art moralisches Utopien hinein geraten wäre. So war er geneigt zu glauben, die wunderliche Aufnahme, welche er gefunden, hänge hiemit im Zusammenhang, so daß z.B. das Sinnbild der Waage, in welcher er wohnte, bedeute, daß dort das ungleiche Schicksal abgewogen und ausgeglichen und zuweilen ein reisender Schneider zum Grafen gemacht würde.

Er geriet auf seiner Wanderung auch vor das Tor, und wie er nun so über das freie Feld hinblickte, meldete sich zum letzten Male der pflichtgemäße Gedanke, seinen Weg unverweilt fortzusetzen. Die Sonne schien, die Straße war schön, fest, nicht zu trocken und auch nicht naß, zum Wandern wie gemacht. Reisegeld hatte er nun auch, so daß er angenehm einkehren konnte, wo er Lust dazu verspürte, und kein Hindernis war zu erspähen.

Da stand er nun, gleich dem Jüngling am Scheidewege, auf einer wirklichen Kreuzstraße; aus dem Lindenkranze, welcher die Stadt umgab, stiegen gastliche Rauchsäulen, die goldenen Turmknöpfe funkelten lockend aus den Baumwipfeln; Glück, Genuß und Verschuldung, ein geheimnisvolles Schicksal winkten dort; von der Feldseite her aber glänzte die freie Ferne; Arbeit, Entbehrung, Armut, Dunkelheit harrten dort, aber auch ein gutes Gewissen und ein ruhiger Wandel; dieses fühlend, wollte er denn auch entschlossen ins Feld abschwenken. Im gleichen Augenblicke rollte ein rasches Fuhrwerk heran; es war das Fräulein von gestern, welches mit wehendem blauem Schleier ganz allein in einem schmucken leichten Fuhrwerke saß, ein schönes Pferd regierte und nach der Stadt fuhr. Sobald Strapinski nur an seine Mütze griff und dieselbe demütig vor seine Brust nahm in seiner Überraschung, verbeugte sich das Mädchen rasch errötend gegen ihn, aber überaus freundlich, und fuhr in großer Bewegung, das Pferd zum Galopp antreibend, davon.

Strapinski aber machte unwillkürlich ganze Wendung und kehrte getrost nach der Stadt zurück. Noch an demselben Tage galoppierte er auf dem besten Pferde der Stadt, an der Spitze einer ganzen Reitergesellschaft, durch die Allee, welche um die grüne Ringmauer führte, und die fallenden Blätter der Linden tanzten wie ein goldener Regen um sein verklärtes Haupt.

Nun war der Geist in ihn gefahren. Mit jedem Tage wandelte er sich, gleich einem Regenbogen, der zusehends bunter wird an der vorbrechenden Sonne. Er lernte in Stunden, in Augenblicken, was andere nicht in Jahren, da es in ihm gesteckt hatte, wie das Farbenwesen im Regentropfen. Er beachtete wohl die Sitten seiner Gastfreunde und bildete sie während des Beobachtens zu einem Neuen und Fremdartigen um; besonders suchte er abzulauschen, was sie sich eigentlich unter ihm dächten und was für ein Bild sie sich von ihm gemacht. Dies Bild arbeitete er weiter aus nach seinem eigenen Geschmacke, zur vergnüglichen Unterhaltung der einen, welche gern etwas Neues sehen wollten, und zur Bewunderung der anderen, besonders der Frauen, welche nach erbaulicher Anregung dürsteten. So ward er rasch zum Helden eines artigen Romanes, an welchem er gemeinsam mit der Stadt und liebevoll arbeitete, dessen Hauptbestandteil aber immer noch das Geheimnis war.

Bei alldem verlebte Strapinski, was er in seiner Dunkelheit früher nie gekannt, eine schlaflose Nacht um die andere, und es ist mit Tadel hervorzuheben, daß es eben so viel die Furcht vor der Schande, als armer Schneider entdeckt zu werden und dazustehen, als das ehrliche Gewissen war, was ihm den Schlaf raubte. Sein angeborenes Bedürfnis, etwas Zierliches und Außergewöhnliches vorzustellen, wenn auch nur in der Wahl der Kleider, hatte ihn in diesen Konflikt geführt und brachte jetzt auch jene Furcht hervor, und sein Gewissen war nur insoweit mächtig, daß er beständig den Vorsatz nährte, bei guter Gelegenheit einen Grund zur Abreise zu finden und dann durch Lotteriespiel und dergleichen die Mittel zu gewinnen, aus geheimnisvoller Ferne zu vergüten, um was er die gastfreundlichen Goldacher gebracht hatte. Er ließ sich auch schon aus allen Städten, wo es Lotterien oder Agenten derselben gab, Lose kommen mit mehr oder weniger bescheidenem Einsatze, und die daraus entstehende Korrespondenz, der Empfang der Briefe wurde wiederum als ein Zeichen wichtiger Beziehungen und Verhältnisse vermerkt.

Schon hatte er mehr als ein Mal ein paar Gulden gewonnen und dieselben sofort wieder zum Erwerb neuer Lose verwendet, als er eines Tages von einem fremden Kollekteur, der sich aber Bankier nannte, eine namhafte Summe empfing, welche hinreichte, jenen Rettungsgedanken auszuführen. Er war bereits nicht mehr erstaunt über sein Glück, das sich von selbst zu verstehen schien, fühlte sich aber doch erleichtert und besonders dem guten Waagwirt gegenüber beruhigt, welchen er seines guten Essens wegen sehr wohl leiden mochte. Anstatt aber kurz abzubinden, seine Schulden gradaus zu bezahlen und abzureisen, gedachte er, wie er sich vorgenommen, eine kurze Geschäftsreise vorzugeben, dann aber von irgend einer großen Stadt aus zu melden, daß das unerbittliche Schicksal ihm verbiete, je wieder zu kehren; dabei wolle er seinen Verbindlichkeiten nachkommen, ein gutes Andenken hinterlassen und seinem Schneiderberufe sich aufs Neue und mit mehr Umsicht und Glück widmen, oder auch sonst einen anständigen Lebensweg erspähen. Am liebsten wäre er freilich auch als Schneidermeister in Goldach geblieben und hätte jetzt die Mittel gehabt, sich da ein bescheidenes Auskommen zu begründen; allein es war klar, daß er hier nur als Graf leben konnte.

Wegen des sichtlichen Vorzuges und Wohlgefallens, dessen er sich bei jeder Gelegenheit von Seite des schönen Nettchens zu erfreuen hatte, waren schon manche Redensarten im Umlauf und er hatte sogar bemerkt, daß das Fräulein hin und wieder die Gräfin genannt wurde. Wie konnte er diesem Wesen nun eine solche Entwicklung bereiten? Wie konnte er das Schicksal, das ihn gewaltsam so erhöht hatte, so frevelhaft Lügen strafen und sich selbst beschämen?

Er hatte von seinem Lotteriemann, genannt Bankier, einen Wechsel bekommen, welchen er bei einem Goldacher Haus einkassierte; diese Verrichtung bestärkte abermals die günstigen Meinungen über seine Person und Verhältnisse, da die soliden Handelsleute nicht im entferntesten an einen Lotterieverkehr dachten. An demselben Tage nun begab sich Strapinski auf einen stattlichen Ball, zu dem er geladen war. In tiefes, einfaches Schwarz gekleidet erschien er und verkündete sogleich den ihn Begrüßenden, daß er genötigt sei, zu verreisen.

In zehn Minuten war die Nachricht der ganzen Versammlung bekannt und Nettchen, deren Anblick Strapinski suchte, schien, wie erstarrt, seinen Blicken auszuweichen, bald rot, bald blaß werdend. Dann tanzte sie mehrmals hinter einander mit jungen Herren, setzte sich zerstreut und schnell atmend und schlug eine Einladung des Polen, der endlich herangetreten war, mit einer kurzen Verbeugung aus, ohne ihn anzusehen.

Seltsam aufgeregt und bekümmert ging er hinweg, nahm seinen famosen Mantel um und schritt mit wehenden Locken in einem Gartenwege auf und nieder. Es wurde ihm nun klar, daß er eigentlich nur dieses Wesens halber so lange dageblieben sei, daß die unbestimmte Hoffnung, doch wieder in ihre Nähe zu kommen, ihn unbewußt belebte, daß aber der ganze Handel eben eine Unmöglichkeit darstelle von der verzweifeltsten Art.

Wie er so dahin schritt, hörte er rasche Tritte hinter

sich, leichte, doch unruhig bewegte. Nettchen ging an ihm vorüber und schien, nach einigen ausgerufenen Worten zu urteilen, nach ihrem Wagen zu suchen, obgleich derselbe auf der andern Seite des Hauses stand und hier nur Winterkohlköpfe und eingewickelte Rosenbäumchen den Schlaf der Gerechten verträumten. Dann kam sie wieder zurück und da er jetzt mit klopfendem Herzen ihr im Wege stand und bittend die Hände nach ihr ausstreckte, fiel sie ihm ohne Weiteres um den Hals und fing jämmerlich an zu weinen. Er bedeckte ihre glühenden Wangen mit seinen fein duftenden dunklen Locken und sein Mantel umschlug die schlanke, stolze, schneeweiße Gestalt des Mädchens wie mit schwarzen Adlersflügeln; es war ein wahrhaft schönes Bild, das seine Berechtigung ganz allein in sich selbst zu tragen schien.

Strapinski aber verlor in diesem Abenteuer seinen Verstand und gewann das Glück, das öfter den Unverständigen hold ist. Nettchen eröffnete ihrem Vater noch in selbiger Nacht beim Nachhausefahren, daß kein anderer, als der Graf der Ihrige sein werde; dieser erschien am Morgen in aller Frühe, um bei dem Vater liebenswürdig schüchtern und melancholisch, wie immer, um sie zu werben, und der Vater hielt folgende Rede:

«So hat sich denn das Schicksal und der Wille dieses törichten Mädchens erfüllt! Schon als Schulkind behauptete sie fortwährend nur einen Italiener oder einen Polen, einen großen Pianisten oder einen Räuberhauptmann mit schönen Locken heiraten zu wollen, und nun haben wir die Bescherung! Alle inländischen wohlmeinenden Anträge hat sie ausgeschlagen, noch neulich mußte ich den gescheiten und tüchtigen Melchior Böhni heimschicken, der noch große Geschäfte machen wird, und sie hat ihn noch schrecklich verhöhnt, weil er nur ein rötliches Backenbärtchen trägt und aus einem silbernen Döschen schnupft! Nun, Gott sei Dank, ist ein polnischer Graf da aus wildester Ferne! Nehmen Sie die Gans, Herr Graf, und schicken sie mir dieselbe wieder, wenn sie in Ihrer Polackei friert und einst unglücklich wird und heult! Ach, was würde die selige Mutter für ein Entzücken genießen, wenn sie noch erlebt hätte, daß das verzogene Kind eine Gräfin geworden ist!»

Nun gab es große Bewegung; in wenig Tagen sollte rasch die Verlobung gefeiert werden, denn der Amtsrat behauptete, daß der künftige Schwiegersohn sich in seinen Geschäften und vorhabenden Reisen nicht durch Heiratssachen dürfe aufhalten lassen, sondern diese durch die Beförderung jener beschleunigen müsse.

Strapinski brachte zur Verlobung Brautgeschenke, welche ihn die Hälfte seines zeitlichen Vermögens kosteten; die andere Hälfte verwandte er zu einem Feste, das er seiner Braut geben wollte. Es war eben Fastnachtszeit und bei hellem Himmel ein verspätetes glänzendes Winterwetter. Die Landstraßen boten die prächtigste Schlittenbahn, wie sie nur selten entsteht und sich hält, und Herr von Strapinski veranstaltete darum eine Schlittenfahrt und einen Ball in dem für solche Feste beliebten stattlichen Gasthause, welches auf einer Hochebene mit der schönsten Aussicht gelegen war, etwa zwei gute Stunden entfernt und genau in der Mitte zwischen Goldach und Seldwyla.

Um diese Zeit geschah es, daß Herr Melchior Böhni in der letzteren Stadt Geschäfte zu besorgen hatte und daher einige Tage vor dem Winterfest in einem leichten Schlitten dahin fuhr, seine beste Cigarre rauchend; und es geschah ferner, daß die Seldwyler auf den gleichen Tag, wie die Goldacher, auch eine Schlittenfahrt verabredeten, nach dem gleichen Orte, und zwar eine kostümierte oder Maskenfahrt.

So fuhr denn der Goldacher Schlittenzug gegen die Mittagsstunde unter Schellenklang, Posthorntönen und Peitschenknall durch die Straßen der Stadt, daß die Sinnbilder der alten Häuser erstaunt herniedersahen, und zum

Tore hinaus. Im ersten Schlitten saß Strapinski mit seiner Braut, in einem polnischen Überrock von grünem Sammet, mit Schnüren besetzt und schwer mit Pelz verbrämt und gefüttert. Nettchen war ganz in weißes Pelzwerk gehüllt; blaue Schleier schützten ihr Gesicht gegen die frische Luft und gegen den Schneeglanz. Der Amtsrat war durch irgend ein plötzliches Ereignis verhindert worden, mitzufahren; doch war es sein Gespann und sein Schlitten, in welchem sie fuhren, ein vergoldetes Frauenbild als Schlittenzierat vor sich, die Fortuna vorstellend; denn die Stadtwohnung des Amtsrates hieß zur Fortuna.

Ihnen folgten fünfzehn bis sechszehn Gefährte mit je einem Herren und einer Dame, alle geputzt und lebensfroh, aber keines der Paare so schön und stattlich, wie das Brautpaar. Die Schlitten trugen, wie die Meerschiffe ihre Galions, immer das Sinnbild des Hauses, dem jeder angehörte, so daß das Volk rief: Seht, da kommt die Tapferkeit! wie schön ist die Tüchtigkeit! Die Verbesserlichkeit scheint neu lackiert zu sein und die Sparsamkeit frisch vergoldet! Ah, der Jakobsbrunnen und der Teich Bethesda! Im Teiche Bethesda, welcher als bescheidener Einspänner den Zug schloß, kutschierte Melchior Böhni still und vergnügt. Als Galion seines Fahrzeugs hatte er das Bild jenes jüdischen Männchens vor sich, welcher an besagtem Teiche dreißig Jahre auf sein Heil gewartet. So segelte denn das Geschwader im Sonnenscheine dahin und erschien bald auf der weithin schimmernden Höhe, dem Ziele sich nahend. Da ertönte gleichzeitig von der entgegengesetzten Seite lustige Musik.

Aus einem duftig bereiften Walde heraus brach ein Wirrwarr von bunten Farben und Gestalten und entwickelte sich zu einem Schlittenzug, welcher hoch am weißen Feldrande sich auf den blauen Himmel zeichnete und ebenfalls nach der Mitte der Gegend hinglitt, von abenteuerlichem Anblick. Es schienen meistens große bäuerliche Lastschlitten zu sein, je zwei zusammen gebunden, um absonderlichen Gebilden und Schaustellungen zur Unterlage zu dienen. Auf dem vordersten Fuhrwerke ragte eine kolossale Figur empor, die Göttin Fortuna vorstellend, welche in den Äther hinaus zu fliegen schien. Es war eine riesenhafte Strohpuppe voll schimmernden Flittergoldes, deren Gazegewänder in der Luft flatterten. Auf dem zweiten Gefährte aber fuhr ein ebenso riesenmäßiger Ziegenbock einher, schwarz und düster abstechend und mit gesenkten Hörnern der Fortuna nachjagend. Hierauf folgte ein seltsames Gerüste, welches sich als ein fünfzehn Schuh hohes Bügeleisen darstellte, dann eine gewaltig schnappende Schere, welche mittelst einer Schnur auf und zugeklappt wurde und das Himmelszelt für einen blau seidenen Westenstoff anzusehen schien. Andere solche landläufige Anspielungen auf das Schneiderwesen folgten noch und zu Füßen aller dieser Gebilde saß auf den geräumigen, je von vier Pferden gezogenen Schlitten die Seldwyler Gesellschaft in buntester Tracht, mit lautem Gelächter und Gesang.

Als beide Züge gleichzeitig auf dem Platze vor dem Gasthause auffuhren, gab es demnach einen geräuschvollen Auftritt und ein großes Gedränge von Mensch und Pferden. Die Herrschaften von Goldach waren überrascht und erstaunt über die abenteuerliche Begegnung; die Seldwyler dagegen stellten sich vorerst gemütlich und freundschaftlich bescheiden. Ihr vorderster Schlitten mit der Fortuna trug die Inschrift «Leute machen Kleider» und so ergab es sich denn, daß die ganze Gesellschaft lauter Schneidersleute von allen Nationen und aus allen Zeitaltern darstellte. Es war gewissermaßen ein historisch-ethnographischer Schneiderfestzug, welcher mit der umgekehrten und ergänzenden Inschrift abschloß: «Kleider machen Leute!» In dem letzten Schlitten mit dieser Überschrift saßen nämlich, als das Werk der vorausgefahrenen heidnischen und christlichen Nahtbeflissenen aller Art, ehrwürdige Kaiser und Könige, Ratsherren und

Stabsoffiziere, Prälaten und Stiftsdamen in höchster Gravität.

Diese Schneiderwelt wußte sich gewandt aus dem Wirrwarr zu ordnen und ließ die Goldacher Herren und Damen, das Brautpaar an deren Spitze, bescheiden ins Haus spazieren, um nachher die unteren Räume desselben, welche für sie bestellt waren, zu besetzen, während jene die breite Treppe empor nach dem großen Festsaale rauschten. Die Gesellschaft des Herren Grafen fand dies Benehmen schicklich und ihre Überraschung verwandelte sich in Heiterkeit und beifälliges Lächeln über die unverwüstliche Laune der Seldwyler; nur der Graf selbst hegte gar dunkle Empfindungen, die ihm nicht behagten, obgleich er in der jetzigen Voreingenommenheit seiner Seele keinen bestimmten Argwohn verspürte und nicht einmal bemerkt hatte, woher die Leute gekommen waren. Melchior Böhni der seinen Teich Bethesda sorglich bei Seite gebracht hatte und sich aufmerksam in der Nähe Strapinskis befand, nannte laut, daß dieser es hören konnte, eine ganz andere Ortschaft als den Ursprungsort des Maskenzuges.

Bald saßen beide Gesellschaften, jegliche auf ihrem Stockwerke, an den gedeckten Tafeln und gaben sich fröhlichen Gesprächen und Scherzreden hin, in Erwartung weiterer Freuden.

Die kündigten sich denn auch für die Goldacher an, als sie paarweise in den Tanzsaal hinüber schritten und dort die Musiker schon ihre Geigen stimmten. Wie nun aber alles im Kreise stand und sich zum Reihen ordnen wollte, erschien eine Gesandtschaft der Seldwyler, welche das freundnachbarliche Gesuch und Anerbieten vortrug, den Herren und Frauen von Goldach einen Besuch abstatten zu dürfen und ihnen zum Ergötzen einen Schautanz aufzuführen. Dieses Anerbieten konnte nicht wohl zurückgewiesen werden; auch versprach man sich von den lustigen Seldwylern ein tüchtigen Spaß und setzte sich daher nach der Anordnung der besagten Gesandtschaft in einem großen Halbring, in dessen Mitte Strapinski und Nettchen glänzten gleich fürstlichen Sternen.

Nun traten allmählig jene besagten Schneidergruppen nach einander ein. Jede führte in zierlichem Gebärdenspiel den Satz «Leute machen Kleider» und dessen Umkehrung durch, indem sie erst mit Emsigkeit irgend ein stattliches Kleidungsstück, einen Fürstenmantel, Priestertalar u. dergl. anzufertigen schien und sodann eine dürftige Person damit bekleidete, welche urplötzlich umgewandelt sich in höchstem Ansehen aufrichtete und nach dem Takte der Musik feierlich einherging. Auch die Tierfabel wurde in diesem Sinne in Szene gesetzt, da eine gewaltige Krähe erschien, die sich mit Pfauenfedern schmückte und quakend umherhüpfte, ein Wolf, der sich einen Schafspelz zurecht schneiderte, schließlich ein Esel, der eine furchtbare Löwenhaut von Werg trug und sich heroisch damit drapierte, wie mit einem Carbonarimantel.

Alle die so erschienen traten nach vollbrachter Darstellung zurück und machten allmählig so den Halbkreis der Goldacher zu einem weiten Ring von Zuschauern, dessen innerer Raum endlich leer ward. In diesem Augenblicke ging die Musik in eine wehmütig ernste Weise über und zugleich beschritt eine letzte Erscheinung den Kreis, dessen Augen sämtlich auf sie gerichtet waren. Es war ein schlanker junger Mann in dunklem Mantel, dunkeln schönen Haaren und mit einer polnischen Mütze; es war niemand anders als der Graf Strapinski, wie er an jenem Novembertag auf der Straße gewandert und den verhängnisvollen Wagen bestiegen hatte.

Die ganze Versammlung blickte lautlos gespannt auf die Gestalt, welche feierlich schwermütig einige Gänge nach dem Takte der Musik umher trat, dann in die Mitte des Ringes sich begab, den Mantel auf den Boden breitete, sich schneidermäßig darauf niedersetzte und anfing ein Bündel auszupacken. Er zog einen beinahe fertigen

Grafenrock hervor, ganz wie ihn Strapinski in diesem Augenblicke trug, nähete mit großer Hast und Geschicklichkeit Troddeln und Schnüre darauf und bügelte ihn schulgerecht aus, indem er das scheinbar heiße Bügeleisen mit nassen Fingern prüfte. Dann richtete er sich langsam auf, zog seinen fadenscheinigen Rock aus und das Prachtkleid an, nahm ein Spiegelchen, kämmte sich und vollendete seinen Anzug, daß er endlich als das leibhafte Ebenbild des Grafen dastand. Unversehens ging die Musik in eine rasche, mutige Weise über, der Mann wickelte seine Siebensachen in den alten Mantel und warf das Pack weit über die Köpfe der Anwesenden hinweg in die Tiefe des Saales, als wollte er sich ewig von seiner Vergangenheit trennen. Hierauf beging er als stolzer Weltmann in stattlichen Tanzschritten den Kreis, hie und da sich vor den Anwesenden huldreich verbeugend, bis er vor das Brautpaar gelangte. Plötzlich faßte er den Polen, ungeheuer überrascht, fest ins Auge, stand als eine Säule vor ihm still, während gleichzeitig wie auf Verabredung die Musik aufhörte und eine fürchterliche Stille wie ein stummer Blitz einfiel.

«Ei ei ei ei!» rief er mit weithin vernehmlicher Stimme und reckte den Arm gegen den Unglücklichen aus, «sieh da den Bruder Schlesier, den Wasserpolacken! Der mir aus der Arbeit gelaufen ist, weil er wegen einer kleinen Geschäftsschwankung glaubte, es sei zu Ende mit mir. Nun es freut mich, daß es Ihnen so lustig geht und Sie hier so fröhliche Fastnacht halten! Stehen Sie in Arbeit zu Goldach?»

Zugleich gab er dem bleich und lächelnd dasitzenden Grafensohn die Hand, welche dieser willenlos ergriff wie eine feurige Eisenstange, während der Doppelgänger rief: «Kommt Freunde, seht hier unsern sanften Schneidergesellen, der wie ein Raphael aussieht und unsern Dienstmägden, auch der Pfarrerstochter so wohl gefiel, die freilich ein bißchen übergeschnappt ist!»

Nun kamen die Seldwyler Leute alle herbei und drängten sich um Strapinski und seinen ehemaligen Meister, indem sie ersterem treuherzig die Hand schüttelten, daß er auf seinem Stuhle schwankte und zitterte. Gleichzeitig setzte die Musik wieder ein mit einem lebhaften Marsch; die Seldwyler, sowie sie an dem Brautpaar vorüber waren, ordneten sich zum Abzuge und marschierten unter Absingung eines wohl einstudierten diabolischen Lachchores aus dem Saale, während die Goldacher, unter welchen Böhni die Erklärung des Mirakels blitzschnell zu verbreiten gewußt hatte, durcheinander liefen und sich mit den Seldwylern kreuzten, so daß es einen großen Tumult gab.

Als dieser sich endlich legte, war auch der Saal beinahe leer; wenige Leute standen an den Wänden und flüsterten verlegen untereinander; ein paar junge Damen hielten sich in einiger Entfernung von Nettchen, unschlüssig, ob sie sich derselben nähern sollten oder nicht.

Das Paar aber saß unbeweglich auf seinen Stühlen gleich einem steinernen ägyptischen Königspaar, ganz still und einsam; man glaubte den unabsehbaren glühenden Wüstensand zu fühlen.

Nettchen, weiß wie ein Marmor, wendete das Gesicht langsam nach ihrem Bräutigam und sah ihn seltsam von der Seite an.

Da stand er langsam auf und ging mit schweren Schritten hinweg, die Augen auf den Boden gerichtet, während große Tränen aus denselben fielen.

Er ging durch die Goldacher und Seldwyler, welche die Treppen bedeckten, hindurch wie ein Toter, der sich gespenstisch von einem Jahrmarkt stiehlt, und sie ließen ihn seltsamer Weise auch wie einen solchen passieren, indem sie ihm still auswichen ohne zu lachen oder harte Worte nachzurufen. Er ging auch zwischen den zur Abfahrt gerüsteten Schlitten und Pferden von Goldach hindurch, indessen die Seldwyler sich in ihrem Quartiere erst noch recht belustigten, und er wandelte halb unbewußt, nur in der Meinung, nicht mehr nach Goldach zurückzukommen, dieselbe Straße gegen Seldwyla hin, auf welcher er vor einigen Monaten hergewandert war. Bald verschwand er in der Dunkelheit des Waldes, durch welchen sich die Straße zog. Er war barhäuptig, denn seine Polenmütze war im Fenstergesimse des Tanzsaales liegen geblieben nebst den Handschuhen, und so schritt er denn gesenkten Hauptes und die frierenden Hände unter die gekreuzten Arme bergend vorwärts, während seine Gedanken sich allmählig sammelten und zu einigem Erkennen gelangten. Das erste deutliche Gefühl, dessen er inne wurde, war dasjenige einer ungeheuren Schande, gleich wie wenn er ein wirklicher Mann von Rang und Ansehen gewesen und nun infam geworden wäre durch Hereinbrechen irgend eines verhängnisvollen Unglückes. Dann löste sich dieses Gefühl aber auf in eine Art Bewußtsein erlittenen Unrechtes; er hatte sich bis zu seinem glorreichen Einzug in die verwünschte Stadt nie ein Vergehen zu Schulden kommen lassen; soweit seine Gedanken in die Kindheit zurückreichten, war ihm nicht erinnerlich, daß er je wegen einer Lüge oder einer Täuschung gestraft oder gescholten worden wäre, und nun war er ein Betrüger geworden dadurch, daß die Torheit der Welt ihn in einem unbewachten und so zu sagen wehrlosen Augenblicke überfallen und ihn zu ihrem Spielgesellen gemacht hatte. Er kam sich wie ein Kind vor, welches ein anderes boshaftes Kind überredet hat, von einem Altare den Kelch zu stehlen; er haßte und verachtete sich jetzt, aber er weinte auch über sich und seine unglückliche Verirrung.

Wenn ein Fürst Land und Leute nimmt, wenn ein Priester die Lehre seiner Kirche ohne Überzeugung verkündet, aber die Güter seiner Pfründe mit Würde verzehrt; wenn ein dünkelvoller Lehrer die Ehren und Vorteile eines hohen Lehramtes inne hat und genießt, ohne von der Höhe seiner Wissenschaft den mindesten Begriff zu haben und derselben auch nur den kleinsten Vorschub zu leisten; wenn ein Künstler ohne Tugend, mit leichtfertigem Tun und leerer Gaukelei sich in Mode bringt und Brot und Ruhm der wahren Arbeit vorwegstiehlt; oder wenn ein Schwindler, der einen großen Kaufmannsnamen geerbt oder erschlichen hat, durch seine Torheiten und Gewissenlosigkeiten Tausende um ihre Ersparnisse und Notpfennige bringt, so weinen alle diese nicht über sich, sondern erfreuen sich ihres Wohlseins und bleiben nicht einen Abend ohne aufheiternde Gesellschaft und gute Freunde.

Unser Schneider aber weinte bitterlich über sich d. h. er fing solches plötzlich an, als nun seine Gedanken an der schweren Kette, an der sie hingen, unversehens zu der verlassenen Braut zurückkehrten und sich aus Scham vor der Unsichtbaren zur Erde krümmten. Das Unglück und die Erniedrigung zeigten ihm mit einem hellen Strahle das verlorene Glück und machten aus dem unklar verliebten Irrgänger einen verstoßenen Liebenden. Er streckte die Arme gegen die kalt glänzenden Sterne empor und taumelte mehr, als er ging, auf seiner Straße dahin, stand wieder still und schüttelte den Kopf, als plötzlich ein roter Schein den Schnee um ihn her erreichte und zugleich Schellenklang und Gelächter ertönte. Es waren die Seldwyler, welche mit Fackeln nach Hause fuhren. Schon näherten sich ihm die ersten Pferde mit ihren Nasen; da raffte er sich auf, tat einen gewaltigen Sprung über den Straßenrand und duckte sich unter die vordersten Stämme des Waldes. Der tolle Zug fuhr vorbei und verhallte endlich in der dunklen Ferne, ohne daß der Flüchtling bemerkt worden war; dieser aber, nachdem er eine gute Weile reglos gelauscht hatte, von der Kälte wie von den erst genossenen feurigen Getränken und seiner gramvollen Dummheit übermannt, streckte unvermerkt seine Glieder aus und schlief ein auf dem knisternden Schnee, während ein eiskalter Hauch von Osten heranzuwehen begann.

Inzwischen erhob auch Nettchen sich von ihrem einsamen Sitze. Sie hatte dem abziehenden Geliebten gewissermaßen aufmerksam nachgeschaut, saß länger als eine Stunde unbeweglich da und stand dann auf, indem sie bitterlich zu weinen begann und ratlos nach der Türe ging. Zwei Freundinnen gesellten sich nun zu ihr mit zweifelhaft tröstenden Worten; sie bat dieselben, ihr Mantel, Tücher, Hut und dergleichen zu verschaffen, in welche Dinge sie sich sodann stumm verhüllte, die Augen mit dem Schleier heftig trocknend. Da man aber, wenn man weint, fast immer zugleich auch die Nase schneuzen muß, so sah sie sich doch genötigt, das Taschentuch zu nehmen und tat einen tüchtigen Schneuz, worauf sie stolz und zornig um sich blickte. In dieses Blicken hinein geriet Melchior Böhni, der sich ihr freundlich, demütig und lächelnd näherte und ihr die Notwendigkeit darstellte, nunmehr einen Führer und Begleiter nach dem väterlichen Hause zurück zu haben. Den Teich Bethesda, sagte er, werde er hier im Gasthause zurücklassen und dafür die Fortuna mit der verehrten Unglücklichen sicher nach Goldach hingeleiten.

Ohne zu antworten ging sie festen Schrittes voran nach dem Hofe, wo der Schlitten mit den ungeduldigen wohlgefütterten Pferden bereit stand, einer der letzten, welche dort waren. Sie nahm rasch darin Platz, ergriff das Leitseil und die Peitsche, und während der achtlose Böhni, mit glücklicher Geschäftigkeit sich gebärdend, dem Stallknecht, der die Pferde gehalten, das Trinkgeld hervorsuchte, trieb sie unversehens die Pferde an und fuhr auf die Landstraße hinaus in starken Sätzen, welche sich bald in einen anhaltenden munteren Galopp verwandelten. Und zwar ging es nicht nach der Heimat, sondern auf der Seldwyler Straße hin. Erst als das leichtbeschwingte Fahrzeug schon dem Blicke entschwunden war, entdeckte Herr Böhni das Ereignis und lief in der Richtung gegen Goldach mit Ho ho! und Haltrufen, sprang dann zurück und jagte mit seinem eigenen Schlitten der entflohenen oder nach seiner Meinung durch die Pferde entführten Schönen nach, bis er am Tore der aufgeregten Stadt anlangte, in welcher das Ärgernis bereits alle Zungen beschäftigte.

Warum Nettchen jenen Weg eingeschlagen, ob in der Verwirrung oder mit Vorsatz, ist nicht sicher zu berichten. Zwei Umstände mögen hier ein leises Licht gewähren. Einmal lagen sonderbarer Weise die Pelzmütze und die Handschuhe Strapinskis, welche auf dem Fenstersimse hinter dem Sitze des Paares gelegen hatten, nun im Schlitten der Fortuna neben Nettchen; wann und wie sie diese Gegenstände ergriffen, hatte niemand beachtet und sie selbst wußte es nicht; es war wie im Schlafwandel geschehen. Sie wußte jetzt noch nicht, daß Mütze und Handschuhe neben ihr lagen. Sodann sagte sie mehr als ein Mal laut vor sich hin: Ich muß noch zwei Worte mit ihm sprechen, nur zwei Worte!

Diese beiden Tatsachen scheinen zu beweisen, daß nicht ganz der Zufall die feurigen Pferde lenkte. Auch war es seltsam, als die Fortuna in die Waldstraße gelangte, in welche jetzt der helle Vollmond hinein schien, wie Nettchen den Lauf der Pferde mäßigte und die Zügel fester anzog, so daß dieselben beinahe nur im Schritt einhertanzten, während die Lenkerin die traurigen aber dennoch scharfen Augen gespannt auf den Weg heftete, ohne links und rechts den geringsten auffälligen Gegenstand außer Acht zu lassen.

Und doch war gleichzeitig ihre Seele wie in tiefer, schwerer, unglücklicher Vergessenheit befangen; was sind Glück und Leben! von was hangen sie ab? Was sind wir selbst, daß wir wegen einer lächerlichen Fastnachtslüge glücklich oder unglücklich werden? Was haben wir verschuldet, wenn wir durch eine fröhliche gläubige Zuneigung Schmach und Hoffnungslosigkeit einernten? Wer sendet uns solche einfältige Truggestalten, die zerstörend in unser Schicksal eingreifen, während sie sich selbst daran auflösen, wie schwache Seifenblasen?

Solche mehr geträumte als gedachte Fragen umfingen die Seele Nettchens, als ihre Augen sich plötzlich auf einen länglichen dunkeln Gegenstand richteten, welcher zur Seite der Straße sich vom mondbeglänzten Schnee abhob. Es war der langhingestreckte Wenzel, dessen dunkles Haar sich mit dem Schatten der Bäume vermischte, während sein schlanker Körper deutlich im Lichte lag.

Nettchen hielt unwillkürlich die Pferde an, womit eine tiefe Stille über den Wald kam. Sie starrte unverwandt nach dem dunklen Körper, bis derselbe sich ihrem hellsehenden Auge fast unverkennbar darstellte und sie leise die Zügel festband, ausstieg, die Pferde einen Augenblick beruhigend streichelte und sich hierauf der Erscheinung vorsichtig, lautlos näherte.

Ja, er war es. Der dunkelgrüne Samt seines Rockes nahm sich selbst auf dem nächtlichen Schnee schön und edel aus; der schlanke Leib und die geschmeidigen Glieder, wohl geschnürt und bekleidet, alles sagte noch in der Erstarrung, am Rande des Unterganges, im Verlorensein: Kleider machen Leute!

Als sich die einsame Schöne näher über ihn hinbeugte und ihn ganz sicher erkannte, sah sie auch sogleich die Gefahr, in der sein Leben schwebte, und fürchtete, er möchte bereits erfroren sein. Sie ergriff daher unbedenklich eine seiner Hände, die kalt und fühllos schien. Alles andere vergessend rüttelte sie den Ärmsten und rief ihm seinen Taufnamen ins Ohr: Wenzel! Wenzel! Umsonst, er rührte sich nicht, sondern atmete nur schwach und traurig. Da fiel sie über ihn her, fuhr mit der Hand über sein Gesicht, und gab ihm in der Beängstigung Nasenstüber auf die erbleichte Nasenspitze. Dann nahm sie, hiedurch auf einen guten Gedanken gebracht, Hände voll Schnee und rieb ihm die Nase und das Gesicht und auch die Finger tüchtig, soviel sie vermochte und bis sich der glücklich Unglückliche erholte, erwachte und langsam seine Gestalt in die Höhe richtete.

Er blickte um sich und sah die Retterin vor sich stehen. Sie hatte den Schleier zurückgeschlagen; Wenzel erkannte jeden Zug in ihrem weißen Gesicht, das ihn ansah mit großen Augen.

Er stürzte vor ihr nieder, küßte den Saum ihres Mantels und rief: «Verzeih' mir! Verzeih' mir!»

«Komm, fremder Mensch!» sagte sie mit unterdrückter zitternder Stimme, «ich werde mit Dir sprechen und Dich fortschaffen!»

Sie winkte ihm, in den Schlitten zu steigen, was er folgsam tat; sie gab ihm Mütze und Handschuh, eben so unwillkürlich, wie sie dieselbe mitgenommen hatte, ergriff Zügel und Peitsche und fuhr vorwärts.

Jenseits des Waldes, unfern der Straße, lag ein Bauernhof, auf welchem eine Bäuerin hauste, deren Mann unlängst gestorben. Nettchen war die Patin eines ihrer Kinder, sowie der Vater Amtsrat ihr Zinsherr. Noch neulich war die Frau bei ihnen gewesen, um der Tochter Glück zu wünschen und allerlei Rat zu holen, konnte aber zu dieser Stunde noch nichts von dem Wandel der Dinge wissen.

Nach diesem Hofe fuhr Nettchen jetzt, von der Straße ablenkend und mit einem kräftigen Peitschenknallen vor dem Hause haltend. Es war noch Licht hinter den kleinen Fenstern; denn die Bäuerin war wach und machte sich zu schaffen, während Kinder und Gesinde längst schliefen. Sie öffnete das Fenster und guckte verwundert heraus. «Ich bin's nur, wir sind's» rief Nettchen. «Wir haben uns verirrt wegen der neuen obern Straße, die ich noch nie gefahren bin; macht uns einen Kafe, Frau Gevatterin, und laßt uns einen Augenblick hineinkommen ehe wir weiter fahren!»

Gar vergnügt eilte die Bäuerin her, da sie Nettchen sofort erkannte, und bezeigte sich entzückt und eingeschüchtert zugleich, auch das große Tier, den fremden Grafen zu sehen. In ihren Augen waren Glück und Glanz dieser Welt in diesen zwei Personen über ihre Schwelle getreten; unbestimmte Hoffnungen, einen kleinen Teil daran, irgend einen bescheidenen Nutzen für sich oder ihre Kinder zu gewinnen, belebten die gute Frau und gaben ihr alle Behendigkeit, die jungen Herrschaftsleute zu bedienen. Schnell hatte sie ein Knechtchen geweckt, die Pferde zu halten, und bald hatte sie auch einen heißen Kafe bereitet, welchen sie jetzt hereinbrachte, wo Wenzel und Nettchen in der halbdunklen Stube einander gegenüber saßen, ein schwach flackerndes Lämpchen zwischen sich auf dem Tische.

Wenzel saß, den Kopf in die Hände gestützt, und wagte nicht aufzublicken. Nettchen lehnte auf ihrem Stuhle zurück und hielt die Augen fest verschlossen, aber ebenso den bitteren schönen Mund, woran man sah, daß sie keineswegs schlief.

Als die Gevattersfrau den Trank auf den Tisch gesetzt hatte, erhob sich Nettchen rasch und flüsterte ihr zu: «Laßt uns jetzt eine Viertelstunde allein, legt Euch aufs Bett, liebe Frau, wir haben uns ein bißchen gezankt und müssen uns heute noch aussprechen, da hier gute Gelegenheit ist!»

«Ich verstehe schon, Ihr macht's gut so!» sagte die Frau und ließ die zwei bald allein.

«Trinken Sie dies», sagte Nettchen, die sich wieder gesetzt hatte, «es wird Ihnen gesund sein!» Sie selbst berührte nichts. Wenzel Strapinski, der leise zitterte, richtete sich auf, nahm eine Tasse und trank sie aus, mehr weil sie es gesagt hatte, als um sich zu erfrischen. Er blickte sie jetzt auch an und als ihre Augen sich begegneten und Nettchen forschend die seinigen betrachtete, schüttelte sie das Haupt und sagte dann: «Wer sind Sie? Was wollten Sie mit mir!»

«Ich bin nicht ganz so, wie ich scheine!» erwiderte er traurig, «ich bin ein armer Narr, aber ich werde alles gut machen und Ihnen Genugtuung geben und nicht lange mehr am Leben sein!» Solche Worte sagte er so überzeugt und ohne allen gemachten Ausdruck, daß Nettchens Augen unmerklich aufblitzten. Dennoch wiederholte sie: «Ich wünsche zu wissen, wer Sie eigentlich seien und woher Sie kommen und wohin Sie wollen?»

«Es ist alles so gekommen, wie ich Ihnen jetzt der Wahrheit gemäß erzählen will», antwortete er und sagte ihr, wer er sei und wie es ihm bei seinem Einzug in Goldach ergangen. Er beteuerte besonders, wie er mehrmals habe fliehen wollen, schließlich aber durch ihr Erscheinen selbst gehindert worden sei, wie in einem verhexten Traume.

Nettchen wurde mehrmals von einem Anflug von Lachen heimgesucht; doch überwog der Ernst ihrer Angelegenheit zu sehr, als daß es zum Ausbruch gekommen wäre. Sie fuhr vielmehr fort zu fragen: «Und wohin gedachten Sie mit mir zu gehen und was zu beginnen?» «Ich weiß es kaum», erwiderte er; «ich hoffte auf weitere merkwürdige oder glückliche Dinge; auch gedachte ich zuweilen des Todes in der Art, daß ich mir denselben geben wolle, nachdem ich –»

Hier stockte Wenzel und sein bleiches Gesicht wurde ganz rot.

«Nun, fahren Sie fort» sagte Nettchen ihrerseits bleich werdend, indessen ihr Herz wunderlich klopfte.

Da flammten Wenzels Augen groß und süß auf und er rief:

«Ja, jetzt ist es mir klar und deutlich vor Augen, wie es gekommen wäre! Ich wäre mit Dir in die weite Welt gegangen und nachdem ich einige kurze Tage des Glückes mit Dir gelebt, hätte ich Dir den Betrug gestanden und mir gleichzeitig den Tod gegeben. Du wärst zu Deinem Vater zurückgekehrt, wo Du wohl aufgehoben gewesen wärest und mich leicht vergessen hättest. Niemand brauchte darum zu wissen; ich wäre spurlos verschollen. – Anstatt an der Sehnsucht nach einem würdigen Dasein, nach einem gütigen Herzen, nach Liebe lebenslang zu kranken», fuhr er wehmütig fort, «wäre ich einen Augenblick lang groß und glücklich gewesen und hoch über allen, die weder glücklich noch unglücklich sind und doch nie sterben wollen! O hätten Sie mich liegen gelassen im kalten Schnee, ich wäre so ruhig eingeschlafen!»

Er war wieder still geworden und schaute düster sinnend vor sich hin.

Nach einer Weile sagte Nettchen, die ihn still betrachtet, nachdem das durch Wenzels Reden angefachte Schlagen ihres Herzens sich etwas gelegt hatte:

«Haben Sie dergleichen oder ähnliche Streiche früher schon begangen und fremde Menschen angelogen, die Ihnen nichts zu leide getan?»

«Das habe ich mich in dieser bitteren Nacht selbst schon gefragt und mich nicht erinnert, daß ich je ein Lügner gewesen bin! Ein solches Abenteuer habe ich noch gar nie gemacht oder erfahren! Ja, in jenen Tagen, als der Hang in mir entstanden, etwas Ordentliches zu sein oder zu scheinen, in halber Kindheit noch, habe ich mich selbst überwunden und einem Glück entsagt, das mir beschieden schien!»

«Was ist dies?» fragte Nettchen.

«Meine Mutter war, ehe sie sich verheiratet hatte, in Diensten einer benachbarten Gutsherrin und mit derselben auf Reisen und in großen Städten gewesen. Davon hatte sie eine feinere Art bekommen, als die anderen Weiber unseres Dorfes, und war wohl auch etwas eitel; denn sie kleidete sich und mich, ihr einziges Kind, immer etwas zierlicher und gesuchter, als es bei uns Sitte war. Der Vater, ein armer Schulmeister, starb aber früh, und so blieb uns bei größter Armut keine Aussicht auf glückliche Erlebnisse, von welchen die Mutter gerne zu träumen pflegte. Vielmehr mußte sie sich harter Arbeit hingeben, um uns zu ernähren, und damit das Liebste, was sie hatte, etwas bessere Haltung und Kleidung, aufopfern. Unerwartet sagte nun jene neu verwitwete Gutsherrin, als ich etwa sechszehn Jahre alt war, sie gehe mit ihrem Haushalt in die Residenz für immer; die Mutter solle mich mitgeben, es sei schade für mich in dem Dorfe ein Taglöhner oder Bauernknecht zu werden, sie wolle mich etwas Feines lernen lassen, zu was ich Lust habe, während ich in ihrem Hause leben und diese und jene leichtere Dienstleistungen tun könne. Das schien nun das Herrlichste zu sein, was sich für uns ereignen mochte. Alles wurde demgemäß verabredet und zubereitet, als die Mutter nachdenklich und traurig wurde und mich eines Tages plötzlich mit vielen Tränen bat, sie nicht zu verlassen, sondern mit ihr arm zu bleiben; sie werde nicht alt werden, sagte sie, und ich würde gewiß noch zu etwas Gutem gelangen, auch wenn sie tot sei. Die Gutsherrin, der ich das betrübt hinterbrachte, kam her und machte meiner Mutter Vorstellungen; aber diese wurde jetzt ganz aufgeregt und rief einmal um das andere, sie lasse sich ihr Kind nicht rauben; wer es kenne –»

Hier stockte Wenzel Strapinski abermals und wußte sich nicht recht fortzuhelfen.

Nettchen fragte: «Was sagte die Mutter, wer es kenne? Warum fahren Sie nicht fort?»

Wenzel errötete und antwortete: «Sie sagte etwas Seltsames, was ich nicht recht verstand und was ich jedenfalls seither nicht verspürt habe; sie meinte, wer das Kind kenne, könne nicht mehr von ihm lassen, und wollte wohl damit sagen, daß ich ein gutmütiger Junge gewesen sei oder etwas dergleichen. Kurz, sie war so aufgeregt, daß ich trotz alles Zuredens jener Dame entsagte und bei der Mutter blieb, wofür sie mich doppelt lieb hatte, tausendmal mich um Verzeihung bittend, daß sie mir vor dem Glücke sei. Als ich aber nun auch etwas verdienen lernen sollte, stellte es sich heraus, daß nicht viel anderes zu tun war, als daß ich zu unserem Dorfschneider in die Lehre ging. Ich wollte nicht, aber die Mutter weinte so sehr, daß ich mich ergab. Dies ist die Geschichte.»

Auf Nettchens Frage, warum er denn doch von der Mutter fort sei und wann? erwiderte Wenzel: «Der Militärdienst rief mich weg. Ich wurde unter die Husaren gesteckt und war ein ganz hübscher roter Husar, obwohl vielleicht der dümmste im Regiment, jedenfalls der stillste. Nach einem Jahr konnte ich endlich für ein paar Wochen Urlaub erhalten und eilte nach Hause, meine gute Mutter zu sehen; aber sie war eben gestorben. Da bin ich denn, als meine Zeit gekommen war, einsam in die Welt gereist und endlich hier in mein Unglück geraten.»

Nettchen lächelte, als er dieses vor sich hin klagte und sie ihn dabei aufmerksam betrachtete. Es war jetzt eine Zeitlang still in der Stube; auf einmal schien ihr ein Gedanke aufzutauchen.

«Da Sie», sagte sie plötzlich, aber dennoch mit zögerndem spitzigem Wesen, «stets so wertgeschätzt und liebenswürdig waren, so haben Sie ohne Zweifel auch jederzeit Ihre gehörigen Liebschaften oder dergleichen gehabt und wohl schon mehr als ein armes Frauenzimmer auf dem Gewissen – von mir nicht zu reden?»

«Ach Gott», erwiderte Wenzel, ganz rot werdend, «eh' ich zu Ihnen kam, habe ich niemals auch nur die Fingerspitzen eines Mädchens berührt, ausgenommen –»

«Nun?» sagte Nettchen.

«Nun», fuhr er fort, «das war eben jene Frau, die mich mitnehmen und bilden lassen wollte, die hatte ein Kind, ein Mädchen von sieben oder acht Jahren, ein seltsames heftiges Kind und doch gut wie Zucker und schön wie ein Engel. Dem hatte ich vielfach den Diener und Beschützer machen müssen und es hatte sich an mich gewöhnt. Ich mußte es regelmäßig nach dem entfernten Pfarrhof bringen, wo es bei dem alten Pfarrer Unterricht genoß, und es von da wieder abholen. Auch sonst mußte ich öfter mit ihm ins Freie, wenn sonst niemand gerade mitgehen konnte. Dieses Kind nun, als ich es zum letzten Mal im Abendschein über das Feld nach Hause führte, fing von der bevorstehenden Abreise zu reden an, erklärte mir, ich müßte dennoch mitgehen und fragte, ob ich es tun wollte. Ich sagte, daß es nicht sein könne. Das Kind fuhr aber fort, gar beweglich und dringlich zu bitten, indem es mir am Arme hing und mich am Gehen hinderte, wie Kinder zu tun pflegen, so daß ich mich bedachtlos wohl etwas unwirsch frei machte. Da senkte das Mädchen sein Haupt und suchte beschämt und traurig die Tränen zu unterdrücken, die jetzt hervorbrachen, und es vermochte kaum das Schluchzen zu bemeistern. Betroffen wollte ich das Kind begütigen, allein nun wandte es sich zornig ab und entließ mich in Ungnaden. Seitdem ist mir das schöne Kind immer im Sinne geblieben und mein Herz hat immer an ihm gehangen, obgleich ich nie wieder von ihm gehört habe –»

Plötzlich hielt der Sprecher, der in eine sanfte Erregung geraten war, wie erschreckt inne und starrte erbleichend seine Gefährtin an.

«Nun», sagte Nettchen ihrerseits mit seltsamem Tone in gleicher Weise etwas blaß geworden, «was sehen Sie mich so an?»

Wenzel aber streckte den Arm aus, zeigte mit dem Finger auf sie, wie wenn er einen Geist sähe, und rief:

«Dieses habe ich auch schon erblickt. Wenn jenes Kind zornig war, so hoben sich ganz so, wie jetzt bei Ihnen, die schönen Haare um Stirne und Schläfe ein wenig aufwärts, daß man sie sich bewegen sah, und so war es auch zuletzt auf dem Felde in jenem Abendglanze.»

In der Tat hatten sich die zunächst den Schläfen und über der Stirne liegenden Locken Nettchens leise bewegt wie von einem ins Gesicht wehenden Lufthauche.

Die allezeit etwas kokette Mutter Natur hatte hier

eines ihrer Geheimnisse angewendet, um den schwierigen Handel zu Ende zu führen.

Nach kurzem Schweigen, indem ihre Brust sich zu heben begann, stand Nettchen auf, ging um den Tisch herum dem Manne entgegen und fiel ihm um den Hals mit den Worten: «Ich will Dich nicht verlassen! Du bist mein, und ich will mit Dir gehen trotz aller Welt!»

So feierte sie erst jetzt ihre rechte Verlobung aus tief entschlossener Seele, indem sie in süßer Leidenschaft ein Schicksal auf sich nahm und Treue hielt.

Doch war sie keineswegs so blöde, dieses Schicksal nicht selbst ein wenig lenken zu wollen; vielmehr faßte sie rasch und keck neue Entschlüsse. Denn sie sagte zu dem guten Wenzel, der in dem abermaligen Glückswechsel verloren träumte:

«Nun wollen wir gerade nach Seldwyl gehen und den Dortigen, die uns zu zerstören gedachten, zeigen, daß sie uns erst recht vereinigt und glücklich gemacht haben!»

Dem wackern Wenzel wollte dies nicht einleuchten. Er wünschte vielmehr, in unbekannte Weiten zu ziehen und geheimnisvoll romantisch dort zu leben in stillem Glücke, wie er sagte.

Allein Nettchen rief: «Keine Romane mehr! Wie Du bist, ein armer Wandersmann, will ich mich zu Dir bekennen und in meiner Heimat allen diesen Stolzen und Spöttern zum Trotze dein Weib sein. Wir wollen nach Seldwyla gehen und dort durch Tätigkeit und Klugheit die Menschen, die uns verhöhnt haben, von uns abhängig machen!»

Und wie gesagt, so getan! Nachdem die Bäuerin herbeigerufen und von Wenzel, der anfing seine neue Stellung einzunehmen, beschenkt worden war, fuhren sie ihres Weges weiter. Wenzel führte jetzt die Zügel. Nettchen lehnte sich so zufrieden an ihn, als ob er eine Kirchensäule wäre. Denn des Menschen Wille ist sein Himmelreich, und Nettchen war just vor drei Tagen volljährig geworden und konnte dem ihrigen folgen.

In Seldwyla hielten sie vor dem Gasthause zum Regenbogen, wo noch eine Zahl jener Schlittenfahrer beim Glase saß. Als das Paar im Wirtssaale erschien, lief wie ein Feuer die Rede herum: «Ha, da haben wir eine Entführung; wir haben eine köstliche Geschichte eingeleitet!»

Doch ging Wenzel ohne Umsehen hindurch mit seiner Braut, und nachdem sie in ihren Gemächern verschwunden war, begab er sich in den Wilden Mann, ein anderes gutes Gasthaus, und schritt stolz durch die dort ebenfalls noch hausenden Seldwyler hindurch in ein Zimmer, das er begehrte, und überließ sie ihren erstaunten Beratungen, über welchen sie sich das grimmigste Kopfweh anzutrinken genötigt waren.

Auch in der Stadt Goldach lief um die gleiche Zeit schon das Wort «Entführung!» herum.

In aller Frühe schon fuhr auch der Teich Bethesda nach Seldwyla, von dem aufgeregten Böhni und Nettchens betroffenem Vater bestiegen. Fast wären sie in ihrer Eile ohne Anhalt durch Seldwyla gefahren, als sie noch rechtzeitig den Schlitten Fortuna wohlbehalten vor dem Gasthause stehen sahen und zu ihrem Troste vermuteten, daß wenigstens die schönen Pferde auch nicht weit sein würden. Sie ließen daher ausspannen, als sich die Vermutung bestätigte und sie die Ankunft und den Aufenthalt Nettchens vernahmen, und gingen gleichfalls in den Regenbogen hinein.

Es dauerte jedoch eine kleine Weile, bis Nettchen den Vater bitten ließ, sie auf ihrem Zimmer zu besuchen und dort allein mit ihr zu sprechen. Auch sagte man, sie habe bereits den besten Rechtsanwalt der Stadt rufen lassen, welcher im Laufe des Vormittags erscheinen werde. Der Amtsrat ging etwas schweren Herzens zu seiner Tochter hinauf, überlegend, auf welche Weise er das desperate Kind am besten aus der Verirrung zurückführe, und war auf ein verzweifeltes Gebaren gefaßt.

Allein mit Ruhe und sanfter Festigkeit trat ihm Nettchen entgegen. Sie dankte ihrem Vater mit Rührung für alle ihr bewiesene Liebe und Güte und erklärte sodann in bestimmten Sätzen: erstens sie wolle nach dem Vorgefallenen nicht mehr in Goldach leben, wenigstens nicht die nächsten Jahre; zweitens wünsche sie ihr bedeutendes mütterliches Erbe an sich zu nehmen, welches der Vater ja schon lange für den Fall ihrer Verheiratung bereit gehalten; drittens wolle sie den Wenzel Strapinski heiraten, woran vor allem nichts zu ändern sei; viertens wolle sie mit ihm in Seldwyla wohnen und ihm da ein tüchtiges Geschäft gründen helfen, und fünftens und letztens werde alles gut werden; denn sie habe sich überzeugt, daß er ein guter Mensch sei und sie glücklich machen werde.

Der Amtsrat begann seine Arbeit mit der Erinnerung, daß Nettchen ja wisse, wie sehr er schon gewünscht habe, Ihr Vermögen zur Begründung ihres wahren Glükkes je eher je lieber in ihre Hände legen zu können. Dann aber schilderte er mit aller Bekümmernis, die ihn seit der ersten Kunde von der schrecklichen Katastrophe erfüllte, das Unmögliche des Verhältnisses, das sie festhalten wolle, und schließlich zeigte er das große Mittel, durch welches sich der schwere Konflikt allein würdig lösen lasse. Herr Melchior Böhni sei es, der bereit sei, durch augenblickliches Einstehen mit seiner Person den ganzen Handel niederzuschlagen und mit seinem unantastbaren Namen ihre Ehre vor der Welt zu schützen und aufrecht zu halten.

Aber das Wort Ehre brachte nun doch die Tochter in größere Aufregung. Sie rief, gerade die Ehre sei es, welche ihr gebiete, den Herrn Böhni nicht zu heiraten, weil sie ihn nicht leiden könne, dagegen dem armen Fremden getreu zu bleiben, welchem sie ihr Wort gegeben habe, und den sie auch leiden könne!

Es gab nun ein fruchtloses Hin- und Widerreden, welches die standhafte Schöne endlich doch zum Tränenvergießen brachte.

Fast gleichzeitig drangen Wenzel und Böhni herein, welche auf der Treppe zusammengetroffen, und es drohte eine große Verwirrung zu entstehen, als auch der Rechtsanwalt erschien, ein dem Amtsrate wohlbekannter Mann, und vor der Hand zur friedlichen Besonnenheit mahnte. Als er in wenigen vorläufigen Worten vernahm, worum es sich handle, ordnete er an, daß vor allem Wenzel sich in den Wilden Mann zurückziehe und sich dort still halte, daß auch Herr Böhni sich nicht einmische und fort gehe, daß Nettchen ihrerseits alle Formen des bürgerlichen guten Tones wahre bis zum Austrag der Sache und der Vater auf jede Ausübung von Zwang verzichte, da die Freiheit der Tochter gesetzlich unbezweifelt sei.

So gab es denn einen Waffenstillstand und eine allgemeine Trennung für einige Stunden.

In der Stadt, wo der Anwalt ein paar Worte verlauten ließ von einem großen Vermögen, welches vielleicht nach Seldwyla käme durch diese Geschichte, entstand nun ein großer Lärm. Die Stimmung der Seldwyler schlug plötzlich um zu Gunsten des Schneiders und seiner Verlobten, und sie beschlossen, die Liebenden zu schützen mit Gut und Blut und in ihrer Stadt Recht und Freiheit der Person zu wahren. Als daher das Gerücht ging, die Schöne von Goldach sollte mit Gewalt zurückgeführt werden, rotteten sie sich zusammen, stellten bewaffnete Schutz- und Ehrenwachen vor den Regenbogen und vor den Wilden Mann und begingen überhaupt mit gewaltiger Lustbarkeit eines ihrer großen Abenteuer, als merkwürdige Fortsetzung des gestrigen.

Der erschreckte und gereizte Amtsrat schickte seinen Böhni nach Goldach um Hülfe. Der fuhr im Galopp hin, und am nächsten Tage fuhren eine Anzahl Männer mit einer ansehnlichen Polizeimacht von dort herüber, um dem Amtsrat beizustehen, und es gewann den Anschein, als ob Seldwyla ein neues Troja werden sollte. Die Parteien standen sich drohend gegenüber; der Stadttambour drehte bereits an seiner Spannschraube und tat einzelne Schläge mit dem rechten Schlegel. Da kamen höhere Amtspersonen, geistliche und weltliche Herren auf den Platz, und die Unterhandlungen, welche allseitig gepflogen wurden, ergaben endlich, da Nettchen fest blieb und Wenzel sich nicht einschüchtern ließ, aufgemuntert durch die Seldwyler, daß das Aufgebot ihrer Ehe nach Sammlung aller nötigen Schriften förmlich stattfinden und daß gewärtigt werden solle, ob und welche gesetzliche Einsprachen während dieses Verfahrens dagegen erhoben würden und mit welchem Erfolge.

Solche Einsprachen konnten bei der Volljährigkeit Nettchens einzig noch erhoben werden wegen der zweifelhaften Person des falschen Grafen Wenzel Strapinski.

Allein der Rechtsanwalt, der seine und Nettchens Sache nun führte, ermittelte, daß den fremden jungen Mann weder in seiner Heimat noch auf seinen bisherigen Fahrten auch nur der Schatten eines bösen Leumunds getroffen habe und von überall her nur gute und wohlwollende Zeugnisse für ihn einliefen.

Was die Ereignisse in Goldach betraf, so wies der Advokat nach, daß Wenzel sich eigentlich gar nie selbst für einen Grafen ausgegeben, sondern daß ihm dieser Rang von andern gewaltsam verliehen worden; daß er schriftlich auf allen vorhandenen Belegstücken mit seinem wirklichen Namen Wenzel Strapinski ohne jede Zutat sich unterzeichnet hatte und somit kein anderes Vergehen vorlag, als daß er eine törichte Gastfreundschaft genossen hatte, die ihm nicht gewährt worden wäre, wenn er nicht in jenem Wagen angekommen wäre und jener Kutscher nicht jenen schlechten Spaß gemacht hätte.

So endigte denn der Krieg mit einer Hochzeit, an welcher die Seldwyler mit ihren sogenannten Katzenköpfen gewaltig schossen zum Verdrusse der Goldacher, welche den Geschützdonner ganz gut hören konnten, da der Westwind wehte. Der Amtsrat gab Nettchen ihr ganzes

Gut heraus und sie sagte, Wenzel müsse nun ein großer Marchand-Tailleur und Tuchherr werden in Seldwyla; denn da hieß der Tuchhändler noch Tuchherr, der Eisenhändler Eisenherr u.s.w.

Das geschah denn auch, aber in ganz anderer Weise, als die Seldwyler geträumt hatten. Er war bescheiden, sparsam und fleißig in seinem Geschäfte, welchem er einen großen Umfang zu geben verstand. Er machte ihnen ihre veilchenfarbigen oder weiß und blau gewürfelten Sammetwesten, ihre Ballfräcke mit goldenen Knöpfen, ihre rot ausgeschlagenen Mäntel, und alles waren sie ihm schuldig, aber nie zu lange Zeit. Denn um neue, noch schönere Sachen zu erhalten, welche er kommen oder anfertigen ließ, mußten sie ihm das frühere bezahlen, so daß sie unter einander klagten, er presse ihnen das Blut unter den Nägeln hervor.

Dabei wurde er rund und stattlich und sah beinah gar nicht mehr träumerisch aus; er wurde von Jahr zu Jahr geschäftserfahrener und gewandter und wußte in Verbindung mit seinem bald versöhnten Schwiegervater, dem Amtsrat, so gute Spekulationen zu machen, daß sich sein Vermögen verdoppelte und er nach zehn oder zwölf Jahren mit ebenso vielen Kindern, die inzwischen Nettchen, die Strapinska, geboren hatte, und mit letzterer nach Goldach übersiedelte und daselbst ein angesehener Mann ward.

Aber in Seldwyla ließ er nicht einen Stüber zurück, sei es aus Undank oder aus Rache.

DER SCHMIED SEINES GLÜCKES

John Kabys, ein artiger Mann von bald vierzig Jahren, führte den Spruch im Munde, daß jeder der Schmied seines eigenen Glückes sein müsse, solle und könne, und zwar ohne viel Gezappel und Geschrei.

Ruhig, mit nur wenigen Meisterschlägen schmiede der rechte Mann sein Glück! war seine öftere Rede, womit er nicht etwa die Erreichung bloß des Notwendigen, sondern überhaupt alles Wünschenswerten und Überflüssigen verstand.

So hatte er denn als zarter Jüngling schon den ersten seiner Meisterstreiche geführt und seinen Taufnamen Johannes in das englische John umgewandelt, um sich von vornherein für das Ungewöhnliche und Glückhafte zuzubereiten, da er dadurch von allen übrigen Hansen abstach und überdies einen angelsächsisch unternehmenden Nimbus erhielt.

Darauf verharrte er einige Jährchen ruhig, ohne viel zu lernen oder zu arbeiten, aber auch ohne über die Schnur zu hauen, sondern klug abwartend.

Als jedoch das Glück auf den ausgeworfenen Köder nicht anbeißen wollte, tat er den zweiten Meisterschlag und verwandelte das i in seinem Familienamen Kabis in ein y. Dadurch erhielt dies Wort (anderwärts auch Kapes), welches Weißkohl bedeutet, einen edleren und fremdartigern Anhauch, und John Kabys erwartete nun mit mehr Berechtigung, wie er glaubte, das Glück.

Allein es vergingen abermals mehrere Jahre, ohne daß selbiges sich einstellen wollte, und schon näherte er sich dem einunddreißigsten, als er sein nicht bedeutendes Erbe mit aller Mäßigung und Einteilung endlich doch aufgezehrt hatte. Jetzt begann er aber sich ernstlich zu regen und sann auf ein Unternehmen, das nicht für den Spaß sein sollte. Schon oft hatte er viele Seldwyler um ihre stattlichen Firmen beneidet, welche durch Hinzufügen des Frauennamens entstanden. Diese Sitte war einst plötzlich aufgekommen, man wußte nicht wie und woher; aber genug, sie schien den Herren vortrefflich zu den roten Plüschwesten zu passen und auf einmal erklang das ganze Städtchen an allen Ecken von pompösen Doppelnamen. Große und kleine Firmatafeln, Haustüren, Glockenzüge, Kaffeetassen und Teelöffel waren damit beschrieben und das Wochenblatt strotzte eine Zeit lang von Anzeigen und Erklärungen, deren einziger Zweck das Anbringen der Alliance-Unterschrift war. Insbesondere gehörte es zu den ersten Freuden der Neuverheirateten, alsobald irgend ein Inserat von Stapel laufen zu lassen. Dabei gab es auch mancherlei Neid und Ärgernis; denn wenn etwa ein schwärzlicher Schuster oder sonst für gering Geachteter durch Führung solchen Doppelnamens an der allgemeinen Respektabilität Teil nehmen wollte, so wurde ihm das mit Naserümpfen übel vermerkt, obgleich er im legitimsten Besitze der anderen Ehehälfte war. Immerhin war es nicht ganz gleichgültig, ob ein oder mehrere Unbefugte durch dieses Mittel in das allgemeine vergnügte Kreditwesen eindrangen, da erfahrungsgemäß die geschlechterhafte Namensverlängerung zu den wirksameren, doch zartesten Maschinenteilchen jenes Kreditwesens gehörte.

Für John Kabys aber konnte der Erfolg einer solchen Hauptveränderung nicht zweifelhaft sein. Die Not war jetzt gerade groß genug, um diesen lang aufgesparten Meisterstreich zur rechten Stunde zu führen, wie es einem alten Schmied seines Glückes geziemt, der da nicht in den Tag hinein hämmert, und John sah demgemäß nach einer Frau aus, still, aber entschlossen. Und siehe! schon der Entschluß schien das Glück endlich heraufzubeschwören; denn noch in derselben Woche langte an, wohnte in Seldwyla mit einer mannbaren Tochter eine ältere Dame und nannte sich Frau Oliva, die Tochter Fräulein Oliva. Kabys-Oliva! klang es sogleich in Johns Ohren und wiederhallte es in seinem Gemüte! Mit einer solchen Firma ein bescheidenes Geschäft begründet, mußte in wenig Jahren ein großes Haus daraus werden. So machte er sich denn weislich an die Sache, ausgerüstet mit allen seinen Attributen.

Diese bestanden in einer vergoldeten Brille, in drei emaillierten Hemdeknöpfen, durch goldene Kettchen unter sich verbunden, in einer langen goldenen Uhrkette, welche eine geblümte Weste überkreuzte, mit allerlei Anhängseln, in einer gewaltigen Busennadel, welche als Miniaturgemälde eine Darstellung der Schlacht von Waterloo enthielt, ferner in drei oder vier großen Ringen, einem großen Rohrstock, dessen Knopf ein kleiner Operngucker bildete in Gestalt eines Perlmutterfäßchens. In den Taschen trug, zog hervor und legte er vor sich hin, wenn er sich setzte: ein großes Futteral aus Leder, in welchem eine Cigarrenspitze ruhte aus Meerschaum geschnitzt, darstellend den aufs Pferd gebundenen Mazeppa; diese Gruppe ragte ihm, wenn er rauchte, bis zwischen die Augbrauen hinauf und war ein Kabinettsstück; ferner eine rote Cigarrentasche mit vergoldetem Schloß, in welcher schöne Cigarren lagen mit kirschrot und weiß getigertem Deckblatt, ein abenteuerlich elegantes Feuerzeug, eine silberne Tabaksdose und eine gestickte Schreibtafel. Auch führte er das komplizierteste und zierlichste aller Geldtäschchen mit unendlich geheimnisvollen Abteilungen.

Diese sämtliche Ausrüstung war ihm die Ideal-Ausstattung eines Mannes im Glücke; er hatte dieselbe, als kühn entworfenen Lebensrahmen, im Voraus angeschafft, als er noch an seinem kleinen Vermögen geknabbert, aber nicht ohne einen tieferen Sinn. Denn solche Anhäufung war jetzt nicht sowohl das Behänge eines geschmacklosen eiteln Mannes, als vielmehr eine Schule der Übung, der Ausdauer und des Trostes zur Zeit des Unsterns, sowie eine würdige Bereithaltung für das endlich einkehrende Glück, welches ja kommen konnte wie ein Dieb in der Nacht. Lieber wäre er verhungert, als daß er das geringste seiner Zierstücke veräußert oder versetzt hätte; so konnte er weder vor der Welt, noch vor sich selbst für einen Bettler gelten und lernte das Äußerste erdulden, ohne an Glanz einzubüßen. Ebenso war, um nichts zu verlieren, zu verderben, zu zerbrechen oder in Unordnung zu bringen, eine fortwährend ruhige und würdevolle Haltung geboten. Kein Räuschchen und keine andere Aufregung durfte er sich gestatten, und wirklich besaß er seinen Mazeppa schon seit zehn Jahren, ohne daß an dem Pferde ein Ohr oder der fliegende Schweif abgebrochen wäre, und die Häkchen und Ringelchen an seinen Etuis und Necessaires schlossen noch so gut als am Tage ihrer Schöpfung. Auch mußte er zu all dem Schmucke Rock und Hut säuberlich schonen, sowie er auch stets ein blankens Vorhemdchen zu besitzen wußte, um seine Knöpfe, Kettchen und Nadeln auf weißem Grunde zu zeigen.

Freilich lag eigentlich mehr Mühe darin, als er in seinem Spruche von den wenigen Meisterschlägen zugestehen wollte; allein man hat ja immer die Werke des Genies fälschlich für mühelos ausgegeben.

Wenn nun die beiden Frauenzimmer das Glück waren, so ließ es sich nicht ungern in dem ausgespannten Netze des Meisters fangen, ja er schien ihnen mit seiner Ordentlichkeit und seinen vielen Kleinodien gerade der Mann zu sein, den zu suchen sie ins Land gekommen waren. Sein geregelter Müßiggang deutete auf einen behaglichen und sichern Zinsleinpicker oder Rentier, der seine Werttitel gewiß in einem artigen Kästchen aufbewahrte. Sie sprachen einiges von ihrem eigenen wohlbestellten Wesen; als sie aber merkten, daß Herr Kabys nicht viel Gewicht darauf zu legen schien, hielten sie klüglich inne und ihre Persönlichkeit für das, was diesen guten Mann allein anziehe. Kurz, in wenigen Wochen war er mit dem Fräulein Oliva verlobt, und gleichzeitig reiste er nach der Hauptstadt, um eine reich verzierte Adreßkarte mit dem herrlichen Doppelnamen stechen zu lassen, anderseits ein prächtiges Firmaschild zu bestellen und einige Handelsverbindungen mit Kredit für ein Geschäft mit Ellenwaren zu eröffnen. Im Übermut kaufte er gleich noch zwei oder drei Ellenstäbe von poliertem Pflaumenholz, einige Dutzend Wechselformulare mit vielen merkurialischen Emblemen, Preiszettel und kleine Papierchen mit goldenem Rande zum Aufkleben, Handlungsbücher und derartiges mehr.

Vergnügt eilte er wieder in seine Heimatstadt und zu seiner Braut, deren einziger Fehler ein etwas unverhältnismäßig großer Kopf war. Freundlich, zärtlich wurde er empfangen und seinem Reiseberichte die Eröffnung entgegengesetzt, daß die Papiere der Braut, so für die Hochzeit erforderlich waren, angekommen seien. Doch geschah diese Eröffnung mit einer lächelnden Zurückhaltung, wie wenn er auf eine zwar unbedeutende, aber immerhin nicht ganz ordnungsgemäße Nebensache müßte vorbereitet werden. Alles dies ging endlich vorüber und es ergab sich, daß die Mutter allerdings eine verwitwete Dame Oliva, die Tochter hingegen ein außereheliches Kind von ihr war aus ihrer Jugendzeit und ihren eigenen Familiennamen trug, wenn es sich um amtliche und zivilrechtliche Dinge handelte. Dieser Name war: Häuptle! Die Braut hieß: Jungfer Häuptle, und die künftige Firma also: «John Kabys-Häuptle», zu deutsch «Hans Kohlköpfle».

Sprachlos stand der Bräutigam eine gute Weile, die unselige Hälfte seines neuesten Meisterwerkes betrachtend; endlich rief er: «Und mit einem solchen Hauptkopfschädel kann man Häuptle heißen!» Erschrocken und demütig senkte die Braut ihr Häuptlein, um das Gewitter vorübergehen zu lassen; denn noch ahnte sie nicht, daß die Hauptsache an ihr für Kabyssen jener schöne Name gewesen sei.

Herr Kabys schlechtweg aber ging ohne weiteres nach seiner Behausung, um sich den Fall zu überlegen; allein schon auf dem Wege riefen ihm seine lustigen Mitbürger Hans Kohlköpfle zu, da das Geheimnis bereits verraten war. Drei Tage und drei Nächte suchte er das gefehlte Werk in tiefer Einsamkeit umzuschmieden. Am vierten Tage hatte er seinen Entschluß gefaßt, ging wieder dorthin und begehrte die Mutter statt der Tochter zur Ehe. Allein die entrüstete Frau hatte nun ihrerseits in Erfahrung gebracht, daß Herr Kabys gar kein Mahagonikästchen mit Werttiteln besitze, und wies ihm schnöde die Türe, worauf sie mit ihrer Tochter um ein Städtchen weiter zog.

So sah Herr John das glänzende Oliva entschwinden wie eine schimmernde Seifenblase im Ätherblau, und höchst betreten hielt er seinen Glücksschmiedehammer in der Hand. Seine letzte Barschaft war über diesem Handel fortgegangen. Daher mußte er sich endlich entschließen, etwas Wirkliches zu arbeiten oder wenigstens zur Grundlage seines Daseins zu machen, und indem er sich so hin und her prüfte, konnte er gar nichts, als vortrefflich rasieren, ebenso die Messer dazu im Stande halten und scharf machen. Nun stellte er sich auf mit einem Bartbecken und in einem schmalen Stübchen zu ebener Erde, über dessen Türe er ein «John Kabys» befestigte, welches er aus jener stattlichen Firmatafel eigenhändig herausgesägt und von dem verlorenen Oliva wehmütig abgetrennt hatte. Der Spitzname Kohlköpfle blieb ihm jedoch in der Stadt und führte ihm manchen Kunden zu, so daß er mehrere Jahre lang ganz leidlich dahin lebte, Gesichter schabend und Messer abziehend, und seinen übermütigen Wahlspruch fast ganz zu vergessen schien.

Da sprach eines Tages ein Bürger bei ihm ein, der so eben von langen Reisen zurückgekehrt war, und jetzt nachlässig, indem er sich zum Einseifen setzte, hinwarf: «So gibt es, wie ich aus Ihrem Schilde ersehe, doch noch

Kabyse in Seldwyla?» «Ich bin der Letzte meines Geschlechts», erwiderte der Barbier nicht ohne Würde, «doch warum frugen Sie das, wenn ich fragen darf?» Der Fremde schwieg jedoch, bis er barbiert und gesäubert, und erst als alles beendigt und der Ehrensold entrichtet war, fuhr er fort: «In Augsburg kannte ich einen alten reichen Kauz, welcher öfter versicherte, seine Großmutter sei eine geborene Kabis von Seldwyla in der Schweiz gewesen, und es nehme ihn höchlich Wunder, ob da noch Leute dieses Geschlechtes lebten?»

Hierauf entfernte sich der Mann.

Hans Kohlköpfle dachte nach und dachte nach und kam in eine große Aufregung, als er sich endlich dunkel erinnerte, daß eine Vorfahrin von ihm sich wirklich vor langen Jahren nach Deutschland verheiratet haben sollte, die seither verschollen war. Ein rührendes Familiengefühl erwachte plötzlich in ihm, ein romantisches Interesse für Stammbäume, und es ward ihm bange, ob der Gereiste auch wieder kommen würde. Nach der Art seines Bartwuchses mußte er in zwei Tagen wieder erscheinen. In der Tat kam der Mann pünktlich um diese Zeit. John seifte ihn ein und schabte ihn beinahe zitternd vor Neugierde. Als er fertig war, platzte er heraus und erkundigte sich angelegentlich nach den näheren Umständen. Der Mann sagte: «Es ist einfach ein Herr Adam Litumlei, hat eine Frau, aber keine Kinder, und wohnt in der und der Straße zu Augsburg.»

John beschlief sich den Handel noch eine Nacht und faßte in derselben den Mut, doch noch tüchtig glücklich zu werden. Am nächsten Morgen schloß er seinen Ladenstreifen, packte seinen Sonntagsanzug in einen alten Tornister und alle seine wohlerhaltenen Wahrzeichen in ein besonderes Paketlein, und nachdem er sich mit hinlänglichen Ausweisschriften und pfarrbücherlichen Auszügen versehen, trat er unverweilt die Reise nach Augsburg an, still und unscheinbar, wie ein älterer Handwerksbursche.

Als er die Türme und die grünen Wälle der Stadt vor sich sah, überzählte er seine Barschaft und fand, daß er sich sehr knapp halten müsse, wenn er im ungünstigen Falle den Rückweg wieder bestehen wolle. Darum kehrte er in der bescheidensten Herberge ein, welche er nach einigem Suchen auffinden konnte; er trat in die Gaststube und sah verschiedene Handwerkszeichen über den Tischen hangen, worunter auch dasjenige der Schmiede. Unter dieses setzte er sich als ein Schmied seines Glückes, der guten Vorbedeutung wegen, und stärkte sein Leibliches durch ein Frühstück, da es noch zeitig am Tage. Dann ließ er sich ein eigenes Kämmerchen geben, wo er sich umkleidete. Er stutzte sich auf jegliche Weise auf und behing sich mit dem ganzen Zierat; auch schraubte er das Perspektivfäßchen auf den Stock. So trat er aus der Kammer hervor, daß die Wirtin erschrak ob all der Pracht.

Es dauerte ziemlich lang, eh' er die Straße fand, nach der sein Herz begehrte. Doch endlich sah er sich in einer weiten Gasse, worin mächtige alte Häuser standen; aber kein lebendes Wesen war zu erblicken. Endlich wollte doch ein Mägdlein mit einem blanken schäumenden Kännchen Bier an ihm vorüber huschen. Er hielt es fest und fragte nach Herrn Adam Litumlei, und das Mädchen zeigte ihm das Haus, vor welchem er gerade stand.

Neugierig schaute er daran hinauf. Über einem ansehnlichen Portale türmten sich mehrere Stockwerke mit hohen Fenstern empor, deren starke Gesimse und Profile ein senkrechtes Meer von kühnen Verkürzungen vor dem Auge des armen Glücksuchers ausbreiteten, so daß es ihm fast bänglich wurde und er befürchtete, eine zu großartige Sache unternommen zu haben; denn er stand vor einem förmlichen Palast. Dennoch drückte er sachte an dem schweren Torflügel, schlüpfte hinein und befand sich in einem prächtigen Treppenhaus. Eine steinerne Doppeltreppe baute sich mit breiten Absätzen in die Höhe, von einem reich geschmiedeten Geländer eingefaßt. Unter der

Treppe hindurch und durch die hintere offene Haustüre sah man Sonnenschein und Blumenbeete. John ging leise dahin, um vielleicht einen Dienstboten oder einen Gärtner zu finden, sah aber nichts als einen großen altfränkischen Garten, der voll der schönsten Blumen war, sowie einen steinernen Brunnen mit vielen Figuren.

Alles war wie ausgestorben; er ging wieder zurück und begann die Treppe hinaufzusteigen. An den Wänden hingen große vergilbte Landkarten, Pläne alter Reichsstädte mit ihren Festungswerken, mit stattlichen allegorischen Darstellungen in den Ecken. Eine eichene Türe unter mehreren war bloß angelehnt; der Eindringling öffnete sie zur Hälfte und sah eine ziemlich hübsche Frau auf einem Ruhebette ausgestreckt, welcher das Strickzeug entfallen war und die ein geruhiges Schläfchen tat, obgleich es erst 10 Uhr Vormittags war. Mit klopfendem Herzen hielt John Kabys, da das Zimmer sehr tief war, seinen Stock ans Auge und betrachtete die Erscheinung durch das Perspektivchen von Perlmutter; das seidene Kleid, die rundlichen Formen der Schläferin ließen ihm das Haus immer mehr wie ein verzaubertes Schloß erscheinen, und höchst gespannt zog er sich zurück und stieg weiter hinauf, sachte und vorsichtig.

Zu oberst war das Treppenhaus eine ordentliche Rüstkammer, da es behangen war mit Rüstungen und Waffen aus allen Jahrhunderten; rostige Panzerhemden, Eisenhüte, Gallakürasse aus der Zopfzeit, Schlachtschwerter, vergoldete Luntenstäbe, alles hing durcheinander, und in den Ecken standen ziervolle kleine Geschütze, grün vor Alter. Kurz, es war das Treppenhaus eines großen Patriziers und Herrn John wurde es feierlich zu Mute.

Da ließ sich plötzlich eine Art Geschrei vernehmen, ganz in der Nähe, wie von einem größeren Kinde, und als es nicht aufhörte, benutzte John den Anlaß, ihm nachzugehen und so zu Leuten zu kommen. Er öffnete die nächste Türe und sah einen weitläufigen Ahnensaal, von unten bis oben mit Bildnissen angefüllt. Der Boden bestand aus sechseckigen Fliesen verschiedener Farbe, die Decke aus Gipsstukaturen mit lebensgroßen fast frei schwebenden Menschen- und Tiergestalten, Fruchtkränzen und Wappen. Vor einem zehn Fuß hohen Kaminspiegel aber stand ein winziges eisgraues Greischen, nicht schwerer als ein Zicklein, in einem Schlafrock von scharlachrotem Sammet, mit eingeseiftem Gesicht. Das strampelte vor Ungeduld, schrie weinerlich und rief: «Ich kann mich nicht mehr rasieren! Ich kann mich nicht mehr rasieren! Mein Messer schneidt nicht! Niemand hilft mir, o je, o je!» Als es im Spiegel den Fremden sah, schwieg es still, kehrte sich um und sah mit dem Messer in der Hand verblüfft und furchtsam auf Herrn John, welcher, den Hut in der Hand, mit vielen Bücklingen vordrang, den Hut abstellte, lächelnd dem Männchen das Messer aus der Hand nahm und dessen Schneide prüfte. Er zog sie einige Mal auf seinem Stiefel, dann auf dem Handballen ab, prüfte hierauf die Seife und schlug einen dichtern Schaum, kurz er barbierte das Männchen in weniger als drei Minuten aufs Herrlichste.

«Verzeihen Sie, hochgeehrter Herr!» sagte hierauf Kabys, «die Freiheit, die ich mir genommen habe! Allein da ich Sie in solcher Verlegenheit sah, glaubte ich mich dergestalt auf die natürlichste Weise bei Ihnen einzuführen, insofern ich etwa die Ehre habe, vor Herrn Adam Litumlei zu stehen.»

Das Alterchen betrachtete noch immer erstaunt den Fremden; dann schaute es in den Spiegel und fand sich sauber rasiert, wie lange nicht mehr, worauf es, Wohlgefallen mit Mißtrauen vermischend, den Künstler abermals besah und mit Zufriedenheit wahrnahm, daß es ein anständiger Fremder sei. Doch fragte es mit immer noch unwirschem Stimmchen, wer er sei und was er wolle?

John räusperte sich und versetzte: er sei ein gewisser

Kabys aus Seldwyla, und da er sich gerade auf Reisen befinde und hiesige Stadt passiere, so habe er nicht versäumen wollen, die Nachkommen einer Ahne seines Hauses aufzusuchen und zu begrüßen. Und er tat, als ob er von Kindheit auf nur von Herrn Litumlei sprechen gehört hätte. Dieser war auf einmal freudig überrascht und rief freundlich und wohlgemut:

«Ha! so blühet also das Geschlecht der Kabise noch! Ist es zahlreich und angesehen?»

John hatte schon gleich einem Wandergesellen, der vor dem Torschreiber steht, seine Schriften ausgepackt und vorgelegt. Indem er auf sie wies, sprach er ernst: «Zahlreich ist es nicht mehr, denn ich bin der Letzte des Geschlechtes! Aber seine Ehre steht noch unbewegt!» Erstaunt und gerührt ob solchen Reden bot ihm der Alte die Hand und hieß ihn willkommen. Die beiden Herren verständigten sich schnell über den Grad ihrer Verwandtschaft; abermals rief Litumlei: «So nahe berühren sich unsere Lebenszweige! Kommen Sie, lieber Vetter, hier sehen Sie Ihre edle und treffliche Urgroßtante, meine leibliche Großmama!» Und er führte ihn im mächtigen Saale umher, bis sie vor einem schönen Frauenbilde standen in der Tracht des vorigen Jahrhunderts. In der Tat bezeichnete ein Papierkärtchen, welches in der Ecke des Rahmens befestigt war, die besagte Dame, sowie auch eine Anzahl der andern Bildnisse mit solchen Zetteln versehen war. Freilich zeigten die Gemälde selbst noch andere Inschriften in lateinischer Sprache, welche mit den angehefteten Papierchen nicht übereinstimmten. Aber John Kabys stand und stand und überlegte in seinem Innern: «So hast du denn doch gut geschmiedet! Denn hier blickt auf dich hernieder, hold und freundlich, die Ahnfrau deines Glückes im reichen Rittersaal!»

Melodisch zu dieser Selbstansprache klangen die Worte des Herrn Litumlei, welcher sagte, daß nun von einer Weiterreise keine Rede sein dürfe, sondern der werteste Vetter zur Begründung eines engeren Verhältnisses vorerst so lange, als dessen Zeit es erlaube, sein Gast sein müsse. Denn das flunkernde Ziergeräte des Herrn Großneffen, welches ihm schon in die Augen gefallen, versah trefflich seinen Dienst und erfüllte ihn mit Vertrauen.

Darum zog er jetzt mit aller Macht an einer Glocke, worauf allmählig einige Dienstboten herbei schlurften, um nach ihrem kleinen Gebieter zu sehen, und endlich erschien auch die Dame, welche im ersten Stock geschlafen hatte, noch gerötet von ihrem Schläfchen und mit halb offenen Augen. Als ihr aber der angekommene Gast vorgestellt wurde, tat sie dieselben ganz auf, neugierig und vergnüglich, wie es schien, über die unerwartete Begebenheit. John wurde nun in andere Räume geführt und mußte eine gehörige Erfrischung einnehmen, wobei ihm das Ehepaar so eifrig half, wie Kinder, die zu jeder Stunde Eßlust haben. Dies gefiel dem Gast über die Maßen, da er sah, daß es Leute waren, die sich nichts abgehen ließen und welche noch Freude an den guten Dingen hätten. Seinerseits aber verfehlte er auch nicht, stündlich einen angenehmeren Eindruck zu machen, ja schon beim bald folgenden Mittagessen stellte sich derselbe entschieden fest, als jedes der beiden Leutchen seine eigenen Leibgerichte auftragen ließ, und John Kabys von allem aß und alles trefflich fand und seine angewöhnte ruhige Würde seinem Urteil einen noch höheren Wert gab. Es wurde aufs Rühmlichste gegessen und getrunken, und noch nie genossen drei wackere Leute zusammen ein reichlicheres und zugleich schuldloseres Dasein. Es war für John ein Paradies, in welchem kein Sündenfall möglich schien.

Genug, es begab sich alles auf das Beste. Bereits lebte er acht Tage in dem ehrwürdigen Hause und kannte dasselbe schon in allen Ecken. Er vertrieb dem Alten die Zeit auf tausenderlei Weise, ging mit ihm spazieren und rasierte ihn so leicht wie ein Zephir, was dem Männchen vor allem aus gefiel. John merkte, daß Herr Litumlei über irgend etwas nachzusinnen begann und erschrak, wenn jener von seiner Abreise sprach, was er etwa in ernsten Andeutungen tat. Da fand er, es sei Zeit, jetzt wieder einen kleinen Meisterschlag zu wagen, und kündigte seinem Gönner am Ende des achten Tages deutlicher seine demnächstige Abreise an, zum Grunde nehmend, daß er durch längeres Zaudern den Abschied und die Gewöhnung an ein einfacheres Leben nicht erschweren dürfe. Denn männlich wolle er sein Schicksal ertragen, das Schicksal eines letzten seines Geschlechtes, der da in strenger Arbeit und Zurückgezogenheit die Ehre des Hauses bis zum Erlöschen zu wahren habe.

«Kommen Sie mit mir hinauf in den Rittersaal!» erwiderte Herr Adam Litumlei; sie gingen; als dort der Alte einige Mal feierlich auf und abgewandelt, begann er wieder: «Hören Sie meinen Entschluß und meinen Vorschlag, lieber Großneffe! Sie sind der Letzte Ihres Geschlechts, es ist dies ein ernstes Schicksal! Allein ein nicht minder ernstes habe ich zu tragen! Blicken Sie mich an, wohlan! Ich bin der Erste des meinigen!»

Stolz richtete er sich auf, und John sah ihn an, konnte aber nicht entdecken, was das heißen sollte. Aber jener fuhr fort: «Ich bin der Erste des meinigen will so viel heißen, als: Ich habe mich entschlossen, ein solch großes und rühmliches Geschlecht zu gründen, wie Sie hier an den Wänden dieses Saales gemalt sehen! Dieses sind nämlich nicht meine Ahnen, sondern die Glieder eines ausgestorbenen Patriziergeschlechtes dieser Stadt. Als ich vor dreißig Jahren hier einwanderte, war das Haus mit all seinem Inhalt und seinen Denkmälern eben käuflich und ich erstand sogleich den ganzen Apparat als Grundlage zur Verwirklichung meines Lieblingsgedankens. Denn ich besaß ein großes Vermögen aber keinen Namen, keine Vorfahren, und ich kenne nicht einmal den Taufnamen meines Großvaters, welcher eine Kabys geheiratet hat. Ich entschädigte mich anfänglich damit, die hier gemalten

Herren und Frauen als meine Vorfahren zu erklären und einige zu Litumleis, andere zu Kabissen zu machen mittelst solcher Zettel, wie Sie sehen; doch meine Familienerinnerungen reichten nur für sechs oder sieben Personen aus, die übrige Menge dieser Bilder, das Ergebnis von vier Jahrhunderten, spottete meiner Bestrebungen. Um so dringender war ich an die Zukunft gewiesen, an die Notwendigkeit, selbst ein lang andauerndes Geschlecht zu stiften, dessen gefeierter Stammvater ich bin. Mein Bild habe ich längst anfertigen lassen, sowie einen Stammbaum, an dessen Wurzel mein Name steht. Aber ein hartnäckiger Unstern verfolgt mich! Schon habe ich die dritte Frau und noch hat mir keine ein Mädchen, geschweige denn einen Sohn und Stammhalter geschenkt. Die beiden früheren Weiber, von denen ich mich scheiden ließ, haben seither mit andern Männern aus Bosheit verschiedene Kinder gehabt, und die Gegenwärtige, welche ich auch schon sieben Jahre besitze, würde es gewißlich gerade so machen, wenn ich sie laufen ließe.

Ihre Erscheinung, teurer Großneffe! hat mir nun eine Idee eingegeben, diejenige einer künstlichen Nachhülfe, wie sie in der Geschichte, in großen und kleinen Dynastien vielfach gebraucht wurde. Was sagen Sie hiezu: Sie leben bei uns wie das Kind im Hause, ich setze Sie gerichtlich zu meinem Erben ein! Dagegen haben Sie zu leisten: Sie opfern äußerlich Ihre eigene Familienüberlieferung (sind Sie ja doch der Letzte Ihres Geschlechtes) und nehmen nach meinem Tode, d.h. bei Antritt des Erbes, meinen Namen an! Ich verbreite unter der Hand das Gerücht, daß Sie ein natürlicher Sohn von mir seien, die Frucht eines tollen Jugendstreiches; Sie nehmen diese Auffassung an, widersprechen ihr nicht! Vielleicht läßt sich in der Folge eine schriftliche Kundgebung darüber aufsetzen, ein Memoire, ein kleiner Roman, eine denkwürdige Liebesgeschichte, worin ich eine feurige, wenn auch unbesonnene Figur mache, Unheil anrichte, das ich im Alter wieder gut mache. Endlich verpflichten Sie sich, diejenige Gattin von meiner Hand anzunehmen, die ich unter den angesehenen Töchtern der Stadt für Sie aussuchen werde, zur weiteren Verfolgung meines Zieles. Das ist im Ganzen und im Besonderen mein Vorschlag!»

John war während dieser Rede abwechselnd rot und bleich geworden, aber nicht aus Scham und Schreck, sondern vor Freude und Erstaunen über das endlich eingetroffene Glück und über seine eigene Weisheit, welche dasselbe herbeigeführt habe. Aber mit nichten ließ er sich davon überrumpeln, sondern er tat als ob er sich nur schwer entschließen könnte wegen der Aufopferung seines ehrbaren Familiennamens und seiner ehelichen Geburt. Er nahm sich eine Bedenkzeit von vier und zwanzig Stunden, in höflichen und wohlgesetzten Worten, und fing darnach an, in dem schönen Garten höchst nachdenklich auf und abzuspazieren. Die lieblichen Blumen, die Levkojen, Nelken und Rosen, die Kaiserkronen und Lilien, die Geranienbeete und Jasminlauben, die Myrthen- und Oleanderbäumchen, alle äugelten ihn höflich an und huldigten ihm als ihrem Herrn.

Als er eine halbe Stunde lang den Duft und Sonnenschein, den Schatten und die Frische des Brunnens genossen, ging er ernsthaft hinaus auf die Straße, um die Ecke, und trat in einen Gebäckladen, wo er drei warme Pastetchen samt zwei Spitzgläsern feinen Weines zu sich nahm. Hierauf kehrte er in den Garten zurück und spazierte abermals eine halbe Stunde, doch diesmal eine Cigarre dazu rauchend. Da entdeckte er ein Beet voll kleiner, zarter Radieschen. Er zog ein Büschel davon aus der Erde, reinigte sie am Brunnen, dessen steinerne Tritonen ihn mit den Augen ergebenst anzwinkerten, und begab sich damit in ein kühles Bräuhaus, wo er einen Krug schäumendes Bier dazu trank. Er unterhielt sich vortrefflich mit den Bürgern und versuchte schon seinen Heimatdialekt in das weichere Schwäbische umzuwandeln, da er voraussichtlich unter diesen Leuten einen hervorragenden Mann abgeben würde.

Absichtlich versäumte er die Mittagsstunde und verspätete sich beim Essen. Um dort eine kritische Appetitlosigkeit durchzuführen, aß er vorher noch drei Münchner Weißwürste und trank einen zweiten Krug Bier, der ihm noch besser schmeckte, als der erste. Endlich runzelte er doch seine Stirn und begab sich mit derselben zum Essen, wo er die Suppe anstarrte.

Das Männchen Litumlei, welches durch unerwartete Hindernisse einem leidenschaftlichen Eigensinn zu verfallen pflegte und keinen Widerspruch ertragen konnte, empfand schon zornige Angst, daß seine letzte Hoffnung, ein Geschlecht zu gründen, zu Wasser werde, und beobachtete den unbestechlichen Gast mit mißtrauischen Blicken. Endlich ertrug er die Ungewißheit, ob er ein Stammvater sein solle oder keiner, nicht länger, sondern forderte den Bedenkzeitler auf, jene vier und zwanzig Stunden abzukürzen und seinen Entschluß sogleich zu fassen. Denn er fürchtete, die strenge Tugend seines Vetters möchte mit jeder Stunde wachsen. Er holte eigenhändig eine uralte Flasche Rheinwein aus dem Keller, von welchem John noch keine Ahnung gehabt. Als die entfesselten Sonnengeister unsichtbar über den Kristallgläsern dufteten, die gar fein erklangen, und mit jedem Tropfen des flüssigen Goldes, das man auf die Zunge brachte, schnell ein Blumengärtlein unter die Nase zu wachsen schien, da erweichte endlich der rauhe Sinn John Kabyssens und er gab sein Jawort. Schnell wurde der Notar geholt und bei einem herrlichen Kaffee ein rechtsgültiges Testament aufgesetzt. Schließlich umarmten sich der künstlich-natürliche Sohn und der geschlechtergründende Erzvater; aber es war nicht wie eine warme Umarmung von Fleisch und Blut, sondern weit feierlicher, eher wie das Zusammenstoßen von zwei großen Grundsätzen, die auf ihren Wurfbahnen sich treffen.

Nun saß John im Glücke. Er hatte jetzt weiter nichts zu tun, als seiner angenehmen Bestimmung inne zu sein, etwas rücksichtsvoll sich gegen seinen Herrn Vater zu benehmen und ein reichliches Taschengeld auf die Art zu verzehren, die ihm am meisten zusagte. Dies geschah alles auf die anständigste und ruhigste Weise, und er kleidete sich dabei wie ein Baron. Von Wertgegenständen brauchte er nicht einen einzigen mehr anzuschaffen; es zeigte sich jetzt sein Genie, indem die vor Jahren erworbenen auch jetzt noch gerade ausreichten und einem genau entworfenen Schema glichen, welches durch die Fülle des Glückes nun vollkommen gedeckt wurde. Die Schlacht von Waterloo blitzte und donnerte auf einer zufriedenen Brust; Ketten und Klunkern schaukelten sich auf einem wohlgefüllten Magen, durch die goldene Brille guckte ein vergnügtes und stolzes Auge, der Stock zierte mehr einen klugen Mann, als er ihn stützte, und die schöne Cigarrentasche war mit guten Stengeln angefüllt, welche er aus dem Mazepparöhrchen mit Verstand rauchte. Das wilde Pferd war schon glänzend braun, der Mazeppa darauf aber erst hell rötlich, beinahe fleischfarbig, so daß das doppelte Kunstwerk des Schnitzers und des Rauchers die gerechte Bewunderung der Sachverständigen erregte. Auch Papa Litumlei wurde höchlich davon eingenommen und lernte bei seinem Pflegesöhnchen eifrig Meerschäume anrauchen. Es wurde eine ganze Sammlung solcher Pfeifen angeschafft; doch der Alte war zu unruhig und ungeduldig in der edeln Kunst. Der Junge mußte überall nachhelfen und gut machen, was jenem wiederum Achtung und Zutrauen einflößte.

Jedoch fand sich bald eine noch wichtigere Tätigkeit für die beiden Männer vor, als der Papa darauf drang, nun gemeinschaftlich jenen Roman zu erfinden und aufzuschreiben, durch welchen John zu seinem natürlichen Sohn erhoben wurde. Es sollte ein geheimes Familiendokument werden in der Form fragmentarischer Denkwürdigkeiten. Um Eifersucht und Unruhe der Frau Litumlei zu verhüten, mußte es in geheimen Sitzungen abgefaßt und sollte ganz im Stillen in das zu gründende Familienarchiv verschlossen werden, um erst in künftigen Zeiten, wenn das Geschlecht in Blüte stände, an das Tageslicht zu treten und von der Geschichte des Litumleiblutes zu reden.

John hatte sich schon vorgenommen, nach dem Absterben des Alten sich nicht schlechtweg Litumlei, sondern *Kabys de Litumley* zu nennen, da er für seinen eigenen Namen, den er so zierlich geschmiedet, eine verzeihliche Vorliebe hegte; ebenso nahm er sich vor, das zu errichtende Schriftstück, wodurch er um seine eheliche Geburt und zu einer liederlichen Mutter kommen sollte, dereinst ohne Weiteres zu verbrennen. Aber dennoch mußte er jetzt daran mitarbeiten, was eine leise Trübung seines Wohlseins verursachte. Doch schickte er sich weislich in die Sache und schloß sich eines Morgens mit dem Alten in einem Gartenzimmer ein, um das Werk zu beginnen. Da saßen sie nun an einem Tische sich gegenüber und entdeckten plötzlich, daß ihr Vorhaben schwieriger war, als sie gedacht, indem keiner von ihnen je hundert Zeilen nach einander geschrieben hatte. Sie konnten durchaus keinen Anfang finden, und je näher sie die Köpfe zusammensteckten, desto weniger wollte ihnen etwas einfallen. Endlich besann sich der Sohn, daß sie eigentlich zuerst ein Buch starkes und schönes Papier haben müßten, um ein dauerhaftes Schriftstück zu errichten. Das leuchtete ein; sie machten sich sogleich auf, ein solches zu kaufen, und durchstreiften einträchtig die Stadt. Als sie gefunden, was sie suchten, rieten sie einander, da es ein warmer Tag war, in ein Schenkhaus zu gehen und sich allda zu erfrischen und zu sammeln. Vergnügt tranken sie mehrere Kännchen und aßen Nüsse, Brot, Würstchen, bis John plötzlich sagte, er hätte jetzt den Anfang der Geschichte erfunden und wolle stracks nach Hause laufen, um ihn aufzuschreiben, damit er ihn nicht wieder verliere. «So lauf' nur schnell», sagte der Alte, «ich will unterdessen hier die Fortsetzung erfinden, ich merke, daß sie mir schon auf dem Weg ist!»

John eilte wirklich mit dem Buch Papier nach jenem Zimmer und schrieb:

«Es war im Jahr 17.., als es ein gesegnetes Jahr war. Der Eimer Wein kostete 7 Gulden, der Eimer Apfelmost ½ Gulden und die Maß Kirschbranntwein 4 Batzen. Ein zweipfündiges Weißbrot 1 Batzen, 1 ditto Roggenbrot ½ Batzen und ein Sack Erdäpfel 8 Batzen. Auch war das Heu gut geraten und der Scheffel Haber kostete 2 Gulden. Auch waren die Erbsen und die Bohnen gut geraten und der Flachs und Hanf waren nicht gut geraten, dagegen wieder die Ölfrüchte und der Talg oder Unschlitt, so daß alles in allem die merkwürdige Sachlage stattfand, daß die bürgerliche Gesellschaft gut genährt und getränkt, notdürftig gekleidet und wiederum wohl beleuchtet war. So ging das Jahr ohne Weiteres zu Ende wo nun jedermann mit Recht neugierig war zu erleben, wie sich das neue Jahr anlassen würde. Der Winter bezeigte sich als ein gehöriger und regelrechter Winter, kalt und klar; eine warme Schneedecke lag auf den Feldern und schützte die junge Saat. Aber dennoch ereignete sich zuletzt etwas Seltsames. Es schneite, taute und fror wieder während des Monats Hornung in so häufigem Wechsel, daß nicht nur viele Menschen krank wurden, sondern auch eine solche Menge Eiszapfen entstand, daß das ganze Land aussah wie ein großes Glasmagazin und jedermann ein kleines Brett auf dem Kopfe trug, um von den fallenden Spitzen nicht angestochen zu werden. Im Übrigen behaupteten sich die Preise der Lebensmittel noch immer, wie oben bemerkt und schwankten endlich einem merkwürdigen Frühling entgegen.»

Hier kam der kleine Alte eifrig hergerannt, nahm den Bogen an sich, und ohne das bisher Geschriebene zu lesen oder etwas zu sagen, schrieb er weiter:

«Nun kam Er und hieß Adam Litumlei. Er verstand keinen Spaß und war geboren anno 17... Er kam daher gestürmt wie ein Frühlingswetter. Er war einer von Denjenigen. Er trug einen roten Sammetrock, einen Federhut und einen Degen. Er trug eine goldene Weste mit dem Wahlspruch: Jugend hat keine Tugend! Er trug goldene Sporen und ritt auf einem weißen Hengst; er stellte denselben in den ersten Gasthof und rief: ‹Ich kümmere mich den Teufel darum, denn es ist Frühling und Jugend muß austoben!› Er zahlte alles bar und alles wunderte sich über ihn. Er trank den Wein, er aß den Braten, er sagte: das taugt mir alles nichts! Ferner sagte er: ‹Komm Du holdes Liebchen, Du taugst mir besser als Wein und Braten, als Silber und Gold! Was kümmere ich mich darum? Denke was Du willst, was sein muß, muß sein!›»

Hier blieb er plötzlich stecken und konnte durchaus nicht weiter. Sie lasen zusammen das Geschriebene, fanden es nicht übel und sammelten sich wieder während acht Tagen, wobei sie ein lockeres Leben führten; denn sie gingen öfter ins Bierhaus, um einen neuen Anlauf zu gewinnen; allein das Glück lachte nicht alle Tage. Endlich erwischte John wieder einen Zipfel, lief nach Hause und fuhr fort:

«Diese Worte richtete der junge Herr Litumlei nämlich an eine gewisse Jungfrau Liselein Federspiel, welche in den äußersten Häusern der Stadt wohnte, wo die Gärten sind und bald ein Wäldchen oder Hölzchen kommt. Dieses war eine der reizendsten Schönheiten, welche die Stadt je hervorgebracht hat, mit blauen Augen und kleinen Füßen. Sie war so schön gewachsen, daß sie kein Korsett brauchte und aus dieser Ersparnis, denn sie war arm, allmälig ein violettes Seidenkleid kaufen konnte. Aber alles dies war verklärt durch eine allgemeine Traurigkeit, welche nicht nur über die lieblichen Gesichtszüge sondern über die ganze Gliederharmonie des Fräulein Federspiel zitterte, daß man in aller Windstille die wehmütigen Akkorde einer Äolsharfe zu hören glaubte. Denn es war jetzt ein gar denkwürdiger Maimonat angebrochen, in welchem sich alle vier Jahreszeiten zusammenzudrängen schienen. Es gab im Anfang noch einen Schnee, daß die Nachtigallen mit Schneeflocken auf dem Kopfe sangen, als ob sie weiße Zipfelmützchen trügen; dann trat eine solche Wärme ein, daß die Kinder im Freien badeten und die Kirschen reiften, und die Chronik bewahrt davon den Reim auf:

Eis und Schnee,
Buben baden im See,
Reife Kirschen und blühender Wein
Mocht' alles in einem Maimond sein.

Diese Naturerscheinungen machten die Menschen nachdenklich und wirkten auf verschiedene Weise. Die Jungfer Liselein Federspiel, welche besonders tiefsinnig war, grübelte auch nach und ward zum ersten Mal inne, daß sie ihr Wohl und Wehe, ihre Tugend und ihren Fall in der eigenen Hand trage, und indem sie nun die Waage hielt und diese verantwortliche Freiheit erwog, ward sie eben so traurig darüber. Wie sie nun da stand, kam jener verwegene Rotrock und sagte unverweilt: ‹Federspiel, ich liebe Dich!› Worüber sie durch eine sonderbare Fügung plötzlich ihren vorigen Gedankengang änderte und in ein helles Gelächter ausbrach.»

«Jetzt laß mich fortfahren!» rief der Alte, welcher erhitzt nachgelaufen kam und dem Jungen über die Schulter las, «es paßt mir nun eben recht!» und setzte die Geschichte folgender Maßen fort:

«Da ist nichts zu lachen!» sagte jener, «denn ich verstehe keinen Spaß!» Kurz, es kam, wie es kommen mußte; wo das Wäldchen auf der Höhe stand, saß mein Federspiel im Grünen und lachte noch immer; aber schon sprang der Ritter auf seinen Schimmel und flog so schnell in die Ferne, daß er durch die platzgreifende Luftperspektive in wenig Augenblicken ganz bläulich aussah. Er verschwand, kehrte nicht mehr zurück; denn er war ein Teufelsbraten!»

«Ha, nun ist's geschehen!» schrie Litumlei und warf die Feder hin, «nun habe ich das Meinige getan, führe Du nun den Schluß herbei, ich bin ganz erschöpft von diesen höllischen Erfindungen! Beim Styx! Es nimmt mich nicht wunder, daß man die Ahnherren großer Häuser so hoch hält und in Lebensgröße malt, da ich spüre, welche Mühe mich die Gründung des meinigen kostet! Aber habe ich das Ding nicht kühn behandelt?»

John schrieb nun weiter:

«Die arme Jungfer Federspiel empfand eine große Unzufriedenheit, als sie plötzlich vermerkte, daß der verführerische Jüngling entschwunden war, fast gleichzeitig mit dem denkwürdigen Maimonat. Doch hatte sie die Geistesgegenwart, schnell das Vorgefallene in ihrem Inneren für ungeschehen zu erklären, um so den früheren Zustand einer gleich schwebenden Waage wieder herzustellen. Aber sie genoß dieses Nachspiel der Unschuld nur kurze Zeit. Der Sommer kam, man schnitt das Korn; es ward einem gelb vor den Augen, wohin man blickte, vor all dem goldnen Segen; die Preise gingen wieder bedeutend herunter, Liselein Federspiel stand auf jenem Hügel und schaute allem zu; aber sie sah nichts vor lauter Verdruß und Reue. Es kam der Herbst, jeder Weinstock war ein fließender Brunnen, vom Fallen der Äpfel und Birnen trommelte es fortwährend auf der Erde; man trank, man sang, kaufte und verkaufte. Jeder versorgte sich, das ganze Land war ein Jahrmarkt, und so reichlich und wohlfeil alles war, so wurde doch das Überflüssige noch gelobt und gehätschelt und dankbar angenommen. Nur allein der Segen, den Liselein brachte, sollte nichts gelten und keiner Nachfrage wert sein, als ob der im Überfluß schwimmende Menschenhaufen nicht ein einziges Mäulchen mehr brauchen könnte. Da hüllte sie sich in ihre Tugend und gebar, einen Monat zu früh, ein munteres

Knäblein, welches so recht darauf angewiesen war, der Schmied seines eigenen Glückes zu werden.

Dieser Sohn führte sich auch so wacker durch ein vielbewegtes Leben, daß er, durch wunderbare Schicksale endlich mit seinem Vater vereinigt, von demselben zu Ehren gezogen und in seine Rechte eingesetzt wurde, und ist dies der zweite bekannte Stammherr des Geschlechtes der Litumlei.»

Unter dieses Dokument schrieb der Alte: «Eingesehen und bestätigt, Johann Polykarpus Adam Litumlei.» Und John unterschrieb ebenfalls. Dann drückte Herr Litumlei noch sein Siegel bei, dessen Wappenschild drei halbe goldene Fischangeln im blauen Felde und sieben weiß und rot quadrierte Bachstelzen auf einem schräglaufenden grünen Balken zeigte.

Sie wunderten sich aber, daß das Schriftstück nicht größer geworden; denn sie hatten kaum einen Bogen von dem Buch Papier beschrieben. Nichts desto weniger legten sie es in das Archiv, wozu sie einstweilen eine alte eiserne Kiste bestimmten, und waren zufrieden und guter Dinge.

Unter solchen und anderen Beschäftigungen verging die Zeit auf das Angenehmste; es wurde dem glückhaften John beinahe unheimlich, daß es auch gar nichts mehr zu hoffen und zu fürchten, zu schmieden und zu spekulieren gab. Indem er sich so nach neuer Tätigkeit umsah, wollte es ihn bedünken, daß die Gemahlin des Hausherrn ein etwas unzufriedenes und verdächtiges Gesicht gegen ihn zeige; es dünkte ihn nur, bestimmt konnte er es nicht behaupten. Er hatte diese Frau, welche fast immer schlief, oder wenn sie wachte, etwas Gutes aß, über seinen anderweitigen Bestrebungen wenig beachtet, da sie sich in nichts mischte und mit allem zufrieden schien, wenn ihre Ruhe nicht gestört wurde. Jetzt fürchtete er plötzlich, sie könnte ihm irgend eine nachteilige Wandlung der Dinge bereiten, ihren Mann umstimmen u.dgl.

Er legte den Finger an die Nase und sagte: Halt! Hier dürfte es geraten sein, dem Werke noch die letzte Feile zu geben! Wie konnte ich nur diese wichtige Partie so lange aus den Augen setzen! Gut ist gut, aber besser ist besser!

Der Alte war eben fort, um im Stillen an der Ausmittelung einer zweckmäßigen Gattin für seinen Stammhalter tätig zu sein, wovon er selbst diesem nichts verriet. John beschloß unverweilt, sich zu der Dame zu begeben mit der unbestimmten Vorstellung, ihr auf irgend eine Weise den Hof zu machen, und sich bei ihr einzuschmeicheln, um das Versäumte nachzuholen. Er säuselte ehrbarlich die Treppe hinunter bis zu dem Gemach, wo sie sich aufzuhalten pflegte, und fand wie gewöhnlich die Türe halb offen stehen; denn sie war bei aller Trägheit neugierig und liebte, immer gleich zu hören, was vorging.

Er trat vorsichtig hinein und sah sie wieder schlummernd daliegen, ein halb aufgegessenes Himbeertörtchen in der Hand. Ohne recht zu wissen, was eigentlich beginnen, ging er endlich auf den Zehen hin, ergriff ihre runde Hand und küßte sie ehrerbietig. Sie regte sich nicht im mindesten; doch öffnete sie die Augen zur Hälfte und sah ihn, ohne den Mund zu verziehen, mit einem höchst seltsamen Blick an, so lang er dastand. Verblüfft und stotternd zog er sich endlich zurück und lief in sein Zimmer. Dort setzte er sich in eine Ecke, jenen Blick aus schmaler Augenzwinkerung immer vor sich. Er eilte wieder hinunter, die Frau verhielt sich unbeweglich wie vorhin, und wie er näher trat, taten sich die Augen wieder halb auf. Wiederum zog er sich zurück, wiederum saß er in der Ecke seiner Kammer, zum dritten Mal fuhr er in die Höhe, stieg die Treppe hinunter, huschte hinein und blieb nun dort, bis der Patriarch nach Hause kehrte.

Es verging nun kaum ein Tag, wo die zwei Leute sich nicht zusammen zu tun und den Alten zu hintergehen wußten, daß es eine Art hatte. Die schläfrige Frau wurde auf einmal munter in ihrer Weise; John aber ergab sich dem leidenschaftlichen Undank gegen seinen Wohltäter, immer in der Absicht, seine Stellung zu befestigen und das Glück recht an die Wand zu nageln.

Beide Sünder taten indessen nur um so freundlicher und ergebener gegen den betrogenen Litumlei, der dabei sich ganz behaglich fühlte und sein Haus auf das Beste bestellt zu haben glaubte, so daß man nicht unterscheiden konnte, welcher von beiden Herren mehr mit sich zufrieden war. Eines Morgens schien jedoch der Alte den Sieg davon zu tragen in Folge einer vertraulichen Unterredung, welche seine Frau mit ihm gepflogen; denn er ging ganz sonderbar herum, stand keinen Augenblick still und suchte fortwährend allerlei Sätzchen zu pfeifen, was aber wegen Mangels an Zähnen nicht gelang. Er schien um mehrere Zoll gewachsen zu sein über Nacht, kurz, er war der Inbegriff der Selbstzufriedenheit. Aber denselben Tag noch neigte sich der Sieg wieder auf die Seite des Jüngeren, als ihn der Alte unversehens frug, ob er nicht Lust habe, eine tüchtige Reise zu machen, um auch noch die Welt ein wenig kennen zu lernen und besonders auch, indem er sich selber bilde, die verschiedenen Arten der Jugenderziehung in den Ländern in Betracht zu nehmen und sich über die diesfalls herrschenden Grundsätze zu unterrichten, namentlich mit Bezug auf die vornehmeren Stände?

Nichts konnte ihm willkommener sein, als solch herrlicher Antrag, und freudig genehmigte er denselben. Er wurde schnell für die Reise ausgerüstet und mit Wechseln versehen, und er fuhr in höchster Gloria davon. Zuerst bereiste er Wien, Dresden, Berlin und Hamburg; dann wagte er sich nach Paris, und überall führte er ein prächtiges und weises Leben. Er patroullierte alle Vergnügungsorte, Sommertheater und Spektakelplätze ab, lief durch die Raritätenkammern der Schlösser und stand allmittags in der Sonnenhitze auf den Paradeplätzen, um die Musik zu hören und die Offiziere anzugaffen, eh' er zur Tafel ging. Wenn er all die Herrlichkeiten unter tausend anderen Menschen mit ansah, so wurde er ganz stolz und schrieb sich von allem Glanz und Getön das alleinige Verdienst zu, jeden für einen unwissenden Tropf haltend, der nicht dabei war. Mit dem behenden Genießen verband er aber die größte Weisheit, um seinem Wohltäter zu zeigen, daß er keinen Hasen auf Reisen geschickt habe. Keinem Bettler gab er etwas, keinem armen Kinde kaufte er je etwas ab, den Dienstbaren in den Gasthäusern wußte er beharrlich mit dem Trinkgelde durchzugehen, ohne Schaden zu leiden, und um jeden Dienst feilschte er lange, ehe er ihn annahm. Am meisten Spaß machte ihm das Vexieren und Foppen der verlorenen Wesen, mit denen er sich im Vereine mit zwei oder drei Gleichgesinnten auf den öffentlichen Bällen unterhielt. Mit einem Wort: er lebte so sicher und vergnügt, wie ein alter Weinreisender.

Zum Schlusse konnte er sich nicht versagen, einen Abstecher nach seiner Heimat Seldwyla zu machen. Dort logierte er im ersten Gasthof, saß geheimnisvoll und einsilbig an der Mittagstafel und ließ seine Mitbürger sich die Köpfe darüber zerbrechen, was aus ihm geworden sei. Sie waren überzeugt, daß nicht viel hinter der Sache stecke, und doch lebte er zur Zeit unzweifelhaft im Wohlstand, so daß sie einstweilen ihren Spott zurückhielten und mit krausen Nasenflügeln nach dem Golde blinzelten, das er sehen ließ. Er aber regalierte sie nicht mit einer einzigen Flasche Wein, obgleich er vor ihren Augen vom besten trank und sann, wie er ihnen noch Weiteres antun könne.

Da gedachte er, am Ende seiner Reise, plötzlich des Auftrages, der ihm zur Erforschung des Erziehungswesens in den durchreisten Ländern geworden, um die Grundsätze festzustellen, nach welchen die Kinder des von Litumlei gegründeten und von Kabys fortzupflanzenden Geschlechtes erzogen werden sollten. Diese Aufgabe in Seldwyla zu lösen, kam ihm nun trefflich zu statten, da er in den Mantel einer höheren Mission gehüllt als eine Art Edukationsrat auftreten und die Seldwyler noch mehr foppen konnte. Er kam auch gerade vor die rechte Schmiede. Denn seit einiger Zeit schon waren sie auf einen herrlichen Erwerbszweig geraten, indem sie alle ihre Mädchen zu Erzieherinnen machten und versandten. Kluge und unkluge, gesunde und kränkliche Kinder wurden in dieser Weise zubereitet in eigenen Anstalten und für alle Bedürfnisse. Wie man Forellen verschiedentlich behandelt, sie blau absiedet oder bäckt oder spickt u.s.w., so wurden die guten Mädchen entweder mehr positiv christlich oder mehr weltlich, mehr für die Sprachen oder mehr für die Musik, für vornehme Häuser oder für mehr bürgerliche Familien zugerichtet, je nach der Weltgegend, für welche sie bestimmt waren und von wo die Nachfrage kam. Das Seltsame dabei war, daß die Seldwyler für alle diese verschiedenen Zweckbestimmungen sich vollkommen neutral und gleichgültig verhielten und auch von den betreffenden Lebenskreisen durchaus keine Kenntnis besaßen, und der gute Absatz ließ sich nur dadurch erklären, daß die Abnehmer des Exportartikels ebenso gleichgültig und kenntnislos waren. Ein Seldwyler, der den unversöhnlichsten Kirchenfeind spielte, konnte seine nach England bestimmten Kinder auf Gebet und Sonntagsheiligung einüben lassen; ein anderer, der in öffentlichen Reden von der edlen Stauffacherin, der Zierde des freien Schweizerhauses schwärmte, hatte seine fünf oder sechs Töchter nach den russischen Steppen oder in andere unwirtliche Gegenden verbannt, wo sie in ferner Trostlosigkeit schmachteten.

Die Hauptsache war, daß die wackeren Bürger die armen Wesen so bald als möglich mit einem Reisepaß und Regenschirm versehen hinausjagen und mit dem heimgesandten Erwerbe derselben sich gütlich tun konnten.

Aus alledem war aber bald eine gewisse Überlieferung und Geschicklichkeit für die äußerliche Zurichtung der Mädchen entstanden und John Kabys hatte vollauf zu tun, die kuriosen Grundsätze, die hierin walteten, mit noch kurioserer Auffassungsgabe einzusammeln und sich zu notieren. Er ging in den verschiedenen Fabriklein herum, wo die Mädchen zubereitet wurden, befragte Vorsteherinnen und Lehrer und suchte sich vorzüglich ein Bild davon zu entwerfen, wie die Erziehung eines Knäbchens in einem großen Hause von Anfang an standesmäßig betrieben würde und zwar so recht auf Kosten der hiefür bezahlten Leute und ohne Mühsal noch Verdruß der Eltern.

Hierüber fertigte er ein merkwürdiges Memorandum an, welches in einigen Tagen, dank seinen fleißigen Notizen, zu mehreren Bogen anschwoll, und mit dem er sich Aufsehen erregend beschäftigte. Er verwahrte die Schrift zusammengerollt in einer runden Blechkapsel und trug dieselbe an einem Lederriemchen beständig an der Hüfte. Als aber die Seldwyler das bemerkten, glaubten sie, er sei abgesandt, ihnen das Geheimnis ihrer Industrie abzustehlen und in das Ausland zu verpflanzen. Sie erbosten sich über ihn und trieben ihn drohend und scheltend davon.

Erfreut, daß er sie habe ärgern können, reiste er ab und langte endlich in Augsburg an, gesund und fröhlich, wie ein junger Hecht. Er trat wohlgemut ins Haus und fand dasselbe ebenso froh belebt. Eine muntere schöne Landfrau mit hohem Busen war das erste, was er antraf; sie trug eine Schüssel mit warmem Wasser und er hielt sie für eine neue Köchin und betrachtete sie vorläufig nicht ohne Wohlgefallen. Doch drängte es ihn, die Hausfrau schnell zu begrüßen; allein sie war nicht zu sprechen und lag im Bett, obgleich das Haus von einem seltsamen Geräusch wiederhallte. Dieses rührte vom alten Litumlei her, welcher herumrannte, sang, rief, lachte und krakeelte und endlich zum Vorschein kam, blasend, pustend, die Augen rollend und ganz rot vor Freude, Stolz und Hochmut. Ausgelassen und würdeatmend zugleich hieß er seinen Günstling willkommen und eilte wieder davon, um etwas anderes zu verrichten; denn er schien alle Hände voll zu tun zu haben.

Zwischendurch ließ sich von einer Gegend her wiederholt ein gedämpftes Quieken vernehmen, wie von einem Kreuzertrompetchen; die vollbusige Bäuerin ging wieder über die Szene mit einer Handvoll weißer Tüchelchen, und rief aus ihrer weißen Kehle: «Gleich, mein Schätzchen! gleich, mein Bübchen!»

«Daß dich!» sagte John, «was ist das für ein leckerer Bissen!»

Aber er horchte wieder auf jenes Quieken, das sich fort und fort vernehmen ließ.

«Nun?» rief Litumlei, der wieder hergeträppelt kam, «singt der Vogel nicht schön? Was sagst Du dazu, mein Bursche?»

«Welcher Vogel?» fragte John.

«Ei, Herr Jesus! Du weißt am Ende noch gar nichts?» rief der Alte: «ein Sohn ist uns allendlich geboren, ein Stammhalter, so munter wie ein Ferkel, liegt uns in der Wiege! Alle meine Wünsche, meine alten Pläne sind erfüllt!»

Der Schmied seines Glückes stand wie eine Bildsäule, ohne jedoch die Folgen des Ereignisses schon zu übersehen, so einfach sie auch sein mochten; er fühlte nur, daß es ihm höchst widerstrebend zu Mute war, machte ganz runde Augen und spitzte den Mund, wie wenn er einen Igel küssen müßte.

«Nun», fuhr der vergnügte Alte fort, «sei nur nicht zu verdrießlich! Etwas verändert wird allerdings unser Verhältnis, habe auch bereits das Testament umgestoßen und verbrannt, sowie jenen lustigen Roman, dessen wir nun nicht mehr bedürfen! Du aber bleibst im Hause, Du sollst bei der Erziehung meines Sohnes die Oberleitung übernehmen, Du sollst mein Rat sein und mein Helfer in allen Dingen und es soll dir nichts abgehen, so lang ich lebe.

Nun ruh' dich aus, ich muß dem kleinen Kreuzkerl einen rechten Namen zusammensuchen! Schon drei Mal hab' ich den Kalender durchgesehen, will jetzt noch eine alte Chronik durchstöbern, dort gibt's so alte Stammbäume mit ganz merkwürdigen Taufnamen!»

John begab sich endlich auf sein Zimmer und setzte sich in jene Ecke; die Blechkapsel mit der Erziehungsdenkschrift hatte er noch umhängen und er hielt sie unbewußt zwischen den Knien. Er sah die Sachlage ein, er verwünschte die böse Frau, welche ihm diesen Streich gespielt und einen Erben untergeschoben; er verwünschte den Alten, der da glaubte, er hätte einen rechtmäßigen Sohn; nur sich selbst verwünschte er nicht, der doch der wirkliche und alleinige Urheber des kleinen Schreiers war und sich so selbst enterbt hatte. Er zappelte in einem unzerreißlichen Netze, rannte aber wieder nach dem Alten, um ihm törichter Weise die Augen zu öffnen.

«Glauben Sie denn wirklich», sagte er mit gedämpfter Stimme zu ihm, «daß das Kind das Ihrige sei?»

«Wie, was?» sagte Herr Litumlei und sah von seiner Chronik auf.

John fuhr fort, in abgebrochenen Redensarten ihm zu verstehen zu geben, daß er selbst ja nie im Stande gewesen sei, Vater zu werden, daß seine Frau wahrscheinlich sich eine Untreue habe zu Schulden kommen lassen u.s.f.

Sobald ihn das kleine Männchen ganz verstand, fuhr es wie besessen in die Höhe, stampfte auf den Boden, schnaubte und schrie endlich: «Aus den Augen mir, undankbares Scheusal, verleumderischer Schuft! Warum sollte ich nicht im Stande sein, einen Sohn zu haben? Sprich, Elender! Ist das der Dank für meine Wohltaten, daß du die Ehre meines Weibes und meine eigene Ehre begeiferst mit deiner niederträchtigen Zunge? Welch ein Glück, daß ich noch rechtzeitig erkenne, welch eine Schlange ich an meinem Busen genährt habe! Wie werden doch solche große Stammhäuser gleich in der Wiege schon vom Neid und von der Selbstsucht attackiert! Fort! aus dem Hause mit Dir von Stund' an!»

Er lief zitternd vor Wut nach seinem Schreibtische, nahm eine Hand voll Goldstücke, wickelte sie in ein Papier und warf es dem Unglücklichen vor die Füße.

«Hier ist noch ein Zehrpfennig und damit fort auf immer!» Hiemit entfernte er sich, immer zischend wie eine Schlange.

John hob das Päcklein auf, ging aber nicht aus dem Hause, sondern schlich auf seine Kammer, mehr tot als lebendig, zog sich aus bis auf das Hemd, obschon es noch nicht Abend war, und legte sich ins Bett, schlotternd und erbärmlich stöhnend. In allem Jammer zählte er, da er keinen Schlaf finden konnte, das erhaltene Geld und das, welches er auf der Reise in oben beschriebener Weise erspart; «unnütz!» sagte er, «ich denke nicht daran fortzugehen, ich will und muß hier bleiben!»

Da klopften zwei Polizeimänner an die Türe, traten herein und hießen ihn aufstehen und sich anziehen. Voll Angst und Schrecken tat er es; sie befahlen ihm, seine Sachen zusammen zu packen; es war aber alles noch auf das Schönste beisammen, da er seine Reisekoffer noch gar nicht geöffnet hatte. Darauf führten sie ihn aus dem Hause; ein Knecht trug die Sachen nach, setzte sie auf die Straße und schloß die Türe vor seiner Nase zu. Hierauf lasen ihm die Männer von einem Papier ein Verbot vor, bei Strafe nicht mehr das Haus zu betreten. Dann gingen sie fort; er aber blickte nochmals an das Haus seines verlorenen Glückes hinauf, als eben einer der hohen Fensterflügel sich ein wenig öffnete, jene hübsche Amme eine in ländlicher Weise dort getrocknete Windel hereinlangte und gleichzeitig das Stimmchen des Kindes sich wieder vernehmen ließ.

Da floh er endlich mit seiner Habe in einen Gasthof, zog sich dort wiederum aus und legte sich nun ungestört ins Bett.

Am andern Tage lief er aus Verzweiflung noch zu einem Advokaten, um zu erfahren, ob denn gar nichts mehr zu machen sei? Sobald der aber seine Rede halb angehört, rief er zornig: «Machen Sie, daß Sie fortkommen, Sie Esel, mit ihrer einfältigen Erbschleicherei, oder ich lasse Sie verhaften!»

Ganz verstürmt reisete er allendlich nach seinem guten Seldwyla, wo er erst vor einigen Tagen gewesen war. Er setzte sich wieder in den Gasthof und zehrte einige Zeit nachdenklich von seiner Barschaft, und je mehr sie sich verminderte, desto kleinlauter wurde er. Humoristisch gesellten sich die Seldwyler zu ihm, und als sie, da er nun zugänglicher geworden, sein Schicksal so ziemlich erforscht hatten und ihn im Besitze seines abnehmenden kleinen Vermögens sahen verkauften sie ihm eine kleine alte Nagelschmiede vor dem Tore, die gerade feil stand und, wie sie sagten, ihren Mann nährte. Er mußte aber, um den Kaufschilling voll zu machen, alle seine Attribute und Kleinode veräußern, was er um so leichter tat, als er nun keine Hoffnung mehr auf diese Dinge setzte; sie hatten ihn ja immer betrogen und er mochte nicht mehr um sie Sorge tragen.

Mit der Nagelschmiede, in der zwei oder drei Arten einfacher Nägel gemacht wurden, ging ein alter Geselle in den Kauf, von dem der neue Inhaber die Handtierung selbst ohne viel Mühe erlernte und dabei noch ein wackerer Nagelschmied wurde, der erst in leidlicher, dann in ganzer Zufriedenheit so dahin hämmerte, als er das Glück einfacher und unverdrossener Arbeit spät kennen lernte, das ihn wahrhaft aller Sorge enthob und von seinen schlimmen Leidenschaften reinigte.

Dankbarlich ließ er schöne Kürbisstauden und Winden an dem niedrigen schwärzlichen Häuschen emporranken, das außerdem von einem großen Holunderbaum überschattet war und dessen Esse immer ein freundliches Feuerlein hegte.

Nur in stillen Nächten bedachte er etwa noch sein Schicksal, und einige Mal, wenn der Jahrestag wiederkehrte, wo er die Dame Litumlei bei dem Himbeertörtchen gefunden hatte, stieß der Schmied seines Glückes den Kopf gegen die Esse, aus Reue über die unzweckmäßige Nachhülfe, welche er seinem Glück hatte geben wollen.

Allein auch diese Anwandlungen verloren sich allmählig, je besser die Nägel gerieten, welche er schmiedete.

DIE MISSBRAUCHTEN LIEBESBRIEFE

Victor Störteler, von den Seldwylern nur Viggi Störteler genannt, lebte in behaglichen und ordentlichen Umständen, da er ein einträgliches Speditions- und Warengeschäft betrieb und ein hübsches, gesundes und gutmütiges Weibchen besaß. Dieses hatte ihm außer der sehr angenehmen Person ein ziemliches Vermögen gebracht, welches Gritli von auswärts zugefallen war, und sie lebte zutulich und still bei ihrem Manne. Ihr Geld aber war ihm sehr förderlich zur Ausbreitung seiner Geschäfte, welchen er mit Fleiß und Umsicht oblag, daß sie trefflich gediehen. Hierbei schützte ihn eine Eigenschaft, welche, sonst nicht landesüblich, ihm einstweilen wohl zu statten kam. Er hatte seine Lehrzeit und einige Jahre darüber nämlich in einer größeren Stadt bestanden und war dort Mitglied eines Vereines junger Comptoiristen gewesen, welcher sich wissenschaftliche und ästhetische Ausbildung zur Aufgabe gestellt hatte. Da die jungen Leute ganz sich selbst überlassen waren, so übernahmen sie sich und machten allerhand Dummheiten. Sie lasen die schwersten Bücher und führten eine verworrene Unterhaltung darüber; sie spielten auf ihrem Theater den Faust und den Wallenstein, den Hamlet, den Lear und den Nathan; sie machten schwierige Konzerte und lasen sich schreckbare Aufsätze vor, kurz, es gab nichts, an das sie sich nicht wagten.

Hiervon brachte Viggi Störteler die Liebe für Bildung und Belesenheit nach Seldwyla zurück; vermöge dieser Neigung aber fühlte er sich zu gut, die Sitten und Gebräuche seiner Mitbürger zu teilen; vielmehr schaffte er sich Bücher an, abonnierte in allen Leihbibliotheken und Lesezirkeln der Hauptstadt, hielt sich die «Gartenlaube» und unterschrieb auf alles, was in Lieferungen erschien, da hier ein fortlaufendes, schön verteiltes Studium geboten wurde. Damit hielt er sich in seiner Häuslichkeit und zugleich seine Umstände vor Schaden bewahrt. Wenn er seine Tagesgeschäfte munter und vorsichtig durchgeführt, so zündete er seine Pfeife an, verlängerte die Nase und setzte sich hinter seinen Lesestoff, in welchem er mit großer Gewandtheit herumfuhr. Aber er ging noch weiter. Bald schrieb er verschiedene Abhandlungen welche er seiner Gattin als «Essais» bezeichnete, und er sagte öfter, er glaube, er sei seiner Anlage nach ein Essaiist. Als jedoch seine Essais von den Zeitschriften, an welche er sie sandte, nicht abgedruckt wurden, begann er Novellen zu schreiben, die er unter dem Namen «Kurt vom Walde» nach allen möglichen Sonntagsblättchen instradierte. Hier ging es ihm besser, die Sachen erschienen wirklich feierlich unter dem herrlichen Schriftstellernamen in den verschiedensten Gegenden des deutschen Reiches, und bald begann hier ein Roderich vom Thale, dort ein Hugo von der Insel und wieder dort ein Gänserich von der Wiese einen stechenden Schmerz zu empfinden über den neuen Eindringling. Auch konkurrierte er heimlich bei allen ausgeschriebenen Preisnovellen und vermehrte hierdurch nicht wenig die angenehme Bewegtheit seines eingezogenen Lebens. Neuen Aufschwung gewann er stets auf seinen kürzeren oder längeren Geschäftsreisen, wo er dann in den Gasthöfen manchen Gesinnungsverwandten traf, mit dem sich ein gebildetes Wort sprechen ließ; auch der Besuch der befreundeten Redaktionsstübchen in den verschiedenen Provinzen gewährte neben den Handelsgeschäften eine gebildete Erholung, obgleich diese hier und da eine Flasche Wein kostete.

Ein Haupterlebnis feierte er eines Tages an der abendlichen Wirtstafel in einer mittleren deutschen Stadt, an welcher nebst einigen alten Stammgästen des Ortes mehrere junge Reisende saßen. Die würdigen alten

Herren mit weißen Haaren führten ein gemächliches Gespräch über allerlei Schreiberei, sprachen von Cervantes, von Rabelais, Sterne und Jean Paul, sowie von Goethe und Tieck, und priesen den Reiz, welchen das Verfolgen der Kompositionsgeheimnisse und des Stiles gewähre, ohne daß die Freude an dem Vorgetragenen selbst beeinträchtigt werde. Sie stellten einläßliche Vergleichungen an und suchten den roten Faden, der durch all dergleichen hindurchgehe; bald lachten sie einträchtig über irgend eine Erinnerung, bald erfreuten sie sich mit ernstem Gesicht über eine neu gefundene Schönheit, alles ohne Geräusch und Erhitzung, und endlich, nachdem der eine seinen Tee ausgetrunken, der andere sein Schöppchen geleert, klopften sie die langen Tonpfeifen aus und begaben sich auf etwas gichtischen Füßen zu ihrer Nachtruhe. Nur einer setzte sich unbeachtet in eine Ecke, um noch die Zeitung zu lesen und ein Glas Punsch zu trinken.

Nun aber entwickelte sich unter den jüngeren Gästen, welche bislang horchend dagesessen hatten, das Gespräch. Einer fing an mit einer spöttischen Bemerkung über die altväterische Unterhaltung dieser Alten, welche gewiß vor vierzig Jahren einmal die Schöngeister dieses Nestes gespielt hätten. Diese Bemerkung wurde lebhaft aufgenommen, und indem ein Wort das andere gab, entwickelte sich abermals ein Gespräch belletristischer Natur, aber von ganz andrer Art. Von den verjährten Gegenständen jener Alten wußten sie nicht viel zu berichten, als das und jenes vergriffene Schlagwort aus schlechten Literargeschichten; dagegen entwickelte sich die ausgebreitetste und genaueste Kenntnis in den täglich auftauchenden Erscheinungen leichterer Art und aller der Personen und Persönchen, welche sich auf den tausend grauen Blättern stündlich unter wunderbaren Namen herumtummeln. Es zeigte sich bald, daß dies nicht solche Ignoranten von alten Gerichtsräten und Privatgelehrten, sondern Leute vom Handwerk waren. Denn es dauerte nicht lange, so hörte man nur noch die Worte Honorar, Verleger, Clique, Coterie und was noch mehr den Zorn solchen Volkes reizt und seine Phantasie beschäftigt. Schon tönte und schwirrte es, als ob zwanzig Personen sprächen, die tückischen Äuglein blinkerten und eine allgemeine glorreiche Erkennung konnte nicht länger ausbleiben. Da entlarvte sich dieser als Guido von Strahlheim, jener als Oskar Nordstern, ein dritter als Kunibert vom Meere. Da zögerte auch Viggi nicht länger, der bisher wenig gesprochen, und wußte es mit einiger Schüchternheit einzuleiten, daß er als Kurt vom Walde erkannt wurde. Er war von allen gekannt, sowie er ebenso alle kannte, denn diese Herren, welche ein gutes Buch Jahrzehnte lang ungelesen ließen, verschlangen alles, was von ihresgleichen kam, auf der Stelle, es in allen Kaffeebuden zusammen suchend, und zwar nicht aus Teilnahme, sondern aus einer sonderbaren Wachsamkeit.

Sie sind Kurt vom Walde? hieß es dröhnend, ha! willkommen! Und nun wurden mehrere Flaschen eines unechten wohlfeilen und sauren Weines bestellt, der billigste unter Siegel, der im Hause war, und es hob erst recht ein energisches Leben an. Nun galt es zu zeigen, daß man Haare auf den Zähnen habe! Alle Männer, die es zu irgend einem Erfolge gebracht und in diesem Augenblicke Hunderte von Meilen entfernt vielleicht schon den Schlaf der Gerechten schliefen, wurden auf das Gründlichste demoliert; jeder wollte die genauesten Nachrichten von ihrem Tun und Lassen haben, keine Schandtat gab es, die ihnen nicht zugeschrieben wurde, und der Refrain bei jedem war schließlich ein trocken sein sollendes: Er ist übrigens Jude! Worauf es im Chor ebenso trocken hieß: «Ja, er soll ein Jude sein!»

Viggi Störteler rieb sich entzückt die Hände und dachte: Da bist du einmal vor die rechte Mühle gekommen! Ein Schriftsteller unter Schriftstellern! Ei! was das für geriebene Geister sind! Welches Verständnis und welch sittlicher Zorn!

In dieser Nacht und bei diesem Schwefelwein ward nun, um der schlechten Welt vom Amte zu helfen und ein neues Morgenrot herbeizuführen, die förmliche und feierliche Stiftung einer «neuen Sturm- und Drangperiode» beschlossen, und zwar mit planvoller Absicht und Ausführung, um diejenige Gärung künstlich zu erzeugen, aus welcher allein die Klassiker der neuen Zeit hervorgehen würden.

Als sie jedoch diese gewaltige Abrede getroffen, konnten sie nicht weiter, sondern senkten alsbald ihre Häupter und mußten das Lager suchen; denn diese Propheten ertrugen nicht einmal guten, geschweige denn schlechten Wein und büßten jede kleine Ausschreitung mit großer Abschwächung und Übelkeit.

Als sie abgezogen waren, fragte der alte Herr, welcher zurückgeblieben war und sich höchlich an dem Treiben ergötzt hatte, den Kellner, was das für Leute wären? «Zwei davon», sagte dieser, «sind Geschäftsreisende, ein Herr Störteler und ein Herr Huberl; der dritte heißt Herr Stralauer, doch nur den vierten kenn' ich näher, der nennt sich Dr. Mewes und hat sich vergangenen Winter einige Wochen hier aufgehalten. Er gab im Tanzsaal beim Blauen Hecht, wo ich damals war, Vorlesungen über deutsche Literatur, welche er wörtlich abschrieb aus einem Buche. Dasselbe mußte aus irgend einer Bibliothek gestohlen worden sein, dem Einbande nach zu urteilen, und war ganz voll Eselsohren, Tinten- und Ölflecke. Außer diesem Buche besaß er noch einen zerzausten Leitfaden zur französischen Konversation und ein Kartenspiel mit obszönen Bildern darin, wenn man es gegen das Licht hielt. Er pflegte jenes Buch im Bett auszuschreiben, um die Heizung zu sparen; da verschüttete er schließlich das Tintenfaß über Steppdecke und Leintuch, und als man ihm eine billige Entschädigung in die Rechnung setzte, drohte er, den Blauen Hecht in seinen Schriften und ‹Feuilletons› in Verruf zu bringen. Da er sonst allerlei häßliche Gewohnheiten an sich hatte, wurde er endlich aus dem Hause getan. Er schreibt übrigens unter dem Namen Kunibert vom Meere allerhand süßliche und nachgeahmte Sachen.»

«Was Teufel!» sagte der Alte, «Ihr wißt ja wie ein Mann vom Handwerk über diese Dinge zu reden, Meister Georg!» Der Kellner errötete, stockte ein wenig und sagte dann: «Ich will nur gestehen, daß ich selbst anderthalb Jahre Schriftsteller gewesen bin!» «Ei der Tausend!» rief der Alte, «und was habt Ihr denn geschrieben?» «Das weiß ich kaum gründlich zu berichten», fuhr jener fort, «ich war Aufwärter in einem Kaffeehaus, wo sich eine Anzahl Leute von der Gattung unserer heutigen Gäste beinahe den ganzen Tag aufhielt. Das lag herum, flanierte, raisonnierte, durchstöberte die Zeitungen, ärgerte sich über fremdes Glück, freute sich über fremdes Unglück und lief gelegentlich nach Hause, um im größten Leichtsinn schnell ein Dutzend Seiten zu schmieren; denn da man nichts gelernt hatte, so besaß man auch keinen Begriff von irgend einer Verantwortlichkeit. Ich wurde bald ein Vertrauter dieser Herren, ihr Leben schien mir meiner dienstbaren Stellung weit vorzuziehen und ich wurde ebenfalls ein Schriftsteller. Auf meiner Schlafkammer verbarg ich einen Pack zerlesene Nummern von französischen Zeitungen, die ich in den verschiedenen Wirtschaften gesammelt, wo ich früher gedient hatte, ursprünglich, um mich darin ein wenig in die Sprache hinein zu buchstabieren, wie es einem jungen Kellner geziemt. Aus diesen verschollenen Blättern übersetzte ich einen Mischmasch von Geschichtchen und Geschwätz aller Art, auch über Persönlichkeiten, die ich nicht im Mindesten kannte. Aus Unkenntnis der deutschen Sprache behielt ich nicht nur öfter die französische Wort- und Satzstellung, sondern auch alle möglichen Gallizismen bei, und die Salbadereien, welche ich aus meinem eigenen Gehirne hinzufügte, schrieb ich dann ebenfalls in diesem Kauderwelsch, welches ich für echt schriftstellerisch hielt. Als ich ein Buch Papier auf solche Weise überschmiert hatte, anvertraute ich es als ein Originalwerk meinen Herren und Freunden, und siehe, sie nahmen es mit aller Aufmunterung entgegen und wußten es sogleich zum Druck zu befördern. Es ist etwas Eigentümliches um die schlechten Skribenten. Obgleich sie die unverträglichsten und gehässigsten Leute von der Welt sind, so haben sie doch eine unüberwindliche Neigung, sich zusammenzutun und ins Massenhafte zu vermehren, gewissermaßen um so einen mechanischen Druck nach der oberen Schicht auszuüben. Mein Büchlein wurde sofort als das sehr zu beachtende Erstlingswerk eines geistreichen jungen Autors verkündet, welcher deutsche Schärfe des Urteils mit französischer Eleganz verbinde, was wohl von dessen mehrjährigem Aufenthalt in Paris herrühre. Ich war nämlich in der Tat ein halbes Jahr in dieser Stadt bei einem deutschen Gastwirt gewesen. Da unter dem übersetzten Zeuge mehrere pikante, aber vergessene Anekdoten waren, so zirkulierten diese, unter Anführung meines Buches, alsbald durch eine Menge von Blättern. Ich hatte mich auf dem Titel George d'Esan, welches eine Umkehrung meines ehrlichen Namens, Georg Nase ist, genannt. Nun hieß es überall: George Desan in seinem interessanten Buche erzählt folgenden Zug von dem oder von jenem, und ich wurde dadurch so aufgeblasen und keck, daß ich auf der betretenen Bahn ohne weiteren Aufenthalt fortrannte, wie eine abgeschossene Kanonenkugel.»

«Aber zum Teufel!» sagte jetzt der Alte, «was hattet Ihr denn nur für Schreibestoff? Ihr konntet doch nicht immer von Eurem Pack alter Zeitungen zehren?»

«Nein! Ich hatte eben keinen Stoff als so zu sagen das Schreiben selbst. Indem ich Tinte in die Feder nahm, schrieb ich über diese Tinte. Ich schrieb, kaum daß ich mich zum Schriftsteller ernannt sah, über die Würde, die Pflichten, Rechte und Bedürfnisse des Schriftstellerstandes, über die Notwendigkeit seines Zusammenhaltens gegenüber den andern Ständen, ich schrieb über das Wort Schriftsteller selbst, unwissend, daß es ein echt deutsches und altes Wort ist, und trug auf dessen Abschaffung an, indem ich andere, wie ich meinte, viel geistreichere und richtigere Benennungen ausheckte und zur Erwägung vorschlug, wie z.B. Schriftner, Dinterich, Schriftmann, Buchner, Federkünstler, Buchmeister u.s.f. Auch drang ich auf Vereinigung aller Schreibenden, um die Gewährleistung eines schönen und sichern Auskommens für jeden Teilnehmer zu erzielen, kurz ich regte mit allen diesen Dummheiten einen erheblichen Staub auf und galt eine Zeit lang für einen Teufelskerl unter den übrigen Schmierpetern. Alles und jedes bezogen wir auf unsere Frage und kehrten immer wieder zu den ‹Interessen› der Schriftstellerei zurück. Ich schrieb, obgleich ich der unbelesenste Gesell von der Welt war, ausschließlich nur über Schriftsteller, ohne deren Charakter aus eigener Anschauung zu kennen, komponierte ‹ein Stündchen bei X.›, oder ‹ein Besuch bei N.›, oder ‹eine Begegnung mit P.›, oder ‹einen Abend bei der Q.› und dergleichen mehr, was ich alles mit unsäglicher Naseweisheit, Frechheit und Kinderei ausstattete. Überdies betrieb ich eine rührige Industrie mit sogenannten ‹Mitgeteilts› nach allen Ecken und Enden hin, indem ich allerlei Neuigkeitskram und Klatsch verbreitete. Wenn gerade nichts aus der Gegenwart vorhanden war, so übersetzte ich die Sesenheimer Idylle wohl zum zwanzigsten Male aus Goethes schöner Sprache in meinen gemeinen Jargon und sandte sie als neue Forschung in irgend ein Winkelblättchen. Auch zog ich aus bekannten Autoren solche Stellen, über welche man in letzter Zeit wenig gesprochen hatte, wenigstens nicht meines Wissens, und ließ sie mit einigen albernen Bemerkungen als Entdeckung herumgehen. Oder ich schrieb wohl aus einem eben herausgekommenen Bande einen Brief, ein Gedicht aus und setzte es als handschriftliche Mitteilung in Umlauf, und ich hatte immer die Genugtuung, das Ding munter durch die ganze Presse zirkulieren zu sehen. Insbesondere gewährte mir der Dichter Heine die fetteste Nahrung; ich gedieh an seinem Krankenbette förmlich wie die Rübe im Mistbeete.»

«Aber Ihr seid ja ein ausgemachter Halunke gewesen!» rief der alte Herr mit Erstaunen, und Meister Georg versetzte: «Ich war kein Halunke, sondern eben ein armer Tropf, welcher seine Kellnergewohnheiten in eine Tätigkeit übertrug und in Verhältnisse, von denen er weder einen sittlichen noch einen unsittlichen, sondern gar keinen Begriff hatte. Überdies brachte mein Verfahren niemandem einen wirklichen Schaden.»

«Und wie seid Ihr denn von dem schönen Leben wieder abgekommen?» fragte der Alte.

«Eben so kurz und einfach, wie ich dazu gekommen!» antwortete der Exschriftner, «ich befand mich trotz alles Glanzes doch nicht behaglich dabei und vermißte besonders die bessere Nahrung und die guten Weinrestchen meines frühern Standes. Auch ging ich ziemlich schäbig gekleidet, indem ich einen ganz abgetragenen Aufwärterfrack unter einem dünnen Überzieher Sommer und Winter trug. Unversehens fiel mir aus der Heimat eine kleine Geldsumme zu, und da ich von früher her noch eine alte Sehnsucht nährte, ordentlich gekleidet zu sein, so bestellte ich mir sofort einen feinen neuen Frack, eine gute Weste und kaufte ein gut vergoldetes Uhrkettchen, sowie ein feines Hemd mit einem Jabot. Als ich mich aber, dergestalt ausgeputzt, im Spiegel besah, fiel es mir wie Schuppen von den Augen; ich fand mich plötzlich zu gut für einen Schriftsteller, dagegen reif genug für einen Oberkellner in einem Mittelgasthofe und suchte demgemäß eine Anstellung.»

«Aber wie kommt es», fragte der Gast noch, «daß Ihr nun so einsichtig und ordentlich über jenes Treiben zu urteilen wißt?»

«Das mag daher kommen», erwiderte Georg Nase lächelnd, «daß ich mich erst jetzt in meinen Mußestunden zu unterrichten suche, aber bloß zu meinem Privatvergnügen!»

Worauf der Alte endlich seine Zeche bezahlte und sich entfernte, nachdem er den Aufwärter eingeladen, in Zukunft doch an den Gesprächen der Gäste Teil zu nehmen und ja nicht zu versäumen, von seinen lustigen Taten und Erlebnissen so viel mitzuteilen, als er immer wüßte. So fügte es sich, daß in diesem Gasthofe die täglichen Stammgäste samt dem Kellner mehr Bildung und Schule besaßen, als der kleine Schriftstellerkongreß, der zur Stunde unter dem gleichen Dache schlummerte.

Am nächsten Tage zerstreuten sich die Herren nach allen Winden, nicht ohne nochmals die zu gründende Sturm- und Drangperiode kräftiglichst besprochen zu haben. Indem sie vorläufig schon einige Rollen verteilten, wurde es als eine glückliche Fügung gepriesen, daß in Viggi Störteler die schweizerischen Beziehungen trefflich angebahnt seien, und er übernahm es, einstweilen Bodmer und Lavater zusammen darzustellen, um die reisenden neuen Klopstocks, Wieland und Goethe zu empfangen und aufzumuntern.

So kehrte er ganz aufgebläht von Aussichten und Entwürfen in seine Heimat zurück. Er ließ die Haare lang wachsen, strich sie hinter die Ohren, setzte eine Brille von lauterem Fensterglas auf und trug ein kleines Spitzbärtchen, um sein Äußeres dem bedeutenden Inhalte entsprechen zu lassen, den er durch seine neuen Bekanntschaften mit einem Schlage gewonnen. Seiner Sendung gemäß die er übernommen, begann er sich mehr unter seinen Mitbürgern umzutun und suchte Anhänger. Wo er wußte, daß einer ein Histörchen in den Kalender geschickt oder einige spöttische Knittelverse verfaßt hatte, die einzige Literatur, so in Seldwyla betrieben wurde, da strebte er ein Mitglied für die Sturm- und Drangperiode zu erwerben. Allein so bald die wackeren Leute seine Absichten merkten und seine wunderlichen Aufforderungen verstanden, machten sie ihn zum Gegenstande ihres Gelächters und neuer Knittelverse, welche zu seinem Verdruß in den Wirtschaften verlesen wurden. Als er vollends an einem Bürgermahle den Stadtschreiber verblümt fragte, was er von «Kurt vom Walde» für eine Meinung hege, und jener erwiderte: «Kurt vom Walde? was ist das für ein Kalb?» da hatte er für einmal genug und spann sich wieder in seine Häuslichkeit ein.

Dort betrachtete er sein Weib, und da er sah, wie anmutig Gritli in ihrem Häubchen am Spinnrädchen saß, mit rosigem Munde, mit stillbewegtem Busen und mit zierlichem Fuße, da ging ihm ein Licht auf; er beschloß, sie zu erhöhen und zu seiner Muse zu machen. Von Stund an hieß er sie das mit beinernen Ringen und Glöckchen kunstreich gezierte Spinnrad zur Seite stellen und das grüne Band vom seidigen Flachse wickeln. Dafür gab er ihr eine alte Anthropologie in die Hand und befahl ihr, darin zu lesen, während er in seinem Comptoir arbeite, damit die große Angelegenheit in der Zeit nicht brach liege. Hierauf ging er an seine Geschäfte, sehr zufrieden mit seinem Einfall. Als er aber zum Essen kam und begierig war auf die erste geistige Rücksprache mit seiner Muse, da schüttelte sie den Kopf und wußte nichts zu sagen.

«Ich muß zartere Saiten aufziehen für den Anfang!» dachte er und gab ihr nach Tisch einen Band «Frühlingsbriefe von einer Einsamen», darin sollte sie lesen bis zum Abend. Dann ging er in sein Magazin, einen Haufen Farbhölzer wegführen zu lassen, dann in den Wald, um einer Steigerung von Eichenrinde beizuwohnen. Dort machte er einen guten Handel und, vergnügt darüber, noch einen Spaziergang, aber nicht ohne abermaligen Nutzen. Er steckte das geschäftliche Notizbuch bei Seite und zog ein kleineres hervor mit einem Stahlschlößchen.

Damit stellte er sich vor den ersten besten Baum, besah ihn genau und schrieb: «Ein Buchenstamm. Hellgrau mit noch helleren Flecken und Querstreifen. Zweierlei Moos bekleidet ihn, ein fast schwärzliches und dann ein samtähnliches glänzend grünes. Außerdem gelbliche, rötliche und weiße Flechten, welche öfter in einander spielen. Eine Efeuranke steigt an der einen Seite hinauf. Die Beleuchtung ist ein ander Mal zu studieren, da der Baum im Schatten steht. Vielleicht in Räuberszenen anzuwenden.»

Dann blieb er vor einem eingerammelten Pflock stehen, auf welchen irgend ein Kind ein tote Blindschleiche gehängt hatte. Er schrieb: «Interessantes Detail. Kleiner Stab in Erde gesteckt. Leiche von silbergrauer Schlange darum gewunden, gebrochen im Starrkrampf des Todes. Ameisen kommen aus dem hohlen Innern hervor oder gehen hinein, Leben in die tragische Szene bringend. Die Schlagschatten von einigen schwanken Gräsern, deren Spitzen mit rötlichen Ähren versehen sind, spielen über das Ganze. Ist Merkur tot und hat seinen Stab mit toten Schlangen hier stecken lassen? Letztere Anspielung mehr für Handelsnovelle tauglich. NB. Der Stab oder Pflock ist alt und verwittert, von der gleichen Farbe wie die Schlange; wo ihn die Sonne bescheint, ist er wie mit silbergrauen Härchen besetzt. (Die letztere Beobachtung dürfte neu sein.)»

Auch vor einem Karrengeleise stellte er sich auf und schrieb: «Motiv für Dorfgeschichte: Wagenfurche halb mit Wasser gefüllt, in welchem kleine Wassertierchen schwimmen. Hohlweg. Erde feucht, dunkelbraun. Auch die Fußstapfen sind mit Wasser gefüllt, welches rötlich, eisenhaltig. Großer Stein im Wege, zum Teil mit frischen Beschädigungen, wie von Wagenrädern. Hieran ließe sich Exposition knüpfen von umgeworfenen Wagen, Streit und Gewalttat.»

Weiter gehend, stieß er auf eine arme Landdirne,

hielt sie an, gab ihr einige Münzen und bat sie, fünf Minuten still zu stehen, worauf er, sie vom Kopf zu Füßen beschauend, niederschrieb: «Derbe Gestalt, barfuß, bis über die Knöchel voll Straßenstaub; blaugestreifter Kittel, schwarzes Mieder, Rest von Nationaltracht, Kopf in rotes Tuch gehüllt, weiß gewürfelt –» allein urplötzlich rannte die Dirne davon und warf die Beine auf, als ob ihr der böse Feind im Nacken säße. Viktor, ihr begierig nachsehend, schrieb eifrig: «Köstlich! dämonisch-populäre Gestalt, elementarisches Wesen.» Erst in weiter Entfernung stand sie still und schaute zurück; da sie ihn immer noch schreiben sah, kehrte sie ihm den Rücken zu und klopfte sich mit der flachen Hand mehrere Male hinter die Hüften, worauf sie im Walde verschwand.

So kehrte er heimwärts, beladen wie eine Biene mit seiner Ausbeute. «Nun, liebes Muschen!» rief er seine Frau an, «hast Du Dein Buch gelesen? Mir ist es sehr gut gegangen, ich bringe treffliche Studien nach Hause, über deren Benutzung wir heute noch plaudern wollen!» Allein sie wußte abermals nichts zu sagen, weil sie den ganzen Nachmittag im Garten gesessen und mit großer Behaglichkeit grüne Erbsen ausgehülst hatte. Diesmal schüttelte er seinerseits den Kopf und dachte: Seltsam! Vielleicht ist es besser, gleich mit der Praxis zu beginnen und sich auf den weiblichen Scharfsinn zu verlassen! Demgemäß las er ihr beim Nachtessen seine heutigen Notizen vor, entwickelte ein Gespräch über den Nutzen solcher Beobachtungen, und indem er ihr riet, sich ebenfalls dergleichen Wahrnehmungen aufzuzeichnen und ihm das Gesammelte mitzuteilen, forderte er sie auf, ihre Meinung über alles dies zu sagen. «Ich verstehe dies alles nicht!» war ihre ganze Antwort. Sich zur Geduld zwingend, sagte er: «So wollen wir gleich ein Ganzes vornehmen, welches Dir vielleicht klarer sein wird, und worin Du vielleicht die Verflechtung solcher Teile, so kunstreich sie auch ist, wahrnehmen magst!»

Also nahm er seine neueste Handschrift hervor und begann sie vorzulesen, oft unterbrochen durch die Störungen, welche die allerorts durchstrichene und verbesserte Schreiberei veranlaßte, sowie durch das Hin- und Herrücken der Brille, welche ihn blendete. Dennoch gewahrte er erst nach einem halben Stündchen, daß seine Gattin eingeschlummert war.

Da klingelte er mit dem Messer gegen den metallenen Leuchter und sagte, als sich Gritli zusammenraffte, ernst und mißfällig: «Das kann so nicht gehen, liebe Frau! Du siehst, wie ich mir alle Mühe gebe, Dich zu mir heranzubilden und Du kommst mir dennoch nicht entgegen! Du weißt, daß ich die dornenvolle Laufbahn eines Dichters betreten habe, daß ich des Verständnisses, der begeisternden Anregung, des liebevollen Mitempfindens eines weiblichen Wesens, einer gleichgestimmten Gattin bedarf, und Du lässest mich im Stich, Du schläfst ein!»

«Ei, mein lieber Mann!» erwiderte Frau Gritli, indem sie über diese Reden errötete, «mich dünkt, ein rechter Dichter soll seine Kunst verstehen ohne eine solche Einbläserin!»

«Gut!» rief Viggi, «verhöhne mich nur noch, statt mich zu erheben und aufzurichten! Gut! Ich werde in Gottes Namen meinen Weg allein wandeln!»

Und er legte sich kummervoll schmollend zu Bett und sein Weib legte sich neben ihn in Sorgen, daß es um seinen Verstand übel stehen möchte. Er schmollte nun mehrere Tage und wandelte seinen Weg allein; doch hielt er das nicht aus, sondern beschloß, nunmehr mit männlicher Strenge seinen Willen durchzusetzen und die Gattin zu dem zu zwingen, wofür sie ihm einst danken würde. Er machte schnell einen Erziehungsplan, legte eine Anzahl Bücher zurecht, trat fest vor die Frau hin und wies sie an, unfehlbar zu lesen und zu lernen, was er ihr vorlege. Dadurch geriet sie in große Not; sie sah, daß der Friede Gefahr lief, gänzlich zerstört zu werden; auch getraute sie sich nirgends Rats zu holen, um ihren Mann nicht zu verraten und dem Spotte der Leute auszusetzen, welchen diese Geschichte ein ‹gefundenes Fressen› wäre. Sie fügte sich also, obgleich mit zornigem Herzen, und tat wie er verlangte, indem sie die Bücher in die Hand nahm und so aufmerksam als möglich darin zu lesen suchte; auch hörte sie seinen Reden und Vorträgen fleißig zu, nahm sich vor dem Einschlafen in Acht und stellte sich sogar, als ob ihr das Verständnis für manches aufginge, weil sie glaubte, dadurch dem Unglück bälder zu entrinnen. Heimlich aber vergoß sie bittere Tränen; sie schämte sich vor sich selber in dieser törichten und schimpflichen Lage und schleuderte die Bücher oft in eine Ecke oder trat sie unter die Füße. Denn der Teufel ritt ihren Mann, daß er ihr alles in die Hand gab, was er von langweiliger und herzloser Ziererei und Schöntuerei nur zusammenschleppen konnte.

Anfänglich war er nicht übel zufrieden mit ihrer Fügsamkeit; als er aber nach einigen Wochen bemerkte, daß sie immer noch keine begeisternde Anregung von sich ausgehen ließ, sagte er eines Morgens: «Das führt uns vor der Hand nicht weiter! Darum frisch nun das Leben selbst, die schöne Leidenschaft zu Hülfe gerufen! Eine längere Reise werde ich heute antreten, da ich das Herbstgeschäft einleiten muß. Wohlan, wir werden einen Briefwechsel führen, der sich einst darf sehen lassen! Nun gilt es, mein liebes Weibchen, Deine Empfindungen und Gedanken in Fluß zu bringen! Ich werde Dir gleich von der nächsten Stadt aus den ersten Brief schreiben; diesen beantwortest Du im gleichen Sinne. Daß du mir ja nicht schreibst, das Sauerkraut sei bereits geschnitten, und Du habest mir neue Nachthemden bestellt, und Du wollest mich am Ohrläppchen zupfen, wenn ich nach Hause komme, und Du habest neulich in meiner Nachtmütze geschlafen und es am Morgen nicht mehr gewußt, sondern darin gefrühstückt, und was dergleichen Trivialitäten mehr sind, die Du sonst zu schreiben pflegst! Nein doch! Ermanne Dich, oder vielmehr erweibe Dich einmal! möchte ich beinahe sagen, d.h. kehre Deine höhere Weiblichkeit hervor, lasse voll und rein die Harmonien ertönen, die in Dir schlafen müssen, so gewiß als in einem schönen Leibe eine schöne Seele wohnt! Kurz, merke auf den Ton und Hauch in meinen Briefen und richte Dich danach, mehr sag' ich nicht!»

Als er wirklich reisefertig in der Stube stand, überraschte ihn Gritli mit einem allerliebsten Handköfferchen aus buntem Korbgeflecht, in welchem ein gebratenes Huhn, einige Brötchen, zwei Krystallfläschchen mit altem Wein und Liqueur, ein silbernes Becherchen, ein Besteck und zwei kleine Servietten auf das Bequemste und Appetitlichste zusammengepackt waren. Das hatte sie alles nach ihrer Angabe herrichten lassen, weil er sich schon oft über den Hunger und Durst beklagt, welchen man auf den endlosen Eisenbahnen erleiden müsse. Er nahm es, von seinen Ideen eingenommen, zerstreut entgegen, sagte aber beim Abschiede noch kalt und streng: «Wende Deine Gedanken nun von dergleichen materiellen Dingen ab und sinne an das, was ich Dir gesagt! Bedenke, daß von dieser letzten Probe der Frieden und das Glück unserer Zukunft abhangen!»

Hiemit entfernte er sich und öffnete, eh' noch zwei Stunden vergangen waren, das Körbchen, eine leckere Mahlzeit zu halten und die Reisegefährten zu reizen. Das Huhn war vortrefflich zerschnitten und kunstreich wieder zusammengefügt, die Brötchen besonders wohlgebacken; nur war er unschlüssig, ob er von dem alten Sherry oder von dem feinen Kirschbranntwein trinken solle; nahm aber zuletzt von beidem. So lebte er lecker und fröhlich und zündete sich dann eine Cigarre an aus dem reichen Täschchen, das ihm seine Frau gestickt.

Diese saß indessen nicht in der besten Gemütsverfassung zu Hause; das Herz war ihr recht schwer; denn als ein sehr eingefleischter Narr hatte Herr Viggi Störteler einen herrlichen Ausweg gefunden, sie auch aus der Ferne zu quälen, und anstatt daß durch seine Abreise ein Alp von ihr genommen wurde, welcher Gedanke ihr auch neu und verwirrend war, hatte sie nun in dem Postboten ein neues Schreckgespenst zu erwarten. Und daß die ganze Geschichte bedenklich wurde, bewiesen seine letzten Worte. So harrte sie denn voll Bangigkeit der Dinge, die da kommen sollten, und nahm sich vor, wenn immer möglich, die Briefe ihres Mannes zu beantworten nach ihren besten Kräften. Richtig erschien noch vor Ablauf von sechzig Stunden folgender Brief:

«Teuerste Freundin meiner Seele!

Wenn sich zwei Sterne küssen, so gehen zwei Welten unter! Vier rosige Lippen erstarren, zwischen deren Kuß ein Gifttropfen fällt! Aber dieses Erstarren und jener Untergang sind Seligkeit und ihr Augenblick wiegt Ewigkeiten auf! Wohl hab' ich's bedacht und hab' es bedacht und finde meines Denkens kein Ende: – Warum ist Trennung? – ? – Nur Eines weiß ich dieser furchtbaren Frage entgegenzusetzen und schleudere das Wort in die Waagschale: Die Glut meines Liebeswillens ist stärker als Trennung, und wäre diese die Urverneinung selbst – – so lange dies Herz schlägt, ist das Universum noch nicht um die Urbejahung gekommen!! Geliebte! fern von Dir umfängt mich Dunkelheit – ich bin herzlich müde! Einsam such' ich mein Lager – – schlaf' wohl! – –»

Bei diesem Briefe lag nach ein Zettel des Inhalts:

«P. S. Ich habe absichtlich, liebe Frau! diesen ersten Brief kurz gehalten, daß der Anfang Dir nicht zu schwierig erscheinen möge! Du siehst, daß es sich in diesen Zeilen nur um ein einziges Motiv handelt, um den Begriff der Trennung. Äußere nun hierüber Deine Gefühle und füge eine neue Anregung hinzu, welche zu finden nun eben die Sache Deines Herzens und Deines guten Willens sein wird. Heute schlaf' ich zum ersten Mal in einem Bette seit meiner Abreise, wenn's nur keine Wanzen hat! Der junge

Müller an der Burggasse, welchen ich angetroffen, hat mich um 40 Francs angepumpt in Gegenwart von andern Reisenden und ganz en passant, so daß ich es in der Eile nicht abschlagen konnte. Da ich weiß, daß seine Eltern noch eine Partie Ölsamen haben, so soll unser Commis gleich hingehen und den Ölsamen kaufen und auf Rechnung setzen. Es muß aber gleich geschehen, ehe sie wissen, daß der Junge mir Geld schuldig ist, sonst bekommen wir weder Ölsamen noch Geld.

NB. Wir wollen die geschäftlichen und häuslichen Angelegenheiten auf solche Extrazettel setzen, damit man sie nachher absondern kann. In Erwartung Deiner baldigen Antwort, Dein Gatte und Freund Viktor.»

Mit diesem Briefe in der Hand saß sie nun da und las und wußte nichts darauf zu antworten. Wenn sie sich auch über die Grausamkeit oder Nützlichkeit der Trennung einige hausbackene Gedanken zurecht gezimmert, so fehlte ihr für die neue Anregung, die sie hinzufügen sollte, jeder Einfall, oder wenn sich einer einstellen wollte, so blieb er weit hinter den küssenden Sternen und hinter der Urbejahung zurück, und darüber verbleichten auch wieder ihre Trennungsbetrachtungen, welche sich doch nur um die Notwendigkeit und Einträglichkeit einer Geschäftsreise drehten, da ihr sonst kein anderer Grund bekannt war.

Sie ging mit dem Briefe auch in den Garten und ging auf und nieder, in immer größerer Angst befangen; da sah sie den Handlungsdiener ihres Mannes und geriet auf den Einfall, ihn ins Vertrauen zu ziehen, ihm ihre Not zu klagen und ihn zur Mithülfe zu veranlassen. Allein sie gab diesen Gedanken sofort auf, um den Respekt gegen ihren Mann nicht zu untergraben. Da fiel ihr Blick auf das Gärtchen eines Nachbarhauses, welches von ihrem Garten nur durch eine grüne Hecke getrennt war, und plötzlich verfiel ihre Frauenlist auf den wunderlichsten Ausweg, welchen sie auch, ohne sich lange zu besinnen und wie von einem höheren Licht erleuchtet, alsobald betrat.

In dem Nachbarhäuschen wohnte ein armer Unterlehrer der Stadt, namens Wilhelm, ein junger, für unklug oder beschränkt geltender Mensch, mit etwas schwärmerischen und dunkeln Augen. Derselbe sah für sein Leben gern die Frauen, war aber außerordentlich still und schüchtern und durfte überdies seiner beschränkten und ärmlichen Stellung wegen nicht daran denken, sich zu verheiraten oder sonst dem schönen Geschlechte den Hof zu machen. Er begnügte sich daher, die Schönheit mehr aus der Ferne zu bewundern, und da es für sein Verlangen gleich erfolglos war, ob er eine Frau oder ein Mädchen zum Gegenstande seiner Bewunderung machte, so wechselte er in aller Ehrbarkeit und wählte bald diese, bald jene zum Ziel seiner Gedanken. So lebte er in seinem Herzen wie ein Pascha und alles Schöne, was Kaffee trank und Strümpfe strickte oder auch müßig ging, gehörte ihm. Dies doch einigermaßen leichtfertige Wesen wissenschaftlich zu begründen oder zu beschönigen, war der gute Wilhelm auch vom Christentum abgefallen und, obgleich er des Sonntags in der Kinderlehre vorsingen mußte, wo er immer aufs Neue den Katechismus erläutern hörte, einer wahrhaft heidnischen Philosophie zugesteuert. Alle Götter und Göttinnen der Mythologien, welche er gelesen, rief er ins Leben zurück und bevölkerte damit sich zur Kurzweil die Landschaft; je nach der Stimmung des Himmels, der über Seldwyla hing, war er entweder Germane, Grieche oder Indier, und behandelte seine Weiber heimlich nach der Art dieser Landsleute. Nur wenn das Wetter gar zu graulich, sein Brot gar zu knapp und nirgends ein freundliches Frauenauge zu erblicken war, blies er zuweilen alle diese Götter auseinander und behauptete bei sich selbst, zu einem solchen Leben brauche man gar keinen Gott.

Diesen jungen Schulmeister wählte sich die schöne

Frau zu ihrem Retter, sobald er ihr in den Sinn kam. Daß er sie gern sah, wußte sie seit einiger Zeit, und daß er ein ganz stiller und schüchterner Mensch war, ebenso, weil er errötete und die Augen niederschlug, wenn er ihr begegnete, und er schien ihr gerade von der rechten Art zu sein, um ein Geheimnis zu verschweigen. Sie ging also hin und schrieb den Brief ihres Mannes ab und zwar dergestalt, daß sie einige Worte veränderte, oder hinzusetzte, als ob eine Frau an einen Mann schreiben würde. Dann faltete sie das Papier zierlich zusammen und versiegelte es ohne aber eine Adresse darauf zu setzen.

Dann ging sie zur Abendzeit wieder in den Garten, als Wilhelm eben seine paar Blümchen begoß, nahe der Hecke. Sie trat so dicht davor, als sie konnte, und rief ihn leise beim Namen. Zitternd und verstohlen zeigte sie ihm das Briefchen, als er aufblickte, und fragte, indem sie einen ganz seltsam sonnigen Blick hinüber schoß: Ob er schweigsam sein könne? Diesmal vergaß er, die Augen niederzuschlagen, lachte sie unbewußt vielmehr an, wie ein halbjähriges Kind, welchem man ein glänzendes Ding zeigt, und war im Begriff, indem er die Gießkanne fallen ließ, mit den Händen nach ihrem Kopfe zu fahren, um ihn auch nach dem Munde zu führen, wie es die Kinder machen, die den Raum noch nicht zu beurteilen wissen. Doch antwortete er nicht, bis sie ihn nochmals gefragt hatte, worauf er ernsthaft nickte. «So nehmt das Briefchen hier, wenn es niemand sieht, und legt mir eine hübsche passende Antwort dafür hin! es handelt sich um einen Scherz und Ihr sollt nicht im Schaden bleiben!» sagte sie, steckte die Epistel durch das Laub des Hages und eilte davon, wie von einer Schlange gebissen, sich auf ihrem Stübchen verbergend.

Wilhelm schaute ihr nach, wie einer, der eine Erscheinung sah; dann nahm er den Brief sachte aus dem Weißdorn, machte einen Umweg, so groß ihn das kleine Grüngärtchen erlaubte, und schlüpfte dann in sein kleines

Gemach, welches unmittelbar am Gärtchen lag. Dort las er hastig den Brief, einmal, zweimal und rief, indem ihm das Herz übermächtig zu schlagen anfing: «O Herr Jesus! Das ist wahrhaftig ein Liebesbrief!» Sogleich zerküßte er das Papier, dann stutzte er wieder, erinnerte sich jedoch des Blickes, welchen sie ihm zugeworfen und hielt sich für geliebt. Er sah sich um in seinem Stübchen. Dichte Winden mit blauen und roten Blumen verhüllten fast ganz die niederen Fenster, doch drang die Abendsonne hindurch und streute einige goldene Lichter an die Wand, über sein ärmliches Bett und seine drei oder vier Götterlehren und das Schreibzeug. Der erste Gedanke, der sein dankbares Gemüt durchblitzte, war der liebe Gott, und zwar der alleinige und christlich anständige. «Versteht sich!» rief er auf- und niedergehend, den Brief in der Hand, wie eine Depesche, «versteht sich, gibt es einen Gott! Versteht sich, natürlich!» Und er fühlte sich ganz glückseliglich, daß er auf so angenehme Weise seinen Frieden mit dem Schöpfer schließen konnte, der die schönen Frauen geschaffen. Aber aufs Neue stutzte er. «Was Teufel tue ich mit ihr? Sie hat ja einen Mann! – Aber halt! das ist ihre Sache! Was sie befiehlt, das tu' ich! Will sie's, so sprech' ich nie ein Wort zu ihr, verlangt sie's, so kriech' ich mit ihr in die Erde hinein und begehrt sie's, so tue ich's allein!» Nun setzte er sich auf das Bett und ergab sich einem entzückten Träumen; endlich überlas er in der späten Dämmerung nochmals das Briefchen; es schien ihm doch etwas kurios und töricht geschrieben zu sein. «Ach!» sagte er lächelnd vor sich hin, «auch bei einem geschenkten Herzen heißt es: dem geschenkten Gaul sieh' nicht ins Maul! Ich will die Antwort in ihrer Weise schreiben, da sie es so liebt und versteht!»

Also zündete er ein Lichtstümpfchen an, suchte ein Blatt Papier hervor und schrieb darauf eine Antwort auf Viggis Brief, wie sie dieser nur wünschen konnte, nicht ohne Geist, aber dazu noch mit aller herzlichen Glut durchwärmt, welche er in diesem Augenblicke empfand. Er faltete das Blatt zusammen und trug es hinaus in die Hecke. Sodann ging er zurück und zu seiner Wirtin, um seine Abendsuppe zu essen; aber siehe da! er war ganz erstaunt, daß er nur wenige Löffel hinunter brachte, so gesättigt fühlte er sich von allen guten Dingen, während er sonst bei seinen geträumten Liebesverhältnissen allzeit die größte Eßlust empfunden hatte. Darum legte er sich ungesäumt zu Bett und war nur begierig, ob er auch von seiner Geliebten träumen würde; denn ohne das schienen ihm die langen Stunden des Schlafes ein unverantwortlicher Zeit- und Sachverlust zu sein. Kaum lag er im Bette, so fing er, seit geraumer Zeit zum ersten Male, ganz von selbst an zu beten und begann dem lieben Herrgott inniglich und angelegentlich zu danken für die gute Gabe einer Liebsten, die er so unerwartet gewonnen; aber mitten im Gebet brach er kleinlaut ab, da ihm einfiel, daß der Handel doch nicht ganz zum Beten eingerichtet sei, und er bedauerte fast, daß er so unvorsichtig den christlichen Gott seiner Kindheit wieder eingesetzt hatte, der nicht so lustig mit sich umspringen ließ, wie die Alphabetgötter aus seinen Wörterbüchern. Und doch war es ein schönes Leben, was ihn beseelte; denn in den schlimmsten Tagen hatte er nie um ein Stück Brot gebetet. So dachte er denn auch, gewissermaßen hinterrücks, an die schöne Frau, bis der Morgen anbrach und er fest einschlief. Da hatte er einen Traum. Ihm träumte, er sitze und mahle ein Pfund duftig gerösteten Kaffee, und die Kaffeemühle spielte eine süße himmlisch klingende Musik, daß ihm ganz selig zu Mute ward, und doch träumte er nicht von Frau Gritli.

Diese hatte inzwischen seinen Brief richtig gesucht und gefunden und noch während der Nacht abgeschrieben mit den nötigen Veränderungen. Hierbei begegneten ihr zwei Dinge; erstens klopfte ihr das Herz ziemlich bang und ungestüm, als sie gar wohl die Wärme fühlte, welche in Wilhelms Worten glühte, und sie dieselben so bedächtig abschrieb; zweitens aber fiel es ihr diesmal im Traume nicht ein, in der befohlenen geschäftlichen Nachschrift oder auch im Briefe selbst eine jener muntern Redensarten von Zupfen am Ohrläppchen oder von der Nachtmütze einfließen zu lassen, und das Verbot ihres Mannes erwies sich als ganz überflüssig. Aber auf beide Dinge gab sie nicht weiter Acht, da die Sorge, ihren Mann zufrieden zu stellen, sie zu sehr beschäftigte. Ihre Nachschrift aber lautete: «Unser Schreiber ist heute gleich zu Müllers an der Burggasse gegangen und hat den Ölsamen gekauft; aber kaum zwei Minuten nachher, noch ehe wir ihn herbringen konnten, ließen sie für den Betrag 100 blaue Wetzsteine holen. Derweil müssen sie die Nachricht von ihrem Sohne bekommen haben, daß er von Dir 40 Franken entlehnt; denn als man hierauf den Ölsamen holen wollte, ließen sie sich entschuldigen, die Frau habe ohne Wissen des Mannes denselben schon vor zwei Tagen an einen Bauer verhandelt. So haben sie nun die 40 Franken und die Wetzsteine dazu. Gebe Gott, daß Dir mein Brief nicht gänzlich mißfallen möge; er hat mich ziemliche Anstrengung gekostet, jedoch nicht allzu große, und ich merke, daß das Ding schon gehen kann.»

Mit der ersten Post versandte sie den Brief und erhielt schon nach zwei Tagen eine Antwort von vier Seiten mit folgendem Beizettel: «Hier wäre der zweite Brief von mir, liebe Frau! Ich bin ordentlich stolz darauf, daß ich nun endlich das richtige Verfahren eingeschlagen; denn, ohne Schmeichelei, Du hast Dich vortrefflich gehalten! Aber nun nicht locker gelassen! Du siehst, daß ich schon tüchtig ins Zeug mit Dir gehe und vier Seiten mit lauter energischen Gedanken und Bildern angefüllt habe. Ich sage abermal nichts weiter, als: mach' Dich dahinter! Die Müllers soll der Teufel holen, wenn ich nach Hause komme! Es hat mich gekränkt, was sie taten, und mir einen schönen Tag verbittert, wo ich die interessantesten Bekanntschaften gemacht! Ich habe vergessen, den ersten

Brief zu unterzeichnen, schreibe doch darunter, aber genau: Kurt v. W. Oder laß es lieber bleiben, ich werde doch die ganze Sammlung nachher durchgehen.»

Während der letzten zwei Tage hatte Gritli sich die Sache ernstlicher überlegt und beschlossen, mit Wilhelm abzubrechen. Sie wollte ihm noch zu rechter Zeit sagen, daß es sich um einen Scherz gehandelt habe, den sie ihm auf irgend eine Weise schon noch zu erklären gedenke; auch hatte sie durch das Abschreiben der beiden Briefe etwas Mut geschöpft und hoffte, am Ende allein zurechtzukommen. Als sie aber das neue Geschreibsel in Händen hielt, ward es ihr rot und blau vor den Augen, und wenn sie bedachte, daß das nun fortschreitend immer toller werde, so gab sie jede Hoffnung auf und beeilte sich in ihrer erneuten Angst, die vier Seiten nur wieder abzuschreiben und an den bewußten Ort zu tun.

Wilhelm, welcher zwei schlimme Tage zugebracht hatte, weil er von seiner Dame nichts hörte oder sah, stürzte sich wie ein Habicht auf die Beute und stellte in weniger als einer Stunde eine Antwort her, welche an Schwung und Zärtlichkeit Viggis Kunstwerk weit hinter sich ließ. Als Gritli dies abschrieb, fühlte sie sich tief bewegt und es fielen ihr sogar einige Tränen auf das Papier, denn dergleichen hatte ihr noch niemand gesagt. Fast wollte es sie bedünken, wenn sie an einen Menschen wie Wilhelm zu schreiben hätte, so würde ihr das Werk leichter, aber an Viggi? sie gab nun jeden Gedanken auf, den Briefwechsel allein zu führen und ließ den Dingen ihren Lauf, auf ihre List vertrauend, welche in der Not schon einen neuen Ausweg finden sollte. Diesmal fügte sie folgende Nachschrift hinzu: «Neues weiß ich von hier nichts zu melden, als eine kleine närrische Geschichte, welche ich nicht in den Hauptbrief zu setzen wagte. Der arme Schorenhans vor dem Tore, welcher, wie Du weist, mehr Witze macht als er Fleisch zu sehen kriegt, sollte jüngsten Sonntag einen schweren Zins nach der Hauptstadt tragen.

Weil er fast nichts übrig behielt, um dort einzukehren und etwas zu genießen, so sagte er zu seiner Frau: ‹Ich werde mich früh um 4 Uhr auf die Beine machen und streng laufen, denn es sind sieben Stunden, so werde ich bis zum Mittagessen eintreffen und wohl einen Teller Suppe und vielleicht auch ein Glas Wein vom Zinsherrn bekommen.› So tat er denn auch und lief mit seinem Gelde wie besessen. Um 10 Uhr ungefähr verspürte er einen solchen Hunger, daß er kaum glaubte, hinzugelangen, und fragte daher die Leute, welche des Weges kamen, wie weit es noch sei? ‹Wenn Ihr gut lauft›, hieß es, ‹so habt Ihr noch eine Stunde!› Und wann man denn dort Mittag esse? fragte er noch ängstlich. ‹Am Sonntag um 11 Uhr!› sagten die Leute. So lief der arme Kerl aus allen Leibeskräften, denn es handelte sich um den langen Rückweg und er trug nicht einen eigenen Batzen in der Tasche. Endlich langte er an, als es eben 11 Uhr läutete und drang atemlos gleich hinter der anmeldenden Dienstmagd in die Stube, mit seinem Geldsäckchen ein Geräusch erregend. Die Familie saß schon am Tische und die Suppe wurde eben weggetragen. Etwas ungehalten über das Eindringen sagte der Zinsherr: ‹Gut, lieber Mann! setzt Euch nur dort auf die Ofenbank und geduldet Euch eine Weile!› So setzte er sich erschöpft und wehmütig auf die Bank und sah der Herrschaft zu, wie sie aß und trank und hörte die Kinder plaudern und lachen und roch den mächtigen Braten, der jetzt herein gebracht wurde. Niemand gedachte seiner, bis zufällig der Herr sich zu ihm wandte und sagte: ‹Und was gibt es Neues bei Euch draußen, guter Freund!›

‹Nichts Apartes!› erwiderte der Schorenhans schnell besonnen, ‹als daß merkwürdigerweise diese Woche eine Sau dreizehn Ferkel geworfen hat!› Auf diese Worte schlug die Zinsfrau erbarmungsvoll die Hände über dem Kopf zusammen und rief: ‹O du lieber Gott! Was machen sie doch aus deiner Weltordnung! Ein Mutterschwein hat ja nur zwölf Zitzchen, wo soll denn das dreizehnte Säulein saugen!› Schorenhans zuckte lächelnd die Achsel und erwiderte: ‹Es hat's eben wie ich, es muß zusehen!› Darüber lachte der Hausherr und rief: ‹Frau, laß dem Bauer einen Teller bringen, und gib ihm zu essen von allem, was wir gehabt haben!› So geschah es, er bekam Suppe, Braten und alles Gute und der Herr schenkte ihm von dem alten Weine in das Glas und gab ihm ein gutes Trinkgeld, als er fortging. Ich teile Dir, lieber Mann! diesen Spaß nur deswegen mit, weil mir etwas dabei eingefallen ist. Ich wünschte nämlich, da Du so viele Verbindungen hast, daß Du die kleine Geschichte als einen artigen Beitrag für eines Deiner Unterhaltungsblätter abfassen oder aufsetzen und ein bißchen ausschmücken möchtest, bis sie beträchtlich genug ist. Dann würdest Du, indem Du ja den Zweck angeben könntest, ein kleines Honorar, etwa zehn Franken, dafür verlangen, und diese gäben wir dem Schorenhans, der gewiß eine komische Freude hätte über diesen unverhofften Ertrag seines Einfalls!»

Auf diesen Brief erfolgte von Viggis Seiten ein noch größerer mit folgender Beilage: «Die Sache geht gut, liebes Gritli! Wir können nun keck ausschreiten und wollen uns täglich schreiben, hörst Du, täglich! Vielleicht in einiger Zeit zwei Mal des Tages, um die Dauer meiner Abwesenheit gut zu benutzen und eine ansehnliche Sammlung zu Stande zu bringen. Ich denke auch schon auf einen idealen Namen für Dich; denn Deinen prosaischen Hausnamen können wir hier nicht brauchen. Wie gefällt dir Isidora oder Alwine? Mit Deiner Geschichte vom Schorenhans hast Du nichts erreicht, als daß sie mir die doppelte Brieftaxe verursachte; denn erstens ist aus diesem albernen Witze nichts zu machen, und wenn es wäre, so kannst Du doch nicht verlangen, daß ich meine Muse mit dergleichen kleinlichen Angelegenheiten beschäftige! Für eine öffentliche wohltätige Unternehmung ließe sich das eher hören; ich bin auch schon bei einigen solchen ehrenvollen Missionen engagiert. Wenn Du jedoch den

Leuten ein paar Franken aus der Tasche magst zukommen lassen, so habe ich nichts dagegen; denn ich möchte Deinem mildtätigen Sinne nicht gerade hinderlich sein. Ich wünschte, daß Du Dich für den Namen Alwine entscheidest.»

Nun ging also die seltsame Briefpost tagtäglich und nach einiger Zeit in der Tat zwei Mal des Tages. Gritli hatte nun alle Tage vier lange Briefe abzuschreiben, weshalb ihre feinen rosigen Finger fast immer mit Dinte befleckt waren. Sie seufzte reichlich bei diesem ungewohnten Tun, mußte bald lachen, bald weinen über die Einfälle und Mitteilungen der beiden Briefsteller, die durch ihre Hand gingen, und sie unterschrieb die Briefe an Viggi mit Alwine, diejenigen an Wilhelm mit Gritli, wobei sie dachte: der ist wenigstens zufrieden mit meinem armen Namen! Seit einiger Zeit hatte sie bemerkt, daß Wilhelm nicht zum besten mit Papier versehen war, indem er immer andere Farben und Abschnitzel verwandte. Sie kaufte daher ein Paket schönes Briefpapier und legte es ihm hin mit der Anweisung: «Es muß jetzt täglich zweimal geschrieben werden! Fragt nicht warum, kennt mich nicht, seht nicht nach mir! Das Geheimnis wird sich aufklären!»

Sie rechnete fest auf seine Gutherzigkeit, Einfalt und stille Ergebenheit, welche, wenn auch eines Tages enttäuscht, dennoch das Geheimnis bewahren würde, froh darüber, ein solches zu besitzen. So ging denn der Verkehr wie besessen, und an drei Orten häufte sich ein Stoß gewaltiger Liebesbriefe an. Viggi sammelte die vermeintlichen Briefe seiner Frau sorgfältig auf, Gritli verwahrte die Originale von beiden Seiten und Wilhelm bewahrte Gritlis feine Abschriften in einer dicken Brieftasche auf seiner Brust, während er sich um seine eigenen Erzeugnisse nicht mehr kümmerte.

In einer Nachschrift bemerkte Viggi: «Ich habe mit Vergnügen gesehen, daß Spuren von vergossenen Tränen zwischen Deinen Zeilen zu sehen sind (wenn Du nicht etwa den Schnupfen hattest!). Aber gleichviel, ich trage mich jetzt mit dem Gedanken, ob solche Tränen zwischen den Zeilen bei einer allfälligen Herausgabe im Druck nicht durch einen zarten Tondruck könnten angedeutet werden? Freilich, fällt mir ein, müßte dann wohl die ganze Sammlung faksimiliert werden, was sich indessen überlegen läßt.» Wilhelm schrieb dagegen in einem Briefe: «O liebes Herz, es ist doch traurig, so unerbittlich getrennt zu sein und immer mit der schwarzen Dinte zu sprechen, wo man das rote Blut möchte reden lassen! Ich habe heute schon zweimal einen frischen Bogen nehmen müssen, weil mir Tränen darauf gefallen sind, und soeben konnte ich einen dritten nur dadurch retten, daß ich schnell die Hand darauf legte. Wenn Du mich nur ein wenig liebst, so verachtest Du mich nicht wegen dieser Schwachheit!»

Solche Stellen, welche sie nach ihrer Meinung besonders angingen, merzte sie sorgfältig aus in der Abschrift; dafür verwechselte sie manchmal die hochtrabenden Anreden: «Teurer Freund meiner Seele!» u.dgl. in den Sendungen an Wilhelm mit vertraulichen Benennungen, wie «mein liebes Männchen» oder «mein gutes Kind», was sie dann wieder in Reu' und Sorgen setzte, während sie die großen, hohlen Worte in den Briefen an den Mann großartig stehen ließ. Kurz, sie wünschte endlich sehnlich die Heimkehr ihres Eheherrn, damit alle Gefährde ein Ende nehmen und zum Schluß gebracht werden möchte. Da schrieb er unversehens, seine Geschäfte jeder Art seien nun zu Ende. Allein der Briefwechsel sei nun in einen so glücklichen Zug geraten, daß er noch vierzehn Tage fortbleiben wolle, damit diese Angelegenheit, an welcher ihm sehr viel liege, recht ausgebildet und zur glücklichen Vollendung geführt werden könne. Er werde sich diese zwei Wochen noch ausschließlich damit beschäftigen und ermahne auch sie, getreulich auszuhalten und das Ziel, welches ihr auf immer eine Stelle in den Reihen ausgezeichneter Frauen sichere, bis ans Ende zu verfolgen.

Daher wurde aufs Neue geschrieben und geschrieben, daß die Federn flogen. Gritli wurde bleich und angegriffen, denn sie mußte schreiben wie ein Kanzlist; und der Schulmeister magerte ganz ab und wußte nicht mehr wo ihm der Kopf stand, da er dazu noch in voller Leidenschaftlichkeit schrieb und nicht mehr aus alledem klug wurde. Gritli wagte nicht mehr sich im Garten aufzuhalten, um ihn nicht zu sehen, und wenn sie ihn auf der Straße etwa traf, wagte er seinerseits nicht sie anzusehen, wie wenn er der Übeltäter wäre.

Viggi indessen, so viel er auch schrieb, ließ sich wohl sein und lebte in allen Stücken wie ein echter Weltfahrer, da er überhaupt gewohnt war, nach der Art mancher Leute, seine Geschäftsreisen als Ausnahmezustand zu betrachten und sich von aller häuslichen Ordnung zu erholen. Jeden Abend führte er eine andere Schöne ins Theater oder auf die öffentlichen Bälle, wobei er die Sucht hatte, sich von jeder die Geschichte ihres Schicksals erzählen und tüchtig anlügen zu lassen. Gegen das Ende wurde er dann regelmäßig gefühlvoll, fand alles höchst bedeutsam, fing an zu notieren und wurde hinter dem Rücken verspottet, während man seinen Champagner trank. Zuletzt jedoch begab er sich auf den Heimweg, nachdem er noch Gelegenheit gefunden, einen guten Handel in Strohwaren abzuschließen.

Auf der letzten Station stieg er aus; da es ein schöner Herbsttag war, wollte er zu Fuß Seldwyla erreichen, das Notizbüchlein in der Hand, um eine «Wanderers Heimkehr» zu studieren und in der goldenen Abendluft einen recht famosen Titel für den Briefwechsel auszudenken. Er war zufrieden mit sich, mit der Welt, mit seiner Frau, mit dem Himmel, und trug ein höchst wunderbares Hütchen auf dem Kopf, halb von Stroh, halb von Seide, dessen Band ihm auf den Rücken fiel. «Im Grunde», sagte er, «braucht es da keinen besonders künstlichen Titel! Das Einfachste wird das Beste sein, etwa die beiden Namen zusammengezogen, gibt ein famos klingendes Wort: Kurtalwino, Briefe zweier Zeitgenossen! Das ist gut, ganz gut!» Und übermütig froh fing er in dem Gehölz, durch das er ging, plötzlich an zu singen in der Melodie des Rinaldiniliedes: Kurtalwino, rief sie schmeichelnd, Kurtalwino wache auf! Deine Leute sind schon munter, längst ging schon die Sonne auf u.s.f. Mit diesem verrückten Gesange weckte er einen schlanken jungen Mann auf, welcher unter einer Tanne saß und den Kopf auf die Hand gestützt in tiefen Gedanken in das Tal schaute. Es war Wilhelm, welcher sich auf den ersten Ton von Herrn Störtelers Gesang erhob und davon eilte. Dafür setzte sich dieser an seinen Platz, als er eine dicke Brieftasche dort liegen sah, die jener offenbar vergessen. «Was hat», sagte er, «dieser Hungerschlucker im Freien zu tun, anstatt seine Schulhefte zu mustern? Was Kuckucks hat er hier für ein Archiv bei sich gehabt?» Und ohne Weiteres öffnete er das Bündel und fand die Unzahl Briefe Gritlis, welche, obschon auf feines Postpapier geschrieben, doch kaum zusammenzuhalten waren. Er machte sogleich den ersten auf; denn, dachte er, wer weiß, welch interessantes Geheimnis, welche gute Studie hier zu erbeuten ist!

Der Brief fing an «wenn sich zwei Sterne küssen» u.s.f. Er besah die Handschrift genauer, es war die seiner Frau. Er tat den zweiten Brief auf, den dritten, es waren seine Briefe; er fing von hinten an und stieß genau auf den letzten, welchen er geschrieben, alle waren zierlich abgeschrieben und an den Schulmeister adressiert. Er sprang in die Höhe und rief: «Was Kreuz Millionenhagel ist denn das? Bin ich konfus oder nicht?»

Einige Minuten stand er wie verstört; dann stieß er die Brieftasche mit den Papieren kunterbunt in das Reisetäschchen, das er umgehängt hatte, schwang seinen Stab, drückte sein Hütchen in die Augen, daß das arme Ding knitterte und sich verbog, und schritt gestrengen Schrittes vollends heimwärts. Auf dem Weg lief der Schulmeister ängstlich und hastig an ihm vorüber wieder zurück, offenbar seine Briefe zu suchen. Viggi tat als sähe er ihn nicht und ging vorwärts.

Als er durch die Stadt zog, waren die Seldwyler verwundert über seine starre Haltung und daß er niemand grüßte. Viggi Störteler ist zurück! hieß es: jeder Zoll ein Mann! Potz Tausend, da geht er hin! Er aber drang unaufhaltsam vor und in sein Haus. Dort sah er die Kellertür offen stehen, ging hinein und sah sein Weib einige Äpfel auswählen, das Licht in der Hand. Unversehens trat er vor sie hin, daß sie leicht erschrak und noch etwas blasser wurde. Er bemerkte dies und betrachtete sie einen Augenblick, sie sah ihn auch an und keines sagte ein Wort. Plötzlich nahm er ihr das Licht aus der Hand, riß ihr den Schlüsselbund von der Seite, ging hinaus, schloß die Kellertür zu und steckte den Schlüssel zu sich. Darauf ging er in die Wohnstube hinauf, wo ihr Schreibtischchen stand, ein zerbrechliches kleines Ziermöbel, ihr einst zum Namenstage geschenkt und nicht geeignet gefährliche Geheimnisse zu beherbergen. Daher brauchte er auch den Schlüsselbund nicht und die Behältnisse öffneten sich von selbst, wie man sie nur recht berührte. In einem Schubkästchen fand er denn auch seine eigenen Briefe und zu seinem neuen Erstaunen im andern die Originale zu den Briefen seiner Frau, von fremder Hand, ja mit der Unterschrift des Schulmeisters. Er besah einen nach dem andern, machte sie auf und wieder zu und wieder auf und warf alle auf einen runden Tisch, der im Zimmer stand. Dann zog er auch die Briefe aus seiner Reisetasche hervor, beschaute sie auch nochmals und warf sie ebenfalls auf den Tisch; es gab einen ganz artigen Haufen.

Dann ging er mit halb irrem Blick um den Tisch herum, hier und da mit seinem Stock auf die Papiermasse schlagend, daß die Briefe emporflogen. Endlich erschnappte er etwas Luft und sagte: «Kurtalwino! Kurtalwino; fahre wohl, du schöner Traum!»

Als er noch einige Mal um den Tisch herumgegangen, stand er still, reckte den Arm mit dem Stocke aus und fuhr fort: «Eine Buhlerin mit glattem Gesicht und hohlem Kopfe, zu dumm, ihre Schande in Worte zu setzen, zu unwissend, um den Buhlen mit dem kleinsten Liebesbrieflein kitzeln zu können, und doch schlau genug zum himmelschreiendsten Betrug, den die Sonne je gesehen! Sie nimmt die treuen, ehrlichen Ergüsse, die Briefe des Gatten, verrenkt das Geschlecht und verdreht die Namen und traktiert damit, prunkend mit gestohlenen Federn, den betörten Genossen ihrer Sünde! So entlockt sie ihm ähnliche Ergüsse, die in sündiger Glut brennen, schwelgt darin, ihre Armut zehrt wie ein Vampyr am fremden Reichtum; doch nicht genug! Sie dreht dem Geschlechte abermals das Genick um, verwechselt abermals die Namen und betrügt mit tückischer Seele den arglosen Gemahl mit den neuen erschlichenen Liebesbriefen, das hohle und doch so verschmitzte Haupt abermals mit fremden Federn schmückend! So äffen sich zwei unbekannte Männer, der echte Gatte und der verführte Buhle, in der Luft fechtend, mit ihrem niedergeschriebenen Herzblut; einer übertrifft den andern und wird wiederum überboten an Kraft und Leidenschaft; jeder wähnt sich an ein holdes Weib zu richten, während die unwissende, aber lüsterne Teufelin unsichtbar in der Mitte sitzt und ihr höllisches Spiel treibt! O ich begreife es ganz, aber ich fasse es nicht! – Wer jetzt als ein Fremder, Unbeteiligter diese schöne Geschichte betrachten könnte, wahrhaftig, ich glaube, er könnte sagen, er habe einen guten Stoff gefunden für –»

Hier brach er ab und schüttelte sich, da eine Ahnung in ihm aufging, daß er nun selbst der Gegenstand einer förmlichen Geschichte geworden sei, und das wollte er nicht, er wollte ein ruhiges und unangefochtenes Leben führen. – «Wo ist meine Ruhe, meine Fröhlichkeit», sagte er, «nur bewegt von leichten Geschäftssorgen, die ich spielend beherrschte? Dies Weib zerstört mir das Leben, nach wie vor; ich hielt sie für eine Gans; sie ist auch eine, aber eine Gans mit Geierkrallen!»

Er lachte und rief: «Eine Gans mit Geierkrallen! das ist gut gesagt! Warum fallen mit dergleichen Dinge nicht ein, wenn ich schreibe? Ich werde noch verrückt, es muß ein Ende nehmen!»

Damit ging er hinaus, schloß das Zimmer ab und begab sich aus dem Hause. Auf der Treppe stieß er das Dienstmädchen zur Seite, welches verwundert und ratlos die Herrschaft suchte.

Voll von Ärger und Kummer über die verletzte Eitelkeit und Eigenliebe ging er durch die dunkeln Straßen. Die Hauptsache, die verlorene Liebe seiner Frau, schien ihm nicht viel Beschwerde zu machen; wenigstens aß er ein großes Stück trefflicher Lachsforelle auf der Rathausstube, wohin er sich begab und wo die Angesehenen den Samstagabend zuzubringen und die Nacht durchzuzechen pflegten. Dort saß er einsilbig und verwirrt, oder er mischte sich hastig mit fremden Gegenständen ins Gespräch, und beides zog ihm bald Sticheleien zu, da er eine ungewohnte Erscheinung war und die Gesellschaft störte. Er trug immer noch sein neustes Modehütchen auf dem Kopfe, welches den Herren nicht genehm war. Denn wenn sie auch jede Mode, sobald sie im Zuge war, alsobald mitmachten, so konnten sie die verfrühten Erstlinge derselben nie leiden und hüteten sich überhaupt vor dem Allzuzierlichen und Närrischen. Nun hatte jüngst einer von Paris den Witz heimgebracht, den hohen runden Männerhut Hornbüchse (boîte à cornes) zu nennen, welchen Ausdruck sie mit Jubel aufgriffen. Seither sagten sie statt Deckel, Angströhre, Ofenrohr, Schlosser, Läusepfanne, Grützmaß, noli me tangere, Kübel, Witzschale, Filz und dergleichen für jede Art Hut nur Hornbüchse, und sie benannten Viggis Kopfbedeckung demgemäß ein artiges Hornbüchschen und meinten, seine Hörnchen müßten noch ganz jung, zart und klein sein, ansonst er eine festere Büchse brauchte. Er glaubte, sein Unglück sei also stadtbekannt und sie zielten schnurstracks auf das, was ihn dermal bewege; er spitzte die Ohren, stichelte wieder, um sie zu mehrerem Schwatzen zu verleiten, und hielt mehrere Stunden einen peinlichen Krieg aus, ganz allein gegen die ganze Ratsstube, ohne daß etwas Mehreres herauskam, als daß er sich im Zorne betrank und höchst unglückselig wurde. Als er kein anderes Ziel erreichte, gab er ihnen endlich klar zu verstehen, daß er sie samt und sonders für Lumpenkerle halte, worauf sie ihn, nun selber höchlich aufgebracht, hinausfuhrwerkten. Er rückte sich sein armes mißhandeltes Hütchen zurecht und torkelte bitterlich weinend nach seinem Hause, legte sich zu Bett und schlief wie ein Murmeltier, bis es zur Kirche läutete, und er würde noch lange geschlafen haben, wenn ihn nicht Knecht und Magd geweckt hätten mit der Frage und Klage nach der Hausfrau. Da stellten sich ihm alle Erfahrungen des letzten Tages plötzlich dar, verzerrt und vergrößert durch die Verwirrung seines Kopfes; in fürchterlichem Zorn und mit wilden Gebärden raffte er sich auf, rieb sich aber dann die Stirn und besann sich, bis ihm der Kellerschlüssel einfiel. Es war ihm zu Mut, als ob er seine Frau schon seit Wochen eingesperrt hätte, so sehr war er aus dem Häuschen; aber das dünkte ihn nur desto wichtiger und großartiger, und er eilte mit rollenden Augen, das Gericht zu Ende zu bringen. Er öffnete den Keller, in welchem Gritli totenblaß und erfroren auf einem alten Schemel saß. Sie hatte sich bisher ruhig und still verhalten in der Hoffnung, der Mann werde ohne Zeugen kommen und aufmachen, und sie könne alsdann mit ihm reden; denn bei seinem ersten unerwarteten Anblicke hatte sie gefühlt, daß er ihres Mißgriffs mit den Briefen bereits inne geworden, ohne daß sie erraten konnte, auf welchem Wege. Wie sie seiner daher nun ansichtig wurde, stand sie auf, ergriff seine Hand und wollte ihn beschwören, nur einige Minuten zuzuhören; doch da sie sah, daß die Dienstboten hinter ihm standen, konnte sie nichts sagen, und überdies nahm er sie sofort beim Arme und führte sie unsanft mit den Worten auf die Gasse hinaus: «Hiermit verstoße und verjage ich Dich, verbrecherisches Weib! und nie mehr wirst Du diese Schwelle betreten!»

Worauf er die Haustür zuschlug und seine Leute barsch an ihre Geschäfte wies.

Hierauf begab er sich, da seine Munterkeit bereits erschöpft war, wieder ins Bett und schlief abermals wie ein Ratz bis in den Nachmittag hinein.

Vor dem Hause hatte sich schon seit einer Stunde ein Häufchen Nachbarweiber gesammelt, welche die Ausgestoßene neugierig umgaben und mit Lamentieren auf jedem Schritte begleiteten. Sie glaubte vor Erschöpfung, Scham und Verwirrung in die Erde zu sinken, wagte nicht aufzusehen und wandte sich unschlüssig bald auf diese, bald auf jene Seite; denn sie hatte keine Eltern oder Verwandte mehr zu Seldwyla, ausgenommen eine alte Base, welche ihr endlich einfiel. Sie schlug den Weg nach der Wohnung derselben ein und erreichte sie, ohne die vielen Kirchgänger zu sehen, durch welche sie hindurch mußte; es herrschte bei einem Teile der Einwohner gerade wieder eine stärkere religiöse Strömung, welche jedoch nicht hinderte, daß nicht einige vom Wege zum Tempel Gottes abschweiften und mit dem Kirchenbuche in der Hand der irrenden Frau nachliefen.

Gritli wurde übrigens von der Alten gut und sorglich aufgenommen. Nachdem sie sich etwas erholt, fing sie heftig an zu schluchzen, und als auch dies vorüber war, schwur sie, nie mehr in das Haus Viggi Störtelers zurückzukehren, und die Base, schnell beraten, ließ noch am gleichen Tage Gritlis notwendigste Sachen bei ihm abholen.

Als er endlich ausgeschlafen hatte, fühlte er einen

gewaltigen Hunger und wollte sich stracks zu Tisch setzen; doch die ratlose Magd hielt nichts bereit und statt mit dem Essen war der Tisch noch mit dem Briefwechsel zweier Zeitgenossen gedeckt. Er tobte aufs Neue, befahl sogleich zu kochen, was das Haus vermöchte, und verschloß die Briefe bis auf Weiteres in sein Pult. Nachdem er gegessen, war er endlich etwas beruhigt und begann seiner Einsamkeit inne zu werden, und erst jetzt wurde es ihm unheimlich; denn nach den Vorfällen der letzten Nacht konnte er nicht einmal Zuflucht in der Gesellschaft seiner Mitbürger suchen. Als vollends eine Person kam und er das lieblich duftende Zeug seiner Frau aus den Schränken herausgeben mußte, liefen ihm die Augen über, und er wünschte beinahe, daß sie noch da wäre und überlegte, ob sich die Übeltat nicht vielleicht verzeihen ließe nach genauerer Prüfung.

Er wartete daher zwei Tage, ob sie nichts von sich hören ließe, und als sie das nicht tat, begab er sich zum Stadtpfarrer, um die Scheidung anhängig zu machen. Über den Versöhnungsversuchen, welche der geistlichen Behörde oblagen, dachte er, werde sich das Ding vielleicht aufklären. Er war aber sehr verwundert, als er vernahm, daß Gritli in gleicher Sache soeben dagewesen sei, und als ihm der Pfarrer bereits mitteilen konnte, wie es mit den Briefen zugegangen sei, wie Gritli ihren Fehlgriff einsehe, denselben aber für abgebüßt halte und wegen des Überschusses an Strafe und sonstiger unvernünftiger Behandlung sich von ihm zu trennen wünsche.

Er hielt diese Erzählung für Flausen und gedachte die Sünderin schon noch herumzubringen, ließ also der Sache ihren Lauf. Als er nach Hause kam, fand er einen Brief vor von einer Dame namens Kätter Ambach. Es war dies ein Fräulein von sechs- bis achtunddreißig Jahren, welche seit ihrem vierzehnten Jahre auf allen Liebhaberbühnen zu Seldwyla, so oft deren errichtet worden, die erste Liebhaberin gespielt hatte, und zwar nicht wegen ihrer schönen Gestalt, sondern wegen ihres höhern Geistes und ihrer kecken Vordringlichkeit. Denn was ihre Gestalt betraf, so besaß sie einen sehr langen hohen Rumpf, der auf zwei der allerkürzesten Beinen einherging, so daß ihre Taille nur um ein Drittel der ganzen Gestalt über der Erde schwebte. Ferner hatte sie einen unverhältnismäßigen Unterkiefer, mit welchem sie beträchtliche Gaben von Fleisch und Brot zermalmen konnte, der aber ihr Gesicht zum größten Teile in Kinn verwandelte, so daß dieses wie ein ungeheurer Sockel aussah, auf welchem ein ganz kleines Häuschen ruhte mit einer engen Kuppel und einem winzigen Erkerlein, nämlich der Nase, welche sich vor der vorherrschenden Kinnmasse wie zerschmettert zurückzog. Auf jeder Seite des Gesichts hing eine lange einzelne Locke weit herunter, während am Hinterhaupte ein dünnes Rattenschwänzchen sich ringelte und mit seiner äußersten Spitze stets dem Kamme und der Nadel zu entfliehen trachtete. Denn steckte man eine Nadel hindurch, so ging es auseinander und spaltete sich in eine Schlangenzunge, und zwischen den engsten Kammzähnen schlüpfte es hindurch, hast du nicht gesehen!

Was ihren Geist betrifft, so war er, wie schon gesagt, ein höherer, was man alsobald aus ihrem Schreiben ersehen wird, welches Viggi zu Hause fand:

«Edler Mann!

Es gibt Lagen, welche uns die Rücksichten der beschränkten Alltagswelt vergessen lassen und selbst dem zarteren Weibe den Mut geben, ja die Pflicht auferlegen, aus sich herauszutreten und seine edelste Teilnahme offen dahin zu wenden, wo verkannte und mißhandelte Männergröße sich in unverdienten Leiden verzehrt. In einer solchen Lage scheine ich Endesunterzogene mich zu befinden, und über alle kleinlichen Bedenken erhaben durch meine Weltkenntnis wie durch meine Bildung, wage ich es daher, mich in der edelsten Absicht Ihnen zu nähern, geehrter Herr! und Ihnen freimütig diejenigen Dienste anzubieten, welche Ihr Unglück vielleicht lindern können! Längst habe ich die Blüten Ihres Geisteslebens im Stillen bewundert und um so inniger in mich aufgenommen, als ich darüber trauerte, daß ein Mann wie Sie so unverstanden und einsam in dieser barbarischen Gegend bleiben muß. Um so vertrauter und glücklicher, dachte ich, muß er im Allerheiligsten seiner Häuslichkeit, an der Seite einer seelenvollen Gattin sich fühlen! Nun steht auch Ihr Haus verödet, eine peinliche Kunde durchschweift unsere Stadt – verzeihen Sie, wenn ich hier den Schleier edler Weiblichkeit vorziehe! Um es kurz zu sagen: sollten Sie in Ihrer jetzigen Verlassenheit der Teilnahme eines mitfühlenden Herzens, des ordnenden Rates und der Tat einer sorglichen weiblichen Hand irgendwie bedürfen, so würde ich Sie bitten, mir die Freude zu machen und ganz ungeniert über meine Zeit und meine Kräfte zu verfügen; denn ich bin durchaus unabhängig in der Verwendung meiner Muße und könnte täglich leicht das ein und andere Stündchen Ihren Angelegenheiten widmen. Gewiß, wenn auch Ihr starker Geist keiner erleichternden Mitteilung bedarf, so ist dafür Ihr Haushalt dann und wann der vorsorgenden Aufsicht um so bedürftiger; das weiß der sichere Takt gebildeter Frauen noch besser, als der rohe Instinkt jener platten Weiber es ahnt, und so werde ich mir es nicht nehmen lassen, heute oder morgen persönlich an Ihrem verwaisten Herde zu erscheinen, um Ihre etwaigen Wünsche und Bedürfnisse entgegenzunehmen. Sobald Ihre Verhältnisse wieder glücklicher geordnet sind, werde ich mich mit der edelsten Uneigennützigkeit sogleich zurückziehen in die geweihte Stille meines Arbeitszimmers.

Genehmigen Sie die herzlichste Versicherung der aufrichtigsten Hochachtung, womit ich mich zeichne

Ihre ergebenste Käthchen Ambach.»

Als Viggi diesen Brief gelesen, beschlich ihn eine sehr

gemischte Empfindung. Er war wie alle Welt gewohnt gewesen, über die Kätter zu lachen und hegte nicht die angenehmsten Vorstellungen von ihrem Äußern. Und doch war es ihm, als ob er schon lange nur auf einen solchen Brief gewartet habe, als ob hier eine Stimme aus einer besseren Welt sich hören ließe, als ob hier ein verständnisvolles Gemüt sich vor ihm enthülle. Indem er so darüber brütete, erschien Kätter selbst.

Sie trug ein Kleid von schwarzem Baumwollsammet, einen roten Shawl und ein rundes graues Hütchen mit einer Feder. Diese Erscheinung bestach ihn plötzlich, und als sie nun ihm schweigend die Hand gab und ihn mit einem wehmütig tröstenden Blick ansah, da vergaß er vollends, daß er jemals über diese Person gelacht; vielmehr fand er sich sogleich trefflich in die Weise hinein.

Die Unterredung, welche zwischen diesen beiden Geistern nun erfolgte, ist nicht zu beschreiben; genug, als sie zu Ende war, fühlte Viggi sich getröstet und durchaus für Kätter eingenommen. Am Meisten hatte sie ihn gerührt, als er ihr die Geschichte mit den Briefen erzählte und den ganzen Haufen vorwies. Sie hatte kein Wort erwidert, sondern nur geseufzt und einige stille Tränen vergossen, und zwar ziemlich aufrichtig, weil sie bedachte, wie viel weiser und geschickter sie für eine solch glückliche Stellung eingerichtet gewesen wäre; denn sie schrieb für ihr Leben gern Briefe.

Zum Schlusse stellte sie mit der Magd ein Verhör an, besichtigte die Küche, gab einige überflüssige Anweisungen und stieg endlich, das Kleid aufnehmend, mit großen Umständen und laut sprechend die geräumige Treppe hinunter, welche ihr, verglichen mit ihrer Hühnerstiege zu Hause, ausnehmend wohl gefiel. Der angehende Witwer begleitete sie bis auf die Straße, und es fand ein gespreizter und ansehnlicher Abschied statt.

«Berg und Tal kommen nicht zusammen, aber die Leut'!» sagte ein Seldwyler, der eben vorbeiging und den stattlichen Auftritt besah.

Der Unglücklichste von allen war Wilhelm, der Schulmeister. Er hatte sich halbwegs ein Herz gefaßt und gesucht, mit Frau Gritli zu sprechen; allein es mißlang ihm gänzlich, da sie sich nirgends blicken und nichts von sich hören ließ. Da schrieb er einen Brief an sie, in welchem er den Hergang mit seiner Brieftasche erzählte und sie um Aufschluß bat, wie er sich zu ihrem Besten zu verhalten habe? Weiter wagte er nichts mehr zu schreiben, als daß er alles tun wolle, was sie für gut erachte. Diesen Brief trug er mehrere Stunden weit auf die Post und erhielt darauf nur wenige Zeilen zur Antwort, des Inhalts: Er solle sich ganz ruhig verhalten, bis er gerichtlich befragt würde; dann solle er sagen, was er wüßte, nicht mehr und nicht weniger, nämlich er habe auf ihren Wunsch die Antworten auf die ihm mitgeteilten Briefe geschrieben.

So sich selbst überlassen, von allerlei Gerüchten gequält und in voller Ungewißheit, was alles das zu bedeuten habe, getraute er sich nicht einmal mehr vor seine Türe hinaus, um sein Gärtchen zu besorgen, und der rüstige Briefsteller empfand nun eine nicht unverdiente Furcht vor allem, was in dem Hause des Nachbar Viggi lebte und webte.

Während so die beschuldigten Sündersleute sich niemals sahen, lebten Störteler und die Kätter bald im vertrautesten Umgange. Sie besuchte täglich zweimal sein Haus und gab sich in der ganzen Stadt das Ansehen, als ob sie aus reiner Aufopferung den Mann aus den traurigsten Zuständen, wenigstens aus dem Gröbsten, erretten müßte. Dabei schilderte sie, wo sie hinkam, die von Gritli hinterlassene Ordnung als die schlimmste, kehrte auch richtig in Viggis Hause das Unterste zu oberst, indem sie alle Möbeln anders stellte, in alle Ecken Efeuranken anbrachte, die schönen Vorhänge zerschnitt und wunderliche gezackte Fähnchen daraus machte. Unter dem Vorwande des Ordnungschaffens leerte sie alle Schränke aus und wühlte besonders in Gritlis stattlicher Aussteuer herum, die noch im Hause war. Auch kommandierte sie die Küche; Viggi war erstaunt und erfreut, immer frisches Fleisch zu genießen und nie aufgewärmtes Gemüse zu sehen; denn Kätter aß in der Küche das kalte Fleisch mit großen Stücken Brot, und wenn nichts anderes da war, so tat sie die Fettscheiben von der Bratenbrühe auf das Brot. Ebenso aß sie halbe Schüsseln voll kalter Bohnen, Kohlrabi und Kartoffeln, und sechs große Töpfe, welche Gritli noch mit eingemachten Früchten gefüllt, hatte sie in weniger als vier Wochen ausgehöhlt, aber auch vollkommen. Nach diesen Taten setzte sie sich auf ein Stündchen zu Viggi, tröstete ihn, las mit ihm seine Arbeiten durch, schwärmte mit ihm und wußte ihn gegen seine Frau aufzustacheln, ohne den Anschein zu haben, und endlich packte sie noch sein neuestes Schriftstellerwerk ein, um es die Nacht durchzustudieren. Überdies schleppte sie lernbegierig von seinen Büchern nach Hause, was sie unter den Arm fassen konnte, las aber dort nur die kurzweiligsten Sachen daraus, wie Kinder, welche die Rosinen aus dem Kuchen klauben.

Unter diesen Umständen war es nicht zu verwundern, wenn die Schlichtungsversuche der Behörden keinen Erfolg hatten und der Endprozeß der Scheidung endlich heranrückte. Frau Gritli wurde nicht im Mindesten geschont, indem eine ziemliche Anzahl Zeugen, deren Auffindung Kätter Ambach betrieben hatte, vernommen wurden. Auch Wilhelm wurde wiederholt verhört, aber alles dies ergab nichts, was die beiden Übeltäter belasten konnte. Nur ein Kind hatte mehrmals die Briefe in die Hecke tun oder daraus nehmen sehen; aber dieser briefliche Verkehr wurde von Gritli und Wilhelm selbst eingestanden.

So erschien denn der große Gerichtstag und Viggi hielt eine strenge und beredte Anklage. Er schilderte auf das Anmutigste sein edles, geistiges Streben, wie er mit heiliger Mühe gesucht habe, seine Gattin an demselben teilnehmen zu lassen und jene Harmonie in der Gesinnung zu erringen, ohne welche ein glückliches Ehebündnis unmöglich sei; wie sie aber erst durch eigensinniges Verharren in der Unwissenheit und Geistesträgheit ihm das Leben verbittert, dann durch schlaue Verstellung ihn getäuscht und endlich während seiner mühevollen Geschäftsreisen, die er sich durch einen innigen und gebildeten Briefwechsel mit der Gattin habe erleichtern und erheitern wollen, zum förmlichsten Treubruch geschritten sei und die empörendste Komödie mit dem vertrauensseligen Gatten gespielt habe! Er überlasse zutrauensvoll den Richtern, zu beurteilen, ob das fernere Zusammenleben mit einer solchen mit Geierkrallen bewaffneten Gans möglich sei!

Mit diesem schimpflichen Trumpf, den er sich nicht versagen konnte, schloß er seinen Vortrag. Ein allgemeines leises Gelächter erfolgte darauf; die gekränkte Frau verhüllte ihr Gesicht einige Augenblicke und weinte. Doch dann erhob sie sich und verteidigte sich mit einer Entrüstung und mit einer Beredsamkeit, welche ihren eiteln Mann sogleich in Erstaunen setzte und in die größte Beschämung.

Ob sie roh und unwissend sei, könne sie selbst nicht beurteilen, sagte sie, aber noch seien die Lehrer und die Geistlichen alle am Leben, welche sie erzogen, denn es sei noch nicht so lange her, daß sie ein Kind gewesen. Ihr Mann habe sie als ein einfaches Bürgermädchen geehelicht und sie ihn als einen Kaufmann und nicht als einen Gelehrten und Schöngeist. Nicht sie habe ihren Charakter geändert, sondern er, und bis dahin habe sie treulich und zufrieden mit ihm gelebt und er scheinbar mit ihr. Selbst als er seine neuen Künste angefangen, wie jedermann bekannt sei, habe sie nicht mit den Leuten darüber gelacht, sondern als sie gesehen, daß es sich um den häuslichen Frieden handle, sei sie ehrlich beflissen gewesen, in seine Weise einzugehen, so lange nur immer möglich, ungeachtet der peinlichen und wenig rühmlichen Lage, in welche sie dadurch geraten. Zuletzt aber habe er das Unmögliche von ihr verlangt, nämlich ihre Frauengefühle in einer geschraubten und unnatürlichen Sprache und in langen Briefen für die Öffentlichkeit aufzuschreiben, und statt ihrem häuslichen Leben nachzugehen, die schöne Zeit mit einer ihr fremden und widerwärtigen, nutzlosen Tätigkeit zu verbringen. Nicht sie habe sich der Verstellung hingegeben, sondern gerade er, indem er, bei trockenen und durchaus nicht begeisterten Gewohnheiten, sich selbst und sie damit gezwungen habe, eine höchst lächerliche Komödie in Briefen zu spielen. Dennoch habe sie, von ihm geängstigt und in der Hoffnung, diese ganze Störung werde um so eher vorübergehen, ihn zufrieden zu stellen gesucht, allerdings auf einem in der Not und Verwirrung falsch gewählten Wege, wie sie unverhohlen bekenne.

Jede Frau in Seldwyla wisse, daß der junge Lehrer Wilhelm ein ebenso verliebter als bescheidener, schüchterner und ehrbarer Mensch sei, mit welchem man zur Not einen unschuldigen Scherz ausführen könne, ohne in eine bedenkliche Stellung zu geraten. Um so eher habe sie geglaubt, eine harmlose List gebrauchen und ihm die Beantwortung der Briefe ihres Mannes aufgeben, ja förmlich bestellen zu können, wie man öfter schriftliche Arbeiten und namentlich auch Liebesbriefe durch Schullehrer anfertigen lasse; sie berufe sich hierin auf manch wackeres Dienstmädchen. Nicht sie habe die zu beantwortenden Briefe verfaßt, sondern Störteler, und hiermit sei wohl die Anklage der Untreue kurz abgeschnitten. Der Handel gehöre nach ihrer Meinung und nach ihren schwachen Begriffen vor ein literarisches Gericht und nicht vor ein Ehegericht. Dennoch habe sie sich dem letztern unterzogen, weil das Geschehene ein unvermutetes Licht über den innern Zustand dieser Ehe aufgesteckt habe. Sie empfinde keine Zuneigung mehr für Herrn Störteler, für sie Grund genug, da die Dinge einmal so weit gediehen, ebenfalls auf gänzlicher Trennung zu bestehen.

Obgleich das Gericht, da sich der Treubruch als ein bloßes äußerliches Fehlgreifen herausstellte, wenigstens für ein streng altväterisches Ehegericht, nun die Scheidung nicht hätte aussprechen müssen, so machte es den Herren und der ganzen Stadt zu viel Spaß, den armen Viggi seiner schmucken und feinen Frau zu berauben und ihn mit der komischen Kätter zusammenrennen zu lassen, als daß sie die Scheidung nicht ausgesprochen hätten. Sie ward also erkannt auf Grund unvereinbarer Neigungen und Gewohnheiten, roher Mißhandlung von Seite des Mannes, wie Einsperrung in den Keller und rücksichtslose Ausstoßung auf die Straße, und leichtsinniger Fehlgriffe der Frau, wie der Briefverkehr mit dem Lehrer. Doch solle die Frau als unbescholten und unverdächtig gelten, jeder Teil in seinem Vermögen bleiben und zu keinerlei Leistung verpflichtet sein, so daß Störteler das Vermögen Gritlis, das sie zugebracht, von Stund' an herauszugeben oder sicherzustellen habe.

Viggi ging mehr niedergeschlagen als fröhlich nach Hause und wunderte sich selbst darüber, da er doch nun frei war von der bedrückenden Last einer geistesträgen und nichtsnutzigen Hausfrau. Allein es fehlte ihm nicht an Aufklärungen und Erläuterungen; denn schon unter der Tür des Gerichtshauses riefen ihm einige Herumsteher zu: «O Du Erznarr! Du mußt Tinte gesoffen haben, daß Du ein solches Weibchen kannst fahren lassen! Und das artige Vermögen, die runden Schultern, der treffliche Anstand!» «Hast Du gesehen», sagte einer zum andern, «wie auf allen Seiten glänzende Locken unter ihrem Hute hervorrollten?» «Ja!» erwiderte der, «und hast Du gesehen den allerliebsten Zorn, das sanfte Feuer, das noch in ihren lachenden Augen brannte? Wahrlich, wenn ich die hätte, ich machte sie alle Tage bös, nur um sie in ihrem Zorne dann abküssen zu können! Nun, Gott sei Dank, die wird jetzt schon noch an einen Kenner geraten!»

Auf dem Wege rief jemand: «Da geht einer, der wirft

Aprikosen aus dem Fenster und ißt Holzäpfel!» – «Wohl bekomm's ihm!» antwortete es von der andern Seite. Ein Schuster rief: «Der gibt dem Quark eine Ohrfeig' und meint, er sei ein Fechtmeister!» Und ein Knopfmacher: «Laßt ihn, er ist halt ein Grübler, es gibt aber verschiedene Grübler, es gibt auch Mistgrübler.» Der Kupferschmied endlich, der mit dem Werg in einer verzinnten Pfanne herumfuhr, setzte hinzu: «Er hat's wie der Teufel; ‹ich muß mich verändern!› sagte der, nahm eine Kohle unter den Schwanz und setzte sich auf ein Pulverfaß.»

Diese Reden kränkten und betrübten den Viggi über die Maßen; er trat recht mutlos in seine Stube und verfiel in große Traurigkeit. Allein bald zerstreuten sich diese Wolken vor der Sonne, die ihm aufging. Kätter Ambach trat herein in flottem Taffetkleide, geschmückt mit einem dünnschaligen, brüchigen goldenen Ührchen, das seit fünfzehn Jahren nie aufgezogen war, weil es längst keine Feder mehr in sich barg. Sie warf das Tuch ab und setzte sich, seine Hand teilnehmend ergreifend, neben Viggi auf das Sofa; sie bestrickte ihn völlig und das treffliche Paar wurde stracks einig, sich zu heiraten und das Musterbild einer Ehe im Geist und schöner Leidenschaft darzustellen. So hatte sich die lustige Kätter glücklich zur Braut gemacht; sie blieb gleich zum Essen da und sie trieben ein solches Karessieren, daß die Magd, welche der früheren Frau anhing, sich schämte. Sie bespitzten sich leicht in Viggis bestem Weine und zogen am Nachmittage Arm in Arm durch die Straßen, bis sie endlich in Kätters Wohnung einmündeten, einige Bekannte zusammenriefen und die Verlobung feierten. Das Beste war, daß Kätters alte Mutter bei dieser Gelegenheit reichliches Essen und Trinken herbeischleppen sah und sich seit langen Jahren einmal satt essen konnte; denn sie hatte seit dreißig Jahren nur besorgt sein müssen, die heißhungrige Tochter zu füttern, und derselben mehr zugesehen als selbst gegessen. Doch da Kätter endlich noch einen wohlhabenden

Schwiegersohn ins Haus führte, dachte sie nun gern zu sterben, weil die Tochter, die nichts zu arbeiten wußte, nicht verlassen und hülflos in der Welt zurückblieb. So ist jedes Unwesen noch mit einem goldenen Bändchen an die Menschlichkeit gebunden.

Die Hochzeit wurde so bald als möglich gehalten, glänzend, reichlich und geräuschvoll; denn Kätter wollte diese Aktion in allen Einzelheiten recht durchgenießen und sich als den holden Mittelpunkt eines großen Festes sehen, und Viggi benutzte die Gelegenheit, indem er eine Menge Menschen einlud, sich mit den gut bewirteten Mitbürgern wieder auf einen bessern Fuß zu stellen. Die neue Frau Störteler war nicht gesonnen, ein stilles und beschauliches Leben zu führen, sondern veranlaßte ihren Mann, die Lustbarkeit, welche mit der Hochzeit begonnen, fortzusetzen, alle Gesellschaften mit ihr zu besuchen, sein eigenes Haus aufzusperren und im vollen Galopp zu fahren.

Er befand sich übrigens herrlich dabei und lebte zufrieden mit ihr in solchem Trubel; denn überall gab sie ihn für ein Genie aus und machte ihn allerorten zum Gegenstande des Gesprächs, bezog alles auf ihn und nannte ihn nur Kurt.

«Mein Kurt hat dies gesagt und jenes geäußert», sagte sie alle Augenblicke; «wie hast Du Dich doch neulich ausgedrückt, lieber Kurt, es war zu köstlich! Ich muß Dich nur bewundern, bester Kurt, daß Du nicht gänzlich abgespannt bist bei Deinen Arbeiten und Studien! Ach! ich fühle recht die schwere Pflicht und was eine Gattin einem solchen Manne sein könnte und sollte! Wollen wir auch nicht lieber nach Hause gehen, guter Kurt? Du scheinst mir doch müde; wickle ja Deinen Plaid recht um Dich, mein Kind! Heute darfst Du mir aber nicht mehr schreiben, wenn wir heim kommen, das sage ich Dir schon jetzt!»

Alles dies schwatzte sie vor vielen Leuten und Viggi

GOTTFRIED KELLER
MARTIN SALANDER

Editorial

In weiten Kreisen der Leserschaft sind die alten Ausgaben der Birkhäuser Klassiker nicht vergessen. Seit den vierziger Jahren gab der Verlag klassische Werke der Weltliteratur in sorgfältiger Ausstattung heraus (die Spannbreite der Autoren reichte damals von Homer bis Shakespeare, von Gotthelf bis Heine). An diese Tradition möchten wir anknüpfen. Doch kann es sich selbstverständlich nicht darum handeln, die alten Ausgaben einfach neu aufzulegen. Die Ansprüche der Leser an die Qualität von Klassikerausgaben in Ausstattung und Edition sind gestiegen. Mit einem ausgesuchten Programm wollen wir deshalb einem anspruchsvollen Publikum genügen.

Ausgewählte Titel erscheinen in loser Abfolge (ca. 3–4 Bände pro Jahr) in philologisch einwandfreien Ausgaben mit ausführlichen sachlichen und sprachlichen Erläuterungen sowie einer Einführung. Auf hohen Standard in der Ausstattung wird größter Wert gelegt. *Unsere Klassiker wollen bibliophile Lese- und Geschenkausgaben für den Bücherfreund sein.* Daher nennen wir unsere Ausgaben selbstbewußt *die bessere Bibliothek.*

Den programmatischen Schwerpunkt unserer *Neuen Folge* werden klassische Werke aus der deutschsprachigen Literatur des 18. und 19. Jahrhunderts bilden, wobei wir, unserem Verlagsort gemäß, zunächst den Akzent auf Autoren von Schweizer Herkunft legen, die in die deutsche Literaturgeschichte eingegangen sind. Wir wollen jedoch nicht nur geläufige Werke bekannter Autoren neu auflegen, sondern unsere Ausgaben besonders den literarischen Trouvaillen widmen: Kostbarkeiten, die auf ihre Wieder- bzw. Neuentdeckung warten, ebenso wie zu Unrecht in Vergessenheit geratene Werke renommierter Autoren haben einen festen Platz in der Reihe Birkhäuser Klassiker.

Änderungen vorbehalten, 7/90, 35000, ISBN 9602-4
Gestaltung: Albert Gomm swb/asg, Basel

Fundstücke der Schweizer Erzählkunst
Erster Band: 1800–1840
1990, ca. 416 Seiten, 11×18,5 cm
sFr. 44.– / DM 49.80
ISBN 3-7643-2463-5

Herausgegeben von Rémy Charbon

Auch literarisch beschlagenen Lesern sind heute von den zahlreichen Schweizer Erzählern des 19. Jahrhunderts nur noch die großen Namen Jeremias Gotthelf, Gottfried Keller und Conrad Ferdinand Meyer geläufig. Wer weiß noch von Ulrich Hegner, David Hess, Franz Xaver Bronner, Johann Conrad Appenzeller, Rudolph Meyer, Susanna Ronus, Anna Rothpletz, Gottlieb Jakob Kuhn, Johann Rudolf Wyss, Heinrich Zschokke und Jakob Stutz? Sie alle waren einst bekannt und beliebt, und zumindest einige ihrer Erzählungen verdienen eine Wiederentdeckung: «Fundstücke» sind die in diesem Band versammelten Geschichten für den Literaturhistoriker, der die vermutlich frühesten Dorfgeschichten der deutschen Literatur finden kann, Fundstücke sind diese Erzählungen aber auch für den Entspannung und Unterhaltung suchenden Leser, dem der Band vor allem ein Lesevergnügen anbieten will: eine Sammlung von amüsanten und traurigen, moralischen und ironischen, romantischen und patriotischen, idyllischen und spannenden Erzählungen aus der Schweiz des Postkutschenzeitalters. Acht der vierzehn Erzählungen sind seit dem ersten Erscheinen nicht wieder gedruckt worden, fast alle hier gesammelten Texte sind bisher nicht im Buchhandel erhältlich. Mit dieser Wiederentdeckung der Schweizer Erzählkunst des 19. Jahrhunderts abseits der ausgetretenen Lesepfade wird ein verschollener Teil der klassischen Schweizer Literatur wieder in Erinnerung gebracht; für den Leser verbindet sich damit die reizvolle Neuentdeckung zu Unrecht vergessener Autoren und Geschichten.

Das geistige Zürich
im 18. Jahrhundert.
Texte und Dokumente von Gotthard
Heidegger bis Heinrich Pestalozzi
1989, 370 Seiten, 11×18,5 cm
sFr. 44.– / DM 49.80
ISBN 3-7643-2256-X

Herausgegeben von Max Wehrli

DAS GEISTIGE ZÜRICH

IM ACHTZEHNTEN JAHRHUNDERT

Dieser außergewöhnliche Band wurde von dem bekannten Germanisten Max Wehrli zusammengestellt und vereint Texte und Dokumente von insgesamt 25 Autoren, die die geistesgeschichtliche Entwicklung in Zürich von den Anfängen der Aufklärung durch das 18. Jahrhundert hindurch dokumentieren. Zu den prominenten Beiträgen gehören Aufsätze der berühmten Kontrahenten des Leipziger Professors Gottsched, Johann Bodmer und Johann Breitinger, die sich u.a. mit Schweizer Geschichte, mit mittelalterlicher Literatur und Problemen der Mundart auseinandersetzen, einige der bekannten Idyllen Salomon Geßners und zwei theoretische Texte des Ästhetikers Johann Georg Sulzer. Die Geniebewegung wird durch Johann Heinrich Füßli und Johann Caspar Lavater repräsentiert; Texte des berühmten Pädagogen Johann Heinrich Pestalozzi beschließen die Sammlung. Diese Dokumentation belegt, daß Zürich als Zentrum der Schweizer Aufklärung den Vergleich mit Leipzig nicht scheuen muß, mehr noch, die Lektüre macht deutlich, daß diese literaturgeschichtlich fruchtbarste Periode der Stadt einen repräsentativen Querschnitt der deutschen Literaturgeschichte im 18. Jahrhundert darstellt.

Gottfried Keller
(1819–1890)
Die Leute von Seldwyla

Erster Band:
1990, 342 Seiten, 11×18,5 cm
sFr. 39.80 / DM 45.–
ISBN 3-7643-2457-0

Zweiter Band:
1990, 388 Seiten, 11×18,5 cm
sFr. 44.– / DM 49.80
ISBN 3-7643-2458-9

*Herausgegeben von Michael Böhler
und Y.A. Elsaghe*

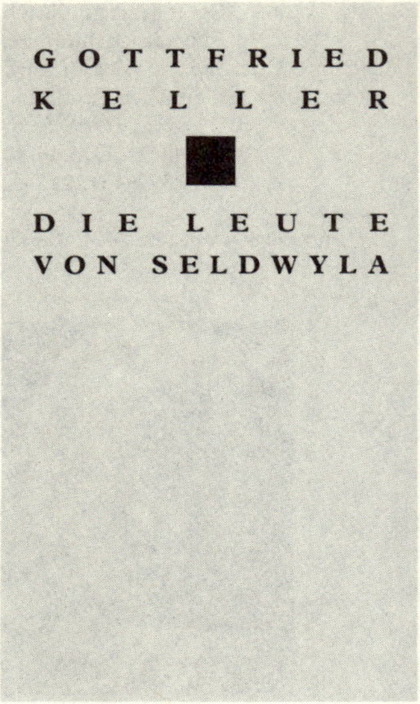

Zehn der schönsten Erzählungen der deutschen Literatur sind in den beiden 1856 und 1873/74 erschienenen Bändchen «Die Leute von Seldwyla» enthalten. Seldwyla, so versichert der Autor in seiner Einleitung, ist eine kleine Stadt in der Schweiz, die überall und nirgends zu finden ist. Die Verhältnisse von Seldwyla nämlich sind für Keller exemplarisch für sein Land und seine Gegenwart. Mit oft ironischen Untertönen entwirft der Autor das Bild eines Ortes, dessen Bewohner «die Gemütlichkeit für ihre besondere Kunst» halten. Niemand weiß, wovon die Philister Seldwylas eigentlich leben, doch weit verbreitet zu sein scheinen die sich ergänzenden Tätigkeiten des Spekulierens und des Müßiggangs. Die große Leidenschaft im Ort ist die Politik – freilich ohne Prinzipien und klare Linie. Mit bissiger Ironie entlarvt der Autor immer wieder die Traumwelt und Realitätsferne der Protagonisten. Doch neben der satirischen Darstellung des schweizerischen Krähwinkel eröffnen die Erzählungen – jede einzelne ein kleines, in sich geschlossenes Kunstwerk – auch andere literarische Dimensionen, wie z. B. die tiefe Tragik in «Romeo und Julia auf dem Dorfe» bezeugt.

Die Ausgabe folgt der historischen Aufteilung der Erzählungen in zwei Bände. Der erste Band enthält «Pankraz, der Schmoller», «Romeo und Julia auf dem Dorfe», «Frau Regel Amrain und ihr Jüngster», «Die drei gerechten Kammmacher» und «Spiegel, das Kätzchen». Der zweite Band umfaßt Kellers berühmte Erzählung «Kleider machen Leute», «Der Schmied seines Glückes», «Die mißbrauchten Liebesbriefe», «Dietegen» und «Das verlorene Lachen». Jeder Band ist einzeln erhältlich.

Gottfried Keller
(1819–1890)
Züricher Novellen
1990, 457 Seiten, 11×18,5 cm
sFr. 48.– / DM 54.–
ISBN 3-7643-2456-2

Herausgegeben von Christof Laumont

Das Jahr 1876, in dem Gottfried Keller als Zürcher Staatsschreiber in den Ruhestand tritt, ist auch das Erscheinungsjahr des ersten Teils seiner «Züricher Novellen». Sie bestehen aus einem insgesamt fünf Novellen umfassenden Zyklus, der von einer Rahmenhandlung um Herrn Jacques zusammengehalten wird. Mit großer Fabulierfreude und ebenso großer Liebe zur Historie seiner Heimat erzählt Keller fünf Geschichten aus der Vergangenheit – Geschichten allerdings, die allesamt indirekt den Bezug zur Gegenwart herstellen. Ausgangspunkt ist die Frage des Herrn Jacques, was denn das Wesen eines echten, originalen Menschen sei, und ob es solche Originale in der Gegenwart überhaupt noch gebe. Die fünf Novellen verdeutlichen exemplarisch Kellers Standpunkt zu dieser Frage: Originalität und echte Daseinserfüllung hängen unmittelbar mit der Verpflichtung zusammen, mit allen Kräften verantwortlich dem Gemeinwesen zu dienen – jeder an dem ihm gegebenen Ort. Wurde diese Verpflichtung erfüllt, dies zeigen die Novellen, hielt die Geschichte auch Momente wirklichen Glücks bereit. Die «Züricher Novellen» sind ein Werk, das geprägt ist von der abgeklärten Weisheit des reifen Autors. Sie spüren in heiter-besinnlicher Weise den Grundfragen des menschlichen Lebens nach, den Fragen nach dem Wesen des Glücks und der Daseinserfüllung, die von zeitloser Aktualität sind.

Der Band enthält die Novellen «Hadlaub», «Der Narr auf Manegg», «Der Landvogt von Greifensee», «Das Fähnlein der sieben Aufrechten» und «Ursula», die in ihrer historischen Reihenfolge in zwei Teilen angeordnet sind.

Gottfried Keller
(1819–1890)
Martin Salander
1989, 370 Seiten, 11×18,5 cm
sFr. 39.80 / DM 45.–
ISBN 3-7643-2260-8

Herausgegeben von Rémy Charbon

Martin Salander, das 1886 erschienene, großartige Alterswerk Kellers, gilt als politisches Vermächtnis des Dichters. Mit der Geschichte des aus Übersee heimgekehrten Salander hielt Keller den Zeitgenossen den Spiegel vor. Denn Salanders im Herzen bewahrtes Bild der Heimat ist geprägt von Fortschritt und Demokratie, von Patriotismus und Pflichtbewußtsein des Volkes. Doch schon bald muß er erfahren, daß er ein Wunschbild seiner Heimat verinnerlicht hat, das nicht den Tatsachen entspricht. Nicht seine idealen Vorstellungen, sondern Profitgier, Korruption und Pflichtvergessenheit prägen die Realität. Salanders Idealismus, seine Begeisterung für die Republik werden erschüttert. Doch er verliert nie die grundsätzliche Überzeugung von der Kraft der Republik und der Demokratie. Bei seiner Drucklegung ein moderner Zeitroman, dessen Schilderung der Schweizer Krise durchaus Sinnbild europäischer Verhältnisse sein konnte, liest sich der Roman als ein leidenschaftliches Plädoyer Gottfried Kellers für die Demokratie, und ist in einer Zeit, in der das Wort von der Krise des demokratischen Gemeinwesens wieder die Runde macht, erneut von großer Aktualität.

«Der grösste Bauerndichter der Weltliteratur»

(Walter Muschg)

Drei der größten Romane im Werk des «Berner Shakespeare» sind in der Reihe Birkhäuser Klassiker in der vorbildlichen Edition Walter Muschgs erschienen.

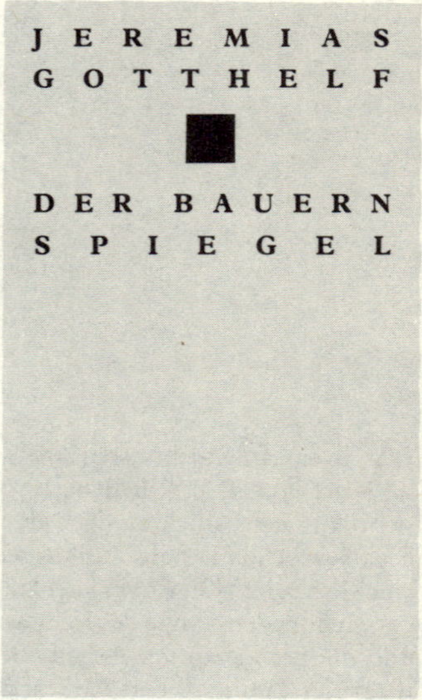

Jeremias Gotthelf
(1797–1854)
Der Bauernspiegel
oder Lebensgeschichte
des Jeremias Gotthelf.
Von ihm selbst beschrieben
1989, 501 Seiten, 11×18,5 cm
sFr. 44.– / DM 49.80
ISBN 3-7643-2259-4
Herausgegeben von Walter Muschg

Mit dem ersten Roman des Albert Bitzius, 1837 erschienen, begründet sich der Ruhm des Schriftstellers Jeremias Gotthelf. Dieses Erstlingswerk enthält bereits alle wesentlichen Merkmale des großen Erzählers der späteren Romane: Die derbe und stark an der Mundart orientierte Sprache, die realistische Milieudarstellung, vor allem aber den Willen zur Erziehung des Volkes. Der Roman versteht sich als leidenschaftliche Kritik am Berner Bauerntum und schildert die Schattenseiten des bäuerlichen Lebens mit ungeheurer Verbitterung. Gegen Unglaube und Aberglaube, gegen Dummheit und Geiz, Gemeinheit und Korruption zieht der Autor zu Felde. Entsprechend negativ verläuft denn auch der erste Teil von Jeremias' Lebenslauf, der geprägt ist von Armut und Ausbeutung, bis nach langer Leidenszeit doch noch die Läuterung zum Besseren erfolgt. Dieser Entwicklungsroman aus dem Emmental ist in seiner Kraft und Radikalität auch heute noch eines der lesenswertesten Werke Gotthelfs.

Jeremias Gotthelf
(1797–1854)
Wie Uli der Knecht glücklich wird.
Eine Gabe für Dienstboten
und Meisterleute
1989, 521 Seiten, 11×18,5 cm
sFr. 44.– / DM 49.80
ISBN 3-7643-2257-8

Herausgegeben von Walter Muschg

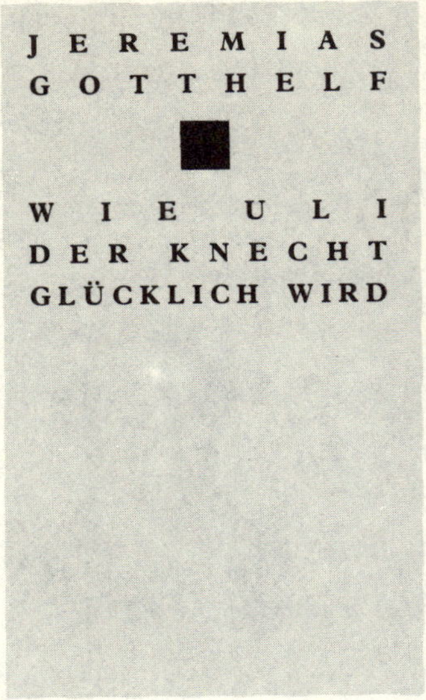

Als eines der schönsten und ausgewogensten Bücher Gotthelfs gilt dieser 1841 erschienene Entwicklungsroman. Er ist in vieler Hinsicht ein Gegenstück zu dem «Bauernspiegel», der die negativen Seiten des bäuerlichen Lebens schilderte, während hier erzählt wird, wie einer glücklich wird. Uli ist ein eher träger und unbeholfener Knecht, der die entscheidenden Dinge des Lebens noch zu lernen hat: die richtige Moral und die Freude an der Arbeit. Beides bringt ihm sein Meister bei und führt ihn damit auf den Weg zu gesellschaftlicher Anerkennung. Fleiß, Arbeit, Bescheidenheit und Sparsamkeit – diese gottgewollten Eckpfeiler des bäuerlichen Lebens führen zum Erfolg, machen Uli zum reifen Menschen und schließlich selbständigen Pächter eines eigenen Hofes. Wo im «Bauernspiegel» noch Pessimismus und Verbitterung vorherrschten, vermittelt hier die positive Botschaft des Romans den Weg zum Lebensglück. In der für Gotthelf typischen realistischen Milieuschilderung und seiner derben, dem Volke vom Munde abgeschauten Sprache, wird diese Botschaft vermittelt.

Jeremias Gotthelf
(1797–1854)
Uli der Pächter
1990, ca. 544 Seiten, 11×18,5 cm
sFr. 48.– / DM 54.–
ISBN 3-7643-2258-6

Herausgegeben von Walter Muschg

Acht Jahre nach «Uli der Knecht» erscheint mit «Uli der Pächter» 1849 einer der innerlichsten und schönsten Romane Gotthelfs. Der Knecht Uli hatte durch fleißige Arbeit und gottgefälliges Leben scheinbar sein Lebensglück gefunden und war zum Pächter aufgestiegen. Doch tatsächlich steht die schwerste Prüfung noch aus: Aus dem einst so rechtschaffenen Knecht ist nämlich ein Bauer geworden, der allen Untugenden der Zeit erlegen ist. Uli verfällt dem Geiz und hemmungslosem Gewinnstreben. Getrieben durch den Wunsch, möglichst schnell reich zu werden, gerät er immer tiefer in die Krise. Schließlich läßt er sich auf einen betrügerischen Prozeß ein, mit dem er ein armes Bäuerlein ruiniert. Doch die Strafe bleibt nicht aus: Ein Unwetter vernichtet Ulis Ernte, eine schwere Krankheit bringt ihn an den Rand des Todes. In dieser existentiellen Krise gelangt er zur inneren Umkehr und findet zurück zu den Werten christlichen Lebens. So kann aus der scheinbar ausweglosen Situation doch noch das Happy-End folgen. Gotthelf führt in diesem zweiten Uli-Roman die innere Entwicklung seines Helden zum christlichen Lebenswandel konsequent zu Ende. Mit großem pädagogischem Engagement wirbt er für diesen Weg und verdammt vehement die Untugenden seiner Zeit, die durchaus auch charakteristische Mängel unserer Zeit sind. So hält sein Wertesystem, obwohl es im Emmental des 19. Jahrhunderts angesiedelt ist, auch heute noch wertvolle Ratschläge für den Leser bereit. Gotthelfs Botschaft hat nichts von ihrer Aktualität eingebüßt.

schlürfte es ein wie Honig, nannte seine Frau dafür «mein kühnes Weib» oder «trautes Weib» und stellte sich leidend oder feurig, je nach den Reden seiner kurzbeinigen Fama.

Den Seldwylern aber schmeckte alles das noch besser als Austern und Hummersalat, ja ein gebratener Fasan hätte sie schwerlich weggelockt, wo Viggi und Kätter sich aufspielten. Für Jahre waren sie mit neuem Lachstoff versehen; doch benahmen sich die abgefeimten Schlingel mit der äußersten Vorsicht, um das Vergnügen zu verlängern, und es entstand daraus eine neue Übung, nämlich einen tollen Witz vorzuschieben und scheinbar über diesen zu lachen, wenn die Mundwinkel nicht mehr gehorchen wollten. Es wurde stets ein Vorrat solcher Schwänke in Bereitschaft gehalten, vermehrt und verbessert und gedieh zuletzt zu einer Sammlung von selbständigem Werte. Es gab Seldwyler, Handwerker und Beamte, welche Tage, ja Wochen über der Erfindung und Ausfeilung eines neuen Geschichtchens zubringen konnten. Schien der Schwank gehörig durchdacht und abgerundet, so wurde er erst in einem Kneipchen probiert, ob die Pointe die rechte Wirkung täte, und je nach Befund, oft unter Zuziehung von Sachverständigen, nochmals verbessert, nach allen Regeln eines künstlerischen Verfahrens. Wiederholungen, Längen und Übertreibungen waren strenge verpönt oder nur statthaft, wenn eine besondere Absicht zu Grunde lag.

Von diesem gewissenhaften Fleiße besaß Viggi keine Ahnung. Mit bedauerndem Hochmut saß er in der Gesellschaft, wenn dergleichen vorgetragen wurde und das Gelächter von ihm ablenkte. «Wie glücklich ist man doch zu preisen», sagte er zu seiner Gemahlin, «wenn man über solche Kindereien hinweg ist und etwas Höheres kennt!»

Auf diesem Höheren fuhr er nun mit vollen Segeln dahin, aufgeblasen durch den gewaltigen Odem seiner Frau. Und er fuhr so trefflich, daß er binnen Jahr und Tag mit Kätters Hülfe da landete, wo es den meisten Seldwylern zu landen bestimmt ist, besonders da sein Kapital mit Gritlis Vermögen aus dem Geschäfte geschieden war. Statt diesem obzuliegen, trieb er mit einer Handvoll ähnlicher Käuze, die er im Lande aufgegabelt, eine wilde und schülerhafte Literatur, welche so neben der vernünftigen Welt herlief und sich mit ewigen Wiederholungen als etwas Nagelneues und Unerhörtes ausgab, obgleich sie nur an weggeworfenen Abschnitzeln kaute oder reinen Unsinn hervorbrachte. Gegen jeden, der sich nicht auf ihren zudringlichen Ruf stellte, wurde der Spieß gedreht und der einzelne als bösartige und feindliche Klike bezeichnet. Sie selbst verachteten sich gegenseitig unter der Hand, und Viggi, der sonst ein so einfaches und sorgloses Leben geführt, war jetzt nicht nur von Sorgen und Verwickelungen, sondern auch von törichten Leidenschaften und den Qualen des gehänselten und ohnmächtigen Ehrgeizes geplagt. Bereits machte es ihm Beschwerde, das Postgeld zu erlegen für all die inhaltlosen Briefe, für die gedruckten oder lithographierten Sendschreiben, Aufrufe und Prospekte, die täglich hin und her flogen und weniger als nichts wert waren. Seufzend schnitt er schon die Frankomarken von den immer kürzer werdenden Riemchen, während die soliden, einträglichen und frankierten Geschäftsbriefe immer seltener wurden. Endlich hatte er überhaupt keine Marken mehr im Hause und Kätter ging gemäß ihrer Mission mit den Sachen auf die Post, um sie dort zu frankieren; aber sie warf die Briefe in den Kasten und vernaschte das Geld. War es Vormittag, so ging sie in den Wurstladen und aß einen Schweinsfuß; nach Tische dagegen besuchte sie den Zuckerbäcker und aß eine Apfeltorte. Dafür bekam Viggi dann von den rachsüchtigen Korrespondenten doppelt so viele unfrankierte Zusendungen mit «Gruß und Handschlag» und heimlichen Verwünschungen.

Während dieser Zeit war Gritli wie von der Erde verschwunden. Man sah sie nirgends und hörte nichts von ihr, so eingezogen lebte sie. Wenn sie ausging, so trat sie aus der Hintertür ihres Hauses, welches an der Stadtmauer lag, ins Freie und machte einsame Spaziergänge; auch war sie öfters abwesend, manchmal Monate lang, wo sie sich dann an andern Orten bescheidentlich erholen und ihrer Freiheit freuen mochte. In Seldwyla war sie für keinen Freier zu sprechen; doch hieß es mehrmals, sie habe sich auswärts von Neuem verlobt, ohne daß jemand etwas Näheres wußte. Daß sie sich auch nichts um Wilhelm zu kümmern schien und ihn niemals sah, wunderte niemand; denn niemand glaubte, daß sie ernstlich dem armen jungen Menschen zugetan gewesen sei.

Desto schlimmer erging es ihm. Von ihm zweifelte keiner, daß er nicht bis über die Ohren in Gritli verliebt sei, und Männer wie Frauen nahmen es ihm äußerst übel, die Augen auf sie gerichtet zu haben, während er zugleich wegen seiner leichtgläubigen Briefstellerei verhöhnt wurde. Sogar die Mädchen am Brunnen sangen, wenn er vorüberging:

Schulmeisterlein, Schulmeisterlein,
Des Nachbars Äpfel sind nicht Dein!

Er schämte sich auch gewaltig und zwar nicht so sehr vor den Leuten als vor sich selbst. Die Art, wie ihn Gritli vor Gericht hingestellt hatte, war ihm als ein Stich ins Herz gegangen, öffnete ihm, wie er meinte, die Augen über sich und die Weiber, und er stieß die ganze Schar von nun an aus seinen Gedanken. Also ging er in sich, ließ alle Narrheit fahren und wandte sich mit Fleiß und Liebe seinen Schulkindern zu. Aber im besten Zuge ging just seine Amtsdauer zu Ende, da er nur Verweser und nicht fest angestellt war. Wie er nun aufs Neue gewählt werden sollte, wußte der Stadtpfarrer als Vorstand der Schulpflege seine Bestätigung bei den Behörden zu hintertreiben, indem er Bericht erstattete von Wilhelms Verwicklung in einem bedenklichen Ehehandel und den jungen Sünder einer heilsamen Bestrafung empfahl. Er haßte den Schulmeister wegen seines Unglaubens und seiner mythologischen Hantierungen; denn er wußte nicht, daß Wilhelm sich zum alleinigen und wahren Gott bekehrt hatte, sobald er sich geliebt glaubte. So wurde er für zwei Jahre außer Amts gesetzt und stand brot- und erwerblos da.

Er schnürte darum sein Bündel, um anderwärts ein Unterkommen zu suchen, und zwar entschloß er sich in seinem Reumut, sich in die Dunkelheit zu begeben und als ein armer Feldarbeiter bei den Bauern sein Brot zu verdienen; denn als der Sohn einer verschwundenen Bauernfamilie aus der Umgegend kannte er die ländlichen Arbeiten, denen er sich von Kindesbeinen auf hatte unterziehen müssen. In dieser Absicht wanderte er an einem trüben Märzmorgen über den Berg; als er aber auf die Höhe gekommen, verwandelte sich der feuchte Nebel in einen heftigen Regen; Wilhelm sah sich nach einem Obdach um, da er hoffte, der Regen würde bald vorübergehen. Er bemerkte in einiger Entfernung ein Rebhäuschen, welches zu oberst in einem großen Weinberge stand, am Rande des Gehölzes. Das Vordach dieses Winzerhäuschens gewährte guten Schutz und er ging hin, sich auf die steinerne Treppe darunter zu setzen. Es war ein malerisches altes Häuslein mit einer Wetterfahne und runden Fensterscheiben. Das Vordach ruhte auf zwei hölzernen Säulen, die Treppe war mit einem eisernen Geländer versehen und bildete zugleich einen Balkon, von welchem man, wenn es schön war, weit ins Land hinein sah, nach Süden und Westen in die Schneeberge. Das Holzwerk und die Fensterläden waren bunt bemalt, alles jedoch etwas verwittert und verwaschen.

Wie er so da saß, regte sich's in der kleinen Stube, die Tür tat sich auf und der Eigentümer des Weinberges trat heraus und lud Wilhelm ein, ins Innere zu kommen und mit ihm gemeinschaftlich den Regen abzuwarten. Es stand eine Flasche mit Kirschgeist auf dem Tisch; der Mann holte noch ein Gläschen aus einem Wandschränkchen und füllte es für seinen Gast. «Brot habe ich keines hier oben», sagte er, «doch wollen wir eine Pfeife zusammen rauchen!» Er holte also aus dem Schränklein zwei neue lange Tonpfeifen nebst gutem Knaster; denn es war bei den Männern von Seldwyla, da ihnen die Cigarren verleidet waren, soeben Mode geworden, wieder würdevoll aus altertümlichen Tonpfeifen zu rauchen, wie holländische Kaufherren.

Dieser Seldwyler, obgleich er ein Tuchscherer war, hatte den Einfall bekommen, Landwirtschaft zu treiben, weil deren Erzeugnisse hoch im Preise standen und die Betreibung zahlreiche Spaziergänge veranlaßte. Der Weinberg bildete mit mehreren großen Wiesen und einigen Bergäckern eine ehemalige Staatsdomäne, welche der Tuchscherer gekauft, und er war jetzt hinaufgestiegen, um den Zustand der Reben zu untersuchen, weil die Frühlingsarbeit in denselben beginnen sollte. Er fragte Wilhelm, wo er hin wolle, was er im Sinne habe; denn er wußte noch nichts von seiner Absetzung. Wilhelm sagte, daß er bei Landleuten sein Auskommen suchen wolle, indem er ihnen in allem an die Hand gehe, was zu tun sei; da er nicht viel bedürfe, so hoffe er, sich im Stillen durchzubringen. Der Tuchscherer wunderte sich hierüber und drang weiter in ihn, bis er die Ursache von des Schulmeisterleins Auszug erfahren. «Das ist», sagte er, «ein recht hämischer Streich von dem Pfaffen, der eine Kinderei nicht von einer Schlechtigkeit unterscheiden kann. Wir wollen ihm übrigens sein ewiges Gehätschel und Getätschel mit seinen Unterweisungsschülerinnen auch einmal abschaffen; die Hübschen und die Feinen hält er sich allfort dicht in der Nähe, die Buckligen aber, die Einäugigen und die Armseligen setzt er in den Hintergrund und spricht kaum mit ihnen, und das ist ärgerlicher als Eure ganze Briefschreiberei. Wenn diese Stilübungen ihm übel angebracht schienen, so ist uns sein Schönheitssinn noch weniger am rechten Ort! Aber verstehen Sie denn etwas von der Feldarbeit und den ländlichen Dingen überhaupt?»

«O ja, ziemlich!» antwortete Wilhelm, «ich habe während der Krankheit meiner verstorbenen Eltern alles gemacht und bin erst im achtzehnten Jahre, als sie gestorben und unser Gut verkauft wurde, mit dem kleinen Vermögensreste ins Lehrerseminar gegangen; es sind erst fünf Jahre seither, und im Seminar mußten wir auch Feldarbeit betreiben.» «Und warum wollen Sie nicht lieber Ihre Kenntnisse benutzen und eine bessere Tätigkeit suchen, als den Bauern zu dienen?» fragte jener; allein Wilhelm hatte seinen Entschluß gefaßt und war nicht aufgelegt, sich mit dem Manne weiter über seine Lage einzulassen.

Indessen hatte sich der Regen wirklich gelegt und die Sonne beschien sogar die weite Gegend. Der Eigentümer schickte sich an, den Weinberg zu besehen, und forderte Wilhelm auf, ihm noch eine Stunde Gesellschaft zu leisten, weil er für heute noch weit genug kommen würde.

In den Reben sah der Seldwyler, daß Wilhelm in diesen Dingen eben so sichere Kenntnis als guten Verstand besaß, und als er hier und da eine Rebe schnitt und aufband, um seine Meinung zu zeigen, erwies sich auch eine geübte Hand. Er ging daher mit ihm auch in die Matten und Äcker und befragte ihn dort um seine Meinung. Wilhelm riet ihm kurzweg, die Äcker ebenfalls wieder in Matten umzuschaffen, was sie früher auch gewesen seien; denn was an Ackerfrüchten hier oben gedeihe, sei nicht der Rede wert, während vom Walde her genug Feuchtigkeit da sei, die Wiesen zu tränken. Dadurch würde ein Viehstand erhalten, der an Milch und verkäuflichen Tieren schönen Vorteil verspräche; schon die Herbstweide allein sei reiner Gewinn. Das leuchtete dem Tuchscherer ein; er besann sich kurze Zeit, worauf er dem Lehrer antrug, in seinen Dienst zu treten. Er solle arbeiten, was er leicht möge, und im Übrigen das Gut in Ordnung halten und alles beaufsichtigen. Was er irgend zu verdienen gedächte, das wolle er ihm auch geben und ihn darüber hinaus noch mit Rücksicht behandeln. Wilhelm bedachte sich auch einige Minuten und schlug dann ein, aber unter der Bedingung, daß er in dem Rebhäuschen auf dem Berge wohnen dürfe und nicht in der Stadt zu verkehren brauche. Das war jenem sogar lieb, und so hatte der Flüchtling schon am Beginne seiner Wanderschaft ein Obdach gefunden.

Der Tuchscherer ließ noch denselben Tag ein Bett hinaufbringen und etwas Lebensmittel, welche von Zeit zu Zeit erneuert werden sollten. Eine kleine Küche war vorhanden, um zur Zeit der Weinlese sieden und braten zu können; ebenso enthielt das Erdgeschoß einen Vorratsraum und unter der Treppe war mit wenig Mühe ein Ziegenstall hergestellt für eine solche Milchträgerin. So ward Wilhelm plötzlich zu einem einsiedlerischen Arbeitsmanne und fügte sich mit Geschick und Fleiß in seine Lage. Er ließ die Äcker von den Tagelöhnern, welche der Tuchscherer anstellte, sorgfältig zubereiten und besonders die Steine heraustragen und besäete sie mit Heusamen. Die Reben bearbeitete er fast ganz allein und kam damit zu Ende, ehe man es gedacht; wie es denn öfter vorkommt, daß solche, die ausnahmsweise oder nach langer Unterbrechung ein Werk beginnen, im ersten Eifer mehr vor sich bringen, als die immer dabei sind. In wenigen Wochen gewann er Zeit, sich zunächst dem Häuschen ein Gemüsegärtchen anzulegen, um etwas Kohl und Rüben mit dem Fleische kochen zu können, welches man ihm wöchentlich zweimal schickte. In einer dunkeln Nacht holte er sich sogar in der Stadt Schößlinge von seinen Nelken und Levkojen und setzte sie, wo sich ein Raum bot; um das Gärtchen her zog er eine Hecke von wilden Rosen, an Geländer und Säulen empor ließ er

Geißblatt ranken, und als der Sommer da war, sah das Ganze aus fast so bunt und zierlich wie ein Albumblatt.

Noch ehe die Sonne im Osten heraufstieg, war er täglich auf den Füßen und suchte seinen Frieden in rastloser Bewegung, bis der letzte Rosenschimmer im Hochgebirge verblichen war. Dadurch wurde seine Zeit ausgiebig und reichlich, daß er frei wurde in der Verwendung der Stunden, ohne seine Pflicht zu vernachlässigen. Um sich seinen Holzbedarf zu sammeln, machte er weite Rundgänge durch den Wald, auf welchen sich eine Bürde fast von selbst zusammenfand. Er benutzte dazu die heiße Tageszeit, um im Schatten zu sein und zugleich für die Erdschwere der Handarbeit ein erbauliches Gegengewicht zu suchen. Denn der Wald war jetzt seine Schulstube und sein Studiersaal, wenn auch nicht in großer Gelehrsamkeit, so doch in beschaulicher Anwendung des Wenigen, was er wußte. Er belauschte das Treiben der Vögel und der andern Tiere, und nie kehrte er zurück, ohne Gaben der Natur in seinem Reisigbündel wohlverwahrt heimzutragen, sei es eine schöne Moosart, ein kunstreiches, verlassenes Vogelnest, ein wunderlicher Stein, oder eine auffallende Mißbildung an Bäumen und Sträuchern. Aus einem verfallenen Steinbruche klopfte er manches Stück mit uralten Resten heraus von Kräutern und Tieren. Auch legte er eine vollständige Sammlung an von den Rinden aller Waldbäume in den verschiedenen Lebensaltern, indem er schöne viereckige Stücke davon, mit Moosen und Flechten bewachsen, herausschnitt oder sinnig zusammensetzte, die Nadelhölzer sogar mit den glänzenden Harztropfen, so daß jedes Stück ein artiges Bild abgab. Mit alledem schmückte er in Ermangelung anderen Raumes die Wände und die Decke seines Stübchens. Nur nichts Lebendiges heimste er ein; je schöner und seltener ein Schmetterling war, den er flattern sah, und es gab auf diesen Höhen deren mehrere Arten, desto andächtiger ließ er ihn fliegen. Denn, sagte er sich, weiß ich, ob der arme Kerl sich schon vermählt hat? Und wenn das nicht wäre, wie abscheulich, die Stammtafel eines so schönen, unschuldigen Tieres, welches eine Zierde des Landes ist und eine Freude den Augen, mit einem Zuge auszulöschen! Abzutun, ab und tot, das Geschlecht einer zarten fliegenden Blume, die sich durch so viele Jahrtausende hindurch von Anbeginn erhalten hat und welche vielleicht die letzte ihres Geschlechtes in der ganzen Gegend sein könnte! Denn wer zählt die Feinde und Gefahren, die ihr auflauern?

Für diesen frommen Sinn wurde er von einem untergegangenen Geschlechte belohnt, indem eine Erderhöhung mitten im Forste, welche ihm verdächtig erschien und die er aufgrub, das Grab eines keltischen Kriegsmannes enthüllte. Ein langes Gerippe mit Schmuck und Waffen zeigte sich vor seinen Blicken. Aber er baute das Grab sorgfältig wieder auf, ohne jemand davon zu sagen, weil er nicht aus seiner Verborgenheit treten mochte. Indessen durchforschte er den Wald aufmerksam, entdeckte noch mehrere solche Erhöhungen mit darauf zerstreuten Steinen und behielt sich vor, in späterer Zeit davon Anzeige zu machen. Die gefundenen Schmuck- und Waffensachen fügte er den Merkwürdigkeiten seiner Einsiedelei bei.

Auf diese Weise erfuhr er, wie das grüne Erdreich Trost und Kurzweil hat für den Verlassenen und die Einsamkeit eine gesegnete Schule ist für jeden, der nicht ganz roh und leer.

Um so schneller machte er sich unsichtbar, wenn der Tuchscherer etwa mit großer Gesellschaft heraufkam, um sie in dem luftigen Winzerhäuschen zu bewirten und auf den Matten herumspringen zu lassen. Insbesondere die lustigen Damen suchten neugierig des einsiedlerischen Jünglings ansichtig zu werden, der sich so gut anschickte und in Freiheit, Sonne und Bergluft ein hübscher brauner Gesell geworden. Es schien auf einmal der Mühe wert, den Flüchtling nicht zu unabhängig von der Macht ihrer

Augen werden zu lassen. Auch einzeln dehnte dann und wann eine Vorwitzige ihre Spaziergänge bis zu dieser Höhe aus und spukte wie von ungefähr um das Häuschen herum. Allein Wilhelm war wie umgewandelt. Anstatt die Augen niederzuschlagen und heimlich verliebt zu sein, blickte er die Streifzüglerinnen ruhig und halb spöttisch an und ging seiner Wege ohne alle Anfechtung. Das war ein neues Wunder und vermehrte das Gerede über ihn in der Stadt.

Der Tuchscherer war zufrieden über seinen Besitz. In der Ebene, wo er auch ein Stück Land besaß, hatte er eine geräumige Stallung und eine Scheune gebaut. Dort stand das Vieh, dessen Zucht und Verkauf Wilhelm mit gutem Verstande beriet. Die zweimalige Heuernte brachte er ebenfalls glücklich unter Dach, und die Weinlese, welche darauf folgte, zeigte, daß der Berg trefflich besorgt war.

Als der Tuchscherer nun seine Rechnung machte, fand er, daß er für die Zukunft wohl bestehen würde, wenn es so fortginge, und statt nur seinen vorübergehenden Spaß an der Sache zu haben, wie es am Orte Sitte war, entschloß er sich, mit Ernst dabei auszuharren und zu trachten, daß er ein gutes Ende gewänne. Obgleich er auch ein lustiger Tuchscherer war, barg er doch eine gute Anlage in sich von irgend einem Äderchen her, weshalb er durch die frische Arbeitsluft, Verständigkeit und Ausdauer Wilhelms aufmerksam wurde, besonders da er sah, daß der träumende und verliebte Schulmeister ganz plötzlich diese Tugenden hervorgekehrt, als wenn er sie auf der Straße gefunden hätte. Was ein anderer könne, dachte er, das werde er auch im Stande sein; und so wurde er in ehrgeiziger Laune ein sorgfältiger und wachsamer Mann. Er stand früh auf und nahm seine Geschäfte der Ordnung nach an die Hand. Statt in seiner Tuchschererei alles den Arbeitern zu überlassen, sah er selbst dazu und förderte die Arbeit, daß sie gut getan wurde und rasch vor sich ging, und er gewann noch hinlängliche Zeit für seine Landwirtschaft. Den Aufenthalt in den Versammlungen und Wirtshäusern, wo die Spottvögel saßen, kürzte er immer mehr ab und gewöhnte sich, zu jeder beliebigen Zeit aufzubrechen und sich loszureißen, ohne gerade ein sogenannter Leimsieder zu werden. Er bemerkte, daß die rechte Lustigkeit erst nach getaner Arbeit entsteht, und daß Leute, welche immer in derselben Wirtshausluft, bei denselben Manieren sitzen, zur schönsten Krähwinkelei gedeihen; daß der liederliche Spießbürger um kein Haar geistreicher ist, als der solide, und daß überhaupt Männer, die sich immerwährend und täglich mehrmals sehen, einander zuletzt dumm schwatzen. Dennoch stieß seine Bekehrung auf große Schwierigkeiten und er mußte die tapfersten Anstrengungen machen, um nicht zurückzufallen. Aber wenn die Verlockung und das Geräusch zu stark wurden, verließ er die Stadt und floh zu Wilhelm hinauf, den er liebgewonnen und zu seinem Vertrauten machte. Hierdurch wurde dieser wiederum angefeuert, daß er in seinem löblichen Wesen nicht mürbe wurde. Allein der Teufel suchte abermals Unkraut zu säen, indem des Tuchscherers Frau nicht von der alten Weise lassen wollte und den Verkehr mit den Müßigen und Lustigmachern stets erneuerte. Der Mann klagte dem Einsiedler seine Not; Wilhelm dachte nach und riet ihm dann, der Frau das Haar dicht am Kopfe wegzuschneiden, damit sie ein Jahr lang nicht ausgehen könne. Denn er hielt sich für einen Weiberfeind und freute sich, einer eine Buße anzutun. Doch der Tuchscherer sagte, das ginge nicht an, das Haar seiner Frau sei zu schön und, da sie sonst nicht viel tauge, ein Hauptstück seines Inventars. Da besann sich Wilhelm aufs Neue und riet ihm dann, der Frau den Milchverkauf zu übergeben und ihr einen Teil des Gewinns zu lassen. Dadurch würde ihre Habsucht gereizt, sie werde nicht verfehlen, Wasser unter die Milch zu mischen, sich deshalb mit der ganzen Stadt verfeinden und in eine wohltätige Isolierung geraten. Dieser Plan ward nicht übel befunden und bewährte sich auch so ziemlich. Die Frau fand Freude an dem Gewinn und war, besonders des Abends, ans Haus gebunden, um das Melken der Kühe zu überwachen und zu sehen, daß sie nicht zu kurz käme.

Inzwischen war der Herbst gekommen und für Wilhelm nichts weiter zu tun, als das Vieh zu hüten, welches jetzt auf die Weide getrieben wurde. Er ließ sich das demütige Amt nicht nehmen und wollte wenigstens einen Herbst entlang mit den schönen Tieren allein auf der Weide sein. Allein gerade diese Übertreibung, da er den Dienst eines kleinen Hirtenbuben verrichtete, bekam ihm übel und beraubte ihn plötzlich wieder der Freiheit und Gemütsruhe, welche er sich erarbeitet hatte. Denn als er so da saß auf den sonnigen Hügeln, beim Getön der Herdenglocken und die Stadt im goldenen Herbstrauch liegen sah, tauchte die Gestalt Gritlis immer deutlicher wieder empor, fast nach dem Sprüchworte: Müßiggang ist aller Laster Anfang! Im Grunde war es eine von den unfertigen und abgebrochenen Geschichten, welche wie ein abgeschossenes Bein mit der Veränderung der Jahreszeiten und des Wetters sich immer bemerklich machen. Jedes zurückgebliebene Restchen von Hoffnung auf ein verlorenes Glück erneut tausend Schmerzen, sobald die Seele müßig wird und die Sonne durchscheinen läßt.

Als er eines Tages, da es in den Tälern Mittag läutete, nach seinem Häuschen ging, um sein einfaches Essen zu bereiten, entdeckte er plötzlich eine zierliche Frau, welche unter dem Vordache stand und in die Ferne hinaussah. Er war kaum noch zweihundert Schritte entfernt und glaubte Gritli zu erkennen. Heftig erschreckend stand er still und sagte: Was will sie hier? was sucht sie da?

Er verbarg sich hinter einem wilden Birnbaum und wagte wohl fünf Minuten lang nicht mehr hinzusehen. Als er es aber endlich tat, hatte sich die Erscheinung umgekehrt, guckte durch das Fenster in das Innere des Winzerhäuschens und schien die kleine Stube aufmerksam zu betrachten, darauf setzte sie sich auf die oberste Treppenstufe, zog, wie es schien, ein Brötchen oder dergleichen aus der Tasche und fing an es zu essen, und es war keine Aussicht, daß die Dame so bald wieder abziehen wolle. Wilhelm machte Kehrtum und ging ohne Umsehen und ohne gegessen zu haben, zu seiner Herde zurück, da er seine Behausung solchergestalt bewacht fand. In großer Aufregung blieb er bis zum Abend fort, aber endlich trieb ihn der Hunger wieder hin; vorsichtig näherte er sich seiner Klause und fand den Platz geräumt. Der Engel mit dem feurigen Schwert war abgezogen vor der Pforte. Wilhelm betrachtete alles wohl, das Fenster und die Treppe, und fand alles, wie es gewesen, still und unverfänglich. Doch seine Ruhe war dahin, wenngleich er nicht einmal bestimmt wußte, ob es Gritli gewesen sei.

Ohne es sich gestehen zu wollen, kleidete er sich von dem Tage an sorgfältiger, daß er für einen Rinderhirten fast zu gut aussah, und näherte sich nicht selten behutsam dem Häuschen; aber die Erscheinung kehrte nicht wieder. Dafür bevölkerte sich der ganze Berg mit ihrem Bilde, auf Weg und Steg trat es ihm entgegen und guckte ihm durch die runden Scheiben; es schien ihm unerträglich, so nahe bei ihr zu wohnen, und doch hätte er nicht wegziehen mögen; denn der Umstand, daß sie jetzt frei und einsam war, vermehrte die Unordnung seiner Gedanken. Doch zuletzt wurde er nochmals Meister über dies Wesen und stellte sich wieder steif auf die Beine.

Als der erste Schnee fiel, war es mit dem Hirtenleben vorbei; der Tuchscherer wollte Wilhelm nun zu sich ins Haus nehmen. Der aber sträubte sich dagegen und bat, ihn auf dem Berge zu lassen; jener mochte ihn in seiner Laune nicht hindern, schaffte ihm einen kleinen Ofen hinauf und versah ihn mit allerhand Arbeit von sich und andern. Auch kaufte sich Wilhelm für den Lohn, den er erhielt, einige Bücher, die ihm der Tuchscherer besorgte, damit er der Pflege seiner Geisteskräfte obliegen könne, und so wurde er bald eingeschneit und sah sich einsamer als je.

Eigentlich nur so einsam, als ein rechter Einsiedel sein kann, denn ein solcher hat noch allerlei Zuspruch. So bekam auch Wilhelm jetzt eine wunderliche Kundschaft. Die Bauern der Umgegend, mehrere Stunden in die Runde, sprachen von ihm als von einem halben Weisen und Propheten, was hauptsächlich von seinem Treiben im Walde und der seltsamen Ausstaffierung seiner Wohnung herrührte. Sobald die Bauern einen solchen Heiligen aufspüren, der von Reue über irgend einen geheimnisvollen Fehltritt ergriffen, sich auf außerordentlichem Wege zu helfen sucht, in die Einsamkeit geht und ein ungewöhnliches Leben führt, so wird alsobald ihre Phantasie aufgeregt und sie schreiben dem Sonderling besondere Einsichten und Kräfte zu, welche zu nutznießen sie eine unüberwindliche Lust verspüren, im Gegensatze zu den Städtern und Aufgeklärten, so ihren Rat bei denen holen, die niemals von der goldenen Mittelstraße abweichen und nie über die Schnur gehauen haben.

Zuerst kam eine bedrängte Witwe mit einem ungeratenen Kinde, welches in der Schule nichts lernen wollte und sonst allerlei Streiche verübte, und bat ihn um Rat, indem sie vor dem Kinde ihre bittere Klage vorbrachte. Wilhelm sprach freundlich mit dem Sünder, fragte, warum es dies und jenes tue und nicht tue, und ermahnte es zum Guten, indem es sich besser dabei befinden werde. Der weite Gang, die feierliche Klage der Mutter, die abenteuerliche Einrichtung des Propheten und dessen freundlich-ernste Worte machten einen solchen Eindruck auf das Kind, daß es sich in der Tat besserte, und die Witwe verbreitete den Ruhm Wilhelms.

Bald darauf kam eine andere Frau, welche über eine böse Nachbarin klagte; dann kam ein alter Bauer, der sich das Schnupfen abgewöhnen wollte, weil er es für Sünde hielt; Wilhelm sagte, er solle nur fortschnupfen, es sei keine Sünde, und dieser lobte und pries den Ratgeber, wo er hinkam. Endlich verging kaum ein Tag, wo er nicht solchen Besuch empfing, und alle möglichen moralischen und häuslichen Gebrechen enthüllten sich vor ihm. Am meisten besuchten ihn Mädchen und Weiber, um geheime Briefe von ihm schreiben zu lassen, welchen sie eine besondere Wirkung zutrauten, und sogar abergläubische Leuten kamen, denen er gestohlene oder verlorene Sachen wieder verschaffen oder geheimnisvolle Mittel gegen körperliche Übel oder am Ende gar weissagen sollte. Das wurde ihm denn doch lästig und bedenklich, und er suchte die Bittsteller mit Scherzen oder barschen Worten abzuweisen. Allein nun hieß es erst recht, er habe seine Mucken und stehe nicht jedem Rede, woran er ganz recht tue. Am liebsten verkehrte er mit Kindern, die in der Schule nicht fortkamen und deren man ihm häufig brachte, so daß sie nachher allein kommen konnten. Mit diesen gab er sich liebevoll ab und war froh, öfter eines oder mehrere um sich zu haben. Er brachte fast alle ins Geleise und erwarb sich dadurch Dank und Ansehen und unter den Kleinen eine große Anhängerschaft, die ihn an schönen Sonntagen manchmal in ganzen Scharen besuchte und ihm kindliche Geschenke brachte, z.B. jedes einen schönen Apfel, so daß alle zusammen ein Körbchen voll gaben, oder jedes zehn Nüsse, so daß sich eine Lade damit füllte. Sie mußten dann singen und er geleitete sie eine Strecke weit heimwärts.

Von diesen Taten hörte Frau Gritli häufig erzählen und sie nahm lebendigen Anteil, ohne es merken zu lassen. Sie war sehr neugierig und wünschte eifrig, seine Wirtschaft selbst einmal zu sehen und ihn sprechen zu hören. Als eine auswärtige vertraute Freundin sie für einige Zeit besuchte, um ihr die Tage verbringen zu helfen, beschlossen die beiden, zu dem Einsiedel zu gehen. Sie verkleideten sich in junge Bäuerinnen, färbten ihre Gesichter mit vieler Kunst und verhüllten überdies die Köpfe mit großen Tüchern. So machten sie sich an einem hellen Wintermorgen auf den Weg und bestiegen den Berg, der in seiner weißen Decke blendend vom blauen Himmel abstach. Als sie vor dem Rebhäuschen anlangten, standen sie still und betrachteten es neugierig und mit erstaunten Blicken. Denn es glitzerte und leuchtete wie lauter Krystall und Silber. Vom Dache hingen rings herum große Eiszacken nieder mit feinen Spitzen, manche beinahe bis auf den Boden. Die Wetterfahne, die eisernen Verzierungen des Geländers, noch aus der Zopfzeit, und die Geißblattranken waren mit Reif besetzt, und das alles wurde von der Sonne mit siebenfarbigen Strahlen umsäumt. Unter dem Vordache auf den Steinplatten wimmelte es von größern und kleinern Waldvögeln, die da ihr Futter pickten und lustig durch einander hüpften; sie waren so zahm, daß sie kaum Platz machten vor den Füßen der Pilgerinnen und sich der Reihe nach auf das Geländer und vor das Fenster setzten. Jede der Frauen stieß die andere an, daß sie anklopfen sollte; die eine hustete, die andere kicherte, aber keine wollte klopfen. Doch wagte es endlich die Freundin, pochte nun so stark wie ein Bauer, und öffnete zugleich die Tür, mit patzigen Schritten eintretend.

Wilhelm saß über einem großen Buche mit Pflanzenbildern; er war nicht sehr erfreut über die frühe Störung, zumal er zwei junge frische Weibsbilder ankommen sah. Aber Ännchen, die Freundin, begann sogleich ein geläufiges Kauderwelsch, in welchem sie eine Anzahl Fragen und Anliegen bunt durch einander vorbrachte. Sie wollte eine Rechnung über verkauftes Stroh berichtigt haben, gegen welches sie eine Zeitkuh eingetauscht, zog ein Papier voll gegossenen Bleies hervor und forderte die Erklärung desselben; dann sollte er aus ihrer Hand wahrsagen, Auskunft geben, wann es am besten Hafer zu säen sei, ob man im gleichen Jahre zweimal die Ehe versprechen dürfe, ob er nicht eine verhexte Kaffeemühle herstellen könne, in welcher ein Kobold sitze; ferner brachte sie ein dickes Bündel Hühner-, Enten- und Gänsefedern zu Tage und bat ihn, dieselben zu schneiden für Geld und gute Worte, sie wolle sie dann schon gelegentlich abholen; denn sie schreibe für ihr Leben gern, habe aber keine Federn; und endlich verlangte sie zu wissen, ob das neue Jahr gedeihlich zum Heiraten sein würde für eine ehrbare junge Bäuerin. Dies alles, Stroh, Zeitkuh, Hafer, Blei, Kaffeemühle, Kobold, Federn und Heirat, warf sie so behend und verworren untereinander, daß kein Mensch darauf antworten konnte, und wenn Wilhelm den Mund auftat, unterbrach sie ihn sogleich, widersprach ihm, sie habe nicht das, sondern jenes gemeint, und machte den ergötzlichsten Auftritt. In der Zeit stand Gritli da, die Hände unter der Schürze, und rührte sich nicht, aus Furcht, sich zu verraten. Sie beschaute sich eifrig Wilhelms sonderliche Behausung, welche inwendig noch märchenhafter aussah als von außen. Die Wände waren mit bemooster Baumrinde, mit Ammonshörnern, Vogelnestern, glänzenden Quarzen ganz bekleidet, die Decke mit wunderbar gewachsenen Baumästen und Wurzeln, und allerhand Waldfrüchte, Tannzapfen, blaue und rote Beerenbüschel hingen dazwischen. Die Fenster waren herrlich gefroren; jedes der runden Gläser zeigte ein anderes Bild, eine Landschaft, eine Blume, eine schlanke Baumgruppe, einen Stern oder ein silbernes Damastgewebe; es waren wohl hundert solcher Scheiben, und keine glich der andern, gleich dem Werk eines gotischen Baumeisters, der einen Kreuzgang baut und für die hundert Spitzbogen immer neues Maßwerk erfindet.

Das alles gefiel der Frau, welche von Viggi und seiner Kätter als eine platte und prosaische Natur verschrien wurde, über die Maßen wohl; doch ließ sie zuweilen auch einen Blick über den Bewohner dieses Raumes gleiten, und derselbe gefiel ihr nicht minder. Er war in einen rötlichen Fuchspelz gehüllt, den ihm der Tuchscherer für den Winter gegeben; sein dunkles Haar war dicht und lang gewachsen, ein dunkles Bärtchen war auf seiner Oberlippe erstanden und der ganze Gesell hatte an selbstbewußter und freier Haltung gewonnen. Ein langes rotes Tuch, welches er lose um den Hals geschlungen trug, vermehrte noch die kecke Wirkung seines Aussehens, welche freilich kaum so keck gewesen wäre, wenn er gewußt hätte, wen er vor sich habe.

Ännchen machte aber ihre Sache so gut, daß er keinen Verdacht schöpfte und ein tolles Weibstück zu sehen glaubte, begleitet von einer blöden und schüchternen Person. Als ihm der Handel endlich zu bunt wurde, unterbrach er die Schwätzerin gewaltsam und sagte: «Eure Rechnung über Stroh und Kuh beträgt so und so viel, alles Übrige ist dummes Zeug, das Ihr anderwärts anbringen mögt, liebe Frau!»

«So!» sagte Ännchen in köstlichem Tone, und Wilhelm: «Ja, so! Geht in Gottes Namen und laßt mich in Ruhe!»

«Auf die Weise!» erwiderte Ännchen, «aha! So so! Nun, so habt denn Dank, Herr Hexenmeister! und nichts für ungut! Behüt' Euch Gott wohl und zürnet nicht! Komm, Frau Barbel!»

Doch als sie bereits unter der Tür war, kehrte sie nochmals um und rief: «Ei, so hätte ich bald vergessen, Euch den Gruß auszurichten! Oder hab' ich's schon getan?» «Nein! von wem?» «Ei, von einer gar feinen und hübschen Frau, Ihr werdet sie besser kennen als ich, denn ich weiß ihren Namen nicht zu sagen!» «Ich weiß nicht, ich kenne keine solche Frau!» «He, so besinnt Euch nur, sie wohnt an der Stadtmauer, ist nicht gar groß, aber ebenmäßig gewachsen und trägt den Kopf voll brauner Haarlocken wie ein Pudel! Da, die Barbel und ich haben ihr Eier gebracht, wir sagten, daß wir da hinaufgehen wollten, um uns wahrsagen zu lassen, und da war's, daß sie uns den Gruß bestellte!»

Wilhelm wurde hochrot, rief hastig: «Ich weiß nicht, wen Ihr meint!» und wandte sich stracks zu seinem Buche, ohne die Frauen weiter eines Blickes zu würdigen. So trollten sich diese davon und polterten in ihren schweren Schuhen mutwillig die Stufen hinunter.

Kaum waren sie außer dem Bereiche des Häusleins, so sagte Ännchen: «Höre, wenn ich nicht schon einen Mann hätte, so würde ich Dir den wegfangen! Dies ist ja ein netter Kerl, obgleich er ein grober Lümmel ist!»

«Ach, er gefällt mir nur gar zu wohl», seufzte Gritli, «aber ich trau' ihm nicht! Er könnte trotz der soliden Manier, die er angenommen hat, leicht wieder ein verliebter Zeisig werden oder noch sein, der sich in alle Welt vergafft, und dann käme ich vom Regen in die Traufe. Man müßte ihn auf irgend eine Art auf die Probe stellen!»

«Nun, das kann man ja tun!» sagte die Freundin; sie berieten sich über den Weg, den sie einschlagen wollten, und Ännchen versprach, die Sache auszuführen, sobald der Winter vorüber sei. Da seufzte Gritli abermals und meinte: «Ach, das ist noch lange hin und im Frühling sollte es schon getan sein!»

Lachend erwiderte Ännchen: «Da kann ich nicht helfen, meine Liebe! Ich muß jetzt wieder zu meinem Mann; auch habe ich doch nicht Lust, durch diesen Schnee öfter in die Wildemannshütte zu klettern, so hübsch eingefroren sie auch ist! Also Geduld! sobald die Veilchen blühen, werde ich wieder kommen und Deine Bergamsel probieren, aber auf Deine Gefahr hin!»

Gritli fügte sich darein; sie verbrachte den Rest des Winters in größter Stille; aber der Schnee schien ihr nicht weichen zu wollen und sie schwankte manchmal, ob sie die Probe überhaupt anstellen und nicht lieber die Sache gleich zu Ende führen wolle. Da kam endlich der gewaltige Südwind und goß seine warmen Regenfluten schief über Berg und Tal hin. In eilender Flucht schmolzen die Schneemassen und Wasser sprangen von allen Abhängen, lachend, redend und singend mit tausend Zungen. Gritli lauschte dem Klingen, als ob es ein Hochzeitsgeläute wäre. Sobald die nächste Wiese trocken war, lief sie hinaus, um nach den Veilchen zu sehen; sie fand keines, dafür aber einige Schneeglöckchen, und als sie zurückkam, war dennoch die Freundin angekommen mit einem großen Koffer, worin sie das nötige Handwerkszeug für ihr Vorhaben mitbrachte.

Es war die vollständige stattliche Sonntagstracht einer Landfrau mit mehreren Stücken zum Wechseln, alles neu und zierlich, beinahe köstlich gemacht. Am ersten Sonntag in aller Frühe kleidete sich Ännchen mit Gritlis Hülfe sorgfältig darein und ließ ihrer Schönheit, die nicht gering war, mit übermütiger Berechnung den Zügel schießen. Über eine kurze Scharlachjuppe wurde eine genau so lange schwarze angezogen, so daß der Scharlach nur bei einer raschen Bewegung sichtbar wurde und das blendende Weiß der Strümpfe um so reizender erscheinen ließ. Rücken, Schultern und die runden Arme zeichnete eine knappe, braune, seidene Jacke vortrefflich und ließ die Brust frei, welche dafür mit einem Brustlatz von schwarzem Sammet bedeckt und mit dergleichen Bändern eingeschnürt war, die durch silberne Hacken gingen. Über der Stirn wurden einige kokette bäuerliche Löcklein gebrannt; das übrige Haar hing in dicken Zöpfen fast bis auf die Erde und endigte in breiten, mit Spitzen besetzten Sammetbändern. Mit jedem Stück, das sie der lachenden Freundin nesteln half, wurde Frau Gritli ernsthafter und besorgter, und als endlich die Übermütige ganz geschmückt war und sich in bewußter Schönheit spiegelte, bereute jene die ganze Erfindung und erhob allerlei Bedenklichkeiten. Doch sie wurde nur ausgelacht und Ännchen rief: «Was man tun will, das soll man recht tun! Willst Du Deinen Waldbruder mit einer Vogelscheuche versuchen? Dergleichen Heilige hatten von je einen besseren Geschmack!»

Da meinte Gritli, sie sollte wenigstens die weißen Strümpfe mit schwarzen wollenen vertauschen, es sei noch kühl und feucht! «Dafür hab' ich starke Schuhe», sagte Ännchen, «die Waden erkältet keine Frau, das weißt Du wohl, mein Schatz!» «Jedenfalls mußt Du den Hals besser verwahren!» bat die Besorgte noch kläglich und die Unverbesserliche antwortete: «Da hast Du Recht! gib mir jenes seidene Tüchlein, ich kann es nachher in die Tasche stecken, sobald ich an die warme Sonne komme!»

Dann öffnete sie das Fenster und guckte in die Sonntagsfrühe hinaus; es war noch alles still und die Zeit schien günstig, rasch hinweg zu huschen. Allein Gritli hielt sie mit dem Frühstück so lange als möglich auf und brockte ihr alle möglichen Lieblingsbissen vor, um den Augenblick hinauszuschieben; dennoch erschien er und als Ännchen nun ging, brach die Bekümmerte in Tränen aus. Da kehrte jene mit großen Augen um und sagte ernsthaft: «Nun, Du närrisches Ding! wenn Du wirklich meinst, es sei nicht zu trauen, so lassen wir's einfach bleiben! Entscheide Dich! Ich bin bald wieder umgekleidet!»

Gritli weinte heftiger, aber sie kämpfte mit sich und rief dann entschlossen: «Nein! geh' nur und tu', was Du für gut findest! Es muß ja sein!»

Frau Ännchen ging also wohlgemut durch das Frühlingsland und badete unternehmungslustig ihre Gestalt in der glänzenden Luft. Ihre Röcke schwangen sich hin und wieder, daß der rote Scharlachsaum bei jedem Schritt aufleuchtete; im Arme trug sie einen frisch gebackenen Eierzopf und eine Schiefertafel in ein weiß und blau gewürfeltes Tuch gewickelt. Dergestalt erreichte sie das Rebhäuschen; diesmal klopfte sie nur mittelmäßig stark an die Tür und trat mit gutem Anstande in die Stube. Wilhelm erkannte sie nicht sogleich, war aber betroffen über die anmutvolle Erscheinung. Er kochte eben seinen Sonntagskaffee, welcher angenehm durch den Raum duftete. Ännchen machte einen zierlichen Knix und sagte: «Da komme ich gerade recht! Habt Ihr meine Federn geschnitten, Herr Hexenmeister? Ich will sie abholen; und hier habt Ihr auch eine kleine Gabe für Eure Mühe, nur um den guten Willen zu zeigen!» Damit entwickelte sie das Gebäck, das sie trug und legte es auf den Tisch. «So könnt Ihr das Geschenk wieder mitnehmen», erwiderte Wilhelm, «denn Eure Federn sind nicht zum Schreiben und ich habe sie weggeworfen!» «So? nun, da muß ich mir Federn in der Stadt kaufen; aber das tut nichts, ich lasse den Zopf dennoch hier und esse selbst einen Zipfel davon, wenn Ihr mir eine Tasse Kaffee dazu gebt! Das tut Ihr doch, nicht wahr?» Sie setzte sich ohne Umstände zum Tische und fing an, das feine Brot zu schneiden. Wilhelm wußte nicht, was er daraus machen sollte, es war ihm zu Mute, wie wenn da ein gefährlicher Geist durch sein stilles Häuschen wehte, und die Frühlingssonne funkelte gar seltsam durch die klaren Fenster und über die schöne Bäuerin her. Doch fügte er sich, holte eine von des Tuchscherers Porzellantassen, welche dieser hier aufbewahrte, und teilte seinen Kaffee ehrlich mit dem Eindringling.

«Ihr könnt wahrlich guten Kaffee machen, Herr Hexenmeister», sagte sie, «wo habt Ihr's nur gelernt?» «Freut mich, wenn er Euch schmeckt!» sagte Wilhelm, «doch bitte ich Euch, mich nicht immer Hexenmeister zu nennen; denn ich kann leider nicht hexen!» «Nicht? ich hab's geglaubt!» sagte sie lächelnd, indem sie einen glänzenden Blick zu ihm hinüber schoß, «wenigstens habt Ihr mir es schon ein Weniges angetan, obgleich Ihr nicht der Höflichste seid! Aber ein hübscher Mensch seid Ihr! ist es Euch nicht langweilig so ganz allein?» «Es scheint nicht so!» erwiderte Wilhelm errötend, «sonst würde ich wohl unter die Leute gehen; Ihr scheint aber gut aufgelegt, schöne Frau!»

«Schöne Frau? Ei seht, das tönt schon besser! Ihr solltet noch ein wenig in die Schule gehen, ich glaube, es könnte doch noch gut mit Euch kommen! Aber leider muß ich selbst in die Schule gehen. Da habe ich noch ein Anliegen, daß ich es nicht vergesse, das ist die Hauptsache, warum ich gekommen bin, wenn's erlaubt ist! Die Rechnung, die Ihr mir neulich so schnell gemacht, daß ich es nicht einmal merkte, hat mir guten Dienst geleistet. Ich habe aber einen großen Hof und kein Mann ist da, der das Wesen in Ordnung hält und rechnet; ich selbst habe als Schulkind niemals aufgemerkt und nichts gelernt, wie ich denn auch sonst nicht viel taugte. Nun muß ich es erst büßen und bereuen, denn ich weiß nie, wie ich stehe und ob ich betrogen werde oder nicht? Gut! dacht' ich, Du bist noch nicht zu alt zum Lernen, ein Jahr fünf- oder sechsundzwanzig, Du gehst also zum Hexenmeister und bittest ihn, daß er Dir zeige, wie man dies und jenes ausrechnet. Für guten Lohn wird er's gewiß tun, ein Sack Erdäpfel oder eine halbe Speckseite sollen mich nicht reuen, wenn er's zurecht bringt, daß ich mit den verwünschten Zahlen umgehen kann. Seht, da habe ich schon eine Tafel mitgebracht und auch eine Kreide, nun, wo hab' ich die Kreide?»

Sie legte die Tafel auf den Tisch, fuhr mit der Hand in die Rocktasche und klapperte ungeduldig darin. Dann zog sie eine Hand voll Zeug heraus und warf es auf den Tisch, ein geringes Taschenmesser, einen eisernen Fingerhut, einige Geldstücke, Brotkrummen, eine Hundepfeife, eine gedörrte Birne und ein kleines Stück Kreide. Die Birne steckte sie schnell in den Mund und rief kauend: «Da ist die Teufelskreide! Jetzt fangt nur an!» Zugleich rückte sie mit ihrem Stuhle ihm dicht zu Seite und schaute ihm erwartungsvoll ins Gesicht.

«So große Schülerinnen bin ich eigentlich nicht gewöhnt», sagte Wilhelm verlegen und rückte ein bißchen zur Seite, «doch wenn Ihr gut aufmerken wollt, so will ich wohl sehen, was zu machen ist!» Hierauf begann er, der Frau die vier Spezies vorzumachen, und sie stellte sich, als ob sie nagelneue Dinge hörte. Sie rückte ihm wieder näher, nahm ihm alle Augenblicke die Kreide aus der Hand, verdarb die Rechnung und trieb tausend schnackische Dinge, über welchen sie zuweilen plötzlich die Augen voll zu ihm aufschlug. Er sah sie dann verwundert und nicht ohne Wohlgefallen an, ohne jedoch aus der Fassung zu geraten, und auch wenn sie auf die Tafel blickte, betrachtete er ruhig den hübschen Kopf, wie man etwa ein edles Gewächs betrachtet. Indessen wurde er dabei still und vergaß ein paar Mal zu antworten. Unversehens stand sie auf und sagte: «Für heute muß es gut sein, sonst werde ich zu gelehrt! Übermorgen auf den Abend komm' ich wieder, wenn Ihr dann Zeit habt; behüt' Euch Gott, Herr!»

Womit sie, ohne seine Antwort abzuwarten, sich entfernte, so unerwartet als sie gekommen war.

Wilhelm sah ihr nach, ohne von seinem Stuhle aufzustehen. Dann grübelte er etwas in seinen Gedanken herum und sagte schließlich: «Am Ende werde ich hier auch fortgetrieben; es scheint mir mit dieser Person nicht ganz richtig zu sein!»

Frau Ännchen gefiel sich so gut in der ländlichen Tracht, daß sie auf einsamen Feldwegen herumspazierte, bis es Mittag läutete. Sie betrachtete gedankenvoll bald die junge Saat, bald den emsigen Lauf eines Bächleins; doch sie bedachte weder die Saat noch das Wasser, sondern erwog, wie weit sie die Probe mit dem jungen Manne treiben wolle; sie glaubte den Erfolg in ihrer Gewalt zu haben und war nur unschlüssig, ob sie denselben erst ein wenig zu ihrer eigenen Lustbarkeit lenken oder ob sie als ehrliche Frau und Freundin handeln solle. Denn der Einsiedler schien ihr wie geschaffen zu einer ersprießlichen Zerstreuung und zu einem Lustspiel für eigene Rechnung. Wenn Wilhelm sich verlocken ließ, so war ja ihrer Freundin von einem unbeständigen Mann geholfen und trefflich gedient und er selbst wurde durch einen lustigen Betrug gehörig bestraft. Sie stand eben vor einer stillen

Ansammlung eines Wässerleins und beschaute darin ihr Spiegelbild. Sie kam sich fast zu schön vor für ihren eigenen teilnahmlosen Mann; auf der andern Seite aber schien das Abenteuer doch bedenklich und konnte ihr zuletzt übel bekommen und ihre behagliche Ruhe in die Luft sprengen; auch war der Freundin ein freundliches Los zu gönnen und sie wußte wohl, daß Gritli den Vogel festhalten würde, wenn sie ihn nur erst unversehrt in der Hand hielte. So schwebten ihre ernsten Erwägungen im Gleichgewicht; sie stellte die Entscheidung endlich auf ein welkes Blatt, das in der Wasserstille langsam kreiste und einen Ausweg suchte. Legte es sich ans rechte Bord, so wollte sie der Freundin dienen, wenn ans linke, für sich selbst sorgen! Allein das Blatt schwamm plötzlich abwärts und ins Weite, und sie beschloß, der Sache den Lauf zu lassen, wie es gehen möge. Da erklang die Mittagsglocke und Ännchen schritt, von keinem menschlichen Auge gesehen, nach der Hintertür in der Stadtmauer; denn es war die Zeit, da in der alten Welt der große Pan schlief und in der neuen die Seldwyler mit Kind und Kegel so vollzählig um den Sonntagsbraten saßen, daß die Straßen stiller waren als in dunkler Mitternacht.

Mit ängstlicher Erwartung verschlangen Gritlis Augen die mutwillige Freundin, als sie lachend in die Stube trat. Diese umarmte und küßte sie sogleich, indem sie rief: «Komm, es ist mir ganz küsserlich zu Mute geworden bei Deinem Schatz!» «O! sei nicht so häßlich!» rief jene vorwurfsvoll, «Du hast doch nicht so tolles Zeug getrieben! Wie ist es gegangen? Wie hat er sich gehalten?» «Sei ruhig, wie ein Stück Holz hat er sich gehalten!» sagte Ännchen und Gritli rief: «Gott sei Dank! so wollen wir es denn dabei bewenden lassen!» «Bewenden lassen? das wäre eine schöne Geschichte!» fuhr Ännchen dazwischen, «da wüßten wir erst recht nichts! Er war wie ein Stück Holz, aber nun kommt erst die Hauptsache, wo er sich immer noch zum Schlimmen wenden kann, freilich auch zum Guten! Nun, wie er sich bettet, so wird er liegen!»

Da ermannte sich Gretchen abermals und sagte: «Ja! es muß durchgeführt sein! Wenn er Deinen Teufeleien entrinnt, so hat er sich gründlich gebessert und wird um so preiswürdiger sein!»

Also machte sich die Besucherin am zweiten Tage wieder auf den Weg und zwar in der Abenddämmerung. Sie trug dieselbe Tracht, nur mit einiger Abwechselung und größerer Einfachheit, wie eine Bäuerin etwa während der Woche zu tragen pflegt, wenn sie über Land geht. Sie trug aber Sorge, daß nichtsdestoweniger alles gut und reizend saß. Die Haare waren merkwürdigerweise städtisch geflochten und mit einem Tuche bedeckt.

Wilhelm war absichtlich weggegangen und dachte, die sonderbare Schöne, wenn sie wirklich wiederkommen sollte, einen vergeblichen Gang tun zu lassen. Als es aber dunkelte, beschleunigte er mehr als notwendig seine Schritte, die Wohnung zu erreichen, sei es aus Neugier oder aus dem Bedürfnisse, sich an der scherzhaften Dame zu erheitern. Er traf richtig mit ihr an der Tür zusammen, als sie eben vergeblich gepocht hatte. «Ach, da kommt Ihr!» sagte sie sanft, «ich habe schon geglaubt, Ihr hättet mich im Stich gelassen! Nun, da bin ich wieder, wenn's erlaubt ist, ich konnte den Tag über nicht abkommen.» Er zündete das Licht an und sagte: «Wie steht's? Habt Ihr noch was behalten vom neulichen Unterricht oder habt Ihr's schon wieder vergessen?» «Ich weiß es selber kaum», erwiderte sie bescheidentlich und schien überhaupt in einer weichen Stimmung zu sein, so daß der Lehrer wieder nicht aus ihr klug wurde.

Als sie zu rechnen begannen, war die Frau still und zerstreut, und in der Zerstreuung machte sie nicht nur keinen Fehler, sondern rechnete die Aufgaben wie aus Versehen rasch und richtig zu Ende und machte von selbst die Proben dazu. Sie konnte plötzlich so gut rechnen wie der Schulmeister selbst, schien es aber durchaus nicht zu wissen. Er sah ihr eine geraume Weile zu, während es ihm pricklig im Gemüt wurde. Da fiel es ihm endlich auf, welch weiße Hand die Bauersfrau besaß, und ihr künstlich geflochtenes Haar duftete nicht weit von seiner Nase. Einesmals sagte er: «Sie sind keine Bäuerin! Woher kommen Sie? Was wollen Sie hier?»

Sie legte erschrocken die Kreide hin, sah ihn furchtsam an und dann vor sich nieder, indem sie die Hände in einander legte. Es herrschte eine große Stille. Endlich begann sie mit einem leichten Seufzer und leise: «Ich bin eine junge Witfrau, die aus langer Weile schon mehr als eine Torheit begonnen hat. Neulich wurde ich mit einer Freundin einig, den weisen Einsiedler zu beschauen, der so viel von sich reden macht. Sie haben gesehen, wie wir unsern Vorsatz ausführten; aber die Neugierde ist mir nicht gut bekommen!»

«Und warum nicht?» fragte Wilhelm lachend, obgleich es ihm anfing, schwül zu werden. Da sagte sie noch leiser: «Ich habe mich leider in Sie verliebt!» und zugleich schlug sie lächelnd die Augen zu ihm empor. Es war freilich kein echter und ursprünglicher Blick, sondern einer aus der Fabrik, ein böhmischer Brillant, das fühlte Wilhelm wohl; dennoch war er feurig genug, in ihm eine Reihe von Gefühlen und Gedanken zu erwecken, welche sich schnell wie der Blitz an einander entzündeten.

«Man muß am Ende die Weiber nehmen wie die Skorpione, den Stich des einen heilt man mit dem Safte, den man dem andern ausquetscht! Was nützt es, die Süßigkeit der Frauen zu verschmähen, weil sie schwach und betrüglich sind? Pflücke die Rosen vorsichtig oben weg, und lasse den Stock unberührt, so wirst Du nicht gestochen! Trinke den Wein und stelle den Becher dahin, so wirst Du in Frieden leben! Wer durch die Wüste wandelt, der trinke vom Brunnen der Gelegenheit, und wer einsam ist, der locke die Amsel! Sieh! die eine geht, die andere kommt, die ist braun und jene golden; gut ist nur die, so Dich küßt!»

Nicht diese ausführlichen Worte, aber deren frevelhafter Sinn drängte sich in Wilhelms Empfindung zusammen, als er Ännchens Hand ergriff und sie unschlüssig, aber lächelnd ansah. Freilich waren seine Handlungen viel zaghafter, als seine Gedanken, und so kam es, daß nach einer Minute nicht er die Schöne, sondern sie ihn im Arme hielt und ihm eben einen Kuß aufdrücken wollte, als abermals eine Reihe von Gedanken und Vorstellungen sich in dem Augenblick und in Wilhelms Gemüte zusammendrängte.

«Das ist also», dachte er ungefähr, «das vielgewünschte Glück in Frauenarmen! Nun, schön genug ist's und gar nicht unangenehm! Gott sei Dank, daß ich mal eine dicht bei mir habe! Was würde wohl Gritli dazu sagen, wenn sie mich so sähe?»

Zugleich sah er Gritli im Geiste auf der Treppe vor dem Häuschen stehen und dann sitzen. «Wie», dachte er, «wenn sie Dich gesucht, wenn sie Dich doch lieb hätte?» Ein großes Mitleiden mit ihr ergriff ihn, er erschrak ordentlich über seine Hartherzigkeit; kurz, zerstreut und in Gedanken verloren fuhr er zurück und entzog damit plötzlich und unerwartet seinen Mund dem Kusse, den Ännchen eben darauf absetzen wollte. Er starrte ins Blaue hinaus und sah immer deutlicher Frau Gritlis vermeinte Gestalt, wie sie still vor seiner Tür saß und auf ihn zu warten schien. Dann besann er sich und sagte unversehens zu Ännchen: «Was hatte es denn für eine Bewandtnis mit dem Gruße, den Sie mir das erste Mal, da Sie hier waren, von jener Frau gebracht haben? Und was macht sie, wie geht es ihr?»

«Welche Frau, welcher Gruß?» fragte sie etwas betroffen und verlegen, und als er sich genauer erklärt, sagte sie kalt: «Ach, da war nur eine Neckerei von mir! Ich kenne die Frau gar nicht!» Diese schnöde und kühle Antwort gefiel ihm nicht und kränkte ihn; unwillkürlich machte er sich frei und trat ans Fenster, öffnete es und guckte verstimmt hinaus in die Nacht.

Der gestirnte Himmel spannte sich über das Tal, in welchem die Lichter von Seldwyla in einem dichten Haufen glänzten; darüber vergaß er, was in der Stube war, seine Gedanken irrten um die dunkle Stadtmauer in der Tiefe, und eben tat er einen ordentlichen Seufzer, als dicht unter seinem Fenster eine weibliche Gestalt vorüberging mit den Worten: «Gute Nacht, Herr Hexenmeister!» Es war Frau Ännchen, welche unbemerkt aus dem Häuschen gehuscht war und lachend den Berg hinuntersprang. Er machte eine Bewegung und eine Stimme rief in ihm: Laß sie nicht entwischen! Aber dennoch wich er nicht von der Stelle und seine Sehnsucht flog über die spukhafte Bäuerin hinweg in das Tal, wo Gritli war. Alle Geister der Leidenschaft waren nun aufgeweckt, und taumelten wie trunken in seinem Herzen umher, und er verbrachte die Nacht schlaflos und aufgeregt.

«Dem wollen wir abhelfen!» rief er, als die Sonne schon hoch am Himmel stand und er aus dem unruhigen Morgenschlaf erwachte, «ich will für einige Zeit den Platz räumen, und andere Luft suchen!» Gesagt, getan! Er hing zum zweiten Mal die Reisetasche um, ergriff einen Stekken, schloß Fensterladen und Tür und machte sich auf den Weg, dem Tuchscherer den Schlüssel zu bringen und sich bei ihm zu beurlauben.

Ein leichter und rascher Schritt weckte ihn aus dem Brüten, in dem er alles getan hatte. Er kannte den Schritt und lauschte ihm einige Augenblicke, eh' er aufzuschauen wagte. Schon warf die Morgensonne den leichten Schatten eines Schleiers auf den glänzenden Weg, dicht unter seine Augen; der Florschatten umflatterte ein Paar rund gezeichnete Schultern. Wilhelm war plötzlich wie in ein Fegefeuer gesteckt und bemerkte dennoch in aller Verwirrung, daß der wohlklingende Schritt fast unmerklich zögerte. Endlich blickte er in die Höhe und sah Frau Gritli nahe vor sich, welche ihrerseits errötete und verlegen lächelnd vor sich hinsah. Beide Personen beschleunigten in der Verwirrung ihren Gang und eilten sich vorüber, wahrscheinlich um sich nie wieder zu treffen. Da zog Wilhelm doch noch seinen Hut und Gritli erwiderte den Gruß mit einer raschen Verbeugung. Wie an einem Drahte gezogen sah jedes zurück, stand still und wendete sich mit mehr oder weniger langsamer Bewegung; endlich schossen sie zusammen wie zwei Hölzchen, die auf einem Wasserspiegel dahin treiben, und stehenden Fußes gingen sie eilig neben einander fort. «Sie wollen doch nicht verreisen, weil Sie Tasche und Stab tragen?» sagte Gritli. Wilhelm erwiderte, er wolle allerdings fortgehen, und als sie fragte, warum und wohin? erzählte er von Geschäften, von schönem Wetter, von diesem und jenem, und Gritli flocht eben so inhaltlose Dinge dazwischen, aber alles in tiefster Bewegung. Sie gingen rasch, atmeten schnell und sahen sich abwechselnd an; so waren sie, ohne es zu sehen, auf einen Waldpfad geraten und gingen schon tief in den Bäumen, als Gritli endlich rief: «Wo sind wir denn hingekommen? Ist das Ihr Weg?» «Meiner?» sagte Wilhelm ernsthaft, «nein!» «Nun, das ist gut!» meinte sie lachend, «so müssen wir nur sehen, daß wir bald wieder hinauskommen!» Er sagte: «Da wollen wir hier quer durchgehen!» und wanderte auf einem schmalen Seitenpfade voran durch den Forst. Nach einer Weile kamen sie auf eine kleine Lichtung, die von hohen Föhren eingeschlossen war, deren Kronen sich ineinander bauten. Unter den Föhren lagen große rötliche Steine übereinander, denn es war das Grab des keltischen Mannes, und rings herum war der Platz von den weißen Sternen der Anemonen bedeckt.

«Hier ist's schön!» rief Gritli, «hier muß ich ein wenig ausruhen, ich bin müde geworden!» Sie setzte sich auf die Steine und Wilhelm blieb vor ihr stehen. «Machen Sie nicht, daß der aufwacht, der da unten liegt!» sagte er; erschreckt fragte sie, was er meine, und er erzählte ihr die Geschichte von dem Grabe. Nach einer Weile bemerkte sie: «Wo mag wohl seine Frau liegen? Gewiß nicht weit!»

«Das kann man freilich nicht wissen!» antwortete Wilhelm lachend, «vielleicht liegt sie auf einem Schlachtfelde in Gallien, vielleicht auf einem andern Berge in dieser Gegend, vielleicht hier ganz in der Nähe, und vielleicht hat er gar keine gehabt!»

Hierauf trat eine Stille zwischen die zwei Leute und jedes schien in eigentümliche Gedanken vertieft. Gritli hatte ihren Hut abgelegt und zeigte plötzlich statt der Locken, die dem Schulmeister sonst in die Augen gestochen, ein glänzend glattgekämmtes Haar, einen schlichten runden Kopf. Das verblüffte und verblendete ihn gänzlich, denn durch die ungewohnte Veränderung erschien sie ihm schöner als je. Auch war sie außerordentlich fein und anmutig gekleidet, obschon einfach, aber alles frisch und wohlgemacht; nichts einzelnes fiel auf und doch machte alles einen angenehmen Eindruck, der sich wieder der Herrschaft des schlichten blühenden Kopfes durchaus unterordnete. Diese Frau war in ihren Kleidern und bei sich selbst zu Hause, und wer da einkehrte, befand sich in keiner Marktbude. Das alles versetzte Wilhelm in tiefe Melancholie und er sah die schöne Frau vor sich, wie man in die frühlingsblaue Ferne sieht, in die man nicht hinein kann.

Als die tiefe Stille einige Minuten gedauert, während Gritlis Busen unruhig wallte, rief der Kuckuck aus der Tiefe des Waldes, zwar nur ein einziges Mal, aber hell und widerhallend. Beide sahen sich an, und ohne weitere Zeit zu verlieren, sagte Gritli mit einem freundlichen Lächeln: «Es ist mir lieb, Sie noch getroffen zu haben; denn halb und halb hatte ich die Absicht, Sie in Ihrem Häuschen aufzusuchen!»

Wilhelm sah sie mit großen Augen an; diese Worte weckten ihn aus seiner Vergessenheit und machten ihm das Verhältnis gegenwärtig, in welchem er eigentlich zu der Frau stand. Er brachte deswegen nur ein mißtrauisches und kurzes «Warum?» hervor und glaubte sich mit heißen Wangen einer neuen Komödie ausgesetzt. Sie aber sagte: «Ich wollte Sie gern fragen, ob Sie mir noch zürnen wegen der Geschichte mit den Liebesbriefen?»

«Ich habe Ihnen nie gezürnt», erwiderte er, «sondern nur mir selbst; dennoch war das, was Sie vor Gericht von mir sagten, nicht gut und auch undankbar; denn ich habe Ihre Schönheit und Lieblichkeit so hoch gehalten, daß ich mir nicht anders zu helfen wußte, als an einen Gott zu glauben, der Sie geschaffen und mir geschenkt habe, was freilich ein eitler und eigennütziger Gedanke war!»

Eine prächtige Röte überflog Gritlis Gesicht. «Ich war nicht undankbar!» sagte sie, indem sie die Handschuhe auszog und ihre Fingerspitzen betrachtete, «als ich jene Worte sprach, dachte ich –» sie stockte und Wilhelm sagte mit fast tonloser Stimme: «Nun, was dachten Sie?» «Ich dachte», flüsterte sie, die Augen niederschlagend, «nun, ich dachte in meinem Herzen, daß dafür meine Person, wie sie ist, Ihnen für immer angehören sollte, wenn die Zeit gekommen sei! Und da bin ich nun!»

Zugleich reichte sie beide Hände hin und schlug die Augen zu ihm auf. Es war kein so blitzender Blick, wie sie ihm einst über die Hecke zugeworfen, aber doch viel tiefer und klarer. Er ergriff ihre Hände, sie stand auf; doch wußte der gute Pascha, der in seinen Gedanken eine ganze Stadt voll Weiber beherrscht hatte, mit dieser einzigen sogleich nichts anzufangen, als daß er wie betäubt mit ihr auf der Lichtung hin und her ging und sie anlachte, ohne ihre Hand loszulassen. Endlich setzten sie den Weg wieder fort, Wilhelm ging voraus, sah sich aber von Zeit zu Zeit wieder um, ob sie ihm auch folge auf dem schmalen Pfade, und immer war sie lächelnd hinter ihm. Da trat sie einsmals hinter eine dicke Buche und verbarg sich dort, und als er wieder rückwärts blickte, fand er sie nicht mehr. Ungewiß und erschrocken stand er still, und als er nichts mehr von ihr hörte und sah, ging er langsam etwa zwanzig Schritte zurück, und mit jedem Schritte stieg schwärzer der betrübte Verdacht in ihm auf, daß er abermals der Gegenstand einer Posse geworden sei, so abenteuerlich das auch gewesen wäre; denn er konnte sich kaum in seine Stellung als beglückter Liebhaber finden. Da hustete es schalkhaft hinter der Buche, und als er näher trat, breitete die Vermißte die Arme nach ihm aus. Jetzt endlich umschlang er sie, bedeckte sie mit Küssen, die mit jeder Sekunde besser gelangen, und sie hielt ihm schweigend still und fand, daß sie bis jetzt auch nicht viel von Liebe gewußt habe.

Nachdem Wilhelm sich fürs Erste in etwas beruhigt, ließ er sich mit der Geliebten auf eine mächtige bemooste Wurzel der Buche nieder, streichelte ihr die Wangen und fragte, ob sie nicht einmal eines Mittags im Herbste schon vor seinem Häuschen gewesen sei? «Hast Du mich also doch gesehen?» erwiderte sie und bejahte seine Frage. Er erzählte ihr das Abenteuer und offenherzig auch dasjenige mit der Frau Ännchen und wie nur die Erinnerung an jenen Anblick, da Gritli auf seiner Treppe gesessen, ihn vor dem Abfalle bewahrt habe.

Gritli streichelte ihn hinwieder, küßte ihn und sagte: «So bist Du also einer von den Rechten, bei denen keine Mühe verloren ist!»

Als der Mai gekommen, hielten sie unter blühenden Bäumen eine fröhliche Hochzeit. Während sie die Reise machten, suchte der Tuchscherer in der Gegend für sie ein beträchtliches Landgut, welches sie nach ihrer Rückkehr kauften und bezogen. Wilhelm baute den Besitz mit Fleiß und Umsicht und mehrte ihn, so daß er ein angesehener und wohlberatener Mann wurde, während seine Frau in gesegneter Anmut sich immer gleich blieb. Wenn ein Schatten des Unmutes über ihren Mann kam oder ein kleiner Streit entstand, so entrollte sie ihre Locken, und wenn deren Macht nicht mehr vorhalten wollte, so strich sie dieselben wieder hinter die Ohren, worauf Wilhelm aufs Neue geschlagen war. Sie hatten wohlerzogene Kinder, welche sich, als sie erwachsen waren, andere Wohlerzogene zur Ehe herbeiholten. Auch der Tuchscherer blieb in der Freundschaft und erhielt sich als ein geborgener Mann, so daß nach und nach eine kleine Kolonie von Gutbestehenden anwuchs, welche, ohne einem heitern Lebensgenusse zu entsagen, dennoch Maß hielten und gediehen. Sie wurden von den Seldwylern ironisch «die halblustigen Gutbestehenden» oder die «Schlauköpfe» genannt, waren aber wohl gelitten, weil sie in manchen Dingen nützlich waren und dem Orte zum Ansehen gereichten.

Viktor Störteler aber und seine Kätter waren samt jenen Liebesbriefen, welche sie aus Hunger und Not doch wieder hergestellt, auf sich bezogen und unter vielem Gezänke vermehrt hatten, längst vergessen und verschollen.

DIETEGEN

An den Nordabhängen jener Hügel und Wälder, an welchen südlich Seldwyla liegt, florierte noch gegen das Ende des fünfzehnten Jahrhunderts die Stadt Ruechenstein im kühlen Schatten. Grau und finster war das gedrängte Korpus ihrer Mauern und Türme, schlecht und recht die Rät' und Burger der Stadt, aber streng und mürrisch, und ihre Nationalbeschäftigung bestand in Ausübung der obrigkeitlichen Autorität, in Handhabung von Recht und Gesetz, Mandat und Verordnung, in Erlaß und Vollzug. Ihr höchster Stolz war der Besitz eines eigenen Blutbannes, groß und dick, den sie im Verlauf der Zeiten aus verschiedenen zerstreuten Blutgerichten von Kaiser und Reich so eifrig und opferfreudig an sich gebracht und abgerundet hatten, wie andere Städte ihre Seelenfreiheit und irdisches Gut. Auf den Felsvorsprüngen rings um die Stadt ragten Galgen, Räder und Richtstätten mannigfacher Art, das Rathaus hing voll eiserner Ketten mit Halsringen, eiserne Käfige hingen auf den Türmen, und hölzerne Drehmaschinen, worin die Weiber gedrillt wurden, gab es an allen Straßenecken. Selbst an dem dunkelblauen Flusse, der die Stadt bespülte, waren verschiedene Stationen errichtet, wo die Übeltäter ertränkt oder geschwemmt wurden, mit zusammengebundenen Füßen oder in Säkken, je nach der feineren Unterscheidung des Urteils.

Die Ruechensteiner waren nun nicht etwa eiserne, robuste und schreckhafte Gestalten, wie man aus ihren Neigungen hätte schließen können; sondern es war ein Schlag Leute von ganz gewöhnlichem, philisterhaftem Aussehen, mit runden Bäuchen und dünnen Beinen, nur daß sie durchweg lange gelbe Nasen zeigten, eben dieselben, mit denen sie sich gegenseitig das Jahr hindurch beschnarchten und anherrschten. Niemand hätte ihrem kümmelspalterischen Leiblichen, wie es erschien, so derbe Nerven zugetraut, als zum Anschaun der unaufhörlichen Hochnotpeinlichkeit erforderlich waren. Allein sie hatten's in sich verborgen.

So hielten sie ihre Gerichtsbarkeit über ihrem Weichbilde ausgespannt gleich einem Netz, immer auf einen Fang begierig; und in der Tat gab es nirgends so originelle und seltsame Verbrechen zu strafen, wie zu Ruechenstein. Ihre unerschöpfliche Erfindungsgabe in neuen Strafen schien diejenige der Sünder ordentlich zu reizen und zum Wetteifer anzuspornen; aber wenn dennoch ein Mangel an Übeltätern eintrat, so waren sie darum nicht verlegen, sondern fingen und bestraften die Schelmen anderer Städte; und es mußte einer ein gutes Gewissen haben, wenn er über ihr Gebiet gehen wollte. Denn sobald sie von irgend einem Verbrechen, in weiter Ferne begangen, hörten, so fingen sie den ersten besten Landläufer und spannten ihn auf die Folter, bis er bekannte, oder bis es sich zufällig erwies, daß jenes Verbrechen gar nicht verübt worden. Sie lagen wegen ihren Kompetenz-Konflikten auch immer im Streit mit dem Bunde und den Orten und mußten öfter zurechtgewiesen werden.

Zu ihren Hinrichtungen, Verbrennungen und Schwemmungen liebten sie ein windstilles, freundliches Wetter, daher an recht schönen Sommertagen immer etwas vorging. Der Wanderer im fernen Felde sah dann in dem grauen Felsennest nicht selten das Aufblitzen eines Richtschwertes, die Rauchsäule eines Scheiterhaufens, oder im Flusse wie das glänzende Springen eines Fisches, wenn etwa eine geschwemmte Hexe sich emporschnellte. Das Wort Gottes hätte ihnen übel geschmeckt ohne mindestens ein Liebespärchen mit Strohkränzen vor dem Altar und ohne Verlesen geschärfter Sittenmandate. Sonstige Freuden, Festlichkeiten und Aufzüge gab es nicht, denn alles war verboten in unzähligen Mandaten.

Man kann sich leicht denken, daß diese Stadt keine widerwärtigeren Nachbaren haben konnte, als die Leute von Seldwyla; auch saßen sie diesen hinter dem Walde im Nacken, wie das böse Gewissen. Jeder Seldwyler, der sich auf Ruechensteiner Boden betreten ließ, wurde gefangen und auf den zuletzt gerade vorgefallenen Frevel inquiriert. Dafür packten die Seldwyler jeden Ruechensteiner, der sich bei ihnen erwischen ließ, und gaben ihm auf dem Markt, ohne weitere Untersuchung, bloß weil er ein Ruechensteiner war, sechs Rutenstreiche auf den Hintern. Dies war das einzige Birkenreis, was sie gebrauchten, da sie sich selbst untereinander nicht weh zu tun liebten. Dann färbten sie ihm mit einer höllischen Farbe die lange Nase schwarz und ließen ihn unter schallendem Jubelgelächter nach Hause laufen. Deshalb sah man zu Ruechenstein immer einige besonders mürrische Leute mit geschwärzten, nur langsam verbleichenden Nasen herumgehen, welche wortkarg nach Armensünderblut schnupperten.

Die Seldwyler aber hielten jene Farbtunke stets bereit in einem eisernen Topfe, auf welchen das Ruechensteiner Stadtwappen gemalt war und welchen sie den «freundlichen Nachbar» benannten und samt dem Pinsel im Bogen des nach Ruechenstein führenden Tores aufhingen. War die Beize aufgetrocknet oder verbraucht, so wurde sie unter närrischem Aufzug und Gelage erneuert zum Schabernack der armen Nachbaren. Hierüber wurden diese einmal so ergrimmt, daß sie mit dem Banner auszogen, die Seldwyler zu züchtigen. Diese, noch rechtzeitig unterrichtet, zogen ihnen entgegen und griffen sie unerschrocken an. Allein die Ruechensteiner hatten ein Dutzend graubärtige verwitterte Stadtknechte, welche neue Stricke an den Schwertgehängen trugen, ins Vordertreffen gestellt, worüber die Seldwyler eine solche Scheu ergriff, daß sie zurückwichen und fast verloren waren, wenn nicht ein guter Einfall sie gerettet hätte; denn sie führten Spasses halber den «freundlichen Nachbar» mit sich und statt des Banners einen langen ungeheuren Pinsel. Diesen tauchte der Träger voll Geistesgegenwart in die schwarze Wichse, sprang mutig den vordersten Feinden entgegen und bestrich blitzschnell ihre Gesichter, also daß alle, die zunächst von der verabscheuten Schwärze bedroht waren, Reißaus nahmen und keiner mehr der Vorderste sein wollte. Darüber geriet ihre Schar ins Schwanken; ein unbestimmter Schreck ergriff die Hintern, während die Seldwyler ermutigt wieder vordrangen unter wildem Gelächter und die Ruechensteiner gegen ihre Stadt zurückdrängten. Wo diese sich zur Wehre setzten, rückte der gefürchtete Pinsel herbei an seinem langen Stiele, wobei es keineswegs ohne ernsthaften Heldenmut zuging; schon zweimal waren die verwegenen Pinselträger von Pfeilen durchbohrt gefallen, und jedesmal hatte ein anderer die seltsame Waffe ergriffen und von Neuem in den Feind getragen.

Am Ende aber wurden die Ruechensteiner gänzlich zurückgeschlagen und flohen mit ihrem Banner in hellem Haufen durch den Wald zurück, die Seldwyler auf den Fersen. Sie konnten sich mit Not in die Stadt retten und das Tor schließen, welches ihre Verfolger samt der Zugbrücke so lange mit dem verwünschten Pinsel schwarz bekleckten, bis jene sich etwas gesammelt und die lärmenden Maler mit Kalktöpfen bewarfen.

Weil nun einige angesehene Seldwyler in der Hitze des Andranges in die Stadt geraten und dort abgeschlossen, dafür aber auch ein Dutzend Ruechensteiner von den Siegern gefangen worden waren, so verglich man sich nach einigen Tagen zur Auswechslung dieser Gefangenen und hieraus entstand ein förmlicher Friedensschluß, so gut es gehen wollte. Man hatte sich beiderseitig etwas ausgetobt und empfand ein Bedürfnis ruhiger Nachbarschaft. So wurde ein freundnachbarliches Benehmen verheißen; zum Beginn desselben versprachen die Seldwyler den eisernen Topf auszuliefern und für immer abzuschaffen, und die Ruechensteiner sollten dagegen auf jedes eigenmächtige Strafverfahren gegen spazierende Seldwyler feierlich Verzicht leisten, sowie die diesfälligen Rechte überhaupt sorgfältig ausgeschieden werden.

Zur Bestätigung solchen Übereinkommens wurde ein Tag angesetzt und die Berglichtung zur Zusammenkunft gewählt, auf welcher das Haupttreffen stattgefunden hatte. Von Ruechenstein fanden sich einige jüngere Ratsherren ein; denn die Alten brachten es nicht über sich, in Minne mit den Leuten von Seldwyla zu verkehren. Diese erschienen auch wirklich in zahlreicher Abordnung, brachten den «freundlichen Nachbar» mit lustigem Aufwand und führten ein Fäßchen ihres ältesten Stadtweines mit nebst einigen schönen silbernen und vergoldeten Ehrengeschirren. Damit betörten sie denn die jungen Ruechensteiner Herren, denen ein ungewohnter Sonnenblick aufging, so glücklich, daß sie sich verleiten ließen, statt unverweilt heimzukehren, mit den Verführern nach Seldwyla zu gehen. Dort wurden sie auf das Rathaus geleitet, wo ein gehöriger Schmaus bereit war; schöne Frauen und Jungfrauen fanden sich ein, immer mehrere Stäuffe, Köpfe, Schalen und Becher wurden aufgesetzt, so daß über all dem Glänzen der feurigen Augen und des edlen Metalles die armen Ruechensteiner sich selbst vergaßen und ganz guter Dinge wurden. Sie sangen, da sie nichts anderes konnten, einen lateinischen Psalm um den andern zwischen die Zechlieder der Seldwyler und endeten höchst leichtsinnig damit, daß sie diese dringend einluden, ihrer Stadt mit ihren Frauen und Töchtern einen Gegenbesuch zu machen, und ihnen den freundlichsten Empfang versprachen. Hierauf erfolgte die einmütige Zusage, hierauf neuer Jubel, kurz die Geschäftsherren von Ruechenstein verabschiedeten sich in vollständiger Seligkeit und hielten sich, Schnippchen schlagend, dazu noch für glückliche Eroberer, als die lachenden Damen ihnen bis zum Tore das Geleit gaben.

Freilich verzog sich das liebliche Antlitz der Sache, als die fröhlichen Herren am andern Tage in ihrer finstern Stadt erwachten und nun Bericht erstatten mußten über den ganzen Hergang. Wenig fehlte, als sie zum Punkte der Einladung gediehen, daß sie nicht als Behexte inhaftiert und untersucht wurden. Indessen fühlten sie auch obrigkeitliches Blut in ihren Adern, und obgleich sie das Ding selbst schon gereute, so blieben sie doch fest bei der Stange, ihr gegebenes Wort zu lösen, und stellten den Alten vor, wie die Ehre der Stadt es schlechterdings erfordere, die Seldwyler gut zu empfangen. Sie gewannen einen Anhang unter der Bürgerschaft, vorzüglich durch ihre Beschreibung des reichen Stadtgerätes, womit die Seldwyler so herausfordernd geprahlt hätten, sowie durch das Herausstreichen ihrer Frauen und deren zierlicher Kleidung. Die Männer fanden, das dürfe man sich nicht bieten lassen, man müsse den eigenen Reichtum dagegen auftischen, der in den eisernen Schränken funkle, und die Frauen juckte es, die strengen Kleidermandate zu umgehen und unter dem Deckmantel der Politik sich einmal tüchtig zu schmücken und zu putzen. Denn das Zeug dazu hatten sie alle in den Truhen liegen, sonst wären ihnen die strengen Verordnungen längst unerträglich gewesen und durch ihre Macht gestürzt worden. Der Empfang der neuen Freunde und alten Widersacher ward also durchgesetzt, zum großen Verdruß der Bejahrteren. Auch beschlossen diese sogleich, den ärgerlichen Tag durch eine vorzunehmende Hinrichtung zu feiern und damit eine zu lebhafte Fröhlichkeit heilsam und würdig zu dämpfen. Während die jüngeren Herren mit den Zurichtungen zum Feste betätigt waren, trafen jene in aller Stille ihre Anstalten und nahmen einen ganz jungen, unmündigen armen Sünder beim Kragen, der gerade im Netze zappelte. Es war ein bildschöner Knabe von eilf Jahren, dessen Eltern in kriegerischen Zeitläuften verschollen waren und der von der Stadt erzogen wurde. Das heißt, er war einem niederträchtigen und bösen Bettelvogt in die Kost gegeben, welcher das schlanke, wohlgebildete und kraftvolle Kind fast wie ein Haustier hielt und dabei an seiner Frau eine wackere Helferin fand. Der Knabe wurde Dietegen genannt, und dieser Taufname war sein ganzes Hab und Gut, sein Morgen- und Abendsegen und sein Reisegeld in die Zukunft. Er war erbärmlich gekleidet, hatte nie ein Sonntagsgewand besessen und würde an den Feiertagen, wo alles besser gekleidet ging, in seinem Jammerhabitchen wie eine Vogelscheuche ausgesehen haben, wenn er nicht so schön gewesen wäre. Er mußte scheuern und fegen und lauter solche Mägdearbeiten verrichten, und wenn die Bettelvögtin nichts Schnödes für ihn zu tun hatte, so lieh sie ihn den Nachbarsweibern aus gegen Mietsgeld, um ihnen alle Lumpereien zu tun, die sie begehrten. Sie hielten ihn trotz seiner Anstelligkeit für einen dummen Kerl, weil er sich stillschweigend allem unterzog und nie Widerstand leistete; und dennoch vermochten sie nicht lang ihm in die feurigen Augen zu blicken, wenn er in unbewußter Kühnheit blitzend umhersah.

Vor mehreren Tagen nun war Dietegen gegen Abend zum Küfer geschickt worden, um Essig zu holen, da es seine Pflegeeltern nach einem Salat gelüstete. Der Essig wurde seit alter Zeit in einem kleinen Kännchen gehalten, welches, schwarz angelaufen, wie es war, für schlechtes Blech angesehen wurde und schon von der Mutter der Bettelvögtin einst für einige Pfennige nebst anderem Gerümpel gekauft worden, das aber in der Tat von gutem Silber war. Der Küfer, der den Essig machte, wohnte in einer einsamen Gegend hinter der Stadtmauer. Wie nun der Knabe mit seinem Kännchen so daher kam, schlich ein alter Jude mit seinem Sack vorbei, welcher schnell einen Blick auf das zierlich gearbeitete, obwohl schmutzige Gefäß warf, und es dem Burschen mit schmeichlerischen Worten zur näheren Betrachtung abforderte. Dietegen gab es hin, der Jude schürfte heimlich mit seinem großen Daumnagel daran und bot dem Erstaunten sogleich eine hübsch aussehende Armbrust dafür zum Tausch an, welche er aus dem Sacke zog, nebst einigen Bolzen in einer Tasche von zerfressenem Otterfell. Begierig griff der Junge nach der Waffe und spannte sie sogleich mit geschickter und kräftiger Hand, während der Hebräer sachte seines Weges ging, ohne daß jener sich weiter um ihn kümmerte. Im Gegenteil fing er alsobald an, nach der Türe eines kleinen Turmes zu schießen, der dort an die Mauer gebaut war, und ohne von jemand gestört zu werden, setzte er, die ganze Welt vergessend, das Spiel fort, bis es dunkelte, und schoß immer fort im Scheine des aufgegangenen Mondes.

Unterdessen hatte der Bettelvogt auch noch einen Gang um die Stadt gemacht und den Juden gefangen, welcher eben aus dem Tore schlüpfen wollte. Als der Sack des Juden untersucht wurde, erkannte der Vogt verwundert sein Essigkrüglein, das er so eben dem Pflegling selbst in die Hand gegeben. Der Jud, in der Angst um seinen Hals, gestand sogleich, daß es von Silber sei, und gab vor, ein junger Mensch habe es ihm mit Gewalt für eine herrliche Armbrust aufgedrängt, die gleichwohl nicht so viel wert sein möge. Jetzt lief der Bettelvogt und holte einen Goldschmied; der prüfte das Kännchen und bestätigte, daß es ein altes feines Ding von Silber sei und von trefflicher Arbeit. Da gerieten der Bettelvogt und sein Weib, das mittlerweile auch herbeigelaufen, in die größte Aufregung und Wut, erstens, weil sie, ohne es zu wissen, ein so kostbares Essighäfelchen besaßen und zweitens, weil sie fast darum gekommen wären. Die Welt schien ihnen voll des ungeheuersten Unrechtes zu gähren, das Kind erschien ihnen als der Erbfeind, der ihre ewige Seligkeit, den Lohn unendlicher Duldungen und Verdienste, beinahe entführt hätte. Sie stellten sich plötzlich, als ob sie von je gewußt hätten, daß die Kanne von Silber sei und als ob sie immer in ihrem Hause dafür gegolten.

Mit den tollsten Verwünschungen klagten sie den Knaben des schweren Diebstahls an, und während der Arglose noch immer mit seinen Pfeilen beschäftigt war und mit jedem Schusse das Ziel besser traf, zogen schon zwei Haufen von Häschern aus, den Entflohenen zu suchen; an der Spitze des einen zog der Bettelvogt einher, vor dem andern die Frau, die es sich nicht nehmen ließ. So stießen sie von verschiedenen Seiten bald auf den Schützen, welcher rüstig im Mondlicht handtierte und wie aus einem Traum erwachte, als er unversehens umringt war. Nun fiel ihm erst seine Versäumnis ein und zugleich der Mangel des Kännchens. Aber er glaubte, einen guten Handel gemacht zu haben, reichte auch lächelnd dem Bettelvogt die Armbrust hin, um ihn zu begütigen. Nichts desto weniger wurde er auf der Stelle gebunden, ins Gefängnis geschleppt, verhört und er gab den ganzen Hergang zu, ohne sich im Mindesten verteidigen zu können.

Dies arme Kind wurde nun zum Galgen verurteilt und die Hinrichtung auf den Tag verlegt, da die Seldwyler zum Besuch kommen wollten.

Sie erschienen denn auch in stattlichem Zuge, in leuchtenden Farben und ihre Stadttrompeter an der Spitze; übrigens waren sie alle mit guten Schwertern und Dolchen bewaffnet, führten aber nichts desto minder ein Dutzend ihrer kecksten jungen Frauen, reich geschmückt, in der Mitte, und sogar einige Kinder in den Stadtfarben, welche Geschenke trugen. Die jungen Ratsherren von Ruechenstein, ihre Freunde, ritten ihnen eine Strecke vor das Tor entgegen, bewillkommten sie und führten sie etwas kleinmütig in die Stadt. Das Tor war möglichst abgekratzt, frisch übertünkt und mit etwas magerem Kranzwerk behangen. Innerhalb des Tores aber standen die sämtlichen Stadtknechte aufgestellt in voller Rüstung, welche rasselnd und klirrend den Zug durch die schattig dunklen Straßen begleiteten. Die Leute guckten stumm, aber neugierig aus den Fenstern, wie wenn ein Meerwunder sich durch die Gasse gewälzt hätte, und wo ein Seldwyler lustig hinaufsah und grüßte, da fuhren die Weiber scheu mit den Köpfen zurück. Ihre Männer hingegen drückten sich seltsam die Nasenspitzen an den grünlichen Glasscheiben platt, um die ungewohnte Erscheinung bloßer Frauenhälse zu beobachten.

Also erreichte der Zug die große Ratsstube. Die war reich, aber düster anzusehen, Wände und Decke ganz mit schwarz gefärbtem Eichenholz getäfert mit etwas Vergoldung. Eine lange Tafel war mit gewirktem Linnenzeug gedeckt, worein Laubwerk mit Hirschen, Jägern und Hunden mit grüner Seide und Goldfäden gewoben war. Darüber lagen noch feine Tüchlein von ganz weißem Damast, welche bei näherem Hinsehen ein gar kunstreiches Bildwerk von sehr fröhlichen Göttergeschichten zeigte, wie man sie in diesem gravitätischen Saale am wenigsten vermutet hätte. Auf diesem prächtigen Gedecke stand nun alles bereit, was zu einer öffentlichen Mahlzeit gehörte, und darunter besonders eine große Zahl köstlicher Geschirre, welche wiederum in getriebener Arbeit, bald halb erhaben, bald rund, eine glänzende Welt bewegter Nymphen, Najaden und anderer Halbgötter zur Schau trugen; sogar das Hauptstück, ein hoch aufgetakeltes silbernes Kriegsschiff, sonst ganz ehrbar und staatsmäßig, zeigte als Galion eine Galatea von den verwegensten Formen.

Längs dieser Tafel ging eine Anzahl von Ratsfrauen auf und ab, in starre schwarze oder blutrote Seidengewänder gekleidet, von steifem Spitzenschmuck bis an das Kinn verhüllt. Sie trugen vielfache goldene Ketten, Gürtel und Hauben, und über den Handschuhen eine Menge Ringe an allen Fingern. Diese Frauen waren nicht häßlich, sondern eher hübsch zu nennen; wenigstens waren fast alle mit einer zarten durchsichtigen Gesichtsfarbe und zierlichen roten Wänglein begabt; aber sie sahen so unfreundlich, streng und sauer aus, daß man zweifelte, ob sie je in ihrem Leben gelacht, wenn nicht höchstens einmal in dunkler Nacht, wenn sie dem Mann die erste Nachtmütze aufgeschwatzt hatten.

Die Begrüßung war denn auch befangen genug und man war allerseits froh, bald am Tische zu sitzen und die Verlegenheit mit Essen und Trinken zu vertreiben. Die Seldwyler fanden zuerst ihre natürliche Heiterkeit wieder und zwar durch die Bewunderung des reichen Tafelzeuges. Dies gefiel den Ruechensteinern nicht übel und sie schickten sich eben an, ein steifes Gespräch zu führen, als die Sache eine Wendung nahm, die sie sich nie geträumt hätten. Denn die Seldwyler, welche ihre Augen gebrauchten, entdeckten alsobald die heitern und anmutigen Darstellungen der gewirkten Decken sowohl, wie der Trinkgeschirre, ließen die Blicke voll lachenden Vergnügens über die freien und üppigen Szenen schweifen, machten sich gegenseitig aufmerksam und wußten scherzend und zierlich das Dargestellte zu deuten und zu benennen, und die Damen hielten sich so wenig zurück, als die Herren. Dies dünkte die Wirte und Wirtinnen doch etwas kindisch und sie sahen jetzt auch näher zu, was denn da so lustig zu betrachten wäre. Wie vom Himmel gefallen, erstarrten sie mit offenem Munde! Sie hatten in ihrem beschränkten Sinne all die Herrlichkeit noch gar nie genauer beschaut und Zierat schlechtweg für Zierat genommen, der seinen Dienst zu tun habe, ohne daß ernsthafte Leute ihn eines schärferen Blickes würdigen. Nun sahen sie mit Entsetzen, welch eine heidnische Greuelwelt sie dicht unter ihren ehrbaren Augen hatten. Aber sie waren empört über die neugierige und ungezogene Art, mit welcher die Seldwyler den unbedeutenden Tand ans Licht zogen, anstatt gesetzt und würdig darüber wegzusehen und nur die Kostbarkeit der Stoffe zu bewundern. Die Herren lächelten sauer und mißvergnügt, wenn hier eine Leda und dort eine Europa entdeckt wurde; die Frauen aber erröteten und wurden blaß vor Zorn, und sie waren eben daran, entrüstet aufzubrechen, als der traurige Klang einer

Glocke sie plötzlich beruhigte. Es war das Armensünderglöckchen von Ruechenstein; ein dumpfes Geräusch auf der Straße verkündete, daß der junge Dietegen jetzt zum Galgen hinausgeführt werde. Die ganze Tischgesellschaft erhob sich und eilte an die Fenster, wobei die Ruechensteiner ihren aufgeräumten Gästen mit hämischem Lächeln den Platz frei ließen.

Ein Pfaffe, ein Henker mit seinem Knecht, einige Gerichtspersonen und Scharwächter zogen vorbei und an ihrer Spitze ging der gute Dietegen barfuß und nur mit einem weißen, schwarzgesäumten Armensünderhemde bekleidet, die Hände auf den Rücken gebunden und vom Henker an einem Stricke geführt. Das schöne Haar fiel ihm auf den glänzenden bloßen Nacken, verwirrt und flehend sah er, wie Hülfe und Erbarmen suchend, an die Häuser hinauf. Unter dem Portale des Rathauses standen die festlich geputzten Knaben und Mädchen der Seldwyler, welche nach Kinderart vom Tische gesprungen und ins Freie geeilt waren. Als der arme Sünder diese hübschen und glücklichen Kinder erblickte, dergleichen er noch nie gesehen, wollte er vor ihnen stehen bleiben und die Tränen liefen ihm heiß über die Wangen; doch der Henker stieß ihn vorwärts, daß der Zug vorüberging und bald verschwand. Die Seldwylerinnen oben erblaßten und auch ihre Männer faßte ein tiefes Grauen, da sie überhaupt nicht Liebhaber von dergleichen Vorgängen waren. Es ward ihnen unheimlich bei diesen Menschen, so daß sie dem Drängen ihrer Frauen, welche fort wollten, nachgaben, und sich, so höflich sie konnten, beurlaubten. Die Ruechensteiner dagegen waren mit dem Trumpf, welchen sie ausgespielt, zufrieden und fast heiter geworden; sie führten daher ihre werten Gäste, wie sie sagten, guter Dinge wieder zum Tore hinaus, galant und gesprächig.

Vor dem Tore stieß der Zug auf die zurückkehrenden Richtmenschen, welche mürrisch vorbeigingen. Gleich darauf folgte ein einzelner Knecht, der einen Karren vor sich her stieß, auf welchem der Gerichtete in einem schlechten Sarge lag. Scheu und ehrerbietig hielt der arme Teufel an und stellte sich zur Seite, um die glänzenden Leute vorüberziehen zu lassen, und er rückte den losen Sargdeckel zurecht, welcher stets herabzufallen und den Gehängten zu enthüllen drohte. Nun war unter den Kindern der Seldwyler ein siebenjähriges Mädchen, keck, schön und lockig, das hatte nicht aufgehört zu weinen, seit es den Knaben hatte dahinführen sehen, und konnte nicht getröstet werden. Wie der Zug jetzt an dem Karren vorbeiging, sprang das Kind wie ein Blitz hinzu, stieg auf das Rad und warf den Deckel hinunter, so daß der leblose Dietegen vor aller Augen lag. In demselben Augenblicke schlug er die Augen auf und tat einen leisen Atemzug; denn er war in der Zerstreuung des Tages schlecht gehenkt und zu früh vom Galgen genommen worden, weil die Beamteten noch etwas von der Mahlzeit zu erschnappen gedachten. Das heftige Mädchen schrie laut auf und rief: «Er lebt noch! er lebt noch!» Sogleich drängten sich die Frauen von Seldwyla um den Sarg, und als sie den schönen erbleichten Knaben sich regen sahen, bemächtigten sie sich seiner, nahmen ihn vom Karren und riefen ihn vollends ins Leben zurück, inden sie ihn rieben, mit Wasser besprengten, ihm Wein einflößten und ihn auf jede Weise pflegten. Die Männer unterstützten sie dabei, während die Herren Ruechensteiner ganz betroffen umherstanden und nicht wußten, was sie tun sollten. Als der Knabe endlich wieder auf den Füßen stand und sich umschaute, wie wenn er im Paradies erwacht wäre, erblickt' er plötzlich den Henkersknecht, der ihm den Strick umgelegt hatte, und entsetzt, daß auch dieser, wie er meinte, mit in den Himmel gekommen sei, flüchtete und drängte er sich aufs Neue in die Frauen hinein. Gerührt baten diese die gestrengen Nachbarn, daß sie ihnen den Buben schenken möchten, zum Zeichen guter Freundschaft; die Männer stimmten ihnen bei und die Ruechensteiner, nachdem sie eine Weile geratschlagt, erklärten, daß sie nichts dagegen einzuwenden hätten, wenn sie den kleinen Sünder mitnähmen, und daß er ihnen, wie er da wäre, geschenkt sein solle samt seinem Leben. Da waren die hübschen Frauen und ihre Kinder voll Freuden, und Dietegen zog, wie er war, in seinem Armensünderhemde mit ihnen davon. Es war aber ein schöner Sommerabend, weswegen, als die Seldwyler auf der Höhe des Berges und auf ihrem Gebiete angekommen waren, sie beschlossen, sich hier in dem abendlichen Sommerwalde auf eigene Rechnung zu belustigen und von dem gehabten Schrekken zu erholen, zumal ihnen aus ihrer Stadt noch ein ansehnlicher Zuzug entgegenkam, voll Neugierde, wie es ihnen ergangen sei. So mußten denn die Musikanten wieder aufspielen und die mitgeführten Becher kreisten erst jetzt in voller Fröhlichkeit.

Dietegen blickte so glückselig, neugierig und harmlos umher, daß man von Weitem sah, daß das ein unschuldiges Kind war, was seine Erzählung auch bestätigte. Die Seldwylerinnen konnten sich nicht satt an ihm sehen, flochten ihm einen Kranz von Laub und Waldblumen auf den Kopf, daß er in seinem langen weiten Hemde gar lieblich aussah, und endlich küßten sie ihn der Reihe nach, und wenn ihn die letzte aus den Armen ließ, nahm ihn die erste wieder beim Kopf.

Aber jenes kleine Mädchen, welches den Dietegen eigentlich gerettet hatte, trat jetzt plötzlich aus der Menge hervor und stellte sich zornig zwischen den Knaben und die Frau, welche ihn eben küssen wollte; es nahm ihn eifrig bei der Hand, um ihn in den Kreis der Kinder zu führen, so daß die Gesellschaft in neue Heiterkeit ausbrach und rief: «So ist es recht! die kleine Küngolt hält ihre Eroberung fest! und Geschmack hat sie auch, seht nur, wie gut das Männchen zu ihr paßt!» Küngolts Vater aber, der Forstmeister der Stadt, sagte: «der Bub gefällt mir wohl, er hat sehr gute Augen! Wenn es den Herren recht ist, so nehme ich ihn einstweilen bei mir auf, da ich doch nur ein Kind habe, und will sehen, daß ich einen ehrlichen Waidmann aus ihm mache!»

Dieser Vorschlag erhielt den Beifall der Seldwyler, und so ließ Küngolt, wohl zufrieden, ihren Dietegen nicht mehr von der Hand, sondern hielt ihn fest bei sich. Das Pärchen nahm sich in der Tat höchst anmutig aus; auch das Mädchen trug einen üppigen Kranz auf dem Köpfchen und war in grün und rot gekleidet. Deshalb gingen sie wie ein Bild aus alter Märchenzeit vor dem fröhlichen Volke her, als dieses endlich beim glühenden Abendrot berghinunter heimwärts zog. Bald jedoch trennte sich der Forstmeister von dem Zuge und ging mit den Kindern seitwärts nach seinem Forsthause, welches unweit der Stadt im Walde lag. Ein dunkler Baumgang führte zu dem Hause, in welchem die stille Frau des Försters saß und mit Erstaunen die Kinder eintreten sah. Sogleich sammelte sich auch das Gesinde, und während die Frau den müden Kindern zu essen gab, erzählte der Mann das Abenteuer mit dem Knaben. Der war aber jetzt gänzlich erschöpft, auch fror es ihn in seiner allzuleichten Tracht; daher wurde herumgefragt, wer den Ankömmling für die erste Nacht in seinem Bette aufnehmen wolle? Aber die Knechte, sowie die Magd wichen scheu zurück und hüteten sich, ein Kind zu berühren, das soeben am Galgen gehangen hatte. Da rief Küngolt eifrig: «Er soll in meinem Bettchen schlafen, es ist groß genug für uns beide!» Als hierüber alles lachte, sagte die Forstmeisterin freundlich: «Das soll er, mein Kind!» Und den Jungen liebevoll betrachtend, setzte sie hinzu: «Gleich als der arme Schelm hereintrat, befiel mich eine sonderbare Ahnung, als ob ein guter Engel erschiene, der uns noch zum Heil gereichen würde. Soviel ist sicher nach meinem Gefühle: Unheil wird er uns nicht bringen!»

Damit führte sie die Kinder in das Kämmerchen neben der großen Stube und beförderte sie zu Bette. Dietegen, welcher kaum mehr sah und hörte, was um ihn vorging, machte die gewohnten Bewegungen, um sich zu entkleiden; da er aber sozusagen schon im Hemde war, so machten seine schlaftrunkenen vergeblichen Versuche, einen so komischen Eindruck auf das Mädchen, welches inzwischen schon unter die Decke geschlüpft war, daß es vor Vergnügen laut auflachte und rief: «O seht mir den Hemdlemann! Er will sich immer ausziehen und hat doch weder Wämschen noch Stiefelchen an!» Auch die Mutter mußte lächeln und sagte: «Geh in Gottes Namen nur in Deinem Armensünderhemdchen zu Bett, Du lieber Schelm! Es ist ja ganz neu und dazu von guter Leinwand! Wahrlich, die bösen Leute zu Ruechenstein betreiben ihre Greuel wenigstens mit einem gewissen Aufwand!»

Damit deckte sie die Kinder behaglich zu und konnte sich nicht enthalten, beide zu küssen, so daß nun Dietegen herrlicher aufgehoben war, als er es sich noch am Morgen oder je in seinem Leben geträumt hätte. Aber seine Augen waren schon geschlossen und seine Seele in tiefem Schlafe. «Nun hat er aber gar nicht gebetet!» sagte Küngolt halblaut und bekümmert, worauf die Mutter erwiderte: «So bete Du auch für ihn, mein Kindchen!» und in die Stube zurückging. In der Tat sprach das Mädchen nun zwei Vaterunser, eines für sich und eines für seinen Schlafkameraden, worauf es still wurde im dunklen Kämmerlein.

Geraume Zeit nach Mitternacht erwachte Dietegen, weil nun erst ihn sein Hals zu schmerzen begann von dem unfreundlichen Strick. Das Gemach war ganz hell vom Mondschein, aber er konnte sich durchaus nicht entsinnen, wo er war und was aus ihm geworden sei. Nur das erkannte er, daß es ihm, vom Halsweh abgesehen, unendlich wohl ergehe. Das Fenster stand offen, ein Brunnen klang lieblich herein, die silberne Nacht webte flüsternd in den Waldbäumen, über welchen der Mond schwebte: alles dies schien ihm unbegreiflich und wunderbar, da er noch nie den Wald, weder bei Tag noch bei Nacht, gesehen hatte. Er schaute, er horchte, endlich richtete er sich auf und sah neben sich Küngoltchen liegen, welcher der Mond gerade ins Gesicht schien. Sie lag still, aber ganz wach, weil sie vor Freude und Aufregung nicht schlafen konnte. Deshalb glänzten ihre Augen weit geöffnet und ihr Mund lächelte, als ihr der nahe Dietegen ins Gesicht schaute und sich nun besann. «Warum schläfst Du nicht? Du mußt schlafen!» sagte das Mädchen; allein er klagte nun, daß ihm der Hals weh täte. Sogleich schlang Küngolt ihre zarten Ärmchen um seinen Hals und schmiegte mitleidig ihre Wangen an die seinigen, und wirklich glaubte er bald nichts mehr von dem Schmerze zu verspüren, so heilsam schien ihm dieser Verband. Nun plauderten sie halblaut; Dietegen mußte von sich erzählen; allein er war einsilbig, weil er nicht viel zu sagen wußte, was ihn freute, und vom erlebten Elend konnte er keine Darstellung machen, weil er noch keinen Gegensatz davon kannte, den heutigen Abend ausgenommen. Doch fiel ihm plötzlich sein Vergnügen mit der Armbrust ein, das er seither ganz vergessen, und er erzählte von dem alten Juden, wie der ihn in die Tinte gebracht, wie er aber herrlich geschossen habe länger als eine Stunde, und wie er sich nur wieder eine solche Armbrust wünsche. «Armbrüste und Schießzeug hat mein Vater genug, da kannst Du gleich Morgen anfangen zu schießen, so viel Du willst!» sagte Küngoltchen, und nun fing sie an herzuzählen, was alles für gute Dinge und schöne Sachen im Hause seien, was sie selbst für Hauptsachen in einer kleine Truhe besitze, zwei goldene Regenbogenschüsselchen, ein Halsband von Bernstein, ein Legendenbüchlein mit bunten Heiligen und auch einen schönen Schnecken, in welchem eine kleine Mutter Gottes sitze in Gold und roter Seide, mit einem Glasscheibchen bedeckt. Auch gehöre ihr ein vergoldeter silberner Löffel mit einem gewundenen Stiel, mit dem dürfe sie aber erst essen, wenn sie einst groß sei und einen

Mann habe; dann bekomme sie zur Hochzeit den Brautschmuck ihrer Mutter und deren blaues Brokatkleid, welches ganz allein aufrecht stehen könne, ohne daß jemand drin stecke. Hierauf schwieg sie ein Weilchen; dann ihren Schlafgesellen fester an sich schließend, sagte sie leiser: «Du, Dietegen!» «Was?» fragte er, und sie erwiderte: «Du mußt mein Mann werden, wenn wir groß sind, Du gehörst mein! Willst Du freiwillig?» «Ja freilich», sagte er. «So gib mir die Hand darauf!» meinte die Heiratslustige; er tat es, und nach diesem Eheversprechen schliefen sie endlich ein und erwachten nicht, bis die Sonne schon hoch am Himmel stand. Denn die gute Mutter hatte absichtlich, um dem Knaben seine Erholung zu gönnen, auch ihr Kind nicht geweckt.

Jetzt aber trat sie sorglich in die Kammer, ein vollständiges Knabengewand auf dem Arme tragend. Vor zwei Jahren war ihr von einer gefällten Eiche ein Sohn erschlagen worden, dessen Kleider, obgleich er ein Jahr älter gewesen als Dietegen, diesem recht sein mochten, da er vollkommen die Größe jenes verlorenen Kindes besaß. Es war das Feiertagskleid, welches sie mit Leid und Weh aufbewahrt; darum war sie mit der Sonne aufgestanden, um einige bunte Bänder davon abzutrennen, welche dasselbe zierten, und die Schlitze zuzunähen, die das seidene Unterfutter durchschimmern ließen. Ihre Tränen waren über dieser Arbeit wieder geflossen, als sie die rote Seide, welche wie ein verlorener Frühling hervorglänzte, allmälig hinter dem schwarzen Tuche des Wämschens und der kleinen Pumphose verschwinden sah. Aber ein süßer Trost beschlich sie, da ihr das Schicksal jetzt ein so schönes, dem Tod abgejagtes Menschenkind zusandte, welches sie mit der dunklen Hülle ihres eigenen Kindes bekleiden konnte, und sie ließ nicht nur aus Eile, sondern absichtlich die helle Seide darunter, wie das verborgene Feuer ihres eigenen Herzens; denn sie meinte es viel besser und lieblicher mit allen Wesen, als sie in ihrer Stille zu zeigen vermochte. Wenn der Junge sich gut anließ, so wollte sie die Schlitze wieder auftrennen; er sollte das Kleid ohnehin nur einige Tage für die Woche tragen, bis ein handfesteres Werkelkleid gezimmert war. Während sie aber dem Knaben Anleitung gab, das ungewohnte Staatskleid sich anzuziehen, war Küngoltchen längst aus dem Bette und hatte unversehens das abgelegte Galgenhemd erwischt und aus Mutwillen sich über den Kopf gezogen, so daß sie jetzt darin herumspazierte und es auf dem Boden nachschleppte. Dazu trug sie die Hände auf dem Rücken, wie wenn sie gebunden wären, und sang: «Ich bin ein armes Sünderlein und habe keinen Strumpf am Bein!» Darüber erschrak die Frau Forstmeisterin tödlich und erbleichte. «Um Christi willen», sagte sie dennoch sanft und leise, «wer lehrt Dich nur solche schlimmen Spässe!» und sie nahm dem vergnügten Kind das böse Hemd. Dietegen aber ergriff es voll Zorn und zerriß es mit wenig Zügen in zwanzig Stücke.

Nun die Kinder angekleidet waren, ging es endlich zum Frühstück in die Stube. Es war in der Frühe Brot gebacken worden, daher gab es frische Kümmelkuchen zu der Milchsuppe, und statt des kleinen Extrabrötchens, das sonst für Küngolt sorglich gebildet und gebacken werden mußte, daß es in seiner Gestalt den großen Broten gleich sah, waren heute zwei gemacht worden und das Mädchen ruhte nicht, bis Dietegen das vollkommenere gewählt hatte. Er aß ohne Schüchternheit alles, was man ihm gab, wie wenn er von fremden bösen Leuten in das Vaterhaus zurückgekommen wäre. Aber er war ganz still dabei und besah sich fortwährend die freundliche milde Frau, die helle Stube und die stattlichen Geräte; als er gegessen, setzte er diese Betrachtungen fort, denn die Wände waren mit Tannenholz getäfert und mit buntem Blumenwerk übermalt und in den Fenstern glänzten zwei gemalte Scheiben mit den Wappen des Mannes und der Frau. Als er auch das Buffet mit dem blanken Zinngeschirr aufmerksam beschaut, erinnerte er sich plötzlich des schmutzigen Silberkännchens, das ihn ins Unglück gebracht, und der unfreundlichen Bettelvogtswohnung, und in der Meinung, er müsse wieder dahin zurückkehren, sagte er ängstlich: «Muß ich jetzt wieder nach Haus gehen? Ich weiß den Weg nicht!»

«Den brauchst Du auch nicht zu wissen», sagte die Mutter gerührt und streichelte ihm das Kinn; «hast Du noch nicht gemerkt, daß Du bei uns bleiben mußt? Geh' jetzt mit ihm herum, Küngoltchen, und zeig' ihm das Haus und den Wald und alles, aber geht nicht zu weit!»

Da nahm ihn Küngoltchen bei der Hand und führte ihn in des Forstmeisters Kammer, wo er seine Waffen bewahrte. Sechs oder sieben schöne Armbrüste hingen dort, ferner Jagdspieße, Hirschfänger, Waidmesser und Dolche; auch des Forstmeisters langes Schwert stand in einer Ecke. Dietegen beschaute alles, ohne ein Wort zu sprechen, aber mit glänzenden Augen; Küngolt stieg auf einen Stuhl, um ihm die Armbrüste herunter zu reichen, von denen einige mit eingelegter Arbeit künstlich verziert waren. Er bewunderte alles mit ehrerbietigen Blicken, wie etwa ein talentvoller Junge sich in der Werkstatt eines großen Malers umsieht, während dieser nicht zu Hause ist. Küngolts Versprechen, eine Schießbelustigung anzustellen, konnte freilich nicht ausgeführt werden, weil die Bolzen in einem Kasten verschlossen waren; dafür gab sie ihm einen schönen kurzen Spieß in die Hand, damit er eine Waffe trage, und führte ihn nun in den Forst hinaus. Zunächst kamen sie durch einen eingehegten Wildgarten, in welchem die Stadt zahmes Rotwild pflegen ließ, damit es ja nie an einem guten Braten fehle zu ihren öffentlichen Schmausereien. Das Mädchen lockte einen Hirsch herbei und einige Rehe; solche Tiere hatte Dietegen bisher nur tot gesehen; er stand deshalb ganz verzückt mit seinem Spieß auf der Schulter und konnte sich nicht satt schauen an dem Stehen und Gehen des schönen Wildes. Begierig streckte er die Hand aus nach dem stolzen Hirsch, um ihn zu streicheln, und als derselbe mit einem Satze seitwärts sprang und lässig davontrabte, lief er ihm aufjubelnd und jauchzend nach und sprang mit ihm in die Wette im weiten Kreise herum. Es war vielleicht das erste Mal in seinem Leben, daß er auf diese Weise seine Glieder brauchte und seiner Lebenslust inne ward, und der Hirsch, voll Anmut und Kraft, schien den behenden Knaben zu seinem Vergnügen zu verlocken und, indem er vor ihm floh, seine schönsten Sprünge zu üben.

Doch Dietegen wurde wieder still und beschaulich, als sie den Hochwald betraten, in welchem die Tannen und die Eichen, die Fichten und die Buchen, der Ahorn und die Linde dicht in einander zum Himmel wuchsen. Das Eichhörnchen blitzte rötlich von Stamm zu Stamm, die Spechte hämmerten, hoch in der Luft schrien die Raubvögel und tausend Geheimnisse rauschten unsichtbar in den Laubkronen und im dichten Gestäude. Küngolt lachte wie närrisch, weil der arme Dietegen nichts von allem verstand und kannte, obgleich er in einem Berg- und Waldstädtchen aufgewachsen, und sie wußte ihm alles geläufig zu weisen und zu benennen. Sie zeigte ihm den Häher, der hoch in den Zweigen saß, und den bunten Specht, der eben um einen Stamm herumkletterte, und über alles wunderte er sich höchlich, und daß die Bäume und Sträucher so viele Namen hatten. Nicht einmal die Haselnuß und die Brombeersträucher hatte er gekannt. Sie kamen an einen rauschenden Bach, in welchen, von ihren Füßen aufgescheucht, eben eine Schlange schlüpfte und davon schwamm oder sich in den Steinen verkroch. Schnell riß sie ihm den Spieß aus der Hand und wollte damit in dem Wasser herumstechen, um die Schlange aufzustöbern. Aber als Dietegen sah, daß sie die blankgeschliffene schöne Waffe mißhandeln wollte, nahm er ihr dieselbe stracks wieder aus den Händen und machte sie aufmerksam, wie sie die glänzende scharfe Spitze an den Steinen verderben würde. «Das ist wohl getan von Dir, Du wirst gut zu brauchen sein!» sagte plötzlich der Forstmeister, der mit einem Knechte hinter den Kindern stand. Sie hatten ihn wegen des Bachgeräusches nicht kommen hören. Der Knecht trug einen geschossenen Auerhahn an der Hand, denn sie waren in der Morgenfrühe schon ausgezogen. Dietegen durfte den prächtigen Vogel an seinen Spieß hängen und über der Schulter vorantragen, daß die entfächerten Flügel seine schlanken Hüften verhüllten, und der Forstmeister betrachtete voll Wohlgefallen den schönen Knaben und verhieß, einen rechten Gesellen aus ihm zu machen.

Vor der Hand jedoch sollte er nun notdürftig etwas lesen und schreiben lernen und mußte zu diesem Ende hin jeden Tag mit Küngoltchen zur Stadt gehen, wo in einem Nonnen- und in einem Mönchskloster für die Bürgerkinder einiger Unterricht erteilt wurde. Aber die Hauptunterweisung erhielt Dietegen auf dem Hin- und Herwege, auf welchem das Mädchen ihm die Welt auftat und ihm Auskunft gab über alles, was am Wege stand oder darüber lief. Hierbei befolgte die kleine Lehrjungfer eine Erziehungsart von eigentümlicher Erfindung. Sie neckte, hänselte und belog den unwissenden und leichtgläubigen Knaben erst über alle Dinge, indem sie ihm die dicksten Bären und Erfindungen aufband, und wenn er dann ihre Lügen und Märchen gutmütig glaubte und sich darüber verwunderte, so beschämte sie ihn mit der Erklärung, daß alles nicht wahr sei; nachdem sie ihm dann seinen blinden Glauben spottend verwiesen, verkündigte sie ihm mit großer Weisheit den wahren Bestand der Welt, so weit er ihrem Kinderköpfchen bekannt war, und er befliß sich errötend eines größeren Scharfsinnes, bis sie ihm eine neue Falle stellte. Nach und nach aber wurde er dadurch gewitzigt, den Weltlauf besser zu verstehen, was ein anderer Junge zu seinem Schrecken erfahren mußte; denn als dieser es dem Mädchen nachtun wollte und den Dietegen mit einem frechen Aufschnitt bewirtete, schlug der ihn unverweilt ins Gesicht. Küngolt, hierüber verblüfft, war neugierig, ob sich ein solcher Zorn auch gegen sie wenden könnte, und probierte den Schüler auf der Stelle, aber sachte, mit neuen Lügen. Von ihr jedoch nahm er alles an, und sie setzte ihren wunderlichen Unterricht kecklich fort, bis sie entdeckte, daß er gutmütig mit ihren Lügen zu spielen anfing und einen zierlichen Gegenunterricht begann, indem er ihre mutwilligen Erfindungen mit nicht unwitzigen Querzügen durchkreuzte, so daß sie manchmal auf ein glattes Eis gesetzt wurde. Da fand sie, daß es Zeit sei, ihn aus dieser Schule zu entlassen und einen Schritt weiter zu führen. Sie begann ihn jetzt zu tyrannisieren, daß er fast in ärgere Dienstbarkeit verfiel, als er einst bei dem Bettelvogt erduldet hatte. Alles gab sie ihm zu tragen, zu heben, zu holen und zu verrichten; jeden Augenblick mußte er um sie sein, ihr das Wasser schöpfen, die Bäume schütteln, die Nüsse aufklopfen, das Körbchen halten und die Schuhe binden; und selbst ihr das Haar zu strählen und zu flechten, wollte sie ihn abrichten; aber das schlug er ab. Da schmollte und zankte sie mit ihm, und als ihn die Mutter unterstützte und sie zur Ruhe verwies, wurde sie sogar gegen diese ungebärdig.

Doch Dietegen erwiderte ihre Unart nicht, gab ihr kein böses Wort und war immer gleich geduldig und anhänglich. Das sah die Forstmeisterin mit großem Wohlgefallen, und um ihn dafür zu belohnen, erzog sie den Knaben wie ihr eigenes Kind, indem sie ihm alle jene zarteren und feineren Zurechtweisungen und unmerklichen Leitungen gab, welche man sonst nur dem eigenen Blute zukommen läßt und durch welche man ihm die schöne Farbe herkömmlicher guter Sitte verleiht. Freilich hatte sie davon den Gewinn, daß sie in dem Pflegling einen kleinen Sittenspiegel für das mutwillige Mädchen schuf, und es war drollig anzusehen, wie die unruhige Küngolt bald beschämt ihrem besseren Vorbild nachzuleben trachtete, bald eifersüchtig und zornig auf dasselbe wurde. Einmal war sie so gereizt, daß sie mit einer Schere leidenschaftlich nach ihm stach; Dietegen fing rasch und still ihr Handgelenk, und ohne ihr weh zu tun, ohne einen bösen Blick wand er die Schere sanft aber sicher aus ihrer Hand. Dieser Auftritt, welchem die Mutter im Verborgenen zugesehen, bewegte sie so heftig, daß sie hervortrat, den Knaben in die Arme schloß und liebevoll küßte. Still und bleich vor Aufregung ging das Mädchen hinaus. «Geh', versöhne Dich mit ihr und mach den Trotzkopf wieder gut!» sagte die Mutter; «Du bist ihr guter Engel!»

Dietegen suchte sie und fand sie hinter dem Hause unter einem Holunderbaum; sie weinte wild und krampfhaft, zerriß ihre Halsschnur, indem sie dieselbe zusammenzog, als ob sie sich erdrosseln wollte, und zerstampfte die zerstreuten Glasperlen auf dem Boden. Als Dietegen sich ihr näherte und ihre Hände ergreifen wollte, rief sie schluchzend: «Niemand darf Dich küssen, als ich! denn Du gehörst mir allein, Du bist mein Eigentum, ich allein habe Dich aus dem Sarge befreit, in dem Du auf ewig geblieben wärest!»

Da der Knabe gar stattlich heranwuchs, erklärte der Forstmeister eines Tages, daß es nun Zeit für ihn sei, mit in den Wald zu gehen und die Jägerkunst zu lernen. So wurde er von Küngolts Seite genommen und war die meisten Tage vom Morgengrauen bis zur sinkenden Nacht mit den Männern in den Wäldern, auf Moor und Heide. Erst jetzt reckten sich seine Glieder aus, daß es eine Freude war; rasch und gelenksam wie ein Hirsch gehorchte er auf den Wink und lief zur Stelle, wohin man ihn schickte. Schweigsam und gelehrig war er überall zur Hand, trug die Geräte, half die Netze stellen, sprang über Halden und Gräben und erspähte den Stand des Wildes. Bald kannte er die Fährten aller Tiere, wußte den Lockruf der Vögel nachzuahmen, und ehe man sich's versah, ließ er ein junges Schwarzwild auf den Sauspieß rennen. Nun gab ihm der Forstmeister auch eine Armbrust. Mit derselben übte er sich zu jeder Stunde nach der Scheibe sowohl wie nach lebendigen Zielen, kurz, als Dietegen sechszehn Jahre zählte, war er bereits ein junger Waidmann, den man überall hinstellen durfte, und der Forstmeister sandte ihn schon etwa allein hinaus, die Knechte anzuführen und die Stadtforste zu überwachen.

Dietegen war daher nicht nur mit der Armbrust auf dem Rücken, sondern auch mit dem Schreibzeug im Gürtel auf den Bergen zu sehen, und er gereichte mit seinen wachsamen Augen, mit seinem frischen Gedächtnis seinem Pflegvater zu guter Aushilfe. Da er sich nun so gut anließ, gewann ihn der Forstmeister täglich lieber und sagte, er müsse ihm gänzlich ein ehr- und wehrbarer Stadtmann werden.

Es war begreiflich, daß Dietegen dem Forstmeister mit Leib und Seele anhing; denn nichts gleicht der Neigung eines Jünglings zu dem Manne, von welchem er weiß, daß er ihm sein Bestes zuwenden und lehren will und den er für sein untrügliches Vorbild hält.

Der Forstmeister war ein Mann von etwa vierzig Jahren, groß und fest, von breiten Schultern und schönen Ansehens. Sein goldblondes Haar war bereits von einem Silberschimmer überflogen, dagegen die Gesichtsfarbe frisch gerötet und die blauen Augen groß, offen und voll Feuer. In seiner Jugend war er denn auch der lustigste und wildeste der Seldwyler gewesen, der stets die wunderlichsten Streiche angegeben; als er aber seine junge Frau heimgeführt, änderte er sich augenblicklich und blieb seit der Zeit der gesetzteste und ruhigste Mann von der Welt. Denn die Frau war von äußerst zarter Beschaffenheit, von einer wehrlosen Herzensgüte, und obgleich nicht unwitzig, hätte sie doch mit keinem scharfen Worte einer Unbilde zu widerstehen vermocht. Eine rüstig

Streitbare würde den lebhaften Mann wahrscheinlich zu weiterem Tun gereizt haben; gegen die anmutige Schwäche der zarten Frau aber benahm er sich wie die wahre Stärke; er hütete sie wie seinen Augapfel, tat was ihr Freude gewährte und blieb nach vollbrachtem Tagwerk ruhig an seinem Herde.

Nur bei den wichtigsten Festlichkeiten der Stadt, des Jahres etwa drei oder vier Mal, ging er unter die Rät' und Burger, führte dort mit frischer Kraft den Reigen, und nachdem er die Alltagszecher einen um den andern unter den Tisch getrunken, ging er als der Letzte aufrecht von der Ratsstube und stieg fröhlich in den Wald hinauf.

Aber die Hauptlustbarkeit ergab sich jedesmal am andern Tag, wenn ihm dann doch der Kopf gelinde summte und der Mann mit einer halb verdrießlichen, halb heitern Löwenlaune erwachte, welche sich in der Tat zu dem kleinen Katzenjammer der heutigen verhielt, wie der Löwe zur Katze. Zeitig in der hellen Morgensonne erschien er beim Frühstück, und das Unwohlsein bezwingend, eröffnete er dasselbe mit einem mürrischen Scherzworte, einem drolligen Einfall. Seine Frau, welche stets hungrig nach den Witzen ihres sonst schweigsamen Mannes war, lachte sogleich mit so hellem Geklingel, wie man hinter dem sanften Wesen nie gesucht hätte; es lachten die Kinder, die Jäger und das Gesinde. Auf diese Art ging es fort; unter allgemeinem Gelächter wurden die Geschäfte getan, der Forstmeister immer voran, die Axt schwingend oder Lasten hebend. An einem solchen Tage war einst Feuer in der Stadt ausgebrochen; über brennenden Dächern ragte ein unzugängliches hölzernes Fachwerk, in welchem eine vergessene alte Frau jammerte und auf deren Schulter ein zahmer Star sich kläglich und drollig gebärdete. Niemand wußte ihr beizukommen, als der Forstmeister zur Stelle kam. Der erklomm einen Absatz an einer gegenüberstehenden hohen Mauer, zog mit gewaltiger Kraft eine Leiter nach sich, schwenkte sie in der

Luft und legte sie nach dem Fenster der Verlassenen hinüber. Auf dieser Schwindelbrücke ging er hin und schritt wieder herüber, das Weib auf den Armen, den Vogel auf dem Kopfe und das leckende Feuer unter sich. Alles dies tat er wie zum Scherze, mit launigen Ausdrücken und Bewegungen.

War dann ein tüchtiges Stück Arbeit getan, so bewirtete er sein Haus auf das Beste und hielt eine lustige Nachfeier mit den Seinen. Dabei war er ungewöhnlich zärtlich gegen seine Frau, nahm sie wohl auf die Knie, zum großen Vergnügen der Kinder, und nannte sie sein Weißkehlchen und seine Schwalbe, und sie, die Arme über einander gelegt in selbstvergessener Behaglichkeit, verwandte lachend kein Auge von ihm.

An einem solchen Tage war es auch, daß er einen Tanz veranstaltet, da es gerade der erste Mai war. Er ließ einen Spielmann holen und einige junge Leutchen aus der Stadt dazu laden. So wurde denn auf dem glatten Rasen unter den blühenden Bäumen zunächst des Hauses zierlich getanzt, und der Forstmeister eröffnete den Reigen mit seiner Frau, die sich bescheiden geschmückt hatte, aber ihre feine Gestalt lächelnd herumdrehte. Da sah auch Dietegen, welcher sich die letzten Jahre eifrig zu den Männern gehalten, daß Küngolt ein schönes Weib zu werden begann. Ihr Gesicht, von zarten und lieblichen Zügen, erinnerte an die Mutter; der Wuchs aber artete dem Vater nach; denn sie schoß wie eine junge Tanne in die Höhe, die Brustknochen waren so kühn gewölbt, daß sie trotz ihrer vierzehn Jahre fast vollbusig schien; goldgelbes Ringelhaar fiel üppig über den Rücken und verhüllte die noch eckigen aber schön und festgeformten Schulterblätter. Sie ging grün gekleidet, trug um den bloßen Hals ihr Bernsteinband und auf dem Haupte, gleich den andern Mädchen, nach damaliger Sitte ein Rosenkränzchen. Ihre Augen leuchteten offen und freundlich umher; aber unversehens blitzten sie einmal mutwillig auf und streiften wie Pfeile über die Jünglinge hin, bis sie einen Augenblick auf Dietegen ruhten und dann wieder weiter fuhren. Dietegen sah unverwandt hin, sie flüchtig noch einmal zurück, worauf er den Blick errötend niederschlug und Küngolt sich an ihrem Haar zu schaffen machte. Das war das erste Mal, daß sie sich nicht mehr unbefangen ansahen; aber bald darauf waren sie wieder in der Nähe und fanden sich Hand in Hand in einem Ringreihen. Ein neues süßes Gefühl durchströmte ihn und verließ ihn auch nicht mehr, als der Ring sich wieder löste. Küngolt aber ging von ihm wie von einer Sache, die einem zu eigen gehört und deren man sicher ist; nur zuweilen warf sie einen Blick über ihn, und wenn er etwa in die Nähe anderer Mädchen geriet, war sie unversehens da und stand dazwischen.

Dergestalt herrschte ein glückseliges Leben bis in die Nacht; die Jungen wurden so munter und flügge wie die jungen Holztauben und taten es bald dem lustigen Forstmeister zuvor, und dieser spiegelte sich wohlgemut in dem fröhlichen Nachwuchs, gab aber vor allen seiner Frau die Ehre, deren Wohlgefallen ihn höchlich zu erquicken schien, besonders da sie nun anfing, ihm auch allerlei lustige Spitznamen anzuhängen. So ehrbar nun all die Lustbarkeit war, so hätte sie doch der Bürger einer andern Stadt vielleicht um ein kleines Maß zu warm befunden; der Würzwein, welchen die Leutchen tranken, war untadelhaft gemischt, aber in ihnen selbst war ein klein bißchen zu viel Zucker und in ihrer Freude um ein Weniges zu viel Süßigkeit. Die Hände der jungen Mädchen lagen fortwährend auf den Schultern der Jünglinge und das Völkchen nahm sich auf den Schoß und küßte sich gelegentlich, ohne ein Pfänderspiel vorzuschützen, wie die heutigen Philister. Kurz, es fehlte ihnen das Glas und der Krystall einer gewissen Sprödigkeit, mit welcher Dietegen dafür zu reichlich gesegnet war als ein Abkömmling von Ruechenstein. Denn obgleich er bereits verliebt war, floh er das Liebkosen, welches ziemlich allgemein begonnen hatte, wie das Feuer und hielt sich vorsichtig außerhalb der gefährlichen Linie. Desto kecker und zutulicher wurde Küngolt, welche in kindlicher Unwissenheit, nach Art unerwachsener Mädchen, sich nicht beherrschte, sondern den spröden Knaben aufsuchte, der im Schatten dunkler Bäume saß und sich neben ihn setzte, seine Hand ergreifend und halb kindlich mit seinen Fingern spielend. Als er dies geschehen ließ und ihr mit der Hand gönnerhaft und sanft, fast wie wenn er ihr Pate wäre, durch das Ringelhaar fuhr, legte sie sogleich den Arm um seinen Hals und liebkoste ihn mit der Unbefangenheit, aber auch mit all dem rückhaltlosen Ungestüm eines Kindes, während es doch schon die Jungfrau in ihr war, die sie bewegte. Dietegen, der kein Kind mehr war, wollte für beide Verstand brauchen und war ängstlich beflissen, sich aus ihren Armen loszumachen, als die fröhlich erregte Forstmeisterin herbeikam und mit Vergnügen die Kinder beisammen sah.

«Das ist recht, daß Ihr auch zusammenhaltet», sagte sie, indem sie beide zumal in die Arme schloß, «sei nur dem Dietegen recht gut, mein Kind! er verdient es, daß er eine Heimat nicht nur in unserem Hause, sondern auch in Deinem Herzchen behält; und Du, Dietegen! sei meinem Küngoltchen allezeit ein treuer Wächter und Beschützer und laß es nie aus Deinen Augen, denen ich alles Gute zutraue!»

«Er gehört niemand als mir, und das schon lange!» sagte Küngolt fast trotzig und küßte ihn keck und leicht hin auf die Wange, halb wie einen Bräutigam und halb wie ein Kind ein junges Kätzchen küßt. Jetzt ward dem armen Burschen zu heiß und unheimlich zwischen Tochter und Mutter; er machte sich ziemlich unsanft von ihnen los und trat einige Schritte weit hinweg, Küngolt verfolgte ihn mutwillig, und als er fliehend wieder in die Nähe der hübschen Mutter kam, fing ihn diese scherzend auf, hielt ihn fest und rief: «Hier hast Du ihn, mein Töchterchen! Komm' und halt ihn fest!»

Als er aufs Neue so gefangen war, klopfte ihm das Herz vor großer Aufregung, und indem er sich so wohl geborgen sah, empfand er erst recht seine Einsamkeit in der Welt. Er kam sich vor wie eine vom Baume des Lebens geschüttelte verlorene Seele, welche, von weichen Händen aufgehoben und gepflegt, nun für immer des eigenen freien Daseins beraubt wäre. Deshalb, wie nun das Gefühl der persönlichen Freiheit mit der zärtlichen Zuneigung in ihm rang, stand er zitternd und schweigend, halb in Empörung gegen die eigenmächtige Zutulichkeit der Frauen, halb in Versuchung, das Mädchen ungestüm an sich zu ziehen und beim Kopf zu nehmen. Er liebte die Mutter mit der treuesten und dankbarsten Anhänglichkeit, aber ihre unbefangene Aufmunterung zum Kosen machte ihm wunderlich und schwül zu Mute; er betrachtete sich als dem Töchterchen ganz zu eigen gehörig; aber höchst ernsthaft war er um ihre gute Sitte besorgt, und als ihn Küngolt nun heftig auf den Mund küssen wollte, hielt er plötzlich die Hand dazwischen und sagte wohlwollend aber mit dem Tone eines alten Schulmeisters: «Du bist noch zu jung zu diesem! Das schickt sich nicht für Dich!»

Das Mädchen wurde blaß vor Unmut und Beschämung; plötzlich ging sie hinweg und mischte sich wieder unter die Gesellschaft, wo sie mit zorniger Ausgelassenheit einige Mal herumsprang und sich dann finster zur Seite setzte. Die Forstmeisterin streichelte dem jungen Sittenprediger lächelnd die Wange und sagte: «Ei Du bist ja ein gar gestrenger Gespan! Aber um so treuer wirst Du um mein Kind sorgen! Versprich mir, es nie zu verlassen! Sieh, wir sind alle ein lustiges Völklein und es mag sein, daß wir zu wenig an die Zukunft denken!»

Dietegen gab ihr mit nassen Augen die Hand und sie führte ihn ebenfalls zu den Leuten zurück. Doch Küngolt kehrte ihm schnöde den Rücken und schaute mit wirklichem Kummer und Zorn in die Mainacht hinaus.

Wunderbar! Nun war das Kind auf einmal groß genug, dem spröden Jünglinge Liebessorge zu machen; denn traurig und betreten stand er auch zur Seite und war noch mehr beschämt als das Mädchen. «Was ist das? Was gibt's da zu grämen?» sagte der vergnügte Forstmeister, als er es bemerkte, und leidenschaftlich fing Küngolt an zu weinen und rief vor aller Welt: «Er ist mir geschenkt worden von den Richtern, da er nichts als ein Leichnam war, den ich zum Leben erweckt habe! Drum hat nicht Er über mich zu richten, sondern ich allein über ihn, und er muß tun alles, was ich will, und wenn ich ihn gern küsse, so habe ich es allein zu verantworten und er hat nur still zu halten!»

Alles lachte über diese wunderliche Äußerung; die Forstmeisterin aber nahm den Dietegen bei der Hand, führte ihn zu dem Kinde hin und sagte: «Komm! versöhne Dich mit ihr und laß Dich diesmal noch küssen! Nachher sollst Du auch Deinen Willen haben und ihr Vorgesetzter sein in solchen Sachen!» Errötend wegen der vielen Zuschauer bot Dietegen dem Mädchen halbwegs den Mund hin; sie ergriff ihn herrisch bei den Locken, küßte ihn, und nachdem sie noch einen Blick voll Zorn auf ihn geworfen, ging sie so rasch und trotzig hinweg, daß der goldene Flug ihres Ringelhaares in der Nachtluft wehte und Dietegens Gesicht im Vorübergehen streifte. Jetzt glühte auch in ihm ein leidenschaftliches Wesen an; er verließ bald nach ihr den Kreis und suchte die wilde Küngolt schnell und schneller, bis er sie auf der andern Seite des Hauses fand, wie sie träumerisch am Brunnen saß und mit der Bernsteinkette an ihrem Halse spielte. Dort ergriff er ihre beiden Hände, preßte sie in seine rechte Hand, faßte mit der linken ihre Schulter, daß das glänzende, noch unvollkommene Gebilde unter seiner festen Hand zusammenzuckte, und sagte hastig: «Höre, Du Kind! Ich lasse nicht mit mir spielen! Von heut an bist Du so gut mein Eigentum, wie ich das Deinige, und kein anderer

Mann soll Dich lebendig bekommen! Daran denke, wenn Du einst groß genug bist!»

«O Du großer und alter Mann!» sagte Küngolt leise lächelnd, indem sie etwas erblaßte: «Du bist mein und nicht ich Dein! Aber das hat Dich nicht zu kümmern; denn ich werde Dich wohl niemals fahren lassen!»

Damit stand sie auf und ging, ohne den Gespielen weiter anzusehen, um das Haus herum.

Die gute Forstmeisterin aber erkältete sich in der kühlen Mainacht und trug eine tödliche Krankheit davon, welcher sie in wenigen Monaten erlag. Auf dem Todbette war sie sehr bekümmert um ihren Mann und um das Kind; auch suchte sie hartnäckig die Ursache der Krankheit zu leugnen; denn sie fühlte wohl, daß das nicht die rechte Todesart für eine Hausmutter sei, die von Unvorsichtigkeit in der Freude herrührt.

Weil sie nun tot im Hause lag, waren alle sehr traurig und die ganze Stadt bedauerte sie, da sie keinen einzigen Feind hatte. Der Forstmeister selbst weinte des Nachts in seinem Bette; des Tages sprach er kein Wort und ging nur ab und zu vor den Sarg und besah sich die stille Leiche, worauf er kopfschüttelnd wieder wegging.

Er ließ einen schweren Kranz von jungem Tannengrün binden und legte ihn auf den Sarg; Küngolt häufte noch ein Gebirge von Waldblumen darauf, und dergestalt wurde die Leiche von der Höhe hinunter zur Kirche getragen, gefolgt von den Verwandten und Freunden und den Jägerknechten.

Als sie in der kühlen Erde lag, führte der Forstmeister das Leichenbegleit in die Herberge, wo er ein reichliches Totenmahl hatte anrichten lassen. Das Wildbret dazu, einen Rehbock und zwei prächtige Auerhähne, hatte er eigenhändig geschossen, voll Schmerz über seinen Verlust, und als die schön gefiederten Vögel nun auf dem

Tische prangten, gedachte er abermals des hohen Bergwaldes, in welchem sie gesessen und welchen er in den jungen Jahren seiner Liebe so oft durchstreift hatte, das Bild der Toten im Sinne tragend. Doch durfte der Forstmeister nicht lange solchen Gedanken nachhängen; denn als der Claret und der Malvasier nun kredenzt und die Tafel mit einem großen Korbe voll vermischten Zuckerwerkes überschüttet wurde, belebten sich die Gäste und der Traueranlaß war bald von einem Taufmahle nicht mehr zu unterscheiden.

Der Forstmeister saß zwischen Küngolt und Dietegen, die sich wegen seiner großen Gestalt nicht sehen konnten, ohne sich vorn überzubeugen oder hinter ihm durch, und dies mochten sie nicht tun, da sie allein in der erwachenden Fröhlichkeit traurig und ernst blieben. Ihm gegenüber saß eine Person von vielleicht bald dreißig Jahren, eine Base des Forstmeisters namens Violande. Diese Dame fiel auf wegen ihrer ausgesuchten, sonderbaren Kleidung, welches nicht die Kleidung einer Zufriedenen und Glücklichen, sondern eher einer Unruhigen und Hohlherzigen zu sein schien. Sie war schön und wußte anmutig zu blicken, wenn nicht gerade etwas unselig Verlogenes und Selbstsüchtiges über ihr Wesen zuckte.

Als vierzehnjähriges Mädchen schon war sie in den nachmaligen Forstmeister verliebt gewesen, weil er just der größte und schönste junge Mann war unter denen, die ihr zu Gesicht kamen. Er merkte aber nichts von dieser frühen Leidenschaft, da er überhaupt auf das kleine Bäschen nicht achtete und seinen Sinn mehr auf erwachsene Personen richtete, die ihm gefielen. Voll Neid und Eifersucht und ebenso schon voll Ränke wußte das junge Wesen nun zwei oder drei Liebesverhältnisse des Forstmeisters zu zerstören, indem es durch fast unbemerkbare Zwischenträgereien die Dinge entstellte und verwirrte. Wenn er eine Schöne zu gewinnen im Begriffe war, so erfand und verbreitete das verschlagene Kind unter der

Hand ganz unbefangen Züge und Tatsachen, woraus hervorzugehen schien, daß er eigentlich die in Rede stehende Person gar nicht leiden könne, vielmehr eine andere im Auge habe und überhaupt ein hinterlistiger und verstellter Mensch sei. So wußte er wiederholt nicht, wie es kam, daß die, welche er liebte, sich plötzlich und mißtrauisch von ihm abwandte, während eine andere, an die er nie gedacht, ihn unversehens mit ihrer Gunst beehrte und, einmal im Zuge, nicht mehr nachließ, bis er mit ihr im Gerücht war. Dann pflanzte er in Ungeduld und Verwirrung die eine wie die andere hin und ergab sich auf kurze Zeit der Freiheit. Auf diese Weise verdarb ihm, obgleich er ein schöner und tüchtiger Gesell war, alles, bis er an die nun verstorbene Forstmeisterin geriet. Diese hielt ihn fest, da sie so ehrlich war wie er selbst und alle Künste der kleinen Hexe waren vergeblich, ja sie bemerkte dieselben nicht einmal, weil sie nur auf die Augen des Geliebten sah. Hiefür war er ihr auch dankbar und treu geblieben und hielt sie für eine teure Errungenschaft, so lang sie lebte.

Violande dagegen, als sie den Mann endlich versorgt sah, übte die erworbenen Geschicklichkeiten, um sie nicht brach liegen zu lassen, nun auch anderwärts aus, und je älter sie wurde, mit desto mehr Einsicht und Erfolg, aber ohne Glück für sie selber; denn sie blieb unverheiratet und die Männer, welche sie ihren Freundinnen abspenstig machte, wendeten sich deswegen nicht zu ihr, da sie eher Haß und Verachtung für sie empfanden. Da wandte sie sich dem Himmel zu und sagte, sie wolle eine Nonne werden; doch überlegte sie sich das Ding noch in der letzten Stunde und trat statt in ein Kloster in ein solches Ordenshaus, aus welchem sie allenfalls wieder herausgehen, und sogar noch heiraten konnte. Sie verschwand nun aus den Augen der Leute, da sie von einem Haus ins andere in verschiedenen Städten herumzog und nirgends Ruhe fand. Plötzlich, als die Forstmeisterin auf dem Krankenbette lag, erschien sie wieder in weltlicher Tracht zu Seldwyla, und so fügte es sich, daß sie am Totenmahle dem trauernden Witwer gegenüber saß.

Sie bezwang ihre Unruhe und sah manche Augenblicke bescheiden und kindlich aus, und als die Frauen sich erhoben und unter sich umhergingen, während die zechenden Männer am Tisch blieben, ging sie auf Küngolt zu, küßte sie und schloß Freundschaft mit ihr. Das Mädchen fühlte sich geehrt durch diese Annäherung einer halbgeistlichen Frau, die weit herumgekommen war und voll Weltkenntnis schien; sie führten sogleich ein langes und vertrautes Gespräch, als ob sie seit Jahren bekannt wären, und beim allgemeinen Aufbruch bat Küngolt ihren Vater, er möchte Violanden in sein Haus berufen, dasselbe zu besorgen, denn sie selbst fühle sich noch zu jung und unerfahren dazu. Der Forstmeister, dessen Stimmung jetzt aus einer wunderbaren Mischung von Trauer und Weinlaune bestand und dessen Gedanken weit abwesend bei der Toten waren, gab ohne weiteres Nachdenken seine Zustimmung, obgleich er sich nicht viel aus der Base machte und sie für eine schnurrige Person hielt.

Sie zog also in den nächsten Tagen ins Forsthaus und stellte sich mit gutem Anstand und nicht ohne Rührung an dessen Herd, an welchem ihr endlich, nach langem Irrsal, die Wünsche ihrer frühsten Jugend in ruhige Erfüllung zu gehen schienen. Sie öffnete bescheiden die Schränke ihrer Vorgängerin und sah das Linnen und die Vorräte wohlgeordnet und im tiefen Frieden liegen; zierlich gereiht sah sie die Töpfe und die Kessel, die Krüge und die Büchsen und lauschig hingen die Flachsbüschel unter dem Dache. In diesem Frieden ließ sie alles ein paar Wochen bestehen; dann aber begann sie allmählig die kleinen Töpfe zwischen die großen zu stellen, die Leinwand durcheinander zu werfen, den Flachs zu zerzausen, und bis sie damit zu Ende war, hatte sie auch die menschlichen Dinge im Hause in beginnende Unordnung gebracht.

Da sie beabsichtigte, endlich doch noch des Forstmeisters Frau zu werden, um sich wenigstens zu versorgen, so galt es vor allem, sein Kind und den jungen Dietegen, deren Lage sie bald inne geworden, auseinander zu bringen und für immer zu trennen. Denn sie dachte richtig, daß Dietegen, wenn er das Mädchen zur Frau bekäme, als des Forstmeisters Nachfolger im Hause bleiben und dieser, bei seiner Anhänglichkeit an seine tote Frau, dann nicht mehr heiraten würde, was dagegen leichter geschehen dürfte, wenn beide Kinder fort kämen und er sich in seinem Hause vereinsamt sähe.

Wie nun Küngolt mit jedem Tage zusehends sich entwickelte und schöner wurde, weckte sie in ihr das frühzeitige Bewußtsein dieser Schönheit und den Geist einer wenn auch noch kindischen Buhlsucht, indem sie, ohne daß es jemand merkte, das Mädchen mit wenigen Worten zu allen jungen Leuten in ein befangenes Verhältnis zu bringen wußte, so daß das Kind jeden drum ansehen lernte, ob er seine Schönheit auch fühle und anerkenne, und hinwieder jeder vermeinte, er sei dem jungen hübschen Mädchen besonders ins Auge gefallen.

Dann zog Violande noch andere junge Frauenzimmer herbei, daß da öfter gute Compagnie beisammen war und unter ihrer Führung immer gelinde courtoisiert wurde.

So kam es, daß Küngolt, noch ehe sie völlig sechzehn Jahre zählte, schon einen Kreis unruhiger Gemüter um sich versammelt sah.

Es gab allerlei kleine und größere Festlichkeiten, Geschichtchen, Streitigkeiten, Geräusch und Gesang, und wie es zu gehen pflegt, machten sich vorwitzige oder törichte Leutchen unangenehm und wurden dabei am ehesten gelitten.

Hierüber wurde Dietegen nicht glücklich. Im Anfang sah er mit einer gewissen scheuen Wehmut zu, welche heranwachsenden Jünglingen nicht sonderlich geschickt ansteht; als aber die Gesellschaft davon eher belustigt als gerührt schien und Küngolt selbst es kalt beachtete, wollte er sich gegen solche Unlust mit linkischem Schmollen und Trotz erwehren. Allein das brachte ihn noch weniger auf einen grünen Zweig und endigte damit, daß er eines Tages zu bemerken glaubte, wie Küngolt allein in einem Kreise von spöttisch aussehenden Jünglingen saß und mit Wohlgefallen die Mißreden mit anhörte, die sie offenbar über ihn führten.

Da wendete er sich ab und mied von nun an schweigend die Gesellschaft. Er war ohnehin in das Alter getreten, in welchem die kräftigeren Knaben sich wehrbar zu machen begannen. Auf dem Grundstücke der Försterei ruhte von Alters her die Verpflichtung zum Bereithalten von drei oder vier Mannsrüstungen, und der Forstmeister hatte immer darauf gesehen, eigene Leute dazu stellen zu können. Mit Wohlgefallen fand er, daß Dietegen, schlank und wohlgebaut aufwachsend, bald in einen zierlichen Harnisch taugen würde, in dem er einst seinen eigenen Sohn zu erblicken gehofft hatte.

So ging denn Dietegen mit andern jungen Knechten an den langen Winterabenden in die Fechtschule, wo er die kürzeren Waffen führen lernte nach heimischer Kriegsart; und im Frühjahr, den Sommer hindurch, weilte er manchen Sonn- und Feiertag auf dem weiten Felde oder in Waldlichtungen, wenn die Jünglinge sich im behenden Marsch und im festgeschlossenen Vordrange übten, an ihren langen Spießen über breite Gräben setzten und die Körper in jeder Weise sich dienstbar machten, oder endlich der Kunst der Büchsenschützen oblagen.

Da durch alles dies das Leben im Hause sich änderte und besonders das weibliche Treiben ihn störte, ohne daß er recht beachtete, wie es eigentlich damit beschaffen war, so nahm seinerseits der Forstmeister öfter, als zu Lebzeiten seiner Frau geschehen, den Weg in die Trinkstuben seiner Stadtgenossen. Fern von der kindischen Torheit des Hauses lag er der reiferen Torheit der Männer ob und trug sein Haupt zuweilen beladen, aber immer aufrecht den Forst hinan, wenn die Mitternachtsglocke verhallte.

So gingen die Dinge ihre verschiedenen Wege und die Zeit vorüber, bis an einem sonnenhellen Johannistag allerlei Geschicke sich zu erfüllen begannen.

Der Forstmeister ging in die Stadt auf seine Zunft, welche ihr Hauptgebot mit großem Jahresschmaus abhielt, und er gedachte, bis in die Nacht zu zechen.

Dietegen ging zeitig ins Schützenhaus, da er einmal einen langen Sommertag hindurch nach Herzenslust schießen wollte. Die übrigen Knechte gingen auch ihres Weges, der eine über Land zu den Seinigen, der andere zum Tanz mit seinem Schatz, der dritte auf einen Markt, um sich Tuch für Gewand zu erstehen, oder ein Paar neue Schuhe.

So saßen nun die Frauen allein im Forsthause, einerseits wenig erbaut über die schnöde Art, wie die Männer an diesem Freudentage alle davon gegangen, ohne sich zu kümmern, wie jene ihre Zeit vertreiben sollten, anderseits aber äugelten sie in das webende Sonnenlicht hinaus und spähten, wie sie sich auch eine Lustbarkeit schaffen möchten.

Zunächst fingen sie an, Kuchen zu backen und allerhand Süßwerk zu bereiten; auch brauten sie einen großen, gewürzten Wein für alle Fälle und um den heimkehrenden Männern einen Nachttrunk bieten zu können, wie sie meinten. Dann kleideten sie sich feiertäglich und schmückten sich mit Blumen, während andere Jungfräulein, die sie zu einer Frauenlust hatten entbieten lassen, eins nach dem andern ebenso geschmückt herankamen, und auch das letzte Dienstmägdlein im Hause geputzt und fröhlich dreinsah.

Unter schönen Lindenbäumen, die vor dem Forsthause standen, war der Tisch gedeckt, als der Abend nahte und goldenes Licht über der Stadt und dem Tale ruhte.

Da saßen nun die Frauen um den Tisch gereiht, taten sich gütlich und sangen bald mit wohlklingenden Stimmen vielstrophige Lieder mit sehnsüchtigem Ton, von Liebesglück und Herzeleid, von den zwei Königskindern oder «Es spielt ein Ritter mit einer Maid» und dergleichen. Der Gesang tönte lockend ins Land hinaus; die Vögel in den Linden und im nahen Walde, die erst ein wenig zugehört, sangen wetteifernd mit. Aber bald ließ sich noch ein dritter Chor vernehmen, indem vom Berge her Geigen und Pfeifen erklangen, vermischt mit Männerstimmen. Ein Trupp Jünglinge war von Ruechenstein herübergekommen, trat jetzt aus dem Holze hervor und beschritt den Weg, der mitten durch die Försterei in das Tal führte, ein paar Spielleute an der Spitze. Es war der Sohn des Schultheißen von Ruechenstein, ein halbwegs fröhlicher Gesell, der aus der Art schlug; von der Schule nach Hause gekehrt, hatte der einige wilde Studenten mitgebracht, worunter ein paar geistliche Schüler und dabei auch ein junger Mönch, sowie Hans Schafürli, der Ratsschreiber von Ruechenstein, eine buckelige, gebogene Gestalt mit einem langen Degen, der letzte im Zuge, da sie wegen der Schmalheit des Weges einer hinter dem andern daher kamen.

Als sie jedoch der sangbaren Frauen ansichtig wurden, stellten sie die eigene Musik ein und schienen das Ende des Liedes abwarten zu wollen, welches jene sangen. Indessen verstummten die Frauen ebenfalls; sie waren überrascht und lächelten zugleich erwartungsvoll den Dingen entgegen, die jetzt geschehen würden. Violande zeigte sich nicht betroffen, sondern trat auf den Schultheißensohn zu, welcher sie höflich begrüßte und erklärte, wie er mit seinen Freunden einen kurzweiligen Besuch in der fröhlichen Nachbarstadt habe machen wollen, um den Johannistag nicht allzu trostlos zu verleben, wie nun aber hier noch ein schönerer Aufenthalt winke, sofern es gestattet sei, den Jungfrauen einen ehrbaren Tanz anzubieten.

In weniger als drei Minuten war die Angelegenheit geordnet, und sie tanzten alle auf dem großen Flur des Forsthauses, Küngolt mit dem Schultheißensohn, Violande mit dem Mönch und die übrigen mit den Schülern; aber am gewandtesten und leidenschaftlichsten tummelte sich der Ratsschreiber herum, der trotz seines Buckels mit seinen Beinen weiter ausgriff als alle andern, da sie gleich unter dem Kinn schon sich zu spalten schienen.

Küngolt war nicht froh und wußte nicht, was ihr fehlte. Als daher Violande ihr zuflüsterte, sie sollte es auf das Schultheißenkind absehen, damit sie Schultheißin von Ruechenstein würde, blieb sie kalt und teilnahmlos, bis sie plötzlich den Buckligen mit seinem gewaltigen Tanzen sah und hoch auflachte. Sie begehrte sofort mit ihm zu tanzen, und es sah aus, wie ein Märchen, als ihre schöne Gestalt in grünem Kleide und das Haupt mit dunkelroten Rosen geschmückt am Arme des spukhaften Schreibers dahinflog, der seinen Höcker in Scharlach gehüllt trug.

Doch unversehens änderte sie ihre Laune und sie geriet an den Mönch, von diesem an einen der Studenten, und eh' eine halbe Stunde vergangen, hatte sie mit allen anwesenden jungen Männern sich gedreht, so daß alle seltsam aufgeregt die Blicke an ihr haften ließen, indessen die übrigen Frauen allmählig auch wieder zu den Ihrigen zu kommen suchten. Damit das geschehe, rief Violande die Gesellschaft zum Tische unter den Linden, um sich dort auszuruhen und zu erquicken, indem je ein Jüngling neben eine Jungfer zu sitzen kam und Küngolt zu dem Schultheißensohn.

Küngolt aber war von einer Sehnsucht gequält, alle diese Jünglinge sich unterworfen zu sehen. Sie rief, sie wolle die Schenkin sein, und eilte ins Haus, noch mehr Wein zu holen. Dort schlich sie schnell in Violandes Kammer und suchte etwas in deren Kleidertruhe. Violande hatte ihr einst im Geheimen ein kleines Fläschchen gezeigt und anvertraut, das sei ein Philtrum oder Liebestrank, «Gang mir nach» genannt; wer es von der Hand einer Weibsperson zu trinken bekomme, der sei derselbigen ohne Gnade verfallen und müsse ihr nachgehen. Es sei in dem Fläschlein zwar nicht das starke und gefährlichere Gift Hippomanes, aus dem Stirngewächs eines erstgeborenen Füllens gebraut, sondern das Tränklein sei aus den Gebeinlein eines grünen Frosches gemacht, welcher in einen Ameisenhaufen gelegt und von diesen zernagt und zierlich präpariert worden sei. Aber es sei immerhin noch stark genug, um einem halben Dutzend unbotmäßiger Männer die Köpfe zu verdrehen. Sie habe das Fläschlein von einer Nonne geschenkt bekommen, deren Geliebter vor der Anwendung plötzlich an der Pest gestorben, so daß sie entsagend ins Kloster gegangen sei. Violande selbst getraue sich weder dasselbe zu gebrauchen, noch es wegzuwerfen, weil hieraus ein unbekanntes Unheil entstehen könnte.

Dieses Fläschchen fand Küngolt und goß seinen Inhalt schnell und verstohlen in eine frische Kanne Wein, mit welcher sie klopfenden Herzens hinauseilte. Sie hieß die Jünglinge alle ihre Gläser leeren, weil sie ihnen einen neuen süßen Trunk einschenken wolle, und sie wußte es so einzurichten, daß in dem Kruge nichts übrig blieb, nachdem sie alle Gläser der Männer gefüllt und jedem nachträglich etwas zugegossen hatte, während sie ihn wie ein Wetterleuchten süß und schalkhaft anblickte.

In diesen gleichmäßig und unparteiisch verteilten Blicken lag das Zaubergift, welches nebst dem starken Wein jetzt die Knaben betörte, daß alle voll Verblendung und Leidenschaft das glänzende Mädchen umwarben mit jener Selbstsucht, welche sich allaugenblicklich stets dahin wendet, wo sie ein von anderen gewünschtes oder allgemein erstrebtes Gut locken sieht. Alle ließen die übrigen Frauen stehen, welche blaß aus Ärger vor sich niedersahen oder ihre Verlegenheit unter lautem Geplauder zu verbergen suchten. Selbst der Mönch ließ plötzlich ein braunes Dienstmägdlein fahren, das er soeben kosend umfangen hatte, und Schafürli, der Ratsschreiber, drängte sich mit einem langen Schritte vor den Schultheißensohn, der die Küngolt sponsierend an der Hand hielt.

Diese aber ließ keinen aufkommen; kalt wie Eis gegen jeden einzelnen in ihrem Herzen, wußte sie wie eine Schlange sich unter ihnen umzutun, und als sie sah, daß sie alle umstrickt hielt, selbst die anderen Frauen wieder freundlich zu machen und herbeizulocken.

Es war nun dunkel geworden. Die Sterne funkelten am Himmel und die Mondsichel stand über dem Walde, erbleichte jedoch bald hinter einem hellen Johannisfeuer, das von einer Anhöhe aufflammte, vom jungen Landvolke angezündet.

«Laßt uns zum Feuer gehen!» rief Küngolt, «der Weg ist kurz und lieblich durch den Wald! Aber wie es sich geziemt, die Frauen voran und die Knaben hinten drein!» So geschah es und sie zogen mit angezündeten Kienfakkeln durch den Wald mit lautem Gesange.

Nur Violande blieb zurück, das Haus zu hüten und den Forstmeister zu erwarten; denn auch die gedachte heute ihren Fang zu tun. Es dauerte auch nicht lange, bis er ankam, in starker Stimmung und mit umflorten Sinnen. Als er die Tische unter den Linden sah, setzte er sich hin und verlangte wohlgelaunt einen Schlaftrunk von Violanden, die ihm denselben davon eilend zu bereiten ging.

Aber auch sie schlüpfte vorher schnell in ihre Kammer hinauf, das lang gehütete Fläschlein mit dem «Gang mir nach» zu holen, und sie fand es nicht. Sie konnte es auch auf dem Wege nicht finden, den sie verlegen und sinnend zurückkam; denn dort wo es Küngolt hastig und achtlos hingeworfen, hatte es bereits das vom Mönche zur Seite gestellte Mägdlein aufgehoben, das sich grollend ins Haus zurückgezogen.

Doch Violande besann sich nicht lange. Sie machte den Trank um so süßer und stärker und gesellte sich, als er ihn trank, nahe zum Forstmeister. Es strömte ein zärtlich-trautes Wesen von ihr aus; auch trug sie ein blaßgelbes Kleid, das überall rot eingefaßt war und ihr untadelig weißes Fell, wie man damals sagte, am Halse wohl sehen ließ. Die Blumen hatte sie aus dem Haar getan, um nicht kindisch zu erscheinen, und sie wand ihre starken dunkeln Zöpfe frisch um den Kopf.

«Ei Base», sagte der Forstmeister, als er sie über den Becher weg von ungefähr erblickt hatte, ganz nah bei ihm, «wie seht Ihr gut aus!»

Da lächelte sie wie selig und sah ihn mit süß funkelnden Augen unverhohlen an, indem sie sagte: «Gefall' ich Euch endlich und so spät? Wenn Ihr wüßtet, wie gern ich Euch schon gesehen habe, als ich noch ein Kind war!»

Das ging dem guten Mann ein, stärker als ein Liebestrank von Froschbeinchen; wunderliche Vorstellungen, eine dunkle Erinnerung an ein schönes Mädchenkind zogen durch seine Sinne, während das Kind jetzt als lange schön bleibende Weibesgestalt in Lebensreife bei ihm war, wie aus weiter Ferne unversehens herangetreten. Sein großmütiges Herz stieg in das aufgeregte Hirn empor und schaffte dort in aller Eile an allerlei Bildwerk herum. Violande erschien ihm plötzlich als eine durch Leiden und viele Erfahrung höchst wertvoll gewordene Person, mit der man ein bedeutendes und geheimnisreiches Stück Leben in die Arme schlösse und welcher Heimat und Ruhe zu geben dem Schenker selbst ein goldenes Gut verleihen würde.

Er nahm ihre Hand, streichelte ihr die Wangen und sagte: «Wir sind nicht alt, Violande, liebe Base! Wollt Ihr noch meine Frau werden?» Und da sie ihm die Hand ließ und sich näher zu ihm neigte, von wirklicher Glückesgüte erglänzend, machte er den Brautring seiner ersten Frau, den er seit ihrem Tode an einer Verzierung seines Dolchgriffes trug, los und steckte das Kleinod an Violandes Finger. Sie drückte ihr Gesicht in sein breites blondgraues Löwenantlitz, sie umfingen und küßten sich zärtlich unter den rauschenden Nachtlinden, und der kluge Mann glaubte den Stein der Weisen gefunden zu haben.

In diesem Augenblick kam Dietegen mit seinen Waffen nach Hause. Da er quer über den Rasen daher ging, hörten ihn die Kosenden nicht und er schaute in höchster Betroffenheit, was er da vor sich sah. Beschämt und errötend zog er sich so still als möglich zurück und umging das Haus, um die hintere Tür zu gewinnen. Dort aber hörte er mit einem Mal vom Walde her ein lautes Schreien und Rufen, wie wenn Menschen in Streit oder Gefahr wären. Ohne Zögern ging Dietegen dem Lärmen nach. Bald fand er die so fröhlich ausgezogene Gesellschaft in schrecklichem Zustande. Von Wein und allgemeiner Eifersucht toll geworden, waren die jungen Männer auf dem Rückwege vom Johannisfeuer, als sie mit den Weibern vermischt gingen, hinter einander geraten und hatten sich mit ihren Dolchen angegriffen, so daß mehr als einer blutete. Gerade aber, als Dietegen ankam, hatte der krumme Ratsschreiber wütend den jungen Schultheißen mit seinem Degen niedergestochen, der, gleichfalls das Schwert in der Hand, im grünen Kraute lag und eben den Geist aufgab, während die übrigen sich schön paarweise noch an den Gurgeln gepackt hielten und die Weiber entsetzt um Hülfe schrien, mit Ausnahme Küngolts, die totenblaß aber neugierig und mit offenem Munde in das schreckhafte Schauspiel starrte.

«Küngolt, was ist das?» sagte Dietegen zu ihr, als er sie rasch erblickt; es war das erste Wort, das er seit langem an sie gerichtet. Sie zuckte zusammen, sah ihn aber wie erleichtert an. Doch sprang er jetzt ohne Aufenthalt unter die Streitenden und es gelang ihm mit einigen kräftigen Anstrengungen, die tollen Jünglinge auseinander zu bringen und ihnen den Toten zu zeigen, worauf sie stracks die

Arme sinken ließen und ganz vernichtet bald auf die Leiche, bald auf den grimmigen Schafürli schauten, der wie wahnsinnig um sich stierte.

Inzwischen waren Bauern und auch die heimkehrenden Knechte herbeigekommen, welche die Ruechensteiner einstweilen gefangen nahmen und den Schafürli banden.

Das war nun ein schlimmer Morgen, der darauf folgte. Der Forstmeister war mit der bösen Violande verlobt, sein Kopf summte sehr unleidlich, ein toter Ruechensteiner lag im Hause, die andern waren eingetürmt, und eh' es Mittag war, erschien eine Abordnung aus Ruechenstein mit dem alten Schultheißen selbst, um nach dem Unglücke und dessen Entstehung zu fragen und alle Rechenschaft zu fordern.

Aber schon hatte im Turm der gefangene Ratsschreiber, der wußte, daß es ihm als Mörder des Schultheißensohnes an den Kragen ging, grimmige Klage gegen die Weiber von Seldwyla und hauptsächlich gegen Küngolt erhoben, die er der Zauberei und Behexung beschuldigte.

Jenes grollende Mädchen hatte dem Mönch, dem es nun verzieh, das Fläschlein mit einigen Worten zuzustekken gewußt und dieser es dem Schafürli gegeben.

Zum Schrecken der Seldwyler drehte sich der Handel noch am gleichen Tage gegen das Kind des Forstmeisters und gegen dessen Haus; denn jedermann, in Seldwyla sowohl als in Ruechenstein, glaubte an die Wirkung der Zaubertränke, und die anwesenden Ruechensteiner traten so drohend auf, daß das Ansehen und die Beliebtheit des Forstmeisters die Gefangensetzung der Küngolt nicht abwenden konnten, zumal er sich in seinen Gedanken wie gelähmt fühlte.

Sie gestand die Tatsache alsobald ein, halb bewußtlos vor Schrecken, und der Schafürli mit seinen Gesellen wurde freigelassen. Die Ruechensteiner verlangten nun, die Zauberhexe, welche ihre Angehörigen geschädigt und den Tod eines ihrer Bürger verursacht habe, solle ihnen zur Bestrafung ausgeliefert werden. Dies wurde nicht gewährt und jene zogen grollend mit der Leiche des Schultheißensohnes von dannen. Als sie aber nachher vernahmen, daß die Seldwyler das Mädchen nur zu einer einjährigen milden Gefängnisstrafe verurteilt hätten, erwachte die alte Feindschaft wieder, welche eine Reihe von Jahren geschlafen, und es wurde für jeden Seldwyler gefährlich, ihren Bann zu betreten.

Die Stadt Seldwyla hielt nun für Vergehen, die sie nach ihrer Lebensanschauung zu den leichteren zählte und nach Umständen mit Nachsicht behandeln wollte, kein Gefängnis, sondern verdingte die Verurteilten, besonders wenn es sich um Frauen und jugendliche Personen handelte, an irgend eine Haushaltung zur Haft und Pflege. So sollte denn die arme Küngolt auf die Ratstube gebracht und dort zu einer öffentlichen Steigerung ausgestellt werden.

Der Forstmeister, dessen Fröhlichkeit dahin war, sagte seufzend zu Dietegen, es sei ein saurer Gang für ihn, aufs Rathaus zu gehen und bei dem Kind zu wachen; denn es müsse jemand von den Seinigen bei ihm sein während dieser bittern Stunde. Da erwiderte Dietegen: «Ich will es schon tun, wenn ich Euch gut genug dazu bin!» Der Forstmeister gab ihm die Hand. «Tu's», sagte er, «Du sollst Dank dafür haben!»

Dietegen ging hin, wo die Abgeordneten des Rats saßen und einige Steigerungslustige, sowie ein Häuflein Neugieriger sich sammelten. Er hatte sein Schwert umgetan und sah mannhaft und düster blickend aus.

Als nun Küngolt hereingeführt wurde, blaß und bekümmert, und sie vor dem Tische stehen sollte, zog Dietegen rasch einen Stuhl herbei und ließ sie darauf sitzen, indem er sich hinter den Stuhl stellte und die Hand auf dessen Lehne stützte. Sie hatte ihn überrascht angeblickt und sah noch mit einem schmerzlichen Lächeln nach ihm zurück; allein er schaute scheinbar ruhig und streng über sie hinweg.

Der erste, welcher ein Angebot auf ihre Gefangenhaltung tat, war der Stadtpfeifer, ein vertrunkener Mann, der von seiner Frau hergeschickt war, um mit dem Erwerbe die zerrütteten Umstände etwas zu verbessern, insonderlich weil zu hoffen war, daß der Gefangenen aus ihrem elterlichen Hause offen oder heimlich allerhand Gutes zufließen würde, dessen man sich bemächtigen oder wenigstens teilhaftig machen könnte.

«Willst Du zum Stadtpfeifer?» fragte Dietegen die Küngolt kurz, und sie sagte nein! nachdem sie den beduselten und rotnasigen Musikus angesehen. Der rief lachend: «Ist mir auch recht!» und schwankte ab.

Hierauf bot ein alter Seckler und Pelzkappenmacher auf Küngolt, welcher sie tapfer zum Nähen anzuhalten gedachte, um einen schönen Nutzen aus ihr zu ziehen. Er hatte aber einen offenen Schaden am Bein, welchen er den ganzen Tag salbte und pflasterte, und auf dem Kopf ein Gewächs wie ein Hühnerei, welches Küngolt als Kind schon gefürchtet hatte, wenn sie in die Schule und an seiner Werkstatt vorbei gegangen. Als daher Dietegen fragte, ob sie zu diesem wolle, sagte sie wiederum nein, und er zog keifend davon.

Nunmehr trat ein Geldwechsler hervor, der einerseits wegen seines wucherischen und häßlichen Geizes und anderseits wegen seiner widerwärtigen Lüsternheit verrufen war. Kaum hatte der aber seine roten Augen auf Küngolt gerichtet und den schiefen Mund zum Angebote geöffnet, so winkte ihm Dietegen, ihn drohend anblikkend, mit der Hand hinweg, ohne das erschrockene Mädchen zu befragen.

Jetzt kamen nur noch einige ordentliche Leute, gegen welche nicht wohl etwas einzuwenden war, und diese wurden nun zur eigentlichen Versteigerung oder Gant zugelassen. Am mindesten forderte für ihre Aufnahme und Ernährung der Totengräber an der Stadtkirche, ein stiller, ehrbarer Mann, welcher eine brave Frau und auch, nach seiner Meinung, ein geeignetes Lokal besaß und schon einige Sträflinge dieser Art beherbergt hatte.

Diesem wurde Küngolt von der Ratsabordnung zugeschlagen und sofort in sein Haus geführt, das zwischen dem Kirchhof und einer Seitengasse gelegen war. Dietegen ging mit, um zu sehen, wo sie untergebracht würde. Das war in einer offenen kleinen Vorhalle des Hauses, welche unmittelbar an den Totengarten grenzte und von demselben durch ein eisernes Gitter abgeschlossen war. Dort pflegte nämlich der Totengräber in der wärmeren Jahreszeit seine Gefangenen einzusperren, während er sie über den Winter einfach in die Stube nahm und mit einer leichten eisernen Kette an einen Fuß des Ofens band.

Als aber Küngolt in ihrem Gefängnis war und sich nur durch ein Eisengitter von den Gräbern der Toten getrennt sah, überdies in nächster Nachbarschaft das alte Beinhaus bemerkte, das mit Schädeln und andern Gebeinen angefüllt war, fing sie an zu zittern und bat flehentlich, man möchte sie nicht da lassen, wenn es Nacht werde. Die Frau des Totengräbers dagegen, welche eben einen Strohsack und eine Decke herbeischleppte, auch eine Art Vorhang an dem Gitter anbrachte, sagte, das könne nicht sein und der ernste Aufenthalt gereiche ihr nur zur wohltätigen Buße für ihren sündigen Sinn.

Da sagte Dietegen: «Sei ruhig, ich fürchte mich nicht vor den Toten und Gespenstern und will des Nachts so lange hieher kommen und vor dem Gitter wachen, bis Du Dich auch daran gewöhnt hast!»

Das sagte er aber so zu ihr, daß die Frau es nicht hören konnte, und begab sich hierauf nach Hause. Dort fand er den traurigen Forstmeister, wie er sich eben mit Violanden verständigt hatte, daß sie ihre Hochzeit erst halten wollten, wenn Küngolts Strafzeit vorüber und die schlimme Sache einigermaßen ausgeglichen wäre. Violande hielt sich hiebei mäuschenstill, zufrieden, daß sie als die eigentliche Urheberin der unglücklichen Hexerei und ihrer Folgen so gut davon gekommen war. Bei dem strengen Verhör, dem sie auch unterworfen gewesen, hatte man ihrer Aussage, daß sie jenen Liebestrank nur verwahrt, damit er nicht in unrechte Hände gerate, zur Not geglaubt und sie entlassen.

Als nun die Dämmerung vorüber und die Mitternacht im Anzuge war, machte sich Dietegen ungesehen auf, nahm sein Schwert und ein kleines Fläschchen mit gutem Wein und stieg wieder in die Stadt hinunter, wo er unverweilt sich über die Kirchhofmauer schwang und furchtlos über die Gräber hin vor Küngolts unheimliche Wohnstätte ging. Sie saß lautlos auf ihrem Strohsack zusammengekauert hinter dem Vorhang und lauschte zitternd jedem Geräusche; denn sie hatte, ehe die Geisterstunde gekommen, schon einige Schrecknisse erlebt. Im Beinhause war eine Katze über die Knochen weggestrichen, so daß dieselben sachte etwas geklappert hatten. Dann wurden vom Nachtwind die Sträucher über den Gräbern bewegt, daß sie leise rauschten, und der Hahn auf dem Dachreiter der Kirche gedreht, welches einen seltsamen Ton gab, den man im Tagesgeräusch nie vernahm.

Als daher Küngolt die nahenden Schritte hörte, erschrak sie von Neuem und fuhr zusammen; als er aber durch das Gitter griff und den Vorhang zurückschob, daß der Vollmond den Raum erhellte, und sie leise anrief, da stand sie eilig auf, lief ihm entgegen und streckte beide Hände durch das Gitter.

«Dietegen!» rief sie und brach in Tränen aus, die ersten, die sie seit dem Unglückstag vergießen konnte; denn sie hatte bis jetzt wie in einer starren Betäubung gelebt.

Dietegen gab ihr aber die Hand nicht, sondern das Weinfläschchen und sagte: «Nimm einen Schluck Wein, es wird Dir gut tun.» Sie trank und nahm auch von dem guten Brot ihres Vaterhauses, das er ihr gebracht. So wurde es ihr besser zu Mut, und als sie sah, daß er nicht weiter mit ihr sprechen wollte, zog sie sich schweigend auf ihr Lager zurück und weinte leise, bis sie in einen ruhigen Schlaf versank.

Dietegen aber hielt sie nach seinen jugendlich spröden Begriffen und in seiner Unerfahrenheit für ein bös gewordenes Wesen, das nicht recht tun könne, und er wachte bei ihr, indem er sich auf einen an der Wand lehnenden alten Grabstein setzte, ihrer toten Mutter zu Liebe und weil er ihr selbst sein Leben verdankte.

Küngolt schlief, bis die Sonne aufging, und als sie erwachte, sah sie, daß Dietegen still weggegangen war.

Dergestalt kam er eine Nacht um die andere, bei ihr zu wachen; denn er hielt nach seinem Glauben den Ort für in der Tat gefährlich für jemand, der kein gutes Gewissen habe und voll Furcht sei. Jedesmal brachte er ihr etwas zur Labung mit und frug sie etwa, was sie sich wünschte, und er brachte ihr alles, was ihm recht schien. Er kam auch, wenn es regnete und stürmte und versäumte keine Nacht, und wenn es nach damaligem Volksglauben in Ansehung der Toten und ihres Treibens besonders verrufene Nächte waren, so erschien er um so pünktlicher.

Küngolt ihrerseits richtete sich unvermerkt so ein, daß sie während des Tages ihren Vorhang zog, um sich vor den Neugierigen zu verbergen, wie sie sagte, wenn Leute auf den Kirchhof kämen, in der Tat aber, um zu schlafen; denn sie liebte es während der Nacht munter zu sein, kein Auge von der dunkeln Gestalt ihres Wächters zu verwenden, und über ihn und sich und wie alles gekommen sei, nachzudenken, während er sie schlafend wähnte.

Sie fühlte sich von einem neuen, ungeahnten Glücke umflossen, sobald er kam und sie ihren Gedanken in seiner Gegenwart still und stumm nachhängen konnte. Sein hartes Urteil ahnte sie nicht und hoffte ihr Anrecht an ihn wieder erringen zu können, da er sich so treu erwies. Nicht so dachte ihr Vater, der sie jede Woche einmal besuchte; wenn sie dann fast jedes Mal schüchtern auf irgend eine Weise Dietegens Namen nannte und er wohl merkte, daß sie sich ihm wieder zugewendet, seufzte er innerlich, weil er wohl wünschte, daß das halb verlorene Kind durch den braven Pflegesohn gerettet werden möchte, aber fürchtete, der werde schwerlich eine angehende und schon eingesperrt gewesene Hexe erwerben wollen.

Mittlerweile hatte sich auch noch anderer Besuch bei Küngolt eingestellt. Der Ratsschreiber von Ruechenstein, der gewalttätige Krummbuckel Schafürli, konnte das schöne Wesen nicht vergessen und fühlte sein stark durch die Krümmungen des Körpers strömendes Blut von ihrem Bilde bewohnt und befahren, nach seinem Glauben wie von einer Hexe, welche nächtlich einsam auf einem Strome in dunklem Kahne dahin schieße.

Er gedachte daher, da er ein verwegener Kerl war, statt bei den Kapuzinern, bei der Urheberin selbst seine Heilung und Befreiung zu versuchen und wanderte in dunkler Nacht über den Berg und bis auf den Kirchhof, wo sie gefangen saß. Da es noch nicht die Zeit war, um welche Dietegen zu erscheinen pflegte und auch seine Schritte fremd klangen, so erschrak Küngolt und duckte sich hinter ihren Vorhang. Schafürli aber zündete ein kleines Licht an, das er mitgenommen, riß das Tuch zurück und leuchtete in den vergitterten Raum hinein, bis er sie entdeckte.

«Komm heran, Hexenmädchen!» flüsterte er heftig und halblaut, «und gib mir beide Hände und Deinen Mund, denn Du mußt mir heilen, was Du verdorben hast!»

Sie erkannte ihn an seiner Gestalt, und die Erinnerung an all das geschehene Unheil, sowie die Gegenwart des Mannes erfüllten sie mit solcher Angst, daß sie, ohne einen Laut zu geben, zitterte wie Espenlaub.

Da begann der Ratschreiber an dem Gitter zu rütteln, und weil es keineswegs besonders fest war, vielmehr nur für schwächere Gefangene zu dienen hatte, schickte er sich an, es mit Gewalt aus den Angeln zu heben. In demselben Augenblicke kam aber Dietegen, sah den Vorgang und packte den Schafürli an der Schulter. Der schrie wild auf und wollte seinen Dolch ziehen. Doch Dietegen hielt ihm die Hände fest und rang mit ihm, bis er ihn bezwungen hatte. Er besann sich, ob er ihn gefangen nehmen und anzeigen, oder ob er ihn bloß verjagen solle, und weil er den Zusammenhang des Vorfalls noch nicht kannte und nicht eine neue Verwicklung für Küngolt herbei führen wollte, ließ er den krummen Mann laufen, indem er ihm bei Sicherheit seines Lebens verbot, je wieder an den Ort zu kommen. Zugleich aber ging er in das Haus hinein und veranlaßte den Totengräber, die Gefangene nunmehr in die Stube zu nehmen, da ohnehin der Herbst vor der Tür sei und die Nächte zu kühl würden für den bisherigen Aufenthalt.

Küngolt wurde also noch in dieser Nacht mit der herkömmlichen leichten Kette am Fuße an den Ofen gefesselt. Es war das ein schlankes Gebäude von grünen Kacheln, welche in erhabener Arbeit die Geschichte der Erschaffung des Menschen und des Sündenfalls darstellten; an den vier Ecken des Ofens standen die vier großen Propheten auf vorstehenden gewundenen Säulchen, und das Ganze bildete ein nicht unzierlich gegliedertes Monument, an welches hingeschmiegt nun Küngolt auf der Ofenbank saß.

Sie freute sich der geschützteren Lage und der Rettung, welche sie dem Dietegen dankte, und schrieb alles seiner treuen Gesinnung für sie zu, obgleich er in dieser Nacht kein Wort mit ihr gesprochen und sich nach getaner Sache ohne Weiteres hinweg begeben hatte.

Als nun aber die gute Küngolt dergestalt installiert war, fand sich ein neuer Liebhaber ihrer Schönheit ein in der Person eines Kaplans, welcher allerhand kleine Priestergeschäfte an der Kirche besorgte und auch den geistlichen Beistand bei den Siechen und Gefangenen auszuüben hatte. Dieses Pfäfflein kam nun, da Küngolt in der warmen Stube saß, fleißig zu ihr, um ihr Zusprache zu halten, ihr die Neigung zur Zauberei und Spendierung von Liebestränken auszutreiben und sich dabei ihres schönen Anblickes und lieblichen Wesens zu erfreuen. Denn seit der Zeit ihres Leidens war eine neue Art von Schönheit über sie gekommen; sie war ein reifes, schlankes, obgleich blasses Frauenbild geworden, dessen Augen in sanftem und lieblichem Feuer strahlten, von einem Trauerschatten umgeben. Sie wurde, vom Anbinden abgesehen, wie ein Glied des Hauses gehalten, in dem auch einige Kinder sich befanden, und wenn der Kaplan kam, so wurde er mit einem Glase Wein oder Bier bewirtet, für welches der Forstmeister etwa sorgte. Wenn nun der Geistliche sein Sprüchlein getan hatte, seine Erfrischung zu sich nahm und ersichtlich nur noch blieb, um die getröstete Sünderin ein bißchen anzugucken und etwa bescheidentlich ihre Hand zu streicheln, so überließ sich Küngolt einer aufwachenden, kleinen anmutigen Heiterkeit, indem sie bedachte, welch einen prächtigen Liebhaber sie, nach ihrer Meinung, diesem Pfäfflein gegenüber in Dietegen besaß.

So kam es, daß das Mädchen in seiner bescheidenen Fröhlichkeit, nachdem sie den Tag über von der besseren Zukunft geträumt hatte, des Abends der Liebling der Totengräbers-Leute war und sie den Tisch zu ihr an den Ofen rückten. Auch in der Neujahrsnacht, die nun gekommen, ging es so, und der Priester gesellte sich hinzu, so daß der Totengräber, seine Frau und Kinder und der Kaplan bei der angebundenen Küngolt um den Tisch herum saßen, mit Nüssen spielten und Küngolt eben laut über etwas lachte, was der Pfaffe gesagt hatte, während er ihre Hand hielt, als Dietegen hereintrat, um seinem

Schützling und Kind seines Herrn einige gute Sachen von Hause zu bringen. Ein unbewußter Zug des Herzens, das eingeschlafene Heimweh nach ihr hatte ihn doch den Vorsatz fassen lassen, etwa eine Stunde dort zu verweilen, damit Küngolt, welche die erste Neujahrsnacht ihres jungen Lebens außer dem Hause zubrachte, jemand von den Ihrigen bei sich hätte.

Als er aber den fröhlichen Auftritt und den Priester sah, der die Hand der lachenden Küngolt streichelte, ergriff ihn eine eisige Kälte, daß ihm das Blut beinahe erstarrte, und er ging, nachdem er dem Mädchen die Sachen mit zwei Worten als Sendung des Vaters übergeben, ohne weiteren Aufenthalt wieder fort, während zwischen seinen Zähnen sich die Worte lösten: hin ist hin! Jetzt ahnte Küngolt plötzlich den Inhalt dieses Augenblickes und auch ihr trat alles Blut zum Herzen zurück. Sie sank erbleichend an den Ofen hin und die Leutchen gingen betreten auseinander; das Licht in der Totengräberwohnung erlosch, noch eh' die erste Stunde des neuen Jahres angebrochen war.

Küngolt blieb nun fast wie vergessen von den Ihrigen, zumal in diesen Tagen die Eidgenossenschaft immer lauter von Kriegslärm ertönte und jene Ereignisse sich folgten, welche man den Burgunderkrieg nennt. Als das Frühjahr da war und der Tag von Grandson nahte, zogen auch die Städte Seldwyla und Ruechenstein, wie andere ihrer Nachbarorte, mit ihren Fähnlein in das Feld, und es war für den Forstmeister sowie für Dietegen eine Erlösung, aus dem gestörten Hause hinauszutreten und die frische rauhe Kriegesluft zu atmen.

Festen Schrittes gingen sie mit ihrem Banner, obwohl schweigsamer als die anderen, und stießen mit den übrigen herbeieilenden Scharen zu dem Gewalthaufen der Eidgenossen, welcher den schon im Streite Stehenden zu Hülfe kam.

Wie ein eiserner Garten stand das lange Viereck geordnet und in seiner Mitte wehten die Fahnen der Länder und Städte. Mann an Mann standen die Tausende, jeder in Zuverlässigkeit und Furchtlosigkeit wieder eine Welt für sich, und alle zusammen doch nur ein Häuflein Menschenkinder.

Da harrte der Leichtsinnige und der Verschwender neben dem Geizigen und dem Sorgenkind seiner Stunde; der Zanksüchtige und der Friedliebende hielten mit gleicher Geduld ihre Kraft bereit; wer schweren Herzens war, hielt sich so still, wie der Prahler und der Redselige; der Arme und Verlassene stand ruhig und stolz neben dem Reichen und Gebietenden. Ganze Gassen sonst im Streite liegender Nachbaren standen gedrängt; aber Neid und Mißgunst hielten den Spieß oder die Hellebarde so fest, wie die Großmut und die Leutseligkeit, und der Ungerechte richtete wie der Gerechte sein Auge auf die nächste Pflicht. Wer mit seinem Leben abgeschlossen und einen Rest seiner Kraft unbeweint zu opfern hatte, galt nicht mehr oder weniger als der aufblühende Knabe, auf dessen Auge die Hoffnung der Mutter und einer ganzen Zukunft stand. Der düster Gesinnte ertrug ohne Murren die halblauten Einfälle des Possenmachers und dieser wiederum ohne Gelächter die kleinen heimlichen Vorkehrungen des Spießbürgers, der neben ihm stand.

Neben dem Banner von Seldwyla ragte dasjenige von Ruechenstein, so daß die Reihen der grollenden Nachbarstädte sich dicht berührten und der Forstmeister, der einen Teil seiner Mitbürger führte und ihren Eckstein bildete, der Nachbar des Ratschreibers von Ruechenstein war, welcher am Ende einer Rotte der Seinigen stand; allein keiner von ihnen schien dessen zu gedenken, was vorgefallen. Dietegen ging mit den Schützen und verlorenen Knaben außerhalb des Gewalthaufens und lebte schon mitten im furchtbaren Getümmel, als dieser sich jetzt plötzlich in Bewegung setzte und in die Schlacht ging, um einen der ersten Kriegsfürsten mit seinem in

Glanz und Üppigkeit strahlenden Heerzuge wie einen Fabelkönig in die Flucht zu schlagen.

Im Drange des harten Streites war der Forstmeister mit einigen seiner Knechte durch burgundische Reiterei von seinem Banner getrennt worden und schlug sich durch die Reiter hindurch, aber nur, um einsam unter feindliches Fußvolk zu geraten; in diesem arbeitete er sich getreulich ein Kämmerlein aus, wie ein fleißiger Bergmann; aber eben, als er sich auch ein Pförtlein in dasselbe gebrochen hatte, kam durch diese Öffnung eine verspätete verirrte Stückkugel Karls des Kühnen und zerschlug ihm die breite Brust, also daß er in einem kurzen Augenblick im Frieden der ewigen Ruhe dalag und nichts ihn mehr beschwerte.

Als Dietegen frisch und gesund aus dem Kampfe und von der Verfolgung der fliehenden Burgunder zurückkam und nach kurzer Nachfrage den gefallenen Freund und Vater fand, begrub er ihn samt seinem Schwerte selbst zwischen die Wurzelarme einer mächtigen Eiche, welche unweit des Schlachtfeldes am Rande eines Haines stand.

Dann zog er mit dem Heere nach Hause und wurde von der Stadt wegen seiner Tapferkeit und Tüchtigkeit für einstweilen in das Forsthaus gesetzt, um dort die Aufsicht zu führen. Mit dem Tode des Forstmeisters war dessen Hausstand aufgelöst. Sein Gut war in den letzten Jahren wegen Unachtsamkeit geschwunden, und Küngolt hatte nichts mehr auf dieser Welt, als sich selbst und die Vorsorge Dietegens, soweit er etwa sorgen konnte, da er selbst ein armes Blut war.

Sie saß unbewegt an ihrem Ofen, die Wangen an die rauhen Bildwerke desselben gelehnt, welche den Verlust des Paradieses darstellten in vier oder fünf Bildern, die sich um den ganzen Ofen herum immer wiederholten; die Erschaffung Adams, diejenige der Eva, der Baum der Erkenntnis und die Verstoßung aus dem Garten. Wenn das Gesicht sie von dem Drucke schmerzte, so löste sie es ab und kehrte es gegen die harten Darstellungen, dieselben immer wieder von neuem betrachtend, indessen ihr Tränen entfielen, wenn sie hiezu etwa wieder so viel Kraft gesammelt hatte. Ja, wenn sie jeweilen zu demjenigen Bildwerke kam, welches die Verstoßung aus dem Garten vorstellte, so empfand sie sogar einen Lachreiz. Denn durch die Unaufmerksamkeit des Töpfers oder Bildners hatte auf dieser Platte Adam statt eines vertieften Nabels ein erhabenes rundes Knöpfchen auf dem Bauche, welches regelmäßig auf jeder Verstoßung wiederkehrte.

Wenn dann aber Küngolt lachen sollte über diese harmlose Erscheinung, so schnürte ihr dagegen das Elend das Herz und die Kehle zusammen, so daß ein erbärmliches Ringen und ein körperlicher Schmerz daraus entstand für einen Augenblick, bis ihr die Augen übergingen und sie das Gesicht verzog, wie jemand, der niesen sollte und nicht kann. Sie vermied daher zuletzt, dieses Bild anzuschauen.

Indessen war auch die Schlacht von Murten geschlagen worden und um die gleiche Zeit die Strafdauer Küngolts zu Ende. Dietegen hatte angeordnet, daß sie in das Forsthaus kommen solle, um dort mit Violanden vor der Hand zu hausen, welche jetzt bescheiden, traurig und ziemlich ordentlich geworden war; denn sie hatte in der späten Verlobung mit dem Forstmeister und seinem Tode doch noch etwas Rechtes erlebt und einigen Halt daran genommen. Dietegen selbst aber kam nicht nach Hause, sondern tummelte sich bis ans Ende jener Kriegszüge im Felde herum.

Damit aber auch er nicht ohne Fehl und Tadel aus diesen Schicksalsläufen hervorgehe, hatten die Gewohnheiten des Krieges, verbunden mit dem stummen Schmerze wegen des Verlorenen, eine gewisse Wildheit in ihn gebracht. Er schloß sich jenen rauhen jungen Gesellen an, welche unter dem Namen des törichten Lebens sich aufgemacht hatten, um die der Stadt Genf im Friedensvertrage auferlegte und von ihr hinterhaltene Brandschatzung auf eigene Faust einzutreiben. Aus burgundischen Beutestücken, die ihm zugefallen, hatte er sich Prunkkleider machen lassen; er trug, hinter der tollen Eberfahne herziehend, Gewand von blaßrotem Burgunderdamast; das eidgenössische Kreuz auf Brust und Rücken war von Silberstoff und mit Perlen besetzt. Den Hut überragte rings eine breite Last von wogenden Straußfedern, den in eroberten Lagern zerstreuten Ritterhüten entnommen. Dolch und Schwert trug er reich an kostbarem Wehrgehänge und neben der Feuerbüchse einen langen Speer, an welchem seine tannenschlanke breitschulterige Gestalt sich lässig lehnte und wiegte, wenn er drohend unter seinem Hute hervorschaute, um einen feigen Lärmmacher oder eine Dirne zu schrecken. Er liebte es, etwa eine schreiende Magd bei den Zöpfen zu packen, ihr einen Augenblick forschend ins Gesicht zu sehen und die Erschrockene oder auch Lachende dann wieder laufen zu lassen.

In solcher Tracht war er, ehe er sich zu dem Zuge des törichten Lebens gesellt hatte, auch einen Augenblick auf dem Försterhofe zu Seldwyla erschienen, einem Abkömmling aus uraltem reinem Volksstamme gleichend, so kühn, sicher, stark und zugleich gelenk bewegte er sich.

Als Küngolt ihn so sah, der er im Vorübergehen ein kaltes wildes Lächeln zugeworfen, wie er es sich im Felde angewöhnt, waren ihre Augen wie geblendet. Während er nun in Welschland lag, war es ihr einziges Tun, über die Vergangenheit zu grübeln und in den glücklichen Tagen der verlorenen Kindheit zu leben. Besonders verweilte ihr Sinnen fast zu jeder Stunde auf jener Waldhöhe, wo die Seldwyler Frauen das vom Tode errettete Kind Dietegen einst in seinem Armensünderhemde gekost und mit Blumen geschmückt hatten, und sie eilte, so oft sie konnte, hinauf und schaute voll Sehnsucht nach dem fernen Südwesten, wo man sagte, daß die drohende Schar der unbezwinglichen Jünglinge sich gelagert habe.

Aber in der gleichen Berggegend, welche vom Ruechensteiner Grenzbanne durchschnitten war, kreiste der Ratsschreiber Schafürli herum, der stetsfort nach Heilung des ihm angetanen Schadens oder aber nach Rache dürstete; denn es waltete in Ruechenstein trotz der vermeintlichen Hexerei wegen der Tötung des Schultheißensohnes doch ein offener und geheimer Haß gegen ihn, den er durch den Tod der von den Seldwylern nach Ruechensteiner Ansicht unbestraft gelassenen Küngolt zu sühnen hoffte. Als daher eines Tages die arme Küngolt achtlos gerade auf einem Grenzsteine saß, und zwar so, daß ihre Füße auf dem Ruechensteiner Boden ruhten, trat Schafürli unversehens mit einem Ratsknechte aus den Bäumen hervor, nahm sie gefangen und führte sie gebunden nach seiner Stadt, wo ihr wegen des durch ihre Zauberei herbeigeführten ungesühnten Todes des Schultheißensohnes sofort von Neuem der Prozeß gemacht wurde.

In Seldwyla war, zumal in diesen aufgeregten Zeitläufen, niemand mehr, der sich ihrer angenommen hätte, auch wenn ein Erfolg in Aussicht gewesen wäre. Es hieß daher bald, ihr Leben werde wohl dahin sein. Nun war es die einst so schlimme Violande, welche, von Reue und Mitleid erschüttert, sich aufraffte und die einzige Hülfe aufsuchte, die ihr denkbar schien. Sie machte sich auf und wanderte Tag und Nacht gegen Westen, um die Bande des tollen Lebens und Dietegen zu finden. Das Gerücht von dem Treiben der verwegenen Schar leitete sie auch bald auf den rechten Weg und sie fand den Gesuchten, wie er eben mit einigen Gefährten in einer Schenke gleichgültig um Geld würfelte.

Sie gab ihm Kunde von dem neuen Unglücke Küngolts und er hörte ihr wider Erwarten aufmerksam zu, sagte aber dann: «Hier kann ich nichts machen! Das ist eine Rechtssache und da die Seldwyler selbst nichts tun, so würde ich keine zehn Gesellen finden, die mir folgen würden, um das Kind zu befreien!»

Violande aber, welche von ihrem früheren Wesen und Treiben her alle möglichen Heiratsfälle im Gedächtnisse hatte, erwiderte: «Gewalt ist auch nicht nötig. Die Ruechensteiner haben seit Altem her die Satzung, daß ein zum Tode verurteiltes Weib von jedem Manne gerettet werden kann und demselben übergeben wird, der sie zu ehelichen begehrt und sich auf der Stelle mit ihr trauen läßt!»

Dietegen schaute der Sprecherin verwundert und wunderlich ins Gesicht, nicht ohne sein spöttisches Soldatenlächeln.

«Ich soll also eine Art Dirne zur Frau nehmen, meint Ihr?» sagte er, indem er seinen hervorsprossenden Schnurrbart drehte und sich sehr ungläubig anstellte, obgleich es ihm durch das Antlitz zuckte. «Sag' nicht Dirne», antwortete Violande, «sie ist es nicht!»

Und plötzlich in Tränen ausbrechend, ergriff sie Dietegens Hände und fuhr fort: «Was sie gefehlt hat, ist meine Schuld, laß es mich bekennen; denn ich wollte Euch trennen und beide aus dem Hause bringen, um den Vater zu bekommen! Darum habe ich das Kind zu allen seinen Torheiten verleitet!»

«Sie hätte sich nicht sollen verleiten lassen», rief Dietegen, «ihre Eltern sind von guter Art gewesen; aber sie ist nicht geraten!»

«Und ich schwöre Dir bei meiner Seligkeit», rief Violande, «es ist alles wie vom Feuer weggebrannt, was sie verunziert hat; sie ist gut und sanft und liebt Dich so, daß sie schon längst sich ein Leid angetan hätte, wenn Du nicht in der Welt zurückbleiben würdest. Übrigens gedenke doch dessen, was Du ihr schuldest! Würdest Du jetzt in Deiner Kraft und Schönheit dastehen, wenn sie Dich nicht aus dem Sarge des Henkers genommen hätte? Und gedenke auch der Mutter Küngolts und ihres braven

Vaters, die Dich erzogen haben, wie ihr eigenes Kind. Und bist denn Du der einzige Richter über den Fehl eines schwachen Kindes? Hast Du selbst noch nie Unrecht getan? Hast Du keinen Mann erschlagen in Deinen Kriegen, dessen Tod nicht gerade nötig gewesen wäre? Hast Du keine Hütten von Armen und Wehrlosen verbrannt? Und wenn Du auch dies nicht getan, hast du immer Barmherzigkeit geübt, wo Du es gekonnt hättest?»

Dietegen errötete und sagte: «Ich will nichts geschenkt haben und niemandem etwas schuldig bleiben! Wenn es sich verhält, wie Ihr sagt, mit dem Ruechensteinischen Rechtsbrauche, so will ich hingehen und das Kind zu mir nehmen! Möge Gott mir und ihr dann weiter helfen, wenn sie nicht mehr recht tun kann!»

Sogleich gab er der gänzlich erschöpften Frau, die ihm nicht hätte folgen können, einiges Geld, womit sie sich etwas pflegen und zur Rückreise stärken sollte. Er selbst ging augenblicklich, seine Waffen ergreifend, auf und davon, quer durch das Land, und ruhte nicht, bis er die finstere Stadt Ruechenstein erblickte.

Dort hatten sie nicht lange Spaß gemacht, sondern nach wenig Tagen die Küngolt, die im kalten Turme saß, zum Tode verurteilt, und zwar wegen ihres unbescholtenen Vaters, der für das Vaterland gefallen sei, aus besonderer Milde zum Tode durch Enthauptung, statt durch Feuer oder Rad oder eine andere ihrer üblichen Praktiken.

Sie wurde demgemäß zum Tore hinausgeführt nach dem Richtplatze, barfüßig und mit nichts als dem Armensünderhemde bekleidet, Nacken und Rücken von dem schweren flatternden Haare bedeckt. Schritt für Schritt ging sie ihren Todespfad, inmitten ihrer Peiniger, zuweilen strauchelnd, aber gefaßten Mutes, da sie sich ergeben und aller weiteren Lebens- und Glückeshoffnung entschlagen hatte. «So kann es einem ergehen!» dachte sie mit einem fast merklichen Lächeln, und erst als sie plötzlich wieder an Dietegen dachte, entfielen ihren Augen süße

Tränen; denn sie bedachte auch, daß er ihr sein blühendes Leben danke, und sie fühlte sich durch dieses Erinnern getröstet, so selbstlos und gut war ihr Herz geworden.

Schon saß sie auf dem Stuhle und war gewissermaßen froh, daß sie nur sitzen und ausruhen konnte von dem mühseligen Gang. Sie schaute zum letzten Mal über das Land hin und in den blauen Schmelz der Ferne. Da verband ihr der Henker die Augen und schickte sich an, ihr das reiche Haar abzunehmen, soweit es unter der Binde hervorquoll, als Dietegen in einiger Entfernung zum Vorschein kam und mächtig rufend seinen Hut und seinen Spieß schwenkte. Gleichzeitig aber, um die Handlung aufzuhalten, riß er seine Büchse von der Schulter und sandte eine Kugel über den Kopf des Henkers weg. Überrascht und erschreckt hielten die Richter inne und alles griff zu den Waffen, als der reisige Jüngling in weiten Sätzen heran und auf das Blutgerüst sprang, daß dasselbe von der Wucht seines Sprunges beinahe zusammenbrach. Die sitzende Küngolt bei der Schulter fassend, da ihre Hände auf dem Rücken gebunden waren, suchte er eine Weile nach Atem, eh' er sprechen konnte. Die Ruechensteiner, als sie sahen, daß er allein war und kein weiterer Überfall erfolgte, harrten der Dinge, die da kommen sollten, und als er endlich sein Begehren erklären konnte, traten sie zur Beratung der Angelegenheit zusammen.

Sowohl ihre Art, an den einmal herrschenden Rechtsgewohnheiten unverbrüchlich festzuhalten, als das Ansehen, welches Dietegen in diesen kriegerischen Tagen und mit seiner ganzen Erscheinung behauptete, ließen den Handel ohne Schwierigkeit beilegen, nachdem der grämliche Verdruß über die ungewöhnliche Störung einmal überwunden war. Selbst der Ratsschreiber, der sich nicht versagt hatte, sein Amt in dieser Sache selbst zu versehen und sich von dem Untergange der Hexe zu überzeugen, verbarg sich, so gut er konnte, um den wilden Kriegsmann, dessen Hand er trotz seines Mutes fürchtete, nicht auf sich aufmerksam zu machen.

Der gleiche Priester, der vorher mit der Verurteilten gebetet hatte, mußte nun stehenden Fußes die Trauung auf dem Gerüste vornehmen. Küngolt wurde losgebunden, auf die schwankenden Füße gestellt und befragt, ob sie diesem Manne, der sie zu ehelichen begehre, als seine rechte Ehefrau folgen und ihm ihre Hand geben wolle.

Stumm blickte sie zu ihm auf, der das erste war, was sie nach abgenommener Augenbinde von der Welt wieder sah, und sie blickte wie in einen Traum hinein; doch um, auch wenn es ein solcher wäre, nichts zu verfehlen, nickte sie, da sie nicht reden konnte, mit Geistesgegenwart und geisterhaft drei oder vier Mal, und gleich darauf noch ein paar Mal, so daß selbst die düstern Ratsmänner gerührt wurden und die Zitternde stützten, als sie hierauf in aller Form mit dem Manne verbunden wurde.

Erst jetzt wurde sie ihm mit Leib und Leben, wie sie stand und ging, ohne Nachwähr noch irgend einigen Anspruch auf Gut oder Schadenersatz, übergeben, gegen Erlegung der Gebühr für den Trauschein dem Pfaffen und Bezahlung von zehn Kopf Weins für den Scharfrichter und seine Knechte, als Hochzeitgabe, auch drei Pfund Heller für ein neues Wams dem Scharfrichter.

Als er alles bezahlt hatte, nahm Dietegen sein Weib bei der Hand und verließ mit ihr den Richtplatz. Weil er sie aber nehmen mußte, wie sie stand und ging, und sie barfuß und mit nichts als dem Totenhemde bekleidet, auch die Jahreszeit noch früh und kühl war, so befand sie sich nicht gut und konnte nicht wohl neben dem Manne fortkommen. Er hob sie daher vom Boden auf den Arm, schob seinen Hut über die Schultern zurück, sie schlang sogleich die Arme um seinen Nacken, legte ihr Haupt auf das seinige und schlief nach wenigen Schritten ein, die er mit dem Speer in der andern Hand zurücklegte. So wandelte er rüstig weiter auf einsamer Höhe und fühlte, wie sie im Schlafe leise weinte und ihr Atem in süßer Erlösung freier wurde, und als ihre Tränen seine Stirne benetzten, da wurde es ihm zu Mute, als ob er vom seligen Glücke selbst getauft würde, und dem rauhen starken Gesellen rollten die eigenen Tränen über die Wangen. Sein war das Leben, das er trug, und er hielt es, als ob er die reiche Welt Gottes trüge.

Als sie auf der Stelle anlangten, wo er selbst als Kind im Sünderhemdchen unter den Frauen gesessen und kürzlich Küngolt gefangen worden war, schien die Märzensonne so hell und warm, daß ein kurzes Ausruhen erlaubt schien. Dietegen setzte sich auf den Grenzstein und ließ seine reiche Last sachte auf seine Knie nieder; der erste Blick, den die Erwachende ihm gab, und die ersten armen Wörtchen, die sie nun endlich stammelte, bestätigten ihm, daß er nicht sowohl eine Pflicht treu erfüllt, als eine neue eingegangen habe, nämlich diejenige, so gut und wacker zu werden, daß er des Glückes, das ihn jetzt beseelte, auch allezeit wert sei.

Der Boden um den Markstein her war schon mit Maßliebchen und andern frühen Blumen besäet, der Himmel weit herum blau, und kein Ton unterbrach die Nachmittagsstille, als der Gesang der Buchfinken in den Wäldern.

Weiter sprachen sie nun nichts, sondern atmeten einträchtiglich in die laue Luft hinaus; endlich aber erhoben sie sich, und weil der Weg nur noch über weichen Moosboden durch die Buchenwaldung abwärts führte nach dem Forsthause, so gingen sie nun nebeneinander hin.

Unversehens griff Küngolt an ihr Goldhaar, welches sie erst jetzt abgeschnitten glaubte, und da sie es noch fand, wie es gewesen, stand sie still und sagte zu Dietegen, indem sie ihn treuherzig ansah: «Kann ich nicht noch ein Brautkränzchen bekommen?»

Er sah sich um und gewahrte eine glänzend grüne Stechpalme. Rasch schnitt er einen starken Zweig von dem Strauche, machte einen Kranz daraus und setzte ihr denselben sorgsam aufs Haupt mit den Worten: «Es ist ein rauher Brautkranz, aber wehrhaft, wie unsere Ehre es jederzeit sein soll! Wer sie mit Wort oder Tat beleidigen will, wird die Strafe fühlen!»

Er küßte sie hierauf ein einziges Mal fest unter ihrem Kranze und sie ging zufrieden weiter mit ihm.

Das Forsthaus stand leer und verlassen, als sie es erreichten. Das Gesinde hatte sich wegen der vermeintlichen Hinrichtung teils aus Trauer, teils aus ungetreuem Leichtsinn verlaufen und niemand kehrte an diesem Tage mehr zurück. Um so traulicher wurde das rasch auflebende junge Weib mit jedem Augenblick. Sie eilte von Schrank zu Schrank, von Kammer zu Kammer, und bald erschien sie in dem köstlichen Brautkleid ihrer Mutter, von welchem sie ihrem jetzigen Manne in jener Nacht erzählt, als sie zusammen im gleichen Kinderbettchen gelegen. Dann deckte sie den Tisch mit festlichen Linnen und trug auf, was sie an Speise und Wein hatte finden und bereiten können.

In dieser Stille und Einsamkeit saßen sie nun neben einander, sie in ihrem Kranze und er mit abgelegten Waffen, und nachdem sie ihr einfaches Mal genossen, gingen sie zur Ruhe: «So kann es einem ergehen!» sagte Küngolt heute zum zweiten Male und mit leichterem Herzen leise vor sich hin, als sie zufrieden an der Seite ihres Mannes lag; denn es blieb immer ein Restchen von Schalkheit in ihr.

Dietegen wurde ein angesehener Mann durch das Kriegswesen, nicht besser als andere jener Zeit, vielmehr den gleichen Fehlern unterworfen. Er wurde ein Feldhauptmann, der für oder wider die fremden Herren Partei nahm, Söldner warb, Gold und Beute raffte und so von Krieg zu Krieg sein Wesen trieb, gleich den Ersten seines Landes, so daß er emporkam und einen oft gewalttätigen Einfluß übte. Allein mit seiner Frau lebte er in ununterbrochener Eintracht und Ehre und gründete mit ihr ein zahlreiches Geschlecht, das jetzt noch in Blüte steht in verschiedenen Ländern, wohin der kriegerische Zug der Zeiten die Vorfahren einst getrieben.

Violande ihrerseits war bald nach der Hochzeit Dietegens und Küngolts, die ihr zum Troste gereicht hatte, in ein wirkliches Kloster gegangen und eine wirkliche Nonne geworden, welche den Kindern Küngolts zuweilen allerlei Backwerk und Näschereien sandte. Auch gefiel sie sich darin, wenn Herr Dietegen auf der Höhe seines Ansehens etwa große Gasterei hielt und mit langem Bart und goldener Ritterkette da saß, als geistliche Frau auf Besuch zugegen zu sein mit einem goldenen Kreuze auf der Brust, und intrigante höfliche Reden mit den Kriegsherren zu wechseln.

Wie Küngolt im Anfange des sechszehnten Jahrhunderts ausgesehen, ist noch aus dem Bilde eines guten Malers zu entnehmen, welches in einer bekannten Galerie hängt und laut Inschrift ihr Bildnis ist. Man sieht da eine schlanke feine Patrizierfrau, deren schöne Gesichtszüge einen gewissen tiefen Ernst verkünden, durchblüht aber von sanfter kluger Laune.

Auch sie starb noch in guten Jahren an einer Erkältung, gleich ihrer Mutter, der Forstmeisterin, als nämlich ihr Mann in einem der Mailänder Feldzüge endlich ums Leben kam und auf dem Friedhofe eines lombardischen Kirchleins begraben wurde. Sie eilte hin, in der Absicht, ihm ein Grabmal zu errichten, in der Tat aber, um ungesehen eine lange Regennacht hindurch auf seinem Grabe zu sitzen, so daß ein Fieber sie in zwei Tagen dahin raffte und sie an der Seite Dietegens ihre Ruhestatt fand.

DAS VERLORENE LACHEN

Erstes Kapitel

Drei Ellen gute Bannerseide,
Ein Häuflein Volkes, ehrenwert,
Mit klarem Aug', im Sonntagskleide,
Ist alles, was mein Herz begehrt!
So end' ich mit der Morgenhelle
Der Sommernacht beschränkte Ruh'
Und wandre rasch dem frischen Quelle
Der vaterländschen Freuden zu.

Die Schiffe fahren und die Wagen,
Bekränzt, auf allen Pfaden her;
Die luftge Halle seh' ich ragen,
Von Steinen nicht noch Sorgen schwer;
Vom Rednersimse schimmert lieblich
Des Festpokales Silberhort:
Heil uns, noch ist bei Freien üblich
Ein leidenschaftlich freies Wort!

Und Wort und Lied, von Mund zu Munde,
Von Herz zu Herzen hallt es hin;
So blüht des Festes Rosenstunde
Und muß mit goldner Wende fliehn!
Und jede Pflicht hat sie erneuet,
Und jede Kraft hat sie gestählt
Und eine Körnersaat gestreuet,
Die niemals ihre Frucht verhehlt.

Drum weilet, wo im Feierkleide
Ein rüstig Volk zum Feste geht
Und leis die feine Bannerseide
Hoch über ihm zum Himmel weht!
In Vaterlandes Saus und Brause,
Da ist die Freude sündenrein,
Und kehr' nicht besser ich nach Hause,
So werd' ich auch nicht schlechter sein!

Dieses Lied sang der Fahnenträger des Seldwyler Männerchors, welcher an einem prachtvollen Sommermorgen zum Sängerfeste wanderte. Nachdem die Herren am Abend vorher aufgebrochen und einen Teil des Weges auf der Schienenbahn befördert worden waren, hatten sie beschlossen, den Rest in der Morgenkühle zu Fuß zu machen, da es nur noch durch schöne Waldungen ging.

Schon breitete sich der glänzende See vor ihnen aus mit der bunt beflaggten Stadt am Ufer, als die sechzig bis siebzig jüngeren und älteren Männer des Vereines in zerstreuten Gruppen durch einen herrlichen Buchenwald hinabstiegen und das hinter den großen Stämmen wohnende Echo mit Jauchzen und einzelnen Liederstrophen widerhallen ließen, auch etwa einem weiterhin niedersteigenden Fähnlein antworteten.

Nur der allen vorausziehende Fahnenträger, ein schlank gewachsener junger Mann mit bildschönem Antlitz, sang sein Lied vollständig durch mit freudeheller und doch gemäßigter Baritonstimme. Geschmückt mit breiter reichgestickter Schärpe und stattlichem Federhut, trug er die ebenso reiche, schwere Seidenfahne, halb zusammengefaltet, über die Schulter gelegt, und deren goldene Spitze funkelte hin und wieder im grünen Schatten, wo die Strahlen der Morgensonne durch die Laubgewölbe drangen.

Als er nun sein Lied geendet, schaute er lächelnd zurück und man sah das schöne Gesicht in vollem Glücke strahlen, das ihm jeder gönnte, da ein eigentümlich angenehmes Lachen, wenn es sich zeigte, jeden für ihn gewann.

Unser Jukundi, sagten die hinter ihm Gehenden zu einander, wird wohl der schönste Fähnrich am Feste sein. Er führte nämlich den heiter klingenden Namen Jukundus Meyenthal und wurde mit allgemeiner Zärtlichkeit schlechtweg der Jukundi genannt. Es erwahrte sich auch die Hoffnung; denn als die Seldwyler, am Orte angekommen, sich zum Einzuge unter die langen Sängerscharen reihten, erregte seine Erscheinung, wo sie durchzogen, überall großes Wohlgefallen.

Denjenigen, welche schon mehrere Feste gesehen hatten, war er auch schon auf das Vorteilhafteste bekannt als eine mustergültige Festerscheinung. Von steter Fröhlichkeit und Ausdauer vom ersten bis zum letzten Augenblicke, war Jukundi dennoch die Ruhe und Gelassenheit selbst; immer sah man ihn teilnehmend an jeder allgemeinen Freude und an jeder besondern Ausführung, ausharrend und hülfreich, nie überlaut oder gar betrunken. Den schreienden Possenmacher wußte er zu ertragen, wie den übellaunischen Festgast, der sich übernommen und die Freude verdorben hatte, und beide verstand er voll Duldung und Freundlichkeit aus allerlei Fährlichkeiten zu erlösen, wenn die allgemeine Geduld zu brechen drohte, und sie aus beschämendem Schiffbruche zu erretten. Selbst den bewußtlosen Jähzornigen führte er, alle Schmähungen überhörend, mit stillem Geschicke aus dem Gedränge und erwarb sich Dank und Anhänglichkeit des Nüchterngewordenen.

In dieser Übung konnte er übrigens nur als eine Darstellung aller Seldwyler gelten, wenn sie zu Feste zogen. So ungeregelt und müßig sie sonst lebten, so sehr hielten sie auf Ordnung, Fleiß und gute Haltung bei solchen Anlässen. Rühmlich zogen sie auf und wieder ab, eine gut gemusterte, einige Schar, so lange die Lustbarkeit dauerte, und sich im Voraus auf die zwanglose Erholung freuend, welche zu Hause nach so ernster Anstrengung sich langehin zu gönnen sein werde.

In dieser Weise hatten sie auch den Gesang, mit welchem sie am Sängertage um den Preis zu ringen gedachten, trefflich eingeübt und schonten ihre Stimmen mit großer Entbehrung. Sie hatten eine Tondichtung gewählt, welche «Veilchens Erwachen!» betitelt und auf irgend ein nichtssagendes Liedchen aufgebaut, aber so künstlich und schwer auszuführen war, daß es schon Monate vorher ein großes Gerede gab an allen Orten, als ob die Seldwyler zu viel unternommen und sich dem Untergang ausgesetzt hätten.

Als aber der Tag der Wettgesänge vorgerückt war und in der mächtigen weiten Halle Tausende von Hörern vor fast soviel tausend Sängern saßen und das Häuflein der Seldwyler, da ihre Stunde gekommen, mit dem Banner einsam vortrat in dem Menschenmeere, da hielten sie den ebenso zarten als schweren Gesang durch alle schwierigen Harmonien und Verwickelungen hindurch aufrecht ohne Wanken, und ließen ihn so weich und rein verhauchen, daß man das blaue Veilchenknöspchen glaubte leise aufplatzen und das erste Düftlein durch die Halle schweben zu hören.

Rauschend, tosend brach der Beifall nach der atemlosen Stille los, die erhabenen Kampfrichter nickten vor allem Volke sichtbar mit den Häuptern und sahen sich an, die goldenen Dosen ergreifend, Ehrengeschenke entlegen wohnender Fürsten und Völker, und sich gegenseitig Prisen anbietend; denn es befanden sich von den ersten Kapellmeistern darunter.

Die Seldwyler selbst traten mit ruhiger Haltung zurück und wußten ohne Aufsehen aus der Schlachtordnung sich hinauszuwinden, um in einem schattigen Garten ein mäßiges Champagnerfrühstück einzunehmen. Keiner begehrte mehr als seine drei Gläser zu trinken, niemand merkte, wo sie gewesen seien, als sie wieder in der Halle sich einfanden.

Dergestalt würdig verhielten sie sich während der Dauer des ganzen Festes, bis die Stunde der Preiserteilung kam. Das Gold der Nachmittagssonne durchwebte den bis zum letzten Platz angefüllten Festbau, welcher mit rotem Tuch und Grün ausgeschlagen, mit vielen Fahnen geschmückt, in feierlichem Glanze wie zu schwimmen schien. Auf erhöhter Stelle, wo die zu Preisen und Festgeschenken bestimmten Schalen und Hörner in Gold und Silber leuchteten, saßen einige Jungfrauen, auserwählt, die Kränze an die gekrönten Sängerfahnen zu binden.

Oder vielmehr dienten sie der Schönsten und Größten unter ihnen zum Geleit, der schönen Justine Glor von Schwanau, welche sich mit vieler Mühe hatte erbitten lassen, das Anbinden der Kränze zu übernehmen. Sie sah auch aus wie eine Muse; in reichgelocktem braunem Haar trug sie einen frischen Rosenkranz und das weiße Gewand rot gegürtet.

Aller Augen hafteten an ihr, als sie sich erhob und den ersten Kranz ergriff, welcher soeben den Seldwylern unter Trompeten- und Paukenschall zugesprochen worden war. Zugleich sah man aber auch den Jukundus, der unversehens mit seiner Fahne vor ihr stand und in frohem Glücke lachte. Da strahlte wie ein Widerschein das gleiche schöne Lachen, wie es ihm eigen, vom Gesichte der Kranzspenderin, und es zeigte sich, daß beide Wesen aus der gleichen Heimat stammten, aus welcher die mit diesem Lachen begabten kommen. Da jedes von ihnen sich seiner Eigenschaft wohl mehr oder weniger bewußt war und sie nun am anderen sah, auch das Volk umher die Erscheinung überrascht wahrnahm, so erröteten beide, nicht ohne sich wiederholt anzublicken, während der Kranz angeheftet wurde.

Eine Stunde später ordnete sich der letzte und rauschendste Zug durch die Feststadt, unter den unzähligen Wimpeln und Kränzen und durch das wogende Volk hindurch, indem die gewonnenen Festgeschenke und die gekrönten Fahnen umhergetragen wurden. Da sahen sich die beiden wieder, als Justine von der Gartenzinne ihrer Gastfreunde aus den Zug anschaute und Jukundus vorüberziehend seine Fahne schwenkte; und am Abend ereignete es sich, da das gute Glück heute besonders fleißig war, daß Jukundus während des Schlußbankettes der Schönen am gleichen Tische gegenüber zu sitzen kam, so daß sie um Mitternacht schon in aller Fröhlichkeit und Freundlichkeit an einander gewöhnt waren.

Sie trafen sich auch am nächsten Morgen als gute Bekannte auf einem großen beflaggten Dampfboote, welches die Festregierung mit einer Zahl eingeladener Verdienst- und Ehrenpersonen und auswärtiger Freunde zu einer Luftfahrt den See entlang tragen sollte. Ein wolkenloser Himmel breitete sich über Wasser, Land und Gebirge und öffnete die letzten Quellen edler Freude, welche noch verschlossen sein konnten. Das Schiff durchfurchte das tiefgrüne kristallene Wasser, bald von den Klängen guter Musik getragen, bald von Liedern umtönt. Von den blühenden Ortschaften an den weithin sich ziehenden Ufern rechts und links schallten Grüße und winkten Fahnen herüber, und mit Stolz wies man den Gästen das wohlbekannte Land, die reiche Wohnsitze und Ortschaften. Ein stattlicher Kranz von Frauen saß auf erhöhtem Platze des Schiffes, unter ihnen Justine Glor in schöner einfacher Modekleidung, den Sonnenschirm in der Hand, so daß Jukundus, als er in seiner Fahnenträgertracht grüßend vor sie trat, überrascht von ihrem veränderten und fast noch feineren Aussehen, beinahe befangen wurde. Sie wechselten jedoch nur wenige Worte, wie zu geschehen pflegt, wenn ein reichlich langer Sommertag zu Gebote steht.

Als eine Weile später Jukundus wieder in ihre Nähe kam, winkte sie ihm und teilte ihm mit, daß ihre Eltern in Schwanau, welches am oberen Teile des Sees lag, die ganze Gesellschaft auf den Abend in ihre Gärten einladen, daß das Schiff dort vor Anker gehen würde, und daß sie hoffe, er werde auch so lange dabei bleiben. Diese vertrauliche Mitteilung, von der nur noch wenige wußten, trug ihm sofort Anspielungen und Glückwünsche der Umstehenden ein, die er bescheidentlich ablehnte, aber gerne vernahm.

In der Tat wurde es bald kund, daß das Schiff gegen

Abend in Schwanau anhalten würde und daß alle gebeten seien, die letzte Erfrischung im Besitztume der Familie Glor einzunehmen. Dieselbe tat das der Tochter zu Ehren, um zu zeigen, daß sie wo zu Hause sei und eigentlich nicht nötig habe, an fremden Festtafeln zu sitzen, sondern selbst ein Fest geben könne. Denn es waren Leute, die auf ihre Besitztümer, als selbsterworbene, etwas viel hielten.

Um also den vielverheißenden Abend unverkürzt zu genießen, wurden die Aufenthalte an den übrigen Uferorten, wo das Schiff erwartet wurde, genau abgemessen und innegehalten, und das tönende und singende Schiff fuhr rechtzeitig quer über den funkelnden See, von Kanonenschlägen begrüßt, nach Schwanau hinüber und legte an, wo die hohen Bäume der Glorschen Gärten sich im Wasser spiegelten und darüber weg von den Terrassen und Hügeln ihre Häuser glänzten.

Während das Sängervolk sich unter den Bäumen ausbreitete, verschwand Justine im Hause, um den Ihrigen Handreichung zu tun, wogegen der Vater und die Brüder sich um die zahlreichen Gäste und deren Begrüßung bemühten. In Lauben und Veranden waren Niederlassungen für die Frauen mit den entsprechenden Erfrischungen bereitet; in einer frischgemähten Wiese, unter Fruchtbäumen, lange Tische für die Männer gedeckt. Es dauerte aber nicht lange, so waren auch alle Frauen auf der Wiese, angelockt von den Scherzen, Possen und Neckereien, welche die junge Männerwelt unter sich trieb, um ein Aufsehen zu erregen. Und es gab genug zu schauen und zu lachen, da Laune und Geschicklichkeit der einzelnen hundert kleine artige Erfindungen und Stücklein hervorbrachten, wobei das Naivste, mit guter Art entstanden, in der allgemeinen glücklichen Stimmung den herzlichsten Beifall weckte. Selbst ein unvermutet geschlagener Purzelbaum fand seine Gönner und sogar der unglückliche Virtuose, welcher auf seinem Frisierkamm allen Ernstes eine gefühlvolle Weise hatte blasen wollen und daran scheiterte, freute sich über die ungetrübte Heiterkeit, die er erweckt, und tat den ihm aufgesetzten Strohkranz nicht mehr vom Kopfe.

Nur Jukundus fühlte sich etwas vereinsamt in dem Treiben, weil er Justinen gar zu lange nicht mehr erblickte, an die er schon ein kleines Anrecht zu haben glaubte, wenigstens für diesen letzten Tag. Indessen fand sich eine holde Erlösung, da unversehens die Jungfrau dicht bei ihm stand, ohne daß er wußte, wo sie her kam, und ihn dem Vater und den Brüdern vorstellte als den Bannerherrn des erstgekrönten Vereines. Er wurde von den Männern höflich und auch freundlich gegrüßt und willkommen geheißen, aber nicht ohne jene feste kühle Haltung, welche so reiche Arbeitsherren einem nichts oder wenig besitzenden Seldwyler gegenüber bewahren mußten, insofern er etwa Mehreres vorzustellen gedächte, als einen stattlichen Festbesucher.

Der gutmütige Sänger fühlte das doch augenblicklich und wurde etwas verlegen, so auch Justine, welche ihn darum zur Entschädigung weiter führte, als die Herren weggegangen, und ihm das Gut zu zeigen vorschlug.

Zwei gleichgebaute, villenartige Häuser neuesten Styles, welche zunächst dem See in den schattigen Anlagen standen, bezeichnete sie ihm als die Wohnungen der beiden Brüder, wovon jeder schon seine eigene Familie gegründet hatte, ohne deswegen aus der Gesamtfamilie auszuscheiden. Dann stieg sie mit ihm Wege und Treppen empor bis wo über den Wipfeln der unteren Bäume die Wohnung der Eltern stand, worin sie selber lebte, von etwas älterer Bauart, aber immerhin ein stattliches Herrenhaus, umgeben von Wirtschaftsgebäuden und Ställen; weiterhin sah man lange hohe Gewerbshäuser mit zahllosen Fenstern, welche an die staubige Landstraße grenzten, die hier vorüberführte. Jenseits der Straße aber, an dem ansteigenden Bergabhang, dehnten sich Äcker, Weinberge und Wiesen mit Wäldern von Obstbäumen und hoch über allem diesem zeigte ihm Justine das Haus der Großeltern als den Stammsitz der Ihrigen, in der Abendsonne weit über das Land hin schimmernd, ein weitläufiges vornehmes Bauernhaus von altertümlicher Bauart, mit hellen Fensterreihen, weißem Mauerwerk und buntbemaltem Holzwerk an Dach und Scheunen, mit steinernen Vortreppen und künstlich geschmiedeten eisernen Geländern. Hier hausten der Großvater und die Großmutter mit ihrem Gesinde, beide achtzigjährige Landleute, beide noch täglich und stündlich schaffend und befehlend, zähe und gestrenge alte Personen von einfachster Lebensweise und stets fertig mit ihrem Urteil über alle Jüngeren, wie Justine ihrem Begleiter sie schilderte. «Wollen wir noch schnell hinaufgehen und sie grüßen, da sie es verschmähen, von ihrer Höhe herunter zu steigen und unsere Lustbarkeit anzusehen? Es ist eine herrliche Aussicht dort oben!» so sagte das Mädchen. Aber Jukundus empfand eine Art Scheu vor den Alten und dankte höflich für weitere Bemühung seiner Führerin, da ihn überdies all das ausgedehnte Wesen eher ängstigte als erfreute.

Sie kehrten daher wieder zurück und mischten sich unter die Festgenossen, die je länger je lustiger wurden, bis im Osten der Vollmond aufging und nach dem Niedergang der Sonne hinüberschaute, so daß Rosen und Silber sich in den Lüften und auf den Wassern vermengten und das Schiff zur Abfahrt bereitet, auch bald bestiegen wurde.

Es gab ein Gedränge hiebei, da jeder den Wirten, die am Ufer standen, die Hand geben wollte, während die Schiffleute zur Eile mahnten. So kam es, daß Jukundus Meyenthal von seinem Vorhaben, von der schönen Justine Abschied zu nehmen, abgedrängt wurde und dem Strome folgen mußte, da sie nicht am Wege stand. Freilich schüttelten auch ihm Vater und Brüder die Hand, flüchtig sprechend: «Es hat uns gefreut»; aber der eine nannte ihn Herr Thalmeyer, der andere Meienberg, der dritte gar Herr Meierheim, und keiner sagte: Auf Wiedersehen!

Als das Schiff in den Abendglanz hinausfuhr, sah er sie auch nicht mehr, da sie mit den anderen Frauen im dunkelnden Schatten der Bäume stand.

Zu Hause lebte Jukundus bei seiner Mutter, deren einziger Sohn und Jukundi er war und deren große Hoffnung. Weil der Vater früh gestorben, so hatte er das von auswärts zugebrachte Vermögen der Frau nur halb aufbrauchen und sie mit der anderen Hälfte den Sohn aufziehen können; und es war auch jetzt noch etwas da, obschon er noch keinen entschiedenen Anlauf gemacht und noch wenig erworben hatte. Aber es war von ihm auch noch nichts verschwendet worden, weil er der Mutter, von welcher er seine Schönheit und Gesundheit besaß und die ihn mit Freundlichkeit liebte, leidlich gehorchte und sich von ihr leiten ließ.

Bei einem bestimmten Berufe war er noch nicht geblieben. Zuerst hatte es geschienen, daß er für technisches Wesen Neigung zeige, und er war deshalb eine Zeitlang auf die Bureaux eines Ingenieurs gegangen. Dann änderte sich aber diese Stimmung zu Gunsten des Kaufmannsstandes und er trat in ein Geschäft ein, welches bald darauf aus Mißgeschick sich auflöste, ohne daß er viel einbüßte; jetzt war er gerade in der Richtung, sich dem Militärwesen zu widmen, indem er sich zu einem Unterrichts- und Stabsoffizier ausbildete. Da er hiebei den größten Teil des Jahres auf den Waffenplätzen zuzubringen hatte und Sold empfing, so gewährte das für einstweilen ein stattliches Dasein, ohne daß es bei seiner mäßigen Lebensweise großen Zuschuß eigener Mittel erforderte.

Als er nun nach dem Feste in schmuckem Kriegsgewand und den Säbel an der Seite zu Pferde saß, beschaute ihn seine Mutter mit Wohlgefallen und bemerkte dabei, daß sein anmutiges Lächeln eine kleine Beimischung von Melancholie oder dergleichen gewonnen hatte. Er schien auszusehen wie einer, der irgend ein Heimweh oder eine Sehnsucht aufgelesen hat. Sie dachte darüber nach und stellte auch einige vorsichtige Forschungen an, und als sie von dem Abenteuer mit der Kranzjungfrau hörte und wie er etwa von den andern damit geneckt wurde, ging ihr ein Licht auf, bei dessen Scheine sie sofort still an die Arbeit ging, um ein Glück zu schaffen, wohl angemessen und gut genäht.

Nachdem sie mehr aus den Mienen als aus den wenigen Äußerungen Jukundis gemerkt hatte, daß sich dem also verhielte, wie sie meinte, daß er aber als ein bescheidener und die Verhältnisse wohl durchschauender Mensch kaum große Unternehmungslust verspürte, sagte sie vor der Hand nichts mehr. Als aber der Sommer vorgerückt war, verkündigte sie, zum ersten Male in ihrem Leben, daß sie in ihren Jahren doch anfangen müsse, etwas für die Gesundheit zu tun und für einige Wochen einen schönen Kurort zu besuchen Lust habe, wenn Jukundus die Kosten nachher mit ihr gemeinschaftlich durch Sparsamkeit wieder einbringen wolle. Er erklärte sich sofort dazu bereit und sie reiste vergnügt hierüber und in bester Gesundheit ab, mit ihrem schönsten Staate beladen.

Sie gab ihrem Sohne die Weisung, dannzumal, wenn sie ihn benachrichtigen würde, sie heimzuholen, und es aber so einzurichten, daß er auch noch einige Tage an jenem Orte verweilen könne.

Bald darauf tauchte sie in der nicht unberühmten und herrlich in einer Gebirgsgegend gelegenen Kuranstalt auf und setzte sich wohlgeputzt, aber mit unbefangener Haltung unten an die Tafel, an welcher oben die reiche und hochangesehene Frau Gertrud Glor von Schwanau mit ihrer schönen Tochter Justine saß und die Gelegenheit beherrschte. Sie war ebenso hoch gewachsen wie die Mutter Jukundi, aber bedeutend fester, mit weisen und etwas strengen Blicken, und gab gern zu verstehen, daß man sie nicht nur im Kreise der Ihrigen, sondern auch in der Gemeinde, ja wohl noch in weiteren Bezirken, eine «Stauffacherin» nenne, wahrscheinlich weil sie auch Gertrud heiße, wie die rat- und tugendreiche Ehewirtin in Schillers berühmtem Schauspiele Wilhelm Tell.

Sie ließ sich aber etwan belehren, daß man gar wohl wisse, was der Name zu bedeuten habe, und daß er das Ideal einer klugen und starken Schweizerfrau bezeichne, einen Stern und Schmuck des Hauses und Trost des Vaterlandes.

Frau Meyenthal hörte das am ersten halben Tage, den sie am Orte zubrachte, hielt sich aber ganz still und zurückgezogen, und erst gegen Ende des zweiten Tages, als Frau Gertrud nicht mehr dulden konnte, daß ein weiblicher Ankömmling von ihr ungekannt sei, ließ die Mutter Jukundi sich von ihr abfangen und in ein höfliches, kurzes Gespräch verwickeln. Doch fand sie im Verlaufe desselben rasch die Gelegenheit, die Hand der festen Dame zu ergreifen und in herzlichem Tone mitzuteilen, sie fühle sich gedrängt, ihre Freude darüber zu äußern, daß sie eine solche wahrhafte Stauffacherinnengestalt kennen gelernt habe! Man erwarte jeden Augenblick, sie aus einem wappen- und spruchgezierten Schwyzerhause hervortreten zu sehen und wie sie die trostreiche Hand auf die Schulter des sorgenvollen Eheherrn lege!

Während Frau Glor von Schwanau wohlgefällig errötete, erschrak ihrerseits Frau Meyenthal, als während ihrer Rede ihre Augen die schöne Tochter Justine überflogen, die dabei stand; sie sah deren holdes Lächeln, welches dasjenige ihres Sohnes war, genau mit dem gleichen Schatten einer leisen Sehnsucht gemischt, wie das seinige.

Frau Meyenthal erschrak über dieses wundervolle Naturspiel, diese unverkennbare Willensäußerung des

Schicksals und diese offenbare Tatsache überhaupt, zumal Justine, welcher das Gesicht der Mutter des Fahnenträgers bekannt und vertraut erschienen war, keinen Augenblick zweifelte, wen sie vor sich habe, als sie ihren Namen und Herkunft hörte, und daher ein kurzes unbewachtes Weilchen eben mit jenem Lächeln erfreut an ihren Augen hing.

Als die Sonne niederging, beglänzte sie die drei hohen Frauengestalten, welche seltsam bewegt von der Liebe zu sich selbst oder von der Liebe und Sorge für andere, auf der Bergeshöhe beisammen standen und einigermaßen verwirrt auseinander zu schweben schienen.

Die Mutter Jukundi faßte sich jedenfalls am schnellsten, indem sie noch am gleichen Abend ihrem Sohne schrieb, er solle in etwa einer Woche sie besuchen, um nach einigen Tagen Aufenthalt mit ihr heimreisen zu können. Gegen die Frauen von Schwanau tat sie hierauf, als ob sie keine Ahnung von der Begegnung auf der Sängerfahrt hätte, und die Frau Gertrud erinnerte sich der Sache auch kaum und hatte den hübschen Fahnenträger zu jener Zeit gar nicht gesehen, da sie wegen der Bewirtung meist im Innern eines Gartenhauses geblieben war.

Nur Justine war befangen und in Unruhe; sie wagte nicht, die neue Bekannte nach dem Sohne zu fragen, und doch glaubte sie auch nicht gerne, daß er so gar nichts von dem Festerlebnisse und von ihr zu Hause erzählt haben sollte. Frau Meyenthal wollte aber, daß die jungen Leute sich ganz unerwartet und unverhofft wiedersähen und hielt sich daher zurück, ohne die Gelegenheit indessen zu versäumen, bei der alten Stauffacherin mehr als einen Stein im Brett zu erobern durch kluges Benehmen. Denn man konnte jene insofern schon die alte Stauffacherin nennen, als die schöne, gute Justine in ihrer vollsten Lebensblüte stand und ihr nichts mehr fehlte zur Würde und Übung eigenen Stauffachertums, als ein für die Geschicke des Landes in Sorgen stehender Gemahl.

Daß ein solcher nicht schon vorhanden war, lag in den seltsamen Geschicken, welche gerade ausgezeichnete Jungfrauen so oft zu Jahren kommen lassen wegen der scheinbaren Kälte, für welche ihre edle Ruhe gehalten wird, wegen der eifersüchtigen Hut, deren sie sich seitens der Ihrigen erfreuen, und vor allem auch durch Wahrung des größeren Rechtes, das sie besitzen, nur auf die Stimme des Herzens zu achten.

Endlich kam aber ein schöner Abend über das Gebirge und mit ihm langte Jukundus an, und zwar, da er aus einem Feldlager kam und nur wieder in ein anderes gehen mußte, in militärischer Tracht, mit etwas Rot und mit etwas Gold am dunkeln Kleide. Nachdem er sich erfrischt und genugsam mit der Mutter geplaudert hatte, ging er ahnungslos mit ihr spazieren und sie lenkte den Weg dahin, wo sie die beiden Schwanauerinnen wußte, durch das Gehölz auf einen einsamen Felsvorsprung, der mit Sitzen und Geländern versehen war, hoch über einer blauenden Taltiefe.

Die plötzliche Glückseligkeit der beiden jungen Personen, die sich beim unverhofften Wiedersehen auf ihren Gesichtern zeigte, die Gleichartigkeit derselben und das eigentümliche kindliche Lächeln, das sie begleitete, gingen so über alle Vorstellung und Erwartung selbst der Mutter Meyenthal, daß von Kunst und Durchspielen einer Rolle bei ihr keine Rede mehr sein konnte und sie nur froh war, so ruhig und besonnen als möglich den Dingen zuzusehen.

Frau Gertrud aber wendete ganz erstaunt kein Auge von den Kindern und lenkte ihre Blicke immer von einem Gesichte auf das andere. Zuletzt legten sich aber die sanften Wellen der allgemeinen unversehenen Aufregung und es entspann sich ein höchst angenehmes Geschwätz und Gezwitscher, über welchem der Mond aufging, der in der Tiefe der Täler verborgen gewesene Bäche und Weiher beglänzte, daß sie wie goldene Sterne heraufleuchteten.

Frau Gertrud Glor empfand eine Art von Wonne, wie wenn sie ein eigenes verschollenes Jugendglück neu erlebte, und nahm die Mama Meyenthal an den Arm, als auf dem Wege zum Kurhause die Kinder neben einander vorangingen und abwechselnd plauderten oder schwiegen. Frau Meyenthal ihrerseits war gerührt und betroffen von der Wichtigkeit der Tatsache und in beide Kinder gleichmäßig verliebt und zugleich in Sorgen, wie das nun enden würde.

Bei der Abendtafel erhöhte sich die glückliche Stimmung wo möglich, wie es zu geschehen pflegt, wenn eine eingekehrte schöne Hoffnung die Beteiligten und Mitwissenden belebt und sie reizt, das Geheimnis ungefährdet an der allgemeinen Fröhlichkeit zu sonnen.

Frau Gertrud Glor trank ein kleines Spitzchen mit Jukundus aus lauter Wohlgefallen an seiner guten und schönen Haltung, und als beim Schlafengehen die Tochter sie umhalste und einige schwere Tränen in der Mutter Halskrause niederlegte, wie einen sauer ersparten Zinsgroschen, da war sie gar nicht verwundert, sondern streichelte dem Kind teilnahmvoll die Wangen.

Aber kaum war das Spitzchen notdürftig ausgeschlafen, was schon bald nach Mitternacht getan war, da es nur klein gewesen, wie es einer Stauffacherin geziemt, so wachte sie sorgenvoll auf und besah sich den Schaden die übrige Nacht hindurch, während Justine auch nicht schlief und wohl merkte, daß die Mutter wachte. Aber sie hielt sich mäuschenstill und war nur glücklich, daß sie keine Zeit mit Schlafen verlor und unaufhörlich an die Sache denken konnte.

Der Mutter indessen wurde es mit der zunehmenden Morgendämmerung immer deutlicher, daß ja unmöglich ein Mann aus Seldwyla in die Familie heiraten dürfe, aus dem Orte, in welchem noch nie einer auf einen grünen Zweig gekommen sei und wo niemand etwas besitze. Sie wachte daher mit Sorge, aber auch mit Entschlossenheit dem Morgen entgegen, um das entstehende Übel im Werden zu ersticken, das ihr um so größer erschien, wenn sie noch der strengen Gesinnung der Männer ihres Hauses in diesem Punkte gedachte.

Bestärkt wurde sie noch in diesen Vorsätzen, als um die Zeit des Sonnenaufgangs ein später Schlafgänger, offenbar angetrunken, die Treppen heranstieg und von einem Hausbediensteten an den verschiedenen Zimmertüren vorbei geleitet wurde, nicht ohne vor derjenigen der Glorschen Frauen über deren Schuhe zu stolpern und dieselben mit dem Fuße wegzuschleudern. Die Schuhe der Mama fuhren, der eine überzwerch, der andere mit dem Hinterteil voran, den ganzen Korridor entlang; die Stiefelchen der Tochter aber reisten in Folge eines rückwärts scharrenden Stoßes, wie zwei wettfahrende Schifflein der Treppe zu und über dieselbe hinunter.

«Aha!» rief drinnen die wachsame Frau, «da haben wir den Seldwyler!»

Und das Herz wurde ihr schon leichter über diesen rechtzeitigen Enthüllungen.

Justine saß aber auch schon aufrecht in ihrem Bette und lauschte mit angstvoller Spannung; als sie noch ein paar Worte des draußen Hinwandelnden gehört, rief sie ihrerseits erleichtert, ja mit sündlicher Freude:

«Es ist nicht der Hauptmann! Es ist ja unser Rudolf, der Stimme nach zu urteilen!»

Die Mutter sah sich überrascht nach der Tochter um und sagte fast erbost: «Bist Du bei Verstand? Wie soll unser Rudolf hieher kommen und zu dieser Stunde? Und seit wann stolpert der betrunken in den Gasthäusern herum? Und ist er nicht eben jetzt weit weg bei einer Militärübung?»

Es war aber dennoch der jüngere Sohn und Augapfel der Frau Gertrud, der so eben zu Bett gegangen auf diesem hohen Berge.

Er war spät in der Nacht noch eilig mit einem Führer

angekommen, erschöpft und anscheinend mit einem Kummer belastet. Auch er trug den Soldatenrock und kam soeben von seinem Waffenplatze hergeflüchtet, wo er von einem andern Offizier, den er beleidigt hatte, gefordert worden war. Da er sich mehr auf die Buchführung und die Courszettel verstand, als auf Duellangelegenheiten, und eine junge Frau mit zwei kleinen Kindlein besaß und sich beklemmt fühlte, so hatte er Bedenkzeit genommen und war schnell hieher gelaufen, um seine Mutter zu Rate zu ziehen, wie er sich verhalten solle.

Im Speisesaal hatte er noch den Jukundus getroffen, welcher, keine Schlaflust verspürend, in angenehmer Träumerei noch ein Stündchen allein verwachte.

Der gemeinsame Kriegspfad, auf dem sie wandelten, zwang die beiden Herren, sich zu begrüßen und eine Unterhaltung zu eröffnen, als der Lieutenant Glor sich an den Tisch setzte, um noch ein Nachtessen einzunehmen. Weil er kürzlich von dem guten Ansehen vernommen, in welchem der Hauptmann Meyenthal in militärischen Kreisen bereits stand, erneuerte er jetzt gern dessen Bekanntschaft und fühlte sich gleich vertrauensvoll zu ihm hingezogen. Von einigen Gläsern Weines, die er in seiner Aufregung rasch getrunken, hingerissen, erzählte er dem Jukundus bald seinen Handel und wie er nun hergekommen sei, seine Mutter, welche nämlich eine wahre Stauffacherin genannt werden müsse und für alles einen Rat besitze, um ihre Meinung zu befragen.

Jukundus gab ihm aber den Rat, das nicht zu tun, wenn er den Handel nicht verschlimmern wolle. Er setzte ihm auseinander, wie nach der einmal herrschenden Anschauung in solchen Sachen er Gefahr laufe, als Offizier unmöglich zu werden, sobald es ruchbar würde, daß er seine Duellangelegenheiten der Mutter anvertraue und ihre Weisungen befolge.

Da versank Herr Rudolf in neue Kümmernis, denn es wollte ihm vernünftiger Maßen durchaus nicht einleuchten, warum er wegen solcher Dummheiten von Frau und Kindern wegsterben solle.

Jukundus befragte ihn jetzt um die eigentliche Natur des Streites, und was denn vorgefallen sei?

Rudolf hatte mit drei andern Kriegern eine Partie Karten gespielt. Nach Beendigung einer Tour, in welcher sein Partner nicht nach Rudolfs Wunsch ausgespielt hatte, ward der Verlauf, während die Karten neu gegeben wurden, kritisiert und zwar mit den Konjugationen der gegenwärtigen Zeit. «Ich spiele also dies», hieß es, «und du jenes; nun muß er so spielen und nicht so, und ich werde hierauf zu ihm halten und das spielen, worauf du wieder jenes spielen wirst, das ist doch klar, wenn wir gewinnen wollen!» «Nein, das ist nicht klar», hatte Rudolfs Partner erwidert, «sondern ich steche zunächst den Trumpf ab und spiele dann jenes!»

«Dann spielst du wie ein Esel!» hatte Rudolf gerufen, worauf dann sogleich allgemeiner Aufbruch und am andern Morgen die Forderung erfolgt war in so feierlicher und barscher Form, daß der gute junge Mann gar nicht hatte dazu kommen können, sich in genugtuender Weise zu erklären.

Als Jukundus über diese Geschichte lächelte und noch den Namen des Forderers erfuhr, sagte er: «So, der! Nun der muß in Gottes Namen alle Jahr eine Forderung vom Stapel lassen, damit seine Ehre nicht schimmelig wird! Die Ihrige aber, Herr Lieutenant, erfordert allerdings, daß Sie wegen dieses Vorfalls Ihr Leben nicht aufs Spiel setzen und also dem Gegner einfach erklären, daß er nicht wie ein Esel gespielt haben würde, sondern in jeder beliebigen andern Eigenschaft, welche er vorzöge! Sie können daraus immerhin die Lehre ziehen, daß man sich in Uniform stets einer etwas gemessenen Sprache bedienen sollte, auch in den Stunden der Erholung. Nun darf es aber durchaus nicht den Anschein haben, als ob Ihre Erklärung das Ergebnis einer Unterredung mit der Mutter wäre, wenn Sie, wie ich schon gesagt, nicht noch schlimmere Folgen herbeiführen wollen. Wenn Ihnen daher damit gedient ist, will ich als Ihr Ratgeber und Helfer auftreten und dem Herrn gleich jetzt mit drei Zeilen schreiben, daß Sie mit mir gesprochen und jene genugtuende Erklärung abgegeben haben und zwar auf meinen Rat! Morgen früh wird der Brief abgehen und die Sache wird damit zu aller Zufriedenheit abgetan sein, dafür kann ich Ihnen bürgen!»

Jetzt war von dem Herzen des jungen Kriegers ein großer Stein gefallen, und um seine Dankbarkeit zu beweisen und zugleich sich für die ausgestandene Sorge zu entschädigen, hatte er in gewaltsamer Weise vieles und gutes Getränke kommen lassen und den hilfreichen Freund bis zum anbrechenden Morgen festgehalten. Der war auch gern bei ihm sitzen geblieben und hatte gar willig dem frohen Geplauder des jungen Mannes zugehört, der Justines Bruder war. Allein der Wein verzischte unschädlich in der Tiefe seiner warmen Neigung und er ging still mit guten Sinnen zu Bette, während jener so geräuschvoll sein Lager suchte.

So hatten sich nun für die Stauffacherin, während sie über das Übel mit der aufgehenden Sonne zu triumphieren glaubte, die Dinge nur schlimmer gestaltet; denn nicht nur war es ihr eigenes Blut, welches so angeheitert dahin gewallt, sondern in demselben auch ein guter Parteigänger für den Feind erstanden.

Justine hatte durch die halbgeöffnete Türe eine Magd herbeizurufen gewußt und von derselben vernommen, daß in der Tat ihr Herr Bruder angekommen und die Nacht hindurch in guter Gesellschaft mit dem Herrn Hauptmann geblieben sei. Darauf war sie wieder ins Bett geschlüpft und endlich vergnügt eingeschlafen.

Jukundus schlief auch ziemlich lang und Rudolf war bis tief in den Vormittag hinein nicht zu erwecken, bis die Mutter mit Gewalt in sein Zimmer drang und ihn zur

Rede stellte. Weil er nun den Ehrenhandel für abgetan erachten konnte, so vertraute er die Sache doch noch seiner Mutter an und erzählte ihr, wie der gute Rat und die Tat des Seldwyler Hauptmanns die Schwierigkeit gelöst und sein Leben, man könne wohl sagen, erhalten habe; denn er könne sich gar nicht vorstellen, wie er mit einer wirklichen Pistolenkugel auf einen gesunden Menschen hätte schießen sollen, während er diesem dann doch hätte stillhalten müssen. Und er pries in seiner immer noch aufgeregten Redseligkeit die Weisheit und Bravheit des Seldwylers so gewaltig an, daß sie von Betroffenheit und Ärger verwirrt in ihr Zimmer eilte und sich vor der Hand dort einschloß.

Sie war überdies eifersüchtig auf ihren Stauffacherruhm und auf ihr mütterliches Ansehen und Recht und ganz erbost, wieso ihr Rat dem Sohne übler hätte bekommen sollen, als derjenige eines jungen Seldwylers. Sie stürmte daher bald wieder aus ihrem Versteck hervor, um dem unberufenen Ratgeber selbst den Kopf zu waschen und damit zugleich nützliche Händel mit ihm anzufangen, welche die Freundschaft aufhöben. Allein sie fand die ganze Gesellschaft in fröhlicher Eintracht in einer Laube beisammen sitzen, jedes mit einem verspäteten Frühstück eigener Erfindung versehen und alle untereinander damit Tauschhandel treibend. Kaum hatte sie das junge Paar wieder so schön und glücklich neben einander erblickt, so war auch schon jeder Vorsatz vergessen und sie half sogleich für den Nachmittag einen schönen Ausflug beraten und festsetzen; denn sie war eine fröhliche Frau, wie alle Stauffacherinnen, wenn gerade keine Gewitterwolken über den Männern schweben, die sie zerstreuen sollen.

Wie nun gar während des Tages sie den Jukundus, den sie doch zur Rede stellte, mit höflichen und klugen Worten die Duellsache auseinandersetzen hörte, sah sie wohl ein, daß er Recht und ihrem Sohne einen guten Dienst geleistet habe, was sie mit einem dankbaren Gefühl und Zutrauen erfüllte.

Sie machte sich daher gleichen Tags auch an die Mutter des Jukundi und stellte auch diese zur Rede mit allerlei ausholenden Sprüchen und Anschraubungen von wegen der zwei Kinder.

Frau Meyenthal fing das Garn ihrer Rede auch sofort ein und wickelte es behende auf ein Spülchen, welches sie der Gegnerin mit dem Trumpfe zurückgab, daß sie das Übel von Seldwyla gar wohl kenne. Allein es komme alles auf die Umstände an. Auch sie habe von Außen her sich da angeheiratet und sei eine gute Partie geheißen worden, und es sei, abgesehen von dem frühen Hinscheiden des seligen Mannes, nicht übel gegangen, so daß, wie sie glaube, der Sohn, Gott sei Dank, gut geraten und für ein gutes und ehrbares Leben empfänglich sei, was Frau Glor auch glaubte.

Hiemit war die maßgebende Geheimverhandlung durchgeführt und was mächtige Naturstimmen wünschten, im Lauf. Die beim übrigen Teil der Schwanauer Familie noch harrenden Schwierigkeiten wurden still und anständig überwunden und in wenig Monaten Jukundus und Justine als Verlobte ausgerufen.

Es erschien das allgemein als ein so hübsches und gerechtes Ereignis, daß keine Mißrede zu vernehmen war. Die Verlobten erhielten nicht einen einzigen anonymen Schmäh- oder Warnungsbrief, wie das sonst so zu geschehen pflegt, wenn ein großer Neid erregt wird. Der klarste Morgenhimmel lachte über ihrem Brautstande und die Hochzeit selbst ward zu einem sonnigen und klangvollen Feste mit Fahnen und Gesängen, welches das teilnehmende Volk wie ein altes schönes Lied anmutete.

Zweites Kapitel

Die jungen Eheleute wohnten im elterlichen Hause zu Seldwyla. Es war das ein ziemlich großes Gebäude mit hohen Zimmern und Sälen, im vorigen Jahrhundert von einem Bürger erbaut, der im Auslande reich geworden und sein Gut in der Vaterstadt prächtig hatte ausbreiten wollen. Ehe es aber wohnlich eingerichtet und ausgestattet war, hatte der Mann sein ganzes Vermögen in den eingetretenen Revolutions- und Kriegsjahren wieder verloren, so daß er statt das Haus zu beziehen, wieder fortgezogen war, um dort, wo er die früheren Glücksgüter gefunden, nachzusehen, ob nicht solche von neuem zu erhaschen wären. Das Haus aber war seither von Hand zu Hand gegangen in der Art, daß immer derjenige Seldwyler, der am meisten Lust und Mittel zu einem herrschaftlichen Dasein verspürte, dasselbe übernahm und eine Zeitlang bewohnte, ohne daß es jedoch im Innern jemals ganz fertig wurde.

Am längsten hatten es jetzt die Meyenthal besessen und im Verlaufe der Zeit hier eine Tapete, dort einen Anstrich aufgewendet; vor der Hochzeit hatte Jukundus noch die Außenseiten des Hauses auffrischen und den Garten in gute Ordnung bringen lassen, und als nun Justine mit einer gewaltigen Aussteuer an fahrender Habe aller Art eingezogen und diese in den stattlichen Räumen auf das Schönste verteilt und untergebracht war, schien das geschmiedete, oder in diesem Falle das genähte Glück endlich für eine gute Dauer in dem Hause zu wohnen. Auch residierte die Urheberin desselben, die Mutter Meyenthal, zufrieden und stolz in ihrer Abteilung, besonders da sie sah, daß die schöne Justine einen festen und klaren Sinn für den Besitz und dessen Erhaltung zeigte und Jukundus seine gutgeartete Lenksamkeit auch der jungen Gattin gegenüber nicht zu verlieren Miene machte.

Mit der Verheiratung hatte er verabredeter Maßen die militärische Laufbahn als Berufssache wieder aufgegeben wegen der fortwährenden Abwesenheit, die sie mit sich brachte. Um sich aber dafür einen ehrbaren Erwerb und eine geordnete Tätigkeit zu sichern, hatte er ein Handelsgeschäft errichtet, welches sich auf den Holzreichtum der Stadtgemeinde und der umgebenden Landschaft gründete. Zu den großen Allmenden, die von der allemannischen Bodenteilung herrührten, waren später noch die Waldungen von Burg und Stift gekommen, an deren Mauern die Stadt sich angebaut hatte.

Diese hatte bisher die Quellen ihrer Behaglichkeit geschont und auch aus bürgerlichem Stolz erhalten, wie sie ihre reichen Trinkgeschirre und den alten Wein im Stadtkeller sorgfältig erhielt. Allein durch irgend eine Spalte war die Verlockung und die Gewinnsucht endlich hereingeschlüpft und es wandelte ungesehen schon der Tod durch die weiten Waldeshallen, schlich längs den Waldsäumen hin und klopfte mit seinen Knochenfingern an die glatten Stämme. Als daher eben um diese Zeit Jukundus auftrat, um das Bau- und Brennholz anzukaufen und auszuführen, kam sein Geschäft alsobald in Schwung; denn die Seldwyler zogen die Vermittlung des ihnen wohlbekannten ehrlichen Mitbürgers dem Andringen der fremden Händler, durch die das Unheil eingeschlichen, vor.

Jetzt begannen die hundertjährigen Hochwaldbestände zu fallen und auch sofort dem Strich der Hagelwetter den Durchlaß auf die Weinberge und Fluren zu öffnen. Allein sie waren auch einmal jung und niedrig gewesen oder schon mehrmals vielleicht, und sie konnten wieder alt und hoch werden. Doch als die Axt auch an die jüngeren Wälder geriet, für das zuströmende Geld immer schönere Zwecke erfunden und die Berghänge dafür immer kleiner wurden, fing es den Jukundus innerlich an zu frieren, da er von Jugend auf ein großer Freund und Liebhaber des Waldes gewesen. Während er an dem Handel einen ordentlichen Gewinn machte, begann er sich desselben mehr und mehr zu schämen; er erschien sich als ein Feind und Verwüster aller grünen Zier und Freude, wurde unlustig und oft traurig und vertraute sich seiner Frau an, da sie sein frohes Lächeln, das zu dem ihrigen wie ein Zwillingsgeschwister war, fast seltener werden sah und ihn ängstlich befragte. Sie dachte aber, die Dinge würden mit oder ohne den Mann ihren Lauf gehen und wahrscheinlich nur noch schlimmer, und sie war nur darauf bedacht, ihn bald aus eigenen Kräften wohlhabend und unabhängig zu wissen, um auch von dieser Seite her stolz auf ihn sein zu können. Sie bestärkte daher den Mann nicht in seiner Unlust, sondern ermunterte ihn vielmehr zum Ausharren und er fuhr dann so fort.

Da wurde an einer schief und spitz sich hinziehenden Berglehne, welche der Wolfhartsgeeren hieß, ein schönes Stück Mittelwald geschlagen. Aus demselben hatte von jeher eine gewaltige Laubkuppel geragt, welches eine wohl tausendjährige Eiche war, die Wolfhartsgeeren-Eiche genannt. In älteren Urkunden aber besaß sie als Merk- und Wahrzeichen noch andere Namen, die darauf hinwiesen, daß einst ihr junger Wipfel noch in germanischen Morgenlüften gebadet hatte. Wie nun der Wald um sie her niedergelegt war, weil man den mächtigen Baum für den besondern Verkauf aufsparte, stellte die Eiche ein Monument dar, wie kein Fürst der Erde und kein Volk es mit allen Schätzen hätte errichten oder auch nur versetzen können. Wohl zehn Fuß im Durchmesser betrug der untere Stamm und die waagrecht liegenden Verästungen, welche in weiter Ferne wie zartes Reisig auf den Äther gezeichnet schienen, waren in der Nähe selbst gleich mächtigen Bäumen. Meilenweit erblickte man das schöne Baumdenkmal und viele kamen herbei, es in der Nähe zu sehen.

Als man nun gewärtigte, welcher Käufer den höchsten Preis dafür bieten würde, erbarmte sich Jukundus des Baumes und suchte ihn zu retten. Er stellte vor, wie gut es dem Gemeinwesen anstehen würde, solche Zeugen der Vergangenheit als Landesschmuck bestehen zu lassen und ihnen auf allgemeine Kosten Luft und Tau und die Spanne Erdreich ferner zu gönnen; wie die verhältnismäßig kleine Summe des Erlöses nicht in Betracht kommen könne gegenüber dem unersetzlichen inneren Wert einer solchen Zierde. Allein er fand kein Gehör; gerade die Gesundheit des alten Riesen sollte ihn sein Leben kosten, weil es hieß, jetzt sei die rechte Zeit, den höchsten Ertrag zu erzielen; wenn der Stamm einmal erkrankt sei, sinke der Wert sofort um Vieles. Jukundus wandte sich an die Regierung, indem er ihr die Erhaltung einzelner schöner Bäume, wo solche sich finden mögen, als einen allgemeinen Grundsatz belieben wollte. Es wurde erwidert, der Staat besitze wohl für Millionen Waldungen und könne diese nach Gutdünken vermehren, allein er besitze nicht einen Taler und nicht die kleinste Befugnis, einen schlagfähigen Baum auf Gemeindeboden anzukaufen und stehen zu lassen.

Er sah wohl, daß man überall nicht zugänglich war für seinen Gedanken und daß er sich nur als Geschäftsmann bloß stellte und heimlich belächelt wurde. Da kaufte er selbst die Eiche und das Stück Boden, auf welchem sie stand, säuberte den Boden und stellte eine Bank unter den Baum, unter dem es eine schöne Fernsicht gab, und jedermann lobte ihn nun für seine Tat und ließ sich den Anblick gefallen. Aber von diesem Augenblicke an suchte auch jedermann, ihn zu benutzen und zu übervorteilen, wie einen großen Herrn, der keiner Schonung bedürfe.

Aus Widerwillen gegen die Baumschlächterei änderte Jukundus nach und nach, aber so rasch als möglich, sein Geschäft, indem er den Holzhandel verließ und dafür sich auf den Verkehr mit jenen Schätzen warf, welche aus dem Schoße der Erde kommen und das Holz ersetzen. Er errichtete Magazine von Stein- und Braunkohlen, führte Ton- und Eisenrohre ein, um die hölzernen Wasserleitungen zu verdrängen, Backsteine zu leichteren Baulichkeiten, die man sonst von Holz zu erstellen pflegte, Zement für allerlei Behälter, und verleitete einen reichen Bauer, sich ein gewaltiges festes und kühles Mostfaß aus Zement errichten zu lassen. Als dies gelang, sah er im Geiste schon statt der hölzernen Fässer in jedem Keller solche Vorratsgefäße, gleich den großen in der Erde ruhenden Weinkrügen der Alten, und das gute Eichenholz gespart. Auch kaufte er Massen von ausgedienten Eisenbahnschienen, welche in hundert Fällen einen Holzbalken vertreten.

Natürlich ging die Holzausfuhr ohne ihn und über ihn hinweg nach den alles aufzehrenden Städten; allein er war nun mit seinem Gewissen im Reinen, ohne welchen stillen Gesellschafter er sich als Handelsherr nicht glücklich fühlte. Auch wären die neuen Geschäfte an sich nicht ohne Gewinn geblieben, wenn nicht bei jener Geschäftsänderung eine gewisse Störung stattgefunden und, seit er den Baum als Pensionär an seine Kost genommen, sich das Gebaren der Geschäftsfreunde verändert hätte, so daß diese nun das wahre Gesicht zeigten.

Jukundus sagte immer die Wahrheit und glaubte dafür auch alles, was man ihm sagte. Er eröffnete stets im Anfang seine ganze Meinung und was er tun und halten konnte und nahm als richtig an, was ihm der andere von seinen Kaufs- und Verkaufsbedingungen und von der Beschaffenheit der Ware mitteilte, erst in der Meinung, daß jener schon sich bemühen werde, der Sache näher auf den Grund zu kommen, später, als das nicht geschah, gleich mit dem kecken Vorsatz der Täuschung. Und alle Erfahrung half hier nichts und jede Ermahnung der Frauen, nicht so leichtgläubig zu sein, war fruchtlos. Denn gleich das nächste Mal glaubte er wieder, weil er nicht anders konnte, oder es war ihm zu widerwärtig und verächtlich, lange zu zanken und zu feilschen. Dazu kam, daß er nichts weniger als ein geschickter Finanzmann war, der Geld und Kredit zu wenden wußte, und so fügte es sich, daß eines Tages seine Mittel erschöpft waren und das Ende herangekommen. Es geschah dies plötzlich, weil er nicht lange von einem Nagel an den andern gehängt und keinen Scheinverkehr getrieben hatte.

Er überlegte, ob er sich zuerst der Mutter oder der Gattin oder beiden gleichzeitig anvertrauen und mitteilen solle, daß der Wohlstand dahin sei und von unten auf wieder angefangen werden müsse, was und wo, wisse er noch nicht. Er entschied sich für die Frau. Als er nun mit ihr allein in seiner Handelsstube stand und schweren Herzens von seiner Lage zu erzählen begann, trat sie ganz nahe zu ihm hin, strich ihm mit der Hand über die sorgenvolle Stirne und unterbrach ihn mit der Frage, ob seine Bücher richtig und vollständig geführt seien? Als er die Frage bejahte, lachte sie ihn so schön an, daß ihm das Herz aufging, und sagte, in diesem Falle kenne sie den Sachbestand schon, da sie neugierig gewesen sei und neulich in seiner Abwesenheit seine oder vielmehr ihre gemeinschaftlichen Angelegenheiten studiert habe.

In der Tat hatte sie, da sie inne geworden, daß er Kummer verbarg, eines stillen Sonntags, als er verreisen mußte und, wie gewohnt, die Schlüssel auf ihr Arbeitstischchen legte, diese genommen und sich auf seiner Schreibstube eingeschlossen; dort hatte sie seine Bücher und Papiere untersucht, was sie gar wohl verstand. Es war alles klar und durchsichtig und jede Zahl an ihrem Platze. Sie sah, daß es nicht lange mehr gehen könne, jedoch die Gefahr eines schimpflichen Vorgangs nicht vorhanden sei, wenn zur rechten Zeit der Strich unter die Rechnung gemacht werde. Bei seiner Offenheit gewiß, daß seine Beichte nicht lange auf sich warten lassen werde, hatte sie seither bereits gehandelt und ihre Eltern ins Vertrauen gezogen. Schon bei der Einwilligung zu der Heirat war in dem stolzen Sinne der reichen Leute der Fall vorausgesehen und im Geheimen festgesetzt worden, daß die jungen Leute nach Schwanau kommen sollten, wenn es, wie wahrscheinlich wäre, in Seldwyla nicht ginge. So war denn Justine über ihre Entdeckung nicht eben sehr erschrocken, sondern empfand fast eher eine geheime Freude, daß sie den lieben, schönen, guten Mann in ihr Vaterhaus ziehen und dort mit aller Vorsorge einspinnen und in Seide wickeln könne, wie ein zerbrechliches Glasmännchen.

Wie sie ihm diese Pläne nun aber mitteilte und eröffnete, daß man nur eine rasche, stille Abwicklung der Geschäftslage in Seldwyla vorzunehmen und nach Schwanau überzusiedeln brauche, wo Jukundus sich schon werde nützlich machen können, erblaßte er und sagte: «Da würde meine Freiheit und mein Selbstbewußtsein dahin sein! Lieber will ich Holz hacken!»

«Nun, da kann ich auch dabei sein!» erwiderte Justine, «da helfe ich Dir sägen, und wenn wir alsdann so im Regenwetter auf der Straße sind und beide an der Säge hin und herziehen, zanken wir miteinander, daß die Leute still stehen, wie wir es auf unserer Hochzeitsreise in jener großen Stadt gesehen haben!»

Sie setzte sich und fuhr fort: «Erinnerst Du Dich noch, welch einen seltsamen Eindruck es auf uns machte? Das regnete, regnete unaufhörlich, das Holz war naß und die Säge war naß und der Mann und die Frau waren durchnäßt und sie rissen die Säge unablässig hin und her und zankten bitterlich mit harten Worten! Weißt Du, warum? Sie stritten um die Not, um das Elend, um die Sorge, und schämten sich nicht im Geringsten vor den Leuten, die zuhörten –»

«Schweig», rief Jukundus, «wie kannst Du mein Wort so ausmalen und ausbeuten, da Du wohl weißt, wie es zu nehmen ist!»

«Es kann alles darin liegen, was ich gesagt habe!» antwortete Justine. «Komm», sagte sie und legte den Arm um seine Schultern, «alles liebt Dich und alles hilft Dir, Du bist ein ganzer Mann, wenn Du nur erst einen vernünftigen Boden unter den Füßen hast! Aber hier gedeihen wir nicht!»

Jukundus brach die Unterredung ab, um sich zu sammeln; denn er war verwirrt und gestört, weil er die Sache nicht so trost- und mutlos angesehen hatte wie seine Frau, und er fühlte sich gekränkt. Er ging zu seiner Mutter; die fing aber sogleich an zu weinen, als sie von der Lage Kenntnis erhielt. Alles schien ihr verloren, wenn der Sohn sich nicht an die Frau und deren Haus hielte, und sie beschwor ihn, sein und der Seinigen Glück nicht zu Grunde zu richten.

Die gute Mutter hatte sich gegen die Armut nun so lange zu wehren und derselben durch ihre kluge Verheiratung des Sohnes, wie sie glaubte, für immer zu entgehen gewußt, und sie fürchtete die Armut wie ein geschliffenes Schwert.

Justine dagegen haßte und verachtete die Armut wie etwas an sich Böses und Verächtliches, wenn es sich nicht etwa um fremde arme Leute handelte, denen man gemächlich Gutes tun kann. Sie übte sogar eine eifrige und geordnete Mildtätigkeit, ging in die Hütten der Armen und suchte sie auf. Aber wo die Armut in ihre engeren Lebenskreise der Blutsverwandtschaft oder Freundschaft eindringen wollte, empfand sie einen harten Abscheu, wie gegen die Pest, und floh ordentlich davor. Es half daher nichts, daß Jukundus wieder zu ihr ging und ihr vorstellte, sie könne ja das ungewisse Schicksal immer ein wenig mit ihm versuchen und ertragen, da ihr ja schließlich die elterliche Zuflucht und ihr reiches Erbe gesichert sei. Nicht einen Tag wollte sie ihn und sich der Not und der Erniedrigung ausgesetzt sehen, und als ihr Vater kam und ihm freundlich zuredete, als zu einer Sache, die ja selbstverständlich sei und sich für alle aufs Beste ordnen lasse, mußte er sich ergeben.

Die Arbeitsleute Jukundis wurden ausbezahlt und verabschiedet, der Grundbesitz verkauft, weil die Mutter, welche noch Teil daran hatte, nicht allein in Seldwyla bleiben wollte, und alle Verbindlichkeiten gelöst. Jukundus behielt hierauf nicht einen Taler mehr in der Hand für den Augenblick, was ihm eine höchst seltsame Empfindung verursachte. Justine indessen betrieb guten Mutes und voll Munterkeit das Einpacken der fahrenden Habe und die Übersiedlungsanstalten; bald war sie in Schwanau, um dort die Wohnung einzurichten, bald wieder in Seldwyla, um hier die Dinge zu besorgen, war reichlich mit Geldmitteln versehen und vergaß in ihrem frohen Eifer gänzlich, daran zu denken, ob auch Jukundus noch etwas bedürfe oder in der Hand habe.

Da wurde es ihm zu Mute, wie wenn er ohne einen Zehrpfennig in ein fernes Land unter wildfremde Menschen wandern müßte, deren Sprache er nicht verstehe, und er sah sich besorgt um, wo er noch wenigstens ein Stück eigenes Handgeld erraffen könne für alle Fälle. Es war noch der große Eichbaum vergessen worden, den er gerettet und erhalten hatte. Mit wehmütigem Lächeln verkaufte er den alten Riesen nun doch samt dem Boden, auf dem er stand, und erhielt einige Tausend Franken, welche er sorgfältig aufbewahrte.

Der Käufer des Baumes stellte sogleich ein Dutzend Männer ein, welche dessen Wurzeln frei machten und untergruben und volle acht Tage damit zu schaffen hatten. Als man endlich so weit war, daß der Baum umgezerrt werden konnte, strömte ganz Seldwyla auf die Berghalde hinaus, um den Fall mit anzusehen, und Tausende von Menschen waren rings herum gelagert, mit Speise und Trank wohl versehen.

Starke Taue wurden in der Krone befestigt, lange Reihen von Männern daran gestellt, welche auf den Befehlsruf zu ziehen begannen; die Eiche schwankte aber nur ein Weniges und es mußte Stunden lang wieder gelöst und gesägt werden in den mächtigen Wurzeln. Das Volk aß und trank unterdessen und machte sich einen guten Tag, aber nicht ohne gespannte Erwartung und erregtes Gefühl.

Endlich wurde der Platz wieder weithin geräumt, das Tauwerk wieder angezogen und nach einem minutenlangen starken Wanken, während einer wahren Totenstille, stürzte die Eiche auf ihr Antlitz hin mit gebrochenen Ästen, daß das weiße Holz hervorstarrte. Nach dem ersten allgemeinen Aufschrei wimmelte es augenblicklich um den ungeheuren Stamm herum. Hunderte kletterten an ihm hinauf und in das grüne Gehölz der Krone hinein, die im Staube lag. Andere krochen in der Standgrube herum und durchsuchten das Erdreich. Sie fanden aber nichts, als ein kleines Stück gegossenen dicken Glases aus der Römerzeit, das vor Alter wie Perlmutter glänzte, und eine von Rost zerfressene Pfeilspitze.

Auf einer fernen Berghöhe, über welche eben Jukundus mit den Seinigen langsam hinwegfuhr, riefen arbeitende Landleute plötzlich, nach dem Horizont hinweisend: «Seht doch, wie die alte Wolfhartsgeeren-Eiche schwankt, weht denn dort ein Sturmwind?» Denn sie konnten die Leute nicht sehen, die daran zogen. Jukundus blickte auch hin und sah, wie sie plötzlich nicht mehr dort und nur der leere Himmel an der Stelle war.

Da ging es ihm durchs Herz, wie wenn er allein Schuld wäre und das Gewissen des Landes in sich tragen müßte.

Die Seldwyler aber lebten an jenem Abend eher betrübt als lustig, da der Baum und der Jukundi nicht mehr da waren.

Im Beginn seines Aufenthaltes zu Schwanau verbrachte Jukundus seine meiste Zeit bei den Großeltern auf dem Berge, die er einst wegen ihres scheinbar unfreundlichen, herben und rastlosen Wesens beinah gefürchtet hatte. Im Verlaufe der Zeit war er aber auf einen guten Fuß mit ihnen geraten und sogar der Liebling der Alten geworden, wie denn öfter geschieht, daß solche Landleute in ihrer uralten Sicherheit gern etwas Müßiges und ihnen Ungleiches um sich leiden mögen, das ihre Heiterkeit weckt. In dem jungen Manne sahen sie etwas fremdartig Unpraktisches, aber Liebenswürdiges, das vermutlich keinen guten Stern haben würde und daher Mitleid und Teilnahme verdiene. So dachten die Ehgaumers, wie sie im Volke noch hießen von dem verschollenen Ehegaumeramte her, das der Großvater vor einem halben Jahrhundert einst bekleidet hatte und eine Art Sitten- und Eherichteramt gewesen war. So alt wie dieser Titel war auch der Schnitt der weißen Haube und des großen weißen Halstuches, womit die Ehgaumerin sich schmückte, und alles stammte noch aus jener Zeit, da schon Göthe bei einem Besuch in dieser Gegend schrieb, der Ort gebe von der schönsten und höchsten Kultur einen reizenden und idealen Begriff, die Gebäude stehen weit auseinander, Weinberge, Felder, Gärten, Obstanlagen breiten sich zwischen ihnen aus u. s. w., und: was man von Ökonomen wünschen höre, den höchsten Grad von Kultur mit einer gewissen mäßigen Wohlhabenheit, das sehe man hier vor Augen.

Dieser Zustand war nun auf diesem Hochsitz noch der nämliche bis auf das Wohnhaus, das Nußbaumgeräte in der Stube und das Geschirr in den Schränken, während die neue Zeit mit ihrem veränderten Angesicht und ihren gesteigerten Verhältnissen sich gegen das Ufer hinab lagerte. Jukundus erfreute sich der reinen Luft auf der Höhe und half den Alten und ihren Dienstleuten so eifrig bei ihren Arbeiten, daß er bald aller Dinge kundig und ein

Offizier wurde bei den Patriarchen, den sie nicht wieder entlassen wollten.

Justine freute sich des guten Ansehens, das ihr Mann sich bei den Großeltern erwarb, und kam öfter vergnügt auf den Berg gestiegen, um ihn Abends herunter zu holen, oder sie freute sich auch, oben ein Gewitter zu erleben während der Heuernte, das die jungen Leute zwang, dort die Nacht zuzubringen. Dann zog sie ihr modisches Oberkleid aus, schlug eines der weißen Halstücher der Großmutter um, die Zipfel auf dem Rücken verbunden, und kochte die gebrannte Mehlsuppe, buk den duftenden Eierkuchen oder briet die leckere Fettwurst, die sie eigenmächtig zum Nachtmahl aus der Vorratskammer geraubt. Wenn sie dann mit gerötetem Gesicht gar fröhlich und lieblich dreinschaute und vollends die glänzende Zinnkanne mit klarem leichtem Weine regierte, so bezeugten die Alten, daß sie erst jetzt wie eine rechte alte Landjungfer aussehe, und es gab etwa noch eine kleine Mummerei, indem die Großmutter ihren verjährten Granatschmuck, sowie Sonntagshäubchen und seidene Jacken herbei brachte, die sie vor sechzig Jahren in blühender Jugend getragen. Damit kleidete sich die Enkelin zum allgemeinen Wohlgefallen; aber anstatt in den Spiegel schaute Justine dann mit ihrem glückseligen Lachen dem Jukundus ins Gesicht, das die wie aus weiter Zeitferne herüberleuchtende Erscheinung anstaunte.

Auch an Sonntagen ging er meistens in den Berg hinauf, da es ihm dort wohler zu Mut war, als in dem lauten, aber eintönigen Gesellschaftslärm, welchen die viel sprechenden Leute bei ihren Zusammenkünften unten erhoben.

An Feiertagen lag auf dem Berge immer die Bibel geöffnet auf dem Tische, damit die Ehgaumerin die langen Stunden hindurch bequem ab und zu darin lesen konnte, wenn es ihr einfiel, wie man einen Krug Wein, eine Schüssel mit Kirschen oder andern Näschereien an solchen Ruhetagen zur Erquickung bereitstehen läßt.

Hatte sie ihren Rosmarinzweig und ihre Brille dann auf das Buch gelegt, wenn sie des Lesens müde war, so pflegte Jukundus gern sich hinter die Bibel zu setzen und darin zu lesen, weil ihm das Buch sonst selten zur Hand war, wie es so geht, wo man stets neueres und notwendigeres lesen soll oder dann jenes Alte in der Zwangszeit der Schuljahre sich genugsam angeeignet zu haben meint. Er betrachtete die schwülen Gewittergründe des alten Testamentes, die leidenschaftlichen Gestalten darin, oder entdeckte die hamletartige Szene im Johannesevangelium, wo Jesus nachdenklich mit dem Finger etwas auf den Boden schreibt, ehe er sagt, wer ohne Sünde sei, möge den ersten Stein auf die Sünderin werfen, wo er dann wieder schreibt und, als er aufsieht, alle Ankläger hinweg gegangen sind und das Weib einsam vor ihm steht im still gewordenen Tempel.

Die Großmutter sah das sehr gern; denn sie war ganz alt- und rechtgläubig und überzeugt, daß das Lesen in der Bibel jedem ohne Weiteres gedeihlich sei. Justine hatte ihn, um sein unkirchliches Wesen zu beschönigen, bei den Alten für einen Philosophen ausgegeben; denn sie selbst hing der unbestimmten Zeitreligion an und war darin um so eifriger, je gestaltloser ihre Vorstellungen waren.

Einst setzte sich die Alte traulich zu ihm, als er wieder las; die fein gefältelten Spitzenflügel ihrer Haube streiften seine Wange und sie streichelte ihm die Hand, indem sie sagte:

«Nun, Herr Philosoph, ich glaube immer, Du hast doch ein klein wenig Gottesfurcht!»

Jukundus war von dieser Frage überrascht und dachte darüber nach. Es dünkte ihn, er könnte wohl antworten; allein sollte er der alten Frau das anvertrauen, was ihn seine eigene Frau eigentlich noch nie gefragt hatte, wenn er es recht überlegte? Und wie sollte diese auch nach dem fragen, was sie nicht kannte? denn sie besaß warmes religiöses Gefühl, aber sie war in Hinsicht auf göttliche Dinge viel zu neugierig und indiskret und hatte auch ein zu großes persönliches Sicherheitsgefühl, um das haben zu können, was man in reinerem Sinne sonst unter Gottesfurcht verstanden hat. Daß es mit dem lieben Gott selbst nun kritisch beschaffen war, hatte sie schon von den gesuchtesten Kanzelrednern vernommen, deren Vorträgen sie nachreiste. Für Christum aber, den schönsten und vollkommensten Menschen, wie ihn diese Priester nannten, hegte sie mehr die Gesinnung schwesterlicher Verehrung oder schwärmerischer Freundschaft; ihm hätte sie das schönste Sofakissen, und die herrlichsten Pantoffeln sticken können, seinem Haupt und seinen Füßen zur würdigen Ruhe! Ja, die tiefste Rührung hatte sie einst ergriffen, als sie auf Reisen jenes berühmte Bild Correggios gesehen, welches das Antlitz Christi auf dem Schweißtuch der Veronika mit magischer Wirkung darstellt. In den Anblick des träumerisch starren Ausdruckes des höchsten Leidens versunken, hatte sie tief aufgeseufzt und alsbald Mitgefühl suchend ihren Mann angelächelt, der ihr zur Seite stand, und noch jetzt gehörte jener Augenblick zu ihren liebsten Erinnerungen; aber alles dies glich nicht der Gottesfurcht.

Als die Alte indessen auf einer Antwort bestand, sagte Jukundus bedächtig:

«Ich glaube, der Sache nach habe ich wohl etwas wie Gottesfurcht, indem ich Schicksal und Leben gegenüber keine Frechheit zu äußern fähig bin. Ich glaube nicht verlangen zu können, daß es überall und selbstverständlich gut gehe, sondern fürchte, daß es hie und da schlimm ablaufen könne, und hoffe, daß es sich dann doch zum Bessern wenden werde. Zugleich ist mir bei allem, was ich auch ungesehen und von andern ungewußt tue und denke, das Ganze der Welt gegenwärtig, das Gefühl, als ob zuletzt alle um alles wüßten und kein Mensch über eine wirkliche Verborgenheit seiner Gedanken und Handlungen verfügen oder seine Torheiten und Fehler nach Belieben tot schweigen könnte. Das ist einem Teil von uns angeboren, dem anderen nicht, ganz abgesehen von allen Lehren der Religion. Ja, die stärksten Glaubenseiferer und Fanatiker haben gewöhnlich gar keine Gottesfurcht, sonst würden sie nicht so leben und handeln, wie sie wirklich tun.

Wie nun dieses Wissen aller um alles möglich und beschaffen ist, weiß ich nicht; aber ich glaube, es handelt sich um eine ungeheure Republik des Universums, welche nach einem einzigen und ewigen Gesetze lebt und in welcher schließlich alles gemeinsam gewußt wird. Unsere heutigen kurzen Einblicke lassen eine solche Möglichkeit mehr ahnen als je; denn noch nie ist die innere Wahrheit des Wortes so fühlbar gewesen, das in diesem Buche hier steht: In meines Vaters Hause sind viele Wohnungen!»

«Amen!» sagte die Alte, die aufmerksam zugehört hatte; «das ist doch etwas und besser als gar nichts, was du da predigst. Lies nur fleißig in meiner Bibel, da wirst Du für deine Republik schon noch einen Bürgermeister bekommen!»

«Wohl möglich», erwiderte Jukundus lachend, «daß zuweilen ein solcher gewählt wird und somit der Herrgott eine Art Wahlkönig ist!»

Die Alte lachte auch über diese Idee, indem sie rief: «So ein ordentlich angesehener Herr Weltammann! Wie sie da drüben Landammänner haben!» Sie deutete hiebei durch das offene Fenster nach dem Gebirge hinüber, wo in den alten Landrepubliken die obersten Amtleute so genannt wurden.

Sie lachte immer mehr darüber; denn da sie in ihrem hohen Alter allezeit an Gott und die Ewigkeit zu denken liebte, so war ihr auch das unschuldige Spiel mit dem Namen Gottes willkommen, um ihn zur Hand zu haben.

Wie beide nun in ihrem nicht gerade schulgerechten

Religionsgespräche sich vergnügten und lachten, schaute Justine durch die Nelkenstöcke herein, die vor dem Fenster standen, und ihr Gesicht glühte trotz den Nelken, da sie den Berg erstiegen hatte, um ihren Mann herunter zu holen. Ihr schönes Gesicht überglühte aber fast noch die roten Nelken, als die Großmutter lustig rief: «Komm schnell herein, Kind! Eine Neuigkeit! Dein Mann hier hat ein bißchen ganz ordentliche Gottesfurcht, er hat es so eben mir selber gestanden!»

Es ergriff sie augenblicklich eine seltsame Eifersucht, daß die Großmutter mehr von den Gedanken Jukundis wissen sollte, als sie, seine Frau, und sie sagte: «Wahrscheinlich tut er mir darum kein einziges Mal die Ehre an, mit mir zur Kirche zu gehen!»

«Sei still!» sagte Jukundus «zanke nicht! Wir zanken ja auch nicht ums klare Wasser, das jedes trinkt, wann und wo es will!»

Dieses Wort nahm Justine wieder auf, als sie am Arme ihres Mannes die abendliche Höhe entlang wandelte, um auf einem entfernteren Wege hinunter zu gehen.

«Wir zanken nicht ums Wasser! Aber wir müssen sorgen, daß wir auch nie ums liebe Brot streiten müssen, weder unter uns, noch mit andern!» sagte sie und erzählte ihm, wie die Familie und sie selbst wünschen, daß er nun sich in fester Weise in dem großen Gewerbs- und Handelsgeschäfte des Hauses betätigen und Stellung nehmen möchte. Die ländliche Beschäftigung bei den Alten auf dem Berge passe auf die Dauer nicht recht für ihn und führe zu nichts, während unten alle bereit seien, ihn in die Geschäfte einzuführen und Arbeit wie Gewinn redlich mit ihm zu teilen.

Jukundus fühlte die Meinung wohl, die es hiebei hatte; man wollte niemand in der Familie dulden, der nicht reich zu werden fähig und willig war, und da er im Grunde keine bessere Meinung verlangen konnte, so ergab er sich ohne weiteres Zögern darein, obgleich mit geheimem Mißtrauen gegen sich selbst. Er sagte also der Justine, er werde gleich am nächsten Morgen, da es Montag sei, anfangen und einen vollen Wochenlohn zu verdienen suchen.

So wurde er denn früh am andern Tage in die Schreibstuben und Arbeitsräume des Hauses eingeführt, um der Reihe nach die verschiedenen Zweige des Geschäftes kennen zu lernen und derselben Herr zu werden. Das Haus Glor betrieb seit mehr als dreißig Jahren die Seidenweberei, welches Geschäft mit der Zeit zu bedeutendem Umfange gediehen war. In hundert ländlichen Wohnungen an den sonnigen Berglehnen, hinter klaren Fenstern, standen die Webstühle der Mädchen und jüngeren Frauen der Bevölkerung, welche die glänzenden Stoffstücke mit leichter fleißiger Hand webten und so selber allwärts den Grund zu einem kleineren Wohlstande legten. Auf allen Wegen eilten die rüstigen Gesellen mit den Weberbäumen auf der Schulter heran, um das fertige Stück abzugeben und die Seide für ein neues Stück zu holen. In großen Sälen waren aber auch Maschinen aufgestellt, an welchen schwerere und reichere Stoffe verfertigt und männliche Arbeiter beschäftigt wurden.

Der Ankauf der rohen Seide, die Vorbereitung derselben durch die verschiedenen Stadien, die Beaufsichtigung und Beurteilung der Arbeit, der Verkauf der gehäuften Vorräte, der Ausblick in den allgemeinen Verkehr und die Berechnung des richtigen Augenblickes für jede Geschäftshandlung, endlich die vorteilhafteste Verwendung der eingehenden Wertsummen, alles dies bedingte eine unaufhörliche, rasch laufende Tätigkeit und eine Reihe ineinandergreifender Erfahrungen.

Der Verkehr mit den zuströmenden Mäklern, welche die aus verschiedenen Weltteilen herkommenden Würmergespinste anboten, derjenige mit den Männern, welche die Ausfuhr der fertigen Gewebe nach anderen Weltteilen vermittelten und hiebei wieder eigenen Reichtum zu gewinnen trachteten, erheischte fortwährende Gewandtheit und rasche Überlegung. Die täglich sich mehrende Konkurrenz forderte ein peinliches Zuratehalten der aufzuwendenden Mittel und zugleich die genaueste Prüfung der gelieferten Arbeit in Bezug auf ihre Güte und Reinheit, während die gleichen arbeitenden Hände, die man so streng überwachen mußte, von anderer Seite eifrig gesucht und abwendig gemacht wurden, wenn die Unternehmungslust im Schwange war; ging sie aber zurück, so mußten dieselben auf die besseren Tage hin mit Opfern in Tätigkeit erhalten bleiben.

Wiederum mußte der Wechsel des Geschmacks und der Bedürfnisse unter den verschiedensten Himmelsstrichen aufmerksam verfolgt werden. Hier mußte das gefällige und dauerhafte Seidenkleid der Bürgersfrau alt geordneter Gesellschaftsländer geliefert werden; dort handelte es sich um das billige Prunkkleid, das die Weiber der kalifornischen oder australischen Abenteurer einige Jubeltage hindurch schmückte, um nachher weggeworfen zu werden. Je nach der Bestimmung mußte die Kunst der großen Färbereien in Anspruch genommen und der Krieg mit denselben geführt werden um die schönsten und dauerhaftesten Farben für das Kennerauge der echten Hausfrau oder um den trügerischen Schein für die farbigen Schönheiten im entlegensten Westen.

In dies verwickelte Getriebe war nun Jukundus hineingestellt, um darin schwimmen zu lernen, und er bestand die Probe nicht gut. Im Anfang, bei den einzelnen einfacheren Handtierungen, ging es ordentlich, weil er aufmerksam und sorgfältig arbeitete. Allein man klagte bald über Langsamkeit, da die Beweglichkeit und der leichte Sinn der ersten Jugend vorüber war, und es hieß, er käme nicht recht von der Stelle. Um ihn nun mit Gewalt schwimmen zu lehren, wurde er köpflings in den Strudel gestürzt, und er trieb sich auch mit gezwungener Lustigkeit oder vielmehr mit einer gewissen Angst hastig in demselben herum, daß ihm Hören und Sehen verging. Arbeiter betrogen ihn um die anvertraute Seide, indem sie das Gewebe zu leicht und locker machten und ihn über die Ursache belogen. Andere wußten ihm Geschäftsgeheimnisse abzuschwatzen, um auf eigene Faust eine schädliche Konkurrenz zu eröffnen. Den Mäklern und Zwischenhändlern glaubte er gegen alle gefaßten Vorsätze immer wieder aufs Wort und genehmigte alle ihre Angebote schon, wenn die anderen erst begannen, ihnen halbwegs zuzuhören und Antwort zu geben. In diese Ungeschicklichkeit arbeitete er sich recht eigentlich noch hinein, mehr als es in seinem Wesen bedingt war; eine Art unnatürlicher Dummheit legte sich auf seine Seele und umschleierte seine Gedanken, sobald es sich um Geschäfte handelte, und ehe ein halbes Jahr vorüber war, hatte er wie ein verborgener Marder einen merklichen Schaden in Gestalt eines Mindergewinns angerichtet, welchem nachgespürt wurde.

Als Justine bemerkte, daß die fremden Leute und Angestellten des Hauses ihren Mann bereits nicht mehr für ein Kirchenlicht hielten und ihn mitleidig belächelten, weinte sie heimlich vor Aufregung und Bekümmernis und verfiel in eine beklemmende Angst, daß sie werde anfangen müssen, ihn für einen unglücklichen, beschränkten Menschen zu halten. Die Aussprüche des Vaters und der Brüder, wenn die Angelegenheit geheim beraten wurde, waren auch nicht angetan, ihren Mut und ihr Selbstgefühl zu erhöhen, und selbst die Trostworte der alten Stauffacherin, daß man in einem solchen Hause wohl vermöge, einen blinden Passagier mitreisen zu lassen, wenn er sonst gesittet sei, vermochten nicht, sie aufzurichten.

Ging sie aber zu Jukundis Mutter, um zu fragen und zu klagen, so weinte diese mit ihr und beschwor sie, nur auszuharren, Jukundus sei gewiß kein dummer Kerl, er werde sich schon noch bewähren u.s.w.

Jukundus hatte keine Ahnung, wie es um ihn her

tönte, und doch war ihm keineswegs wohl bei der Sache. Da jeder überzeugt war, daß es nicht lange so gehen und ohnehin eine Aufklärung eintreten werde, so wollte niemand zuerst mit ihm reden und niemand ihm zuerst weh tun; allein es verbreitete sich doch ein leichter Nebel um ihn her, welcher die Augen der Umstehenden zu verhüllen und den Ton ihrer Stimmen zu dämpfen schien.

Als er aber eines Tages wieder einen Vorrat roher Seide gekauft hatte zu einem Preise, der noch vor zwölf Stunden gegolten, jetzt aber schon etwas gefallen war, und er gebeten wurde, diesen Teil der Geschäfte lieber lassen zu wollen, und als diese Bitte sich in einigen Tagen auch auf einem anderen Gebiete wiederholte, hörte er, etwas betreten, ganz auf. Erst als niemand ihn um die Ursache seiner genommenen Muße fragte und alles seinen Weg fortging, als ob nichts geschehen wäre, erkannte Jukundus endlich seine Lage und seine völlige Vereinsamung.

Am gleichen Tage wurde ihm auch seine Erkenntnis bestätigt.

Justine war auf den Abend ins Pfarrhaus eingeladen, wo der Pfarrherr eine Abhandlung über die zeitgemäße Wiederbelebung und Erneuerung der Kirche durch die Künste vorlesen wollte, ein Thema, welches sie sehr ansprach und auch nach Maßgabe der kleinen Verhältnisse schon beschäftigte. Jukundus seinerseits verhielt sich kühl in dieser Sache und liebte, so wenig als möglich in der Sprechweite des Geistlichen zu weilen. Doch hatte er, da es ein dunkler Herbsttag war, versprochen, die Gattin abzuholen.

Der Pfarrer stand auf der äußersten Linie der Streiter für die zu reformierende Kirche, die religiöse Gemeinde der Zukunft. Die Jugendjahre hindurch hatte er im Allgemeinen freisinnig und schön gepredigt, so daß die Herden, die er gehütet, sehr erbaut, wenn auch nicht durchaus klar waren, auf welchem Boden sie eigentlich standen. Unter dem Schutze der weltlichen Macht und nach dem Beispiel altbewährter Führer hatte das jüngere Geschlecht die freiere Weltbetrachtung auf der Kanzel, sowie die freiere Bewegung im Leben errungen. Die strenggläubige Richtung war unvermerkt zur bloßen Verteidigung ihres Daseins hinübergedrängt worden, ohne daß von alledem an der äußeren Form des Gottesdienstes viel zu merken war. Die alten Lieder, die alten Gebetformen, die alten Bibeltexte herrschten und nur bei gegebenem Anlasse wurde das Übermenschliche menschlich behandelt; im Übrigen blieb Christus der Erlöser und Herr und an der Einheit und Persönlichkeit der Weltordnung, sowie an der Unsterblichkeit der Seele durfte nicht gerüttelt werden. Die Theologie galt noch für eine geschlossene Wissenschaft, auch wo ihre Träger längst im Stillen allen möglichen zweifelhaften Anschauungen nachhingen und den lieben Gott einen guten Mann sein ließen, auch mit geheimen Seufzern das mögliche Ende ihres Selbstbewußtseins bedachten.

Dabei wurde mit Geringschätzung auf die früheren Aufklärer und Rationalisten herabgesehen, welche mit ihrer trockenen Tapferkeit doch die jetzige Zeit vorbereitet hatten, und die philiströsen Wundererklärer wurden selbstzufrieden belächelt, während man selbst immer das eine oder andere Wunder ausnahm und dasselbe halb natürlich, halb übernatürlich geschehen ließ.

Allein diese glückliche Zeit, wo alles so behaglich und rühmlich verlief für jeden, der gewandt in der Rede war und dem es nicht an Keckheit mangelte, verwandelte sich, wie alles in der Welt.

Gerade durch die wachsende Ausbreitung und Macht der freien Richtung wurde die Lust zur festeren Vereinigung und Gestaltung und der Wunsch nach der Herrschaft genährt, was zugleich ein deutlicheres Aussprechen dessen mit sich brachte, was man eigentlich bekannte und meinte.

Nun war aber gerade wieder die Zeit, wo die Physiker eine Reihe merkwürdiger Erfahrungen und Entdekkungen machten und die Neigung, das Sehen mit dem Begreifen zu verwechseln, überhand nahm und naturgemäß vom Stückweisen auf das Ganze geschlossen wurde, öfter aber nur da nicht, wo es am nötigsten war.

Auch verbreiteten neue Philosophen, welche ihre Stichwörter wie alte Hüte von einem Nagel zum andern hingen, böse verwegene Redensarten, und es geschah ein großer Zwang in nachgesagten Meinungen und Sprüchen.

Wer nun unter den Priestern ruhiger und bescheiden war, dachte, es komme auf ein gewisses Maß des Mehr oder Weniger in der Unklarheit nicht gerade an, und verhielt sich klüglicher Weise friedlich auf dem gewonnenen Standort, streitbar nur gegen die alten Feinde und Unterdrücker. Andere dagegen wollten um keinen Preis den Anschein haben, als ob sie hinter irgend einer Sache zurückblieben, nicht alles wüßten und nicht an der Spitze der Dinge ständen. Diese rüsteten sich mit schweren Waffen und setzten sich auf die äußersten Zweige des Baumes hinaus, von wo sie einst mit großem Klirren herabfallen werden.

Der Pfarrer von Schwanau hatte sich zu dieser Schar gesellt, weil auch ihm es nicht möglich war, im Widerspruche mit dem Geiste und der Bildung der Zeit zu leben, wie er sie verstand.

Er lehrte daher, es sei der Wissenschaft zuzugeben, daß ein persönlicher Lenker der Welt und hierüber eine Theologie nicht mehr bestehen könne. Aber da wo die Wissenschaft aufhöre, fange das Glauben und Ahnen des Unerklärten und Unbestimmten an, welches allein das Gemüt ausfüllen könne, und diese Ausfüllung sei eben die Religion, die nach wie vor verwaltet werden müsse, und die Verwaltung dieses Gebietes sei jetzt Theologie, Priester- und Kirchentum. Das göttliche Wort sei demnach unsterblich und heilig und seine Verwaltung heilig und weihevoll. Nach wie vor stehe der Tabernakel aufgerichtet, um welchen alle sich scharen sollen, die nicht an trostloser Leere des Herzens zu Grunde gehen wollen. Ja, das geheimnisvolle Ausfüllsel des Tabernakels bedürfe mehr als je der weihenden und räuchernden Priester, als Lenker der hülflosen Herde. Keiner dürfe hinter dem Tabernakel herumgehen, sondern jeder müsse sich vertrauensvoll an dessen Verwalter wenden; dafür dürfen die Priester nichts Menschlichem mehr fern bleiben, das sie immer noch am besten verständen, und sie seien erbötig, überall nach wie vor zu helfen und beizustehen, daß die Wurst am rechten Zipfel angeschnitten würde. Nur verlangen sie dafür Heilighaltung des Tabernakels des Unbekannten und allgemeine Aufmerksamkeit bei Verkündung und Beschreibung desselben.

Hiebei beklagte der Pfarrer in ergreifender Weise die Unwahrhaftigkeit auf der Kanzel, welche die Dinge nicht beim rechten Namen nenne und dem Volke keinen reinen Wein einzuschenken wage, als ob es denselben nicht vertragen könnte, und er beschrieb die Unwahrhaftigkeit und Kunst des Verwischens so trefflich, daß die zuhörende Gemeinde von Neuem hingerissen ausrief: «Wie schön, wie wahr und tief hat er das wieder gesagt!»

Dann aber forderte er die Versammlungen wiederum auf, alle Schlacken auszuwerfen und sich zu weihen für den Gedanken der Unsterblichkeit durch die Heiligung alles Tuns. Zwar sei der Wissenschaft zuzugeben, daß die persönliche Fortdauer der Seele ein Traum der Vergangenheit sein dürfte. Wolle und müsse inzwischen einer doch darauf hoffen, so sei ihm das unbenommen; im Übrigen aber sei die Unsterblichkeit jetzt schon und in jedem Augenblicke da. Sie bestehe in den unaufhörlichen Wirkungen, die aus jedem Atemzug in den andern folgen und in denen die Gewähr ewiger Fortdauer liege. Seinen Schilderungen konnte dann die unvermählt gebliebene Greisin entnehmen, daß wir in unsern Kindern und Enkeln fortleben; der Arme im Geiste getröstete sich der unsterblichen Fortwirkung seiner Gedanken und Werke; der durch haushälterischen und sparsamen Sinn oft Geplagte freute sich, daß nicht ein Atom seines Leiblichen wirklich verloren gehe, sondern in dem Haushalte der Natur in ewig wechselnder Gestaltung zu Ehren gezogen bleiben und verschwenderisch zur Hervorbringung von tausend neuen Keimen beitragen werde. Der Mühselige und Beladene endlich durfte auf ein durchgreifendes Ausruhen von aller Beschwerde hoffen.

Das Gebäude seiner Rede tapezierte er schließlich mit tausend Verslein und Bildern aus den Dichtern aller Zeiten und Völker auf das Schönste aus, wie nie zuvor gesehen worden; es war wie in dem Stübchen eines Zolleinnehmers, der die Armut seiner vier Wände mit Bildausschnitten und Fragmenten, mit Briefköpfen und Wechselvignetten aus allen Ecken der Welt überklebt und vor dem Fenster ein Kapuzinerchen stehen hat, das die Kapuze auf und ab tut.

Es galt aber nicht nur, den Tempel des gesprochenen Wortes also auszuschmücken, sondern auch der wirkliche gemauerte Tempel mußte der neuen Zeit entsprechend wieder hergestellt werden. Die Kirche zu Schwanau war noch ein paar Jahrhunderte vor der Reformation erbaut worden und jetzt in dem schmucklosen Zustande, wie der Bildersturm und die streng geistige Gesinnung sie gelassen. Seit Jahrhunderten war das altertümliche graue Bauwerk außen mit Efeu und wilden Reben übersponnen, innen aber hell geweißt, und durch die hellen Fenster, die immer klar gehalten wurden, flutete das Licht des Himmels ungehindert über die Gemeinde hin. Kein Bildwerk war mehr zu sehen, als etwa die eingemauerten Grabsteine früherer Geschlechter, und das Wort des Predigers allein waltete ohne alle sinnliche Beihülfe in dem hellen, einfachen und doch ehrwürdigen Raume. Die Gemeinde hatte sich seit drei Jahrhunderten für stark genug gehalten, allen äußeren Sinnenschmuck zu verschmähen, um das innere geistige Bildwerk der Erlösungsgeschichte um so eifriger anbeten zu können. Jetzt, da auch dieses gefallen vor dem rauhen Wehen der Zeit, mußte der äußere Schmuck wieder herbei, um den Tabernakel des Unbestimmten zieren zu helfen.

Hiefür war vorzüglich Justine gewonnen worden, welche, um den lauen Sinn ihres Mannes so viel als möglich gut zu machen, dem wunderlichen Reformwerke doppelt zugetan war und sowohl mit eigenen reichen Gaben, als mit dem eifrigen Sammeln fremder Spenden voranging und kräftig eingriff.

Das sonnige, vom Sommergrün und den herein nikkenden Blumen eingefaßte Weiß der Wände hatte zuerst einem bunten Anstrich gotischer Verzierung von dazu unkundiger Hand weichen müssen. Die Gewölbefelder der Decke wurden blau bemalt und mit goldenen Sternen besäet. Dann wurde für gemalte Fenster gesammelt und bald waren die lichten Bogen mit schwächlichen Evangelisten- und Apostelgestalten ausgefüllt, welche mit ihren großen schwachgefärbten modernen Flächen keine tiefe Glut, sondern nur einen kränklichen Dunstschein hervorzubringen vermochten.

Dann mußte wieder ein gedeckter Altartisch und ein Altarbild her, damit der unmerkliche Kreislauf des Bilderdienstes wieder beginnen könne mit dem «ästhetischen Reizmittel», um unfehlbar dereinst bei dem wundertätigen, blut- oder tränenschwitzenden Figurenwerk, ja bei dem Götzenbild schlechtweg zu endigen, um künftige Reformen nicht ohne Gegenstand zu lassen.

Endlich wurden die Abendmahlkelche von weißem Ahornholze, die weißen reinlichen Brotteller und die zinnernen Weinkannen verbannt und silberne Kelche, Platten und Schenkkrüge vergabt bei jedem Familienereignis in reichen Häusern, auf Justines Betreibung hin, deren reichstolzes Gemüt sich an dem Glanze erfreute, nicht fühlend, daß sie der neuen Kirche zur Grundlage eines artigen alten Kirchenschatzes verhalf, der sich ja jeden Tag still aber beharrlich vermehren und auch den Äckern und Weinbergen und dem Zehnten von jeder Hand Arbeit wieder locken konnte, zumal ein leerer Tabernakel noch mehr Platz hat, als ein besetzter.

Schon waren alle Künste, selbst die Bildhauerei mit einigen übermalten Gypsfiguren, vertreten, ausgenommen die Musik, welche daher eiligst herbeigeholt wurde. Weil zu einem Orgelwerk die Mittel noch nicht beisammen waren, stiftete einer einen trompetentönigen Quiekkasten; ein gemischter Chor studierte kurzer Hand alte katholische Meßstücke ein, die man der erhöhten Feierlichkeit wegen und weil niemand den Text verstehen konnte, lateinisch sang. Dieser Chor spaltete sich in verschiedene Abteilungen; Kindergruppen wurden zugezogen und eingeübt, und unter dem Namen einer den Gottesdienst neu belebenden Liturgie wurde, nur versuchsweise, ein wackeres kleines Dramolet in Szene gesetzt, aus welchem sich mit der Zeit wieder die pomphafte Darstellung eines Weltmysteriums gestalten konnte.

Alles Geschaffene wäre aber salzlos gewesen ohne die Übung heilsamer Zucht. Um das erneuerte Tempelhaus zu füllen, duldete der Pfarrherr keinen, der nicht hineingehen wollte. Er kehrte also den Spieß vor allem gegen diejenigen, welche sich draußen hielten und sich vermaßen, das, was er verkündige, selbst schon zu wissen.

«Nicht die Jesuiten und Abergläubigen», rief er von der Kanzel mit lauter Stimme, «sind jetzt die gefährlichsten Feinde der Kirche, sondern jene Gleichgültigen und Kalten, welche in dünkelhafter Überhebung, in trauriger Halbwisserei unserer Kirche und religiösen Gemeinschaft glauben entraten zu können und unsere Lehren verachten, indem sie in schnödem Weltsinne nur der Welt und ihren materiellen Interessen und Genüssen nachjagen. Warum sehen wir diesen und jenen nicht unter uns, wenn wir in unserem Tempel vereinigt uns über das Zeitliche zu erheben und das Göttliche, Unvergängliche zu finden trachten? Weil er glaubt, nachdem wir in hundertjährigem Kampfe die Kirche befreit vom starren Dogmenpanzer, *er* habe jetzt nichts mehr zu glauben, nichts mehr zu fürchten, nichts mehr zu hoffen, was er sich nicht selbst besser sagen könne, als jeder Priester! Weil er nicht weiß, daß alles vergangene und gegenwärtige Glauben und Wissen von göttlichen Dingen nur Eine zusammenhängende, große und tiefe Wissenschaft bildet, die fortlebt und verwaltet werden muß von denen, die es gelernt haben und verstehen. Weil er endlich nicht weiß, daß er in der bitteren Stunde seines Todes nach unserem Beistande schmachten und des geheimnisvollen Trostes des Tabernakels bedürftig sein wird!

Aber jetzt ist er noch in Selbstsucht und Dünkel befangen. Weil *er* frei und ungehindert ist durch *unser* Verdienst, so verschmäht er es voll Undank, an unserem Zusammenhalte gegen die Gewalt der Finsternis und der Lüge Teil zu nehmen, den Kampf des Lebens gemeinschaftlich mit uns zu kämpfen, unsere Freude zu der seinigen zu machen und, indem er sich einen Christen nennt, den Altar mit uns zu zieren! Da geht er denn nun so hin, der Dieser und Jener, der Gleichgültling, der Indifferentist, der Stölzling. Freilich weiß er nicht, wie dürftig und betrübt er uns vorkommt in seiner Sicherheit, die wir ihm freilich nicht mehr nehmen können oder wollen, obgleich er sie nur von uns hat! Freilich weiß er nicht, wie dürr der Pfad ist, auf dem er so dahin wandelt, an welchem keine Sonntagsglocken läuten, auf dem keine Ostern und keine Auferstehung blüht, nicht die Auferstehung des Fleisches meine ich, sondern die Auferstehung des Geistes, die ewigen Ostern des Herzens! Es geht ihm auch darnach! Kein Segen begleitet ihn, sein Gemüt verbittert sich und grollt mit uns, die wir uns unserer Errungenschaften und des Werkes unseres Herrn Jesu Christi erfreuen und das

Osterlamm genießen jetzt und alle Tage. Wenn dann Strom und Bäche vom Eise befreit sind und selig und jubelvoll ‹bis zum Sinken überladen entfernt sich unser letzter Kahn›, dann wird er traurig am Ufer stehen und uns trotzig nachschauen, ein Selbstausgeschlossener und Selbstverurteilter! denn *wir* verurteilen niemanden und verdammen keinen. Nein, wir lassen jedem seine Freiheit, eingedenk des allerdings furchtbar doppelsinnigen Wortes: ‹Vor dem Sklaven, wenn er die Kette bricht, vor dem freien Menschen erzittert nicht!›

Du aber laß ihn nicht entrinnen aus den diamantenen Ketten Deiner ewigen Sittengesetze, die Du gegründet hast, o alliebender Schöpfer und Herr, Urheber der Grundfesten des Landes und der gürtenden Flut des Meeres, o du Spanner des ewigen Himmelszeltes! Führe ihn zurück in Dein schützendes Heiligtum, das wir Dir errichtet nach Deinem Gebote, das Du uns verkündet durch den Mund Mose:

‹Und wer unter Euch verständig ist, der komme und mache, was der Herr geboten hat:

Nämlich die Wohnung mit ihrer Hütte und Decke, Ringgen, Brettern, Nägeln, Säulen und Füßen;

die Lade mit ihren Stangen, den Gnadenstuhl und Vorhang;

den Tisch mit seinen Stangen und allem seinem Geräte, und die Schaubrote;

den Leuchter zu leuchten, und sein Geräte und seine Lampen, und das Öl zum Licht;

den Räuchaltar mit seinen Stangen, die Salbe und Spezerei zum Räuchwerke, das Tuch vor der Wohnung Tür;

das Handfaß mit seinem Fuße;

die Kleider des Amtes zum Dienst im Heiligen, die heiligen Kleider Aarons, des Priesters, mit den Kleidern seiner Söhne, zum Priestertum.›

Bringe ihn herein in deine Wohnung, daß er mit uns bete:

Geist der Liebe, Weltenseele, Vaterohr, das keine
Stimme überhöret der dich lobenden Gemeine!
Eine Reihe Dankgebetes, Lobgesangs ein Faden,
Zieht sich hin vom Duft des Morgens zu des Abends Scheine.
Eine Reihe Lobgesanges, Dankgebets ein Faden,
Zieht sich hin vom Duft des Abends zu des Morgens Scheine.
Gib, daß diese Seele auch durch der Gebetesflammen
Schürung dir die innere Lebendigkeit bescheine!

Gib, daß er das Land der Unvergänglichkeit suche mit der Sehnsucht der götheschen Priesterjungfrau, die da sagte:

Und an dem Ufer steh' ich lange Tage,
Das Land der Griechen mit der Seele suchend!

daß er einst mit der sterbenden Blume des Dichters singe:

Ew'ges Flammenherz der Welt,
Laß verglimmen mich an dir!
Himmel, spann' dein blaues Zelt,
Mein vergrüntes sinket hier.
Heil, o Frühling, deinem Schein!
Morgenluft, Heil deinem Wehn!
Ohne Kummer schlaf' ich ein,
Ohne Hoffnung aufzustehn.

und ihm die Antwort werde:

O bescheidenes Gemüt,
Tröste dich, beschieden ist
Samen allem, was da blüht.
Laß den Sturm des Todes doch
Deinen Lebensstaub verstreun,
Aus dem Staube wirst du noch
Hundertmal dich selbst erneun.

Amen!»

Hatte er dermaßen wohlklingend und nicht selten mit wirklich feuchten Augen, von seinem Galimathias selbst aufgeregt, geendet, so geschah es häufig, daß auf dem Kirchwege die Zuhörer herbei eilten und ihm dankend die Hände drückten, und an den wohlbesetzten Mittagstafeln wurde er aus schönem Munde gefühlsbedürftig gepriesen, von klugen Männern gelobt, daß man jetzt auch wieder einmal kirchlich und christlich sein könne, ohne sich dem Verdachte der Beschränktheit und des Zurückbleibens auszusetzen.

Zu den also bescholtenen Gleichgültigen und Indifferenten gehörte auch Jukundus. Er war der neuen Kirche nicht feindlich gesinnt und wünschte ihr nichts in den Weg zu legen, wohl wissend, daß alle Dinge in der Welt ihren Verlauf haben müssen. Allein mit seiner naiven Wahrheitsliebe war es ihm unmöglich, den Schein einer solchen wenigstens für gedankengeübte Männer unwahren Kirchlichkeit mit zu tragen, und machte von dem Rechte seiner persönlichen Freiheit ohne Geräusch und Prahlen Gebrauch. Er tat dies um so hartnäckiger, als dieses Gebiet fast das einzige war, auf welchem er seine volle Unabhängigkeit von der Sorge wie von der Liebe noch bewahrte.

Der Pfarrer aber, welcher die Frau Justine zu seinen Hauptstützen zählte, da sie mit ihrem Ansehen fast für einen Kirchenältesten gelten konnte, mochte nicht gerne leiden, daß deren Mann die Sache durch sein Fernstehen nicht zu billigen und so über derselben stehen zu wollen schien. Er empfand alles solches Fernstehen als einen stillen Vorwurf gegen sich selbst und eine schweigende Kritik seines Tuns, und er hatte daher einen Groll gegen Jukundus gefaßt und predigte gegen ihn. Denn auch diese Untugend hatten einige der neuen Priester von den alten herübergenommen, daß sie auf der Kanzel, wo sie allein das Wort führten und niemand erwidern durfte, aussprachen, was sie irgend persönlich bedrückte, und nach Gutdünken anklagten und anzeigten. Jener wußte aber hievon nichts, weil er nicht viel Acht gab auf der Leute Reden und dem Sinne undeutlicher Anspielungen nicht nachfragte.

Als Jukundus am spätern Abend also auf den Pfarrhof kam, um seine Frau versprochener Maßen abzuholen, hatte der Pfarrer seinen Vortrag über die gegenseitige Verjüngung der Kirche und der schönen Künste vor einigen Freunden eben beendigt. Jukundus mußte noch ein wenig Platz nehmen.

«Wenn Sie mir gegönnt hätten, meine kleine Arbeit mit Ihrem Mitanhören zu beehren», sagte der Pfarrherr, «so würden Sie vielleicht einen Ausgleichspunkt gefunden haben in dem Gedanken, daß jetzt die Zeit da ist, wo die Kunst ihr Dasein der Religion danken und der guten reichen und doch jetzt so armen Mutter vergelten kann! Sie würden vielleicht selbst einige Befriedigung in der Aussicht finden, wenigstens in einem bedeutenden Tonwerk etwa einst in Gemeinschaft mit uns Ihr Herz aussingen zu können, möchten Sie auch dabei denken, was Sie wollten, und uns überlassen, das Gleiche zu tun!»

Justine schaute bei diesen Worten ihren Mann hoffnungsvoll an. Es war ihre schönste Erinnerung, in dem ersten Jahre ihrer Ehe mit ihm in einer größeren Stadt an einem musikalischen Feste mitgewirkt zu haben. Bei der Aufführung eines mächtigen biblischen Oratoriums hatten sie sich, jedes bei seiner Stimme, so nahe gestanden, daß sie in den Pausen einander die Hand geben konnten. Am Abend hatte Jukundus seine Frau zärtlich in die Arme geschlossen und ihr gestanden, daß er trotz allem Erlebten noch nie so glücklich gewesen sei wie heute, da er in dem wohltönigen Sturme der Musik und des Gesanges mitgesungen und dabei neben sich noch ihre liebe Stimme mit gehört habe.

Allein jetzt erwiderte er dem Geistlichen, schon in trüber Stimmung gekommen und durch dessen Gewaltsamkeit nicht aufgeheitert, etwas trocken:

«Ich bin nicht Ihrer Ansicht, daß die Religion die Kunst hervorgebracht habe. Ich glaube vielmehr, daß die Kunst für sich allein da ist von jeher und daß sie es ist, welche die Religion auf ihrem Wege mitgenommen und eine Strecke weit geführt hat!»

Der Pfarrer wurde ganz rot; er ertrug im Kreise seiner engsten Gemeinde solchen Widerspruch nicht leicht und sagte: «Nun, wir wollen die Sache nicht weiter verfolgen; Sie sind wohl in mehr als einer Beziehung ein Laie, sonst würde Ihnen bekannt sein, daß wir Theologen heut zu Tage manche Kreise des Wissens in unsere theologische Wissenschaft hereingezogen haben, die ihr sonst nicht verpflichtet waren und deren Übersicht Ihnen in Ihrer Lebensstellung fehlt!»

Jukundus versetzte etwas hart: «Dieses Bedürfnis mögt Ihr Theologen fühlen; ich glaube aber nicht, daß Euere Theologie dadurch den Charakter einer lebendigen Wissenschaft wieder gewinnt, so wenig als die ehemalige Kabbalistik, die Alchymie oder die Astrologie noch eine solche genannt werden könnte!»

Hierdurch in seinem Innersten getroffen und beleidigt, rief der Geistliche: «Ihr Haß gegen uns macht Sie blind und töricht! Aber es ist genug, wir stehen über Ihnen und Ihresgleichen, und Ihr werdet in Euerem verblendeten Dünkel die Köpfe an unserem festen Bau einrennen!»

«Immer gleich das Gefährlichste!» sagte Jukundus, der inzwischen ganz ruhig geworden war; «wir rennen gegen keine Wand! Auch handelt es sich nicht um Haß und nicht um Zorn! Es handelt sich einfach darum, daß wir nicht immer von Neuem anfangen dürfen, Lehrämter über das zu errichten, was keiner den andern lehren kann, wenn er ehrlich und wahr sein will, und diese Ämter denen zu übertragen, welche die Hände danach ausstrekken. Ich als einzelner halte es vorläufig so und wünsche Euch indessen alles Wohlergehen; nur bitte ich, mich vollkommen in Ruhe zu lassen; denn hierin verstehe ich keinen Scherz!»

Er hatte diese letzten Worte mit fester Stimme gesprochen, und diese Stimme zerriß seiner Frau, die seinen Arm zum Weggehen ergriffen hatte, das Herz. Sie hatte in der neuen Kirchenkultur, die ihr so freisinnig, so gebildet, so billig schien, zuletzt fast den einzigen Halt gegen den geheimen Kummer gefunden, der sie drückte; nun war ihr Mann in offener Auflehnung dagegen ausgebrochen. Denn sie hielt ihn dem Pfarrer gegenüber für unwissend und unzulänglich, für einen Unglücklichen! Das Unheil eines Glaubenszwiespaltes in Verbindung mit einem beginnenden häuslichen Unglück war plötzlich da, mitten in der so erleuchteten und wohlredenden Kirchenwelt.

Kaum auf die Straße gekommen, ließ Justine den Arm ihres Mannes fahren und ging wie taumelnd neben ihm her, leise weinend. Da es herbstlich stürmte und regnete, so glaubte Jukundus, sie wolle bequemer allein gehen und achtete nicht auf ihren Zustand. Bis sie zu Hause angekommen, hatte sie sich äußerlich gefaßt; inwendig aber zitterte sie vor Aufregung und Entrüstung.

Jukundus, den Vorfall schnell vergessend und von andern Sorgen erfüllt, wollte mit ihr jetzt die gemeinsame Lage besprechen und ihr darstellen, wie er glaube, daß sein rechter Platz nicht in diesem Hause sei, daß er doch versuchen müsse, auf eigenen Füßen zu stehen, wozu wohl noch schöne Zeit sei; daß sie ihm in die Hauptstadt folgen sollte, wo er gute Verbindungen und Freunde habe. Wenn sie einige Mittel von den Eltern mitnehmen könnte für den Anfang, nur so viel, als sie etwa für den Kirchenkultus und die andern Lieblingssachen schon ausgegeben habe, so wäre ihm für die Zukunft nicht bange.

Er berührte diesen letzteren Punkt nur kleinlaut, weil er für sich nichts zu bedürfen glaubte und nur die Scheu Justines vor aller Mittellosigkeit ins Auge faßte.

Kaum war er aber hier angelangt, so schwieg sie nicht länger; die rauhe Ursprünglichkeit der emporgekommenen Volksfamilie, welche die Männer zuweilen überfiel, brach mit aller Herbigkeit auch bei ihr unversehens zu

Tage. Leidenschaftlich und rücksichtslos und ebenso unbesonnen rief sie, er möge gehen, wohin er wolle, sie werde ihm nicht folgen, wenn er in ihrem Hause nicht zu gedeihen vermöge, wo es ihm an nichts und an keinem Entgegenkommen gemangelt habe. Weder den Ihrigen noch ihr selbst fiele es ein, noch das geringste Opfer an ein solch verlorenes Leben zu wagen und das Geld einem solchen ... nachzuwerfen.

Sie brauchte dabei einen Ausdruck, den sie kaum je im Munde geführt, und welchen, ohne daß es gerade ein eigentliches Schimpfwort war, doch kein rechter Mann von Seite seiner Frau erträgt.

Kaum war das Wort ihrem Munde entflohen, so erblaßte Justine und sie schaute ihren Mann mit großen Augen an, der schon vorher erbleicht war und jetzt schweigend hinausging.

Justine eilte, ihre Mutter zu suchen; die war aber noch im Hause eines der Brüder und jene ging daher dorthin, um Rat und Zuflucht zu finden.

Jukundus aber weckte seine eigene Mutter, welche ermüdet schon zu Bette gegangen war, hieß sie sich ankleiden, packte dann das Notwendigste zusammen, holte in der Nacht selbst einen Mietwagen herbei und fuhr unbemerkt in der stürmischen Regennacht mit seiner Mutter davon, versehen mit dem wenigen Gelde, das er noch von dem Verkaufe jenes alten Eichbaums übrig behalten und aufbewahrt hatte.

Von diesem Augenblicke an war aus dem Gesichte der beiden Ehegatten jenes anmutige und glückliche Lachen verschwunden, so vollständig, als ob es niemals darin gewohnt hätte.

In dem dunkeln Wagen, neben der alternden Mutter, die in Ergebung und Schlaftrunkenheit wieder eingeschlummert war, sah Jukundus das schöne Gesicht Justines vor sich, wie es ihn zum erstenmale angelacht hatte. Dieses Lächeln, sagte er sich bitter, sind die Künste eines

Muskels, der gerade so und nicht anders gebildet ist; durchschneidet ihn mit einem kleinen leichten Schnitt und alles ist vorbei für immer!

In der Morgendämmerung stand Justine, die nicht zu Bette gegangen war, vor einem Spiegel und sah ihre starren, bleichen Lippen; sie versuchte schmerzlich zu lächeln über den schönen, schlimmen Traum des entschwundenen Glücks. Allein ihr Mund und beide Wangen waren starr und unbeweglich wie Marmor, der Mund blieb von nun an verschlossen, und vom Morgen bis zum Abend und einen Tag wie den andern.

Drittes Kapitel

Jukundus hatte sich nach der Landeshauptstadt begeben, wo es seine erste Sorge war, die vor Schreck und Kummer erkrankte Mutter zu pflegen und zu begraben; denn sie erholte sich nicht mehr, weil sie keine Hoffnung mehr barg, daß es dem Sohne noch wohlgehen und das, was sie nicht gesponnen und gewebt, vorhalten könne.

Auf dem Rückweg von ihrem Grabe begegnete er einem militärischen Vorgesetzten, der ihn wohl kannte, aber lang nicht gesehen hatte. Der fragte ihn nach seinen jetzigen Umständen, und als er dieselben, soweit sie mitteilbar waren, kennen gelernt, sagte er zu Jukundus, er wäre gerade der Mann, den er suche, um in seinem ausgebreiteten Handels- und Unternehmungswesen eine bestimmte Lücke auszufüllen. Er suche einen zuverlässigen ruhigen Mann, von dem er wisse, daß er seine Obliegenheiten kurzweg und pünktlich erfülle, nicht nach rechts oder links schaue, ohne die Wachsamkeit zu verlieren, und hauptsächlich keine eigenen Spekulationen betreibe.

Jukundus verband sich mit dem Manne und übernahm sofort die ihm zugedachte Stelle, und es ging vom ersten Augenblicke an gut. Die ihm angewiesene Tätigkeit war der Art, daß er weder selbst zu täuschen und zu lügen, noch die Lügen anderer zu glauben brauchte. Er hatte nicht nötig zu überfordern oder zu unterbieten, zu feilschen oder zu überlisten und Überlistungen abzuwehren. Was darüber hinaus an Menschenkenntnis und deren Anwendung erfordert wurde, ward ihm geläufig, wie ehedem, da ihm mit der verschwundenen Befangenheit es wie Schuppen von den Augen fiel.

So flossen seine Tage ernst und still dahin und nicht die kleinste Freude erhellte seine Augen. Mit Justine lebte er ohne jede Verbindung; er erwartete vergeblich ein Zeichen von ihr, daß sie die geschehene Beleidigung bereue und zurückzunehmen wünsche, während sie hieran von den Ihrigen verhindert wurde, welche fanden, es sei besser, die Dinge einstweilen liegen zu lassen, wie sie lägen, und das weitere Glück des Jukundus abzuwarten, ob dasselbe auch Bestand habe. Sie hatten nicht Unrecht, es ein Glück zu nennen; denn das Finden seiner selbst in dunkeln Tagen ist meistens mehr Glückssache, als die Menschen gewöhnlich eingestehen wollen, und hier hatte es vielleicht einzig von der zufälligen Begegnung mit dem erfahrenen und einsichtigen fremden Manne abgehangen.

Jukundis kalte und bittere Ruhe dauerte aber nicht lange. Während er in seiner Geschäftsstellung sich täglich brauchbarer erwies und bald über die anfänglich angewiesene Stufe hinausgehoben wurde, fast ohne jemandes Zutun, so daß der früher so schwer erreichbar erschienene reichere Erwerb und die gegründete Aussicht auf Besitz sich wie von selbst einstellten, trat im öffentlichen Leben eine Bewegung ein, in welche er mehr seiner verbitterten Gemütsstimmung als eigentlicher Neigung gemäß leidenschaftlich hineingezogen wurde.

In der Republik waren seit der letzten jener politischen Umgestaltungen, durch welche das Volk sich verlorene Rechte erneuert oder vorhandene erweitert, vierzig Jahre verflossen und es war im jüngeren Geschlechte der Wille einer neueren Zeit reif geworden, ohne daß die noch herrschenden Träger der früheren Gestaltung denselben kannten oder anerkennen wollten. Sie hielten die Welt und den Staat, wie sie gerade jetzt bestanden, für fertig und gut und wiesen ihre Mitwirkung zu jeder erheblichen Änderung mit einem beharrlichen Nein von sich, indem sie sich auf eine ununterbrochene Tätigkeit in der mähligen Ausbildung des Bestehenden, einst so Gepriesenen zurückzogen. Durch diesen Widerstand erwarben sie sich das Aussehen von Stehenbleibenden, ja Feinden des Fortschrittes, und erweckten eine je länger je heftiger gereizte Stimmung gegen sich. Da sie aber die Geschäfte sachlich und redlich besorgten und alle Mühe auf allerlei Dinge verwendeten, welche an sich keineswegs wie Rückschritt aussahen, so war der Anfang zu einer großen Aktion schwer zu finden. Denn wenn das Volk hiebei nicht den Anstoß zu gewaltsamen Ereignissen gewinnt, woraus an einem Tage von selbst das Gewünschte sich gestaltet, so bedarf es einer ungeheuren moralischen Aufregung, um auf dem Wege der gesetzlichen Ordnung zu seinem Ziele zu gelangen und eine selbstgegebene Verfassung, selbstgewählte Vertreter zu beseitigen und an deren Stelle das Neue zu setzen.

Diese Aufregung, welche bei der gewaltsamen Umwälzung durch einige Tropfen rauchenden Blutes hervorgebracht wird, erreicht das Volk auf dem anderen Wege, um schlüssig zu werden, nur dadurch, daß es das erste Unrecht begeht mittelst einer falschen Anschuldigung und sodann getreu dem Satze, daß der Unrechttuende den leidenden Teil mit wachsendem Hasse verfolgt, nicht mehr ruht, bis der Stein des Anstoßes hinweggeräumt und der neue Rechtsboden, den es will, errungen ist.

Aber auch zu einer vollen runden Hauptanschuldigung, welche für solch eine allgemein um sich greifende Gemütsbewegung ausgereicht hätte, fand sich keine rechte Handhabe vor. Jedes einzelne der unerfüllten Begehren war nicht eine Frage der Unehrlichkeit oder des Volksbetruges, sondern nur eine Frage der Zweckmäßigkeit, welche bestritten war.

Da aber ein Volk oder eine Republik, wenn sie durchaus Händel suchen mit ihren Führern und Verwaltern, nicht auf die Dauer wegen des Anfanges verlegen sind und immer neue Mittel erfinden, so stellte man sich zuletzt einfach vor die Personen hin und sagte: Euere Gesichter gefallen uns nicht mehr.

Dies geschah mittelst einer dämonisch seltsamen Bewegung, welche mehr Schrecken und Verfolgungsqualen in sich barg, als manche blutige Revolution, obgleich nicht ein Haar gekrümmt wurde und kein einziger Backenstreich fiel.

Es entstand zuerst ein Ausspotten einiger nicht bedeutender Personen an irgend einem Punkte, dann ein Verhöhnen einiger anderer, die schon mehr Bedeutung hatten, wegen halb lächerlicher, halb unzukömmlicher, immerhin entstellter Eigenschaften. Eine spott- und verfolgungslustige Laune verbreitete sich mehr und mehr, es bildeten sich Anführer und Virtuosen im Hohn und der Entstellung aus, und bald verwandelte sich der lustige Spott in grimmige Verleumdung, welche umherraste, die Häuser ihrer Opfer bezeichnete und das persönliche Leben auf das Straßenpflaster hinausschleifte.

Nachdem diese Opfer in einen Teig von Lächerlichkeit, bestehend aus erfundenen körperlichen Gebrechen und Gewohnheiten, meist nur etwa linkischen Gebärden, eingeknetet waren und so herumgestoßen wurden, legte man ihnen plötzlich längst begangene geheime Verbrechen, einen abscheulichen Lebenswandel, eine Niedrigkeit der Denk- und Handlungsweise zur Last, welche durch das Ansehen, das sie bisher genossen, nur um so greller und unerträglicher hervorgehoben wurden. Zwar wurden die Anschuldigungen bestimmter Übeltaten, welche sofort einem Kriminalverfahren nach allen Seiten hin rufen mußten, beim ersten Aufschrei der Betroffenen lächelnd fallen gelassen. Allein der Abscheu blieb an den Personen haften und aller übrige gestaltlose Unfug wurde festgehalten durch die Ratlosigkeit der Verfolgten, und bei dem allgemeinen Schrecken und Widerwillen entstand eine förmliche Straflosigkeit, zumal jede Prozeßverhandlung zu einem Feste für die Verfolger zu werden begann und mit den schwersten Drohungen begrüßt wurde.

So eilten denn aus allen Ritzen und Schlupfwinkeln

die Teilnehmer an dem allgemeinen Reichstage der Verleumdung und der Beschimpfung herbei. Personen, deren eigene physiognomische Beschaffenheit, Lebensarten und Taten sie selbst zum Gegenstande der Schilderung, des Unwillens und des Spottes zu machen geeignet waren, stellten sich gerade in die vorderste Reihe und erhuben als rechte Herzoge der Schmähsucht und der Verleumdung ihre Stimme, und je lauter der grimmige Lärm war, desto stiller und kleinlauter wurden die Geschmähten. Ein für die Betroffenen furchtbarer Gemeinplatz wurde von den gedankenlosen Gaffern ausgesprochen. Wenn nur der hundertste Teil der Anschuldigungen wahr wäre, so würde das mehr als genug sein! hieß es, und sie bedachten hiebei nicht, daß ja jeder von ihnen einen solchen hundertsten Teil auf den Schultern trüge, wenn gerecht gemessen würde.

Neben den Angesehenen und Bekannten im Lande wurde wohl auch etwa in irgend einem Winkel ein armer Unbekannter vernichtet, daß es anzuhören war, wie das Schreien eines Hühnchens, das ein Marder nächtlicher Weile einsam erwürgt. Oder es fielen ein paar der Herzoge unter den reißenden Tieren einander selbst an auf irgend einem besondern Wechselplatz, kehrten aber mit zerbissenen und blutigen Schnauzen zum allgemeinen Reichstage zurück, ohne daß es ihnen dort etwas geschadet hätte. Sie beleckten sich die zerzausten Bälge und nahmen frech wieder das Wort.

Die ganze Erscheinung war so neuer und eigentümlicher Art, daß der Geschichtsfreund sie mit keiner vorangegangenen zu vergleichen wußte, wo doch auch mehr als einmal aus einem ungerechten Anlaß oder unwahren Vorwand die Staatsveränderung und die Erweiterung der Freiheit hervorgegangen war.

Männer, die in ihrer entstellten Gestalt mitten in der Not und Verfolgung standen, in der doch kein Tropfen Blut floß und kein Arm berührt wurde, sahen sich von alten Freunden verlassen, die unentschlossen ihren Unschuldsbeteuerungen zuhörten und für sich selber darum nicht um so besser fuhren.

Andere, die ein entscheidendes Wort des Mutes hätten sprechen können, schwiegen still, um nicht vor der Braut oder der Gattin eine infame Beschmutzung erleiden zu müssen, und wiederum andere schwiegen aus Sorge für den Frieden und die Unschuld ihrer unmündigen Kinder. Mancher dankte nur Gott, daß er bis jetzt verschont geblieben, wenn er bedachte, daß diese oder jene menschliche Schwäche, die ihn vielleicht schon angewandelt, dem Unheil einen Angriffspunkt bieten könnte, und er hielt sich mäuschenstille. Dicht dabei stand ein offenkundiger Bösewicht ebenso stille, der doch zu notorisch war, um sich zu den Verfolgern gesellen zu können, und nun mit stechenden Augen gewärtigte, was an ihn kommen wolle. Auch der blieb verschont, nicht nur, weil er als gefährlicher Bösewicht von den Verleumdern gefürchtet war, sondern weil die merkwürdige Bewegung bei aller scheinbaren Maßlosigkeit ein gewisses Gesetz der Ökonomie innehielt und keine Opfer verlangte, die ihr nicht gerade im Wege standen.

Übrigens war nicht zu verkennen, daß das Bewußtsein, es sei eigentlich nur ein großer, etwas grober Spaß, nicht fehlte. Denn während die Menge kein Bedenken trug, das Land als von der Schlechtigkeit unterfressen, angefüllt und beherrscht vor aller Welt darzustellen, blieb die wirkliche unterirdische Schicht der Niedertracht, die in keinem Lande fehlt, unangefochten in ihrer Ruhe, wo sie nicht freiwillig ans Licht emporstieg, um auch an den Reichstag zu kommen und die verhaßte Ehrbarkeit ausplündern zu helfen. Der aktive Lügnerhaufen glich der volkstümlichen Dorfklätscherei, welche in ihrem Humor es für selbstverständlich hält, daß jeder zusehe, was er glauben wolle, und daß jeder Angeschwärzte ihr den Spaß nicht allzu übelnehme.

Von diesem Humor war nun Jukundus nicht. In der Verfassung, in der er sich befand, war er doppelt aufgelegt, alles zu glauben, wenn er auch nicht sonst schon durch seine einfache Natur darauf angelegt gewesen wäre. Während er im Geschäftsleben schon vorsichtiger geworden war, wurde er von dieser Bewegung überrascht wie ein Kind und glaubte jede Schändlichkeit, die man vorbrachte, wie ein Evangelium, über die Maßen erstaunt, wie es also habe zugehen können und was in einer Republik möglich sei.

Seine besondern Mitbürger, die Seldwyler, hatten von Anfang an diese Ereignisse wie ein goldenes Zeitalter begrüßt. Nichts Lustigeres konnte es für sie geben, als das Auslachen und Heruntermachen so vieler betrübter langer Gesichter, die so lange besser hatten sein wollen, als andere Leute. Sie taten sich nicht gerade hervor in der Erfindung von Abscheulichkeiten, waren aber um so tätiger im Aufbringen von Lächerlichkeiten. Immer kamen einige oder ganze Gesellschaften von ihnen nach der Hauptstadt, um zu sehen, was es Neues gäbe, und an der täglich höher gehenden Bewegung Teil zu nehmen. Weil Jukundus die beste Gestalt unter ihnen war, so machten sie ihn zu ihrem Häuptling und er ging im tiefsten Ernste vor der lachenden und stets zechenden Zunft der Seldwyler her, traurig und bekümmert, aber auch entrüstet und straflustig.

Denn er hatte die Welt noch nie in diesem Lichte gesehen; es war ihm zu Mut, als ob der Frühling aus derselben entflohen und eine graue, heiße, trostlose Sandwüste zurückgeblieben wäre, an deren fernem verschleiertem Saume der Schatten seiner Frau einsam entschwinde. Wenn er in den Clubs und Versammlungen neben handfesten und bekannten Agitatoren allerlei aus dunkeln Löchern hervorgekrochene Gesellen sah, die langjährigen Unstern in der allgemeinen Sündflut mit schmutzigen Händen zu ersäufen suchten oder die obere Schicht wie mit Feuerhaken zu sich herunterreißen bestrebt waren, so sah er wohl, daß es keine Oberkirchenräte waren, die ihm die Hand drückten. Aber er empfand jetzt eher ein tiefes Mitleid mit solchen Heiligen, die er als die Opfer einer Welt betrachtete, von der er auch ein Lied singen zu können glaubte. Wie die heilige Elisabeth eine Vorliebe für unreinliche Kranke und Elende bezeigte und sich sogar in das Bett eines Aussätzigen legte, so hegte auch Jukundus eine wahre Zärtlichkeit für seine Räudigen und ging täglich mit Leuten, die er früher, wie man zu sagen pflegt, nicht mit einem Stecklein hätte anrühren mögen.

Er tat dies, während die Volksbewegung schon über den Anfangsstrudel hinaus war und das Volk, auf seine Ziele zusteuernd, jene Schattengestalten laufen ließ und seine neuen Rechte feststellte, wie man glänzende Farben und Wohlgerüche aus dunklen Stoffen und Schmutz hervorbringt und diesen wegwirft. Er merkte kaum, daß er mit dem verlornen Haufen schon seitwärts der Heerstraße stand, und als er es einzusehen begann, überfiel ihn neues Mitleiden mit den armen Propheten, die wiederum betrogen sein sollten. Es half nichts, daß einige klügere Seldwyler ihm zuraunten, die Verleumder und Ehrenfeinde seien bereits nicht mehr Mode, man halte sich jetzt an das rein Politische und Staatsmäßige, und er solle sich nicht bloßstellen; man brauche eben auch wieder einen Staat mit Einrichtungen und Ehrbarkeiten, wo man mit Lügnern und Schubiaken nicht kutschieren könne. Er glaubte den Armen und Verstoßenen, und nicht jenen Warnern.

Um seinen Mut offenkundig zu bewähren und zu zeigen, daß er sie beschütze, lud er eines Tages eine schöne Auswahl seiner Freunde zu einem Festmahle ein, das er ihnen in einem Gasthause gab, und bewirtete sie so reichlich, daß sie in die allerbeste Laune versetzt wurden.

Verkommene Winkeladvokaten, ungetreue und bestrafte kleine Amtsleute, betrügerische Agenten, müßiggängerische Kaufleute und Bankerottierer, verkannte

Witzlinge und Sandführer verschiedener Art saßen um ihn geschart und jubelten und sangen, als ob das tausendjährige Reich da wäre. Aber je lustiger sie wurden, desto ernster sah Jukundus aus, und nicht das leiseste Lächeln überflog sein trauriges Gesicht; er gedachte der Tage, wo er auch froh gewesen und harmlos sich des Lebens gefreut, und alles war dahin! Als nun der Wein den fröhlichen Gesellen immer mehr die Zungen löste und die Besonnenheit ersterben ließ, fingen sie an, ihre Schicksale und Taten zu besprechen und das Unrecht zu erzählen, das sie erduldet. Es erhob sich jedoch da oder dort ein Widerspruch des einen gegen den andern, oder die Auflehnung eines dritten, die Einsprache eines vierten, die nähere Erläuterung eines fünften, woraus ein wirrer Lärm gegenseitiger Vorwürfe und Anschuldigungen wurde und für den unbefangenen Zuhörer sich ergab, daß es sich um ein ziemlich ausgebreitetes und verknotetes Gewebe von geringen, wenig rühmlichen Verrichtungen handelte, wegen welcher alle sich gegenseitig die ausgezeichnetesten Spitzbuben schalten, und zwar in einer so künstlichen Durch- und Überkreuzung, daß wenn man, etwa nach Art der Chladnischen Klangfiguren, ein sichtbares Bild davon hätte machen können, dieses die schönste Brüsseler Spitzenarbeit dargestellt hätte, oder das zierlichste Genueser Silberfiligran, so wunderbar und mannigfaltig sind Gottes Werke.

Jukundus bemühte sich, zuerst aus Liebe, dann von Verwunderung bewegt, das Gewebe zu verstehen und zu entwirren, und sein Gesicht wurde immer ernsthafter, je deutlicher und gewisser ihm seine abermalige Leichtgläubigkeit wurde. Als das bedenkliche Kreuzgespräch immer lauter und drohender wurde und an verschiedenen Punkten in Tätlichkeiten überging, so daß mehrere Paare sich schon an den Kehlen gepackt hielten oder sich an den Bärten zerrten, immer hinter dem Tische sitzend, schritt der kundige Wirt mit einem sichern Mittel ein, den ausbrechenden Sturm zu beschwören. Er besetzte hurtig den Tisch mit einem bereit gehaltenen zweiten Essen, welches aus groben, aber reichlichen Salatspeisen bestand, gemacht von Ochsenfüßen, von Bohnen, Kartoffeln, Zwiebeln, Heringen und Käse. Kaum erblickten die Streitenden diese Erquickungen, so beruhigten sie sich und letzten sich in tiefstem Schweigen, welches nicht eher gebrochen wurde, als bis alles aufgezehrt war.

Dann aber erfolgte eine feierliche allgemeine Versöhnung, wie nach einem geistlichen Liebesmahl, und alle beklagten die Torheit, sich dergestalt einander selbst angefallen zu haben, während Eintracht so not tue.

Viel besser und zweckmäßiger wäre, hieß es, wieder einmal über einen Volksfeind und Unterdrücker Gericht zu halten und eine lustige Jagd nach einem solchen einzuleiten. Noch mancher laufe ungebeugt und trotzig herum oder halte sich geduckt, in der Meinung, daß das Wetter an ihm vorübergehe. Allein Zeit sei es, ihn jetzt hervorzuziehen, und Zeit sei es, den Schrecken zu erneuern.

Ein solches Vorgehen wurde im Grundsatz beschlossen und sodann zur Benennung der einzelnen Opfer geschritten, welche um Glück und Ehre gebracht werden sollten. Es waren bald zwei oder drei Namen solcher Personen gekürt, welche diesem oder jenem aus der Gesellschaft irgend einmal in den Weg getreten und deshalb von ihm gehaßt waren. Wie man aber die Art und Weise des Angriffes und die anzugreifenden Schwächen und Vergehen der Betreffenden festsetzen wollte, mußte die Versammlung sich nicht zu helfen, entweder weil die Erfindungsgabe nicht mehr lebendig genug war oder weil die natürliche Klugheit der Ratschlagenden in der späten Nachtstunde etwas Not gelitten hatte. Nachdem manches Vergebliche und Gehaltlose vorgeschlagen und verworfen worden, rief endlich einer: «da muß das Ölweib wieder helfen, es geht nicht anders!»

Jukundus, der immer aufmerksamer wurde, fragte,

wer oder was das Ölweib sei? Das sei eine alte Frau, wurde ihm erklärt, die man so nenne nach der biblischen Witwe mit dem unerschöpflichen Ölkrüglein, weil ihr der gute Ratschlag und die üble Nachrede so wenig ausgehe, wie jener das Öl. Wenn man glaube, es sei gar nichts mehr über einen Menschen vorzubringen und nachzureden, so wisse diese Frau, die in einer entlegenen Hütte wohne, immer noch ein Tröpflein fetten Öles hervorzupressen, denselben zu beschmutzen, und sie verstehe es, in wenig Tagen das Land mit einem Gerüchte anzufüllen.

Jukundus anerbot sich, die Mission zu übernehmen und zu dem alten Ölweib zu gehen, was ihm fröhlich gewährt wurde. Er ließ sich die Namen der Opfer, welche fallen sollten, deutlich vorsagen. Es betraf, soviel ihm bewußt war, rechtliche Leute, die noch nicht viel von sich reden gemacht, und er schrieb sie genau und sorgfältig in sein Taschenbuch.

Hierauf bestellte er eine neue Ladung guten Wein, um die Gesellschaft zu weiterer Redseligkeit anzufeuern, und lehnte sich seufzend zurück, um zuzuhören.

Allein die Herren waren jetzt der ernsteren Arbeit müde und wieder mehr zum Singen geneigt, und sie sangen mit hoher Stimme die ersten Verse aller ihnen bekannten Lieder.

Der Saal, in welchem sie sich befanden, war groß, aber sehr niedrig und mehr dunkel als hell, und seltsam verziert. Denn der Wirt hatte aus einem größeren Hause eine abgelegte Tapete gekauft und seinen Saal damit tapeziert.

Dieselbe stellte eine großmächtige und zusammenhängende Schweizerlandschaft vor, welche um sämtliche vier Wände herum lief und die Gebirgswelt darstellte mit Schneespitzen, Alpen, Wasserfällen und Seen. Da aber der Saal, für welchen dieses prächtige Tapetenwerk früher bestimmt gewesen, um die Hälfte höher war, als der Raum, in welchen es jetzt verpflanzt worden, so hatte zugleich die Decke damit bekleidet werden können, also daß die gewaltigen Bergriesen, nämlich die Jungfrau, der Mönch, der Eiger und das Wetterhorn, das Schreck- und das Finsterarhorn, sich in ihrer halben Höhe umbogen und ihre schneeigen Häupter an der Mitte der niedrigen Zimmerdecke zusammenstießen, wo sie jedoch von Dunst und Lampenruß etwas verdüstert waren. An der Wand hingegen thronten die grünen Alpen mit roten und weißen Kühen besäet, weiter unten leuchteten die blauen Seen, Schiffe fuhren darauf mit bunten Wimpeln, auf Gasthofterrassen sah man Herren und Damen spazieren in blauen Fräcken und gelben Röcken und mit altmodischen hohen Hüten. Auch standen Soldaten gereiht mit weißen Hosen und schönen Tschakos; bei einer ganzen schnurgeraden Reihe war das linke rote Wänglein ein wenig neben die gehörige Stelle abgesetzt oder gedruckt durch den Tapetendrucker, was der kommandierende Oberst mit seinem großen Bogenhut und ausgestrecktem Arm eben zu mißbilligen schien; denn die halbwegs neben den leeren Backen stehenden roten Scheibchen waren anzusehen, wie der aus der Mondscheibe tretende Erdschatten bei einer Mondfinsternis.

Auf dem ganzen gemalten Lande herum ging jedoch in der Höhe eines sitzenden Mannes eine dunkle Beschmutzung von den fettigen Köpfen der Stammgäste, die sich im Verlaufe der Zeit schon daran gerieben hatten.

Plötzlich entdeckte ein bleicher Genosse, der vorzugsweise als der Idealist bezeichnet wurde, das gemalte nächtliche Tapetenvaterland und benutzte es sofort zu einem feurigen Trinkspruche auf das herrliche, teure, das schöne Vaterland, das den Verein wackerer Eidgenossen hier so recht als engere Heimat umschließe. Und da auch diese Armen im Geiste und an Glück das Vaterland liebten, so fand er einen lauten Widerhall und es wurden alle bekannten Vaterlandslieder angestimmt. Nur einige ungerührte Gesellen machten sich nichts daraus und schleuderten, da sie eben Heringe aßen, die Heringsseelen geschickt an die ewigen Eisfirnen empor, die über ihren Häuptern hingen, daß jene dort kleben blieben.

Hierüber murrten die andern und der ideale Redner verwies den Übeltätern ihre gemeine Gesinnung und rief, sie hätten ihre eigenen Heringsseelen dem Vaterlande ins Angesicht geschleudert und die reinen Alpenfirnen beschmutzt. Doch jene lachten nur und riefen: Selbst Heringsseelen! so daß es abermals Streit und Lärmen gab.

Jukundus legte die Arme auf den Tisch und den Kopf darauf und seufzte tief.

Jetzt ertönte mitten in dem Tumult die dünne Fistelstimme eines gewesenen Gemeindeseckelmeisters, der vergeblich jenes Lied zu singen suchte, welches Jukundus auf dem Wege zum Gesangfeste durch den Wald gesungen hatte; endlich besann sich der Sänger auf die Schlußworte und kreischte in schrillem Tone:

In Vaterlandes Saus und Brause,
Da ist die Freude sündenrein,
Und kehr' ich besser nicht nach Hause,
So werd' ich auch nicht schlechter sein!

Da erinnerte sich Jukundus des schönen und glücklichen Tages, an dem er Justinen zum ersten Male gesehen hatte, und verbarg sein Gesicht noch tiefer, indem er mit Mühe bittere Tränen zurückhielt.

Inzwischen gedachte auch Justine mit größerer Sehnsucht der Tage, wo sie dem Jukundus zuerst begegnet war, und sie hätte ihn gern aufgesucht und ihr Unrecht gut gemacht, wenn nicht immer die Verhältnisse dazwischen getreten wären. Vorerst war sein Anschluß an die Volksbewegung und sein besonderer Umgang mit dem verlorenen Häuflein das Hindernis, weil ihre ganze Familie und Freundschaft auf der anderen Seite stand und man dort nur die düstersten Anschauungen von der Sache hegte.

Sie hatte sich daher, um ihre Gedanken zu beschäftigen und ihr Gemüt zu befriedigen, mit erneutem Eifer dem Pfarrer und der kirchenpflegerischen Tätigkeit hingegeben und ihr Wirken auch auf weltliche Dinge ausgedehnt. Sie wurde Vorsteherin nach allen möglichen Richtungen hin und brauchte jetzt viele und gute Schuhe, die sie sich stärker als früher anfertigen ließ, da sie stets auf der Straße zu sehen war von Schule zu Schule, von Haus zu Haus, von Sitzung zu Sitzung. Bei allen Zeremonien und Verhandlungen, öffentlichen Vorträgen und Festlichkeiten saß sie auf den vordersten Bänken, aber ohne daß sie Ruhe gefunden hätte oder das leiseste Lächeln auf ihr blasses Gesicht zurückgekehrt wäre. Die Unruhe trieb sie selbst wieder in einen musikalischen Verein, den sie seit lange verlassen, und sie sang ernsten Gesichtes und mit wohltönender Stimme, ohne jedoch die mindeste Fröhlichkeit zu erreichen. Der Arzt wurde sogar bedenklich und sagte aus, der melodisch fibrierende Klang ihrer Stimme lasse auf beginnende Brustkrankheit schließen und man müsse zusehen, daß sie sich schone.

Alle fühlten wohl, was ihr fehle, wußten ihr aber nicht zu helfen und wurden unversehens selber hülfsbedürftig; denn es brach eine jener grimmigen Krisen von jenseits des Ozeans über die ganze Handelswelt herein und erschütterte auch das Glorsche Haus, welches so fest zu stehen schien, mit so plötzlicher Wut, daß es beinahe vernichtet wurde und nur mit großer Not stehen blieb. Schlag auf Schlag fielen die Unglücksberichte innerhalb weniger Wochen und machten den stolzen Menschen die Nächte schlaflos, den Morgen zum Schrecken und die langen Tage zur unausgesetzten Prüfung. Große Warenmassen lagen jenseits der Meere entwertet, alle Forderungen waren so gut wie verloren und das angesammelte Vermögen schwand von Stunde zu Stunde mit den hochprozentigen Papieren, in welchen es angelegt war, so daß zuletzt nur noch der Grundbesitz und einiges in alten Landestiteln bestehende Stammvermögen vorhanden war. Aber auch dieses sollte dahin geopfert werden, um die eigenen Verbindlichkeiten zu erfüllen, welche im Augenblicke des Sturmes bei dem großen Verkehre gerade bestanden.

Die Männer rechneten und sprachen miteinander bleich und still Tage und Nächte lang, und die Hausordnung schien erstarrt zu sein. Die Dienstboten arbeiteten ohne Befehl und bereiteten das Essen, aber niemand aß oder wußte, was er aß. Die Uhren liefen ab und wurden kummervoll aufgezogen, nachdem sie Tage lang still gestanden. Die Zeit mußte dann zusammengesucht werden, wie man in der Finsternis ein Lichtlein am andern anzündet, um sehen zu können. Einige junge Kätzchen, welche bis zum Tage des Unglücks der Zeitvertreib und das Spiel von Alt und Jung gewesen waren, wurden plötzlich gar nicht mehr gesehen und zogen sich mit ihren kleinen Sprüngen schüchtern in einen Winkel zurück, und als nach geraumer Zeit einige Seelenruhe wieder in das Haus gekommen war, wunderten sich alle, daß die Katzen unter ihren Augen auf einmal groß geworden seien.

Als es hieß, daß, wenn die Ehre des Hauses gerettet und alle Schulden bezahlt sein werden, nicht eines Talers Wert mehr im Besitze der Familie bleibe und sie, gänzlich verarmt, von Neuem anfangen müßten, stand die Frau Gertrud, die Stauffacherin, und schlotterte an ihrem ganzen Leibe; sie mußte niedersitzen.

Justine dagegen, Schreck und Furcht vor der Armut im Herzen, faßte sogleich Gedanken der Selbsthülfe. Sie wollte mit ihren Kenntnissen augenblicklich in die Welt hinaus und nicht nur sich selbst, sondern auch Vater und Mutter erhalten, und sie entwarf abenteuerliche Pläne mit fiebriger Hast.

Allein nun trat die Mutter wiederum auf und erklärte, daß sie einen guten Teil des Vermögens als Weibergut beanspruche, um das Haus zu retten und ein ferneres Bestehen möglich zu machen. Die Männer sollen mit den Gläubigern ein Abkommen treffen, wie das fast an allen Orten jetzt geschehe.

Die Männer schüttelten finster die Köpfe und sagten, das könnten und wollten sie nicht tun; lieber wollen sie arm werden und auswandern und in anderm Lande Tag und Nacht arbeiten, um wieder zu etwas zu kommen.

Doch die Stauffacherin hatte jetzt ihre Kraft und Beredsamkeit wieder gewonnen; sie bestand auf ihrer Meinung und zeigte an mehreren Beispielen, wie durch solch ein besonnenes Verfahren der Sturm überstanden, die Zukunft gerettet und später auch jede billige Verpflichtung noch gelöst und zu Ehren gezogen worden sei.

Alles dieses war gewissermaßen noch das Geheimnis des Hauses. Die vielen Arbeiter kamen nach wie vor mit ihren Geweben und Gespinsten und erhielten ihren Lohn und neue Arbeit, weil jede Entschließung angstvoll hinausgeschoben wurde. Mit jedem Tag längerer Zögerung wankten die Männer mehr in ihrem Vorsatze strenger Pflichterfüllung, bei welcher sie als wahrhaft Freie vor niemandem die Augen niederzuschlagen brauchten. Schon war die Stauffacherin im Begriffe, obzusiegen und in der festen Überzeugung, daß sie nur im besten Rechte handle, denn sie besaß ein Weibergut; da stiegen aber die Alten vom Berge herunter, der Ehgaumer und seine Frau, um gegen die Machenschaften aufzutreten und sie zu verhindern. Der Alte konnte nicht sprechen, weil er von dem den Kindern widerfahrenen Unheil, selber stark am Besitze hängend, angegriffen war. Er setzte sich hustend auf einen Stuhl und hieß die Alte reden.

Diese legte ein Bündel vergilbter Pfandbriefe auf den Tisch und sagte, da brächten sie, die Alten, was sie erhauset, um den guten Namen retten zu helfen; aber es müßten alle Schulden bezahlt werden und keine Machenschaft mit dem Frauenvermögen dürfe stattfinden. Sie sprach mit so beredten und starken Worten, daß sie in ihrer weißen Zipfelhaube die wahre Stauffacherin zu sein schien und die letztere sich weinend ans Fenster stellte.

Solcher Kleinmut wurde ihr von der Alten verwiesen, die aber gleichzeitig bemerkte, daß in dem wohleingerichteten Zimmer, wo die ganze Familie sich eben befand, das Klavier und die Spiegeltische mit Staub bedeckt waren; und unverweilt begann sie, denselben mit ihrem Schnupftuche abzuwischen.

Die Familie entschloß sich zu der strengen, gegen sich selbst harten Handlungsweise und blieb in Frieden und Ansehen. Der freie Grundbesitz wurde verpfändet und der Geschäftsverkehr nicht unterbrochen; allein zur Zeit waren alle Glieder des Hauses arm, wie die Kirchenmäuse, und keines hatte einen Franken für etwas Unnötiges oder für eine Liebhaberei auszugeben.

So fiel auch die Vorsteherschaft und der Glanz Justinens in Kirche und Gesellschaft dahin und sie hielt sich still und beschämt im Verborgenen. Sie ertrug aber diese gänzliche Mittellosigkeit nicht und verschaffte sich im Geheimen, nach Art verarmter Frauen aus der oberen Schicht, allerlei feine weibliche Handarbeit, um einiges Taschengeld zu verdienen. Sie wußte dabei nicht, daß sie der ganz hülflosen Witwe, der verlassenen Waise, die sich auf gleiche Weise kümmerlich nährte, das Brot vor dem Munde weg nahm, um ihrem Triebe nach Besitz genug zu tun. Je merklicher sich die bescheidenen Geldsümmchen vermehrten, welche sie so erwarb, desto eifriger und fleißiger war sie bei der Arbeit, die sie mit ihrer Energie und Geschicklichkeit in beträchtlicher Menge an sich zog und bewältigte, also daß die Leute, welche die Ware bestellten und verkauften, ihr von derselben kaum genug zuwenden konnten und sie anderen entziehen mußten.

Die unausgesetzte Beschäftigung war ihr um so lieber, als sie während der Arbeit ihren schweren Gedanken entweder nachhängen oder dieselben zerstreuen, die schwachen Hoffnungen auf ein wiederkehrendes Glück erwägen konnte. Die Mutter war mit im Geheimnis; sie hatte in ihrem Stolze zuerst dagegen angekämpft; doch als sie in Justinens Erwerb für sich selbst auch die Mittel fand, manche Nebenausgabe zu bestreiten, für die sie die Kasse der ängstlich und unverdrossen arbeitenden Männer nicht mehr anzusprechen wagte, fügte sie sich leicht dem Sinne der Tochter.

Allein Vater und Brüder wurden endlich aufmerksam; sie wunderten sich, wo die vielen Stickereien und Strickarbeiten eigentlich blieben, die unaufhörlich zu Stande kamen, und gerieten schließlich hinter das Geheimnis. Nun wollten sie aber, während sie sich alle Entbehrungen auferlegten und ihre Wagen, Luxuspferde und dergleichen alles verkauft hatten, doch nicht für Leute gelten, die nicht mehr vermöchten, ein paar Weiber zu erhalten, und fanden es ungehörig, daß diese selber um Handarbeit ausgingen, indessen arme Arbeiterinnen solche im Hause suchten und fanden.

Die Sache wurde daher mit Entschiedenheit unterdrückt, Justine angewiesen, für ihre Bedürfnisse, wie früher, das Nötige zu verlangen und sich keinen Zwang anzutun; denn sie wisse ja, daß sie um diesen Preis nicht feil sei. Justine jedoch konnte in ihrem gefangenen Sinn nicht über die Frage hinwegkommen. Sie verfiel immer mehr in die kranke Sucht nach Selbständigkeit, welche die Frauen dieser Zeit durchfiebert wegen der etwelchen Unsicherheit, in welcher die Männer die Welt halten. Sie grübelte und brütete und entwarf zuletzt den Plan, anderwärts als Lehrerin ein Unterkommen zu suchen. Wenn sie dabei an die Hauptstadt mit ihren zahlreichen Schulanstalten dachte, so wirkte die stille Hoffnung mit, dort eher ihrem Manne wieder begegnen zu können, als im Elternhause, wo jetzt härter über ihn geurteilt wurde, als früher, obwohl bekannt war, daß es ihm nun gut gehe.

Kaum war dieser Entschluß gefaßt, so zögerte sie nicht, ihn auszuführen, und begab sich zu dem Pfarrer, um dessen Rat und Vermittlung zu finden. Erst auf dem Wege nach dem Pfarrhof fiel ihr ein und auf, daß der geistliche Herr, der sonst ein Freund des Hauses gewesen, seit dem Unfall, der es betroffen, nie mehr in demselben erschienen war, daß er auch niemandem gemangelt und niemand daran gedacht hatte, sich ihm mitzuteilen und seinen Trost zu hören.

Eine fröstelnde Empfindung durchschauerte sie, als sie ferner plötzlich bedachte, daß sie selber seit mehreren Monaten nicht mehr in der von ihr geschmückten Kirche gewesen sei. Sie stand still und suchte sich den seltsamen Zustand zurecht zu legen, aber es gelang ihr nicht in der Schnelligkeit. Um so rascher eilte sie wieder vorwärts, wie um Licht zu gewinnen.

Im Pfarrgarten traf sie die Gattin des Geistlichen, eine unbeachtete Frau, welche gelassen Petersilie pflückte, und vernahm von ihr, daß er soeben vom Besuche eines Sterbenden zurückgekehrt sei und etwas unwohl scheine. Doch möge Justine nur hinauf gehen, ihr Besuch werde ihn gewiß freuen. Unverweilt eilte sie nach seinem Studierzimmer und trat, wie sie gewohnt war, nach kräftigem Klopfen rasch ein.

Er saß erschöpft und bleich in seinem Lehnstuhl und stützte den Kopf auf die Hand. Als er sich wandte und aufstand, schien er ihr auch abgemagert und leidend zu sein.

«Sie sehen», sagte der Pfarrherr, nachdem er Justinen begrüßt, «daß ich auch nicht in guten Schuhen stecke, und das mag Ihnen erklären, warum ich mich so lange nicht habe blicken lassen. Ich bin in der Tat, mehr als Sie denken, im gleichen Spitale krank, wie Sie und die Ihrigen!»

Als Justine sich verwundert eine deutlichere Auskunft erbot, fuhr er fort:

«Ich habe reich werden wollen und habe daher im

Umgange mit den Ihrigen, in Ihrem Hause, gelauscht und mir gemerkt, auf welcherlei Weise die Vermögenssummen dort verwendet werden; ich habe mir die Handelspapiere aufgeschrieben, von welchen der größte Gewinn erwartet wurde, und ich habe die Operationen, die ich machen sah, im Geheimen nachgeäfft mit dem mäßigen Vermögen meiner Frau, und als ich ahnte, daß das Haus Glor erschüttert war, wußte ich zugleich, daß ich selbst alles verloren und das Erbe meiner Gattin und ihrer Kinder vergeudet und verspielt hatte. Sie weiß es noch nicht und ich darf es niemandem sagen, wenn ich nicht meinen Stand verunehren will. Aber Ihnen gegenüber, da Sie mir so unversehens erscheinen, drängt es mich zur Offenheit!»

Justine war erschrocken; dieser neue Verlust machte ihr aufrichtigen Ärger und Verdruß, und sie sagte daher etwas unwillig: «Aber was in aller Welt hat Sie denn gezwungen, in Handelsgeschäften zu wagen, da Sie ein Pfarramt und Einkommen besitzen?»

«Ich habe Ihnen gesagt», erwiderte der Pfarrer mit Traurigkeit, «daß ich meinen Stand nicht bloßstellen dürfe durch das Eingestehen meiner lasterhaften Torheit, und ich gehöre diesem Stande innerlich nicht mehr an, ich habe ihn verlassen und darum reich werden wollen, um unabhängig leben zu können! Nach jenem Unglücksabend, an welchem ich hier mit Ihrem Manne gestritten hatte, war mir ein Stachel im Herzen geblieben, den ich vergeblich hinausreden und wegtrotzen wollte. Ich sah, wie Jukundus bei allem Un- und Mißgeschick religiös so unbeirrt und unbescholten dahin wandelte, und ich konnte nicht umhin, alles zu überdenken und zu prüfen, was ich leider mit Beziehung auf die sittliche Seite der Sache, in Ansehung des eigenen Herzens seit Jahren nicht mehr getan hatte. Ich fand, daß ich nicht religiös oder christlich mehr lebe und kein Priester mehr sei!

Ich mußte mir gestehen, daß ich Jahr aus, Jahr ein, sobald ich allein war, nicht den leisesten Trieb fühlte, des gekreuzigten Mannes zu gedenken, dessen Namen mein Lebensberuf trug und der mich ernährte, daß mein Herz und alle meine Sinne nur an der Welt und ihren Annehmlichkeiten, wenn Sie wollen, auch an ihren Mühen und Pflichten hing, aber ohne daß der leiseste Schauer eigener persönlicher Andacht, die geringste Furcht vor dem, den wir handwerksmäßig als unseren Herren und Erlöser verkündeten, an mich herantrat, sei es Tag oder Nacht gewesen.

Ja, wenn ich zuweilen noch, ohne vom Berufe dazu veranlaßt zu sein, der von mir für so geheiligt ausgegebenen Person Christi in der Einsamkeit gedachte, so geschah es mehr mit dem hochmütigen Sinn eines Schutzherren, der sich etwa eines armen Teufels annimmt und ihm im Vertrauen sagt: ‹Lieber, du machst mir viele Mühe!›

Ich empfand endlich, daß ich ein beifallsdurstiger Wohlredner und Schwätzer geworden sei, ohne es zu merken; daß ich, wenn ich nicht den goldenen Schlüssel eines wirklichen jenseitigen Gotteswortes besaß, vom Geheimnis meines Nebenmenschen nicht mehr verstand und nicht mehr Gewalt über sein Gemüt hatte, als ein Kind, ja, daß ich wegen der Halbwahrheit und des Doppelsinns meiner Worte auch einem Kinde gegenüber in schlimmer Lage war.

Ich fing an, mich des gedankenlosen Beifalls zu schämen, der mir entgegen getragen wurde; dazu war es mir des Handwerks wegen unmöglich, meine Gedanken für mein stilles Inneres, für den eigenen Frieden zu ordnen, weil sich das mit der lauten Gewaltsamkeit und den Anforderungen des Standes nicht vertrug, und darum wollte ich ihn verlassen und meinen fadenscheinigen Reformatorenrock an den Nagel hängen.

Das ist mir nun unmöglich geworden, wenigstens für jetzt, weil ich mich, indem ich auf dem Wege des Reichtums fliehen wollte, sogar der Mittel beraubt habe, eine nährende Existenz mit einiger Sicherheit zu gründen.»

Justine saß wie versteinert; sie war gekommen, Rat und Beistand zu holen, und sah wieder eine Stütze, einen Lebensinhalt dahin sinken; denn wie ein Blitz leuchtete es in sie hinein, wie es mit diesen Dingen stand und warum sie selbst im Unglück ihre bunte Kirche nicht gesucht hatte. Eine bittere Qual stieg in ihrer arbeitenden Brust auf; aber sie konnte derselben nicht nachgeben, weil ein noch stärkeres Mitgefühl jetzt gefordert wurde, als der Geistliche in Tränen ausbrach und sagte:

«Heute ist mir nun das Äußerste widerfahren, ich bin von einem Sterbebette hinweggewiesen worden! Eine zähe Greisin ringt seit vielen Stunden mit dem Tode, welche eigensinnig alle ihre Kinder wiederzusehen hofft, besonders ihren im Elend gestorbenen ältesten Sohn. Ich komme hin, voll Sorgen und zerstreut, und halte, indem ich mich anschicke, meine selbstverfaßten, wie Sie wissen, etwas pantheistisch klingenden Sterbegebete zu verrichten, auf ihre an mich gerichteten Fragen nach der Gewißheit des ewigen Lebens, haltlose, unsichere Reden, so daß die Sterbende mir den Rücken kehrt und die Umstehenden, vom Arzte unterstützt, mich zur Seite führen und leise ersuchen, meine seelsorgerische Funktion hier einzustellen.»

Diesen Vorgang erzählte der Pfarrer mit abgebrochenen Worten und bedeckte am Schlusse das Gesicht mit seinem Taschentuche. Er war so erschüttert, weil keiner auch von einer ungeliebten Berufsart sich gerne nachsagen läßt, daß er sie nicht nach den Regeln der Kunst auszuüben verstehe.

Auf die entsetzte Justine machte die Szene einen Eindruck, als ob sie einen Berg einstürzen sähe. Was ihr einen felsenfesten Bestand zu haben schien, sah sie wanken und vergehen mit dem Selbstvertrauen dieses Priesters und beim Anblick seiner Tempelflucht. Sie empfand wohl die drückende Wucht, welche in dem unscheinbaren, noch verborgenen Vorgang lag, der da, dort, an hundert Punkten vielleicht bald sich wiederholte, aber sie verstand dessen allgemeine Bedeutung nicht und fühlte nur den schmerzlichen Druck.

Verwirrt, ratlos ging sie fort, ohne ihr Anliegen, das sie hergeführt, vorzubringen oder den Pfarrer mit Trostreden beruhigen zu wollen. Erst auf der Straße, je mehr sie die Äußerungen des Geistlichen überdachte und mit frühern vereinzelten Worten und Vorfallenheiten zusammenhielt, fing es sie recht an zu frieren. Sie ward inne, daß sie zunächst keine Kirche mehr hatte, und in ihrem Frauensinne, durch die Macht der Gewohnheit wurde es ihr zu Mut, wie einer verirrten Biene, welche in der kalten Herbstnacht über endlosen Meereswellen schwebt. Vom Manne verlassen, das Gut verloren, und nun auch noch ohne kirchliche Gemeinschaft: das alles zusammen schien ihr einer fast ehrlos machenden Ächtung gleich zu kommen.

Die Kirchenlosigkeit, so äußerlich ihre Kirchlichkeit gewesen, schien ihr alle übrige Mißwende einzuschließen und zu besiegeln, und merkwürdiger Weise glaubte sie jetzt dem Pfarrer aufs erste Wort, daß nichts in seinem Tabernakel sei, während sie ihres Mannes Anschauungen nie hatte annehmen wollen, eben weil er keine geistliche Autorität für sie besaß.

Sie wandelte lautlos nach Hause, nahm dort, um die nächste Stunde zuzubringen und auszufüllen, ein Strickzeug und setzte sich damit an ein Gartentor dicht an die Straße, wie um zu zeigen, daß sie noch da sei und sich nicht zu scheuen brauche. Aber sie sprach mit niemandem und sah bleich auf ihre Arbeit, während ihre Lippen mechanisch die Strickmaschen zählten.

Der Abend nahte heran, auf dem still glänzenden See fuhren Schiffe heimwärts und auf der Straße wanderten Arbeitsleute vorüber, ohne daß Justine aufblickte, bis ein steinaltes Weiblein, welches mühselig daher gepilgert kam, vor ihr still stand, um auszuruhen und Atem zu holen. Das Wesen trug einen hohen gelben Strohhut auf dem Kopfe, einen kurzen roten Rock und solche Strümpfe, auf dem gekrümmten Rücken ein weißes Säcklein und in der Hand einen Stab und stellte sich so als eine Pilgerin dar, die aus ferner Gegend kommend nach dem berühmten Wallfahrtsorte wanderte, der wenige Stunden weiter im Gebirge gelegen war.

Als Justine sah, daß das Mütterchen kaum mehr stehen konnte, hieß sie dasselbe zu ihr auf die Bank sitzen. «Das will ich gern tun, wenn Ihrs erlaubt, schöne Frau!» sagte die Pilgerin und säumte nicht, sich neben ihr niederzulassen. Auch kramte sie sogleich in ihrem Reisesack und zog ein Stück Brot hervor, indem sie sich nach einem Brunnen umsah, der ihr einen Trunk Wasser dazu böte. Justine holte aber ein Glas guten alten Weines im Hause und gab es ihr, und sie labte sich vergnüglich daran.

«Warum geht Ihr in Eurem Alter so allein auf der heißen, harten Straße, während alle andern Wallfahrer auf der Eisenbahn und den Dampfschiffen reisen und bequemlich bei einander sitzen?» fragte Justine.

«Ei, das wäre ja kein Verdienst und kein Opfer für mich arme Sünderin!» antwortete die Pilgerin; «die andern, die reisen heutzutage mehr zur Lust und aus Vorwitz und verrichten allenfalls am Gnadenort ein nützliches Gebet. Ich aber wandere auf meinen alten Füßen zur allerseligsten Maria Mutter Gottes und da bin ich nicht nur vor ihrem heiligen Altare bei ihr, sondern auf dem ganzen langen Wege begleitet sie mich auf jedem Schritt und Tritt und hält mich aufrecht, wenn ich sinken will, wie eine gute Tochter ihre alte schwache Mutter! Eben jetzt hat sie mir durch Euere weiße Hand diesen stärkenden Trunk gereicht! Wenn Ihr wüßtet, wie süß und lieb sie ist, wie schön, wie glänzend! Und welche Macht besitzt sie, welche Klugheit! Für alles weiß sie Rat und alles kann sie!»

Während solcher Lobpreisung ließ das Mütterchen

seinen Rosenkranz nicht einen Augenblick aus der Hand. Neugierig sah ihr Justine zu, wie sie fortwährend mit den Kugeln spielte, und verlangte zu wissen, in welcher Weise man ihn gebrauche und um die Hand wickle. Die Alte zeigte es ihr sogleich und wand ihr die ärmliche Kugelschnur um die Hände. Justine hielt diese einige Augenblicke nachdenklich gefaltet und schaute so in Gedanken verloren vor sich hin; dann schüttelte sie aber langsam den Kopf und gab der Pilgersfrau ihren Rosenkranz zurück, ohne ein Wort zu sagen.

Das Pilgerweiblein wollte nun nicht länger ruhen, sondern noch ein gutes Stündchen weiter gehen, ehe es die Herberge aufsuchte, und so bedankte es sich, versprach für die gute schöne Frau ein Gebet zu verrichten, ob sie es wolle oder nicht, und wanderte auf den schwachen Füßen in den dämmernden Abend hinaus, so wohlgemut und sicher, wie wenn es zu Hause in seiner Stube herumginge.

Justine lehnte sich zurück und sah der roten, schwankenden Gestalt nach, bis sie in dem blauen Schatten des Abends verschwand.

«Katholisch!» rief sie, sich selbst vergessend, und versank wieder in tiefe suchende Gedanken; und sie schüttelte abermals das Haupt.

Aber ihre obdachlose Frauenseele suchte fort und fort; sie ging ungegessen zu ihrem Lager und brachte schlaflos die Nacht zu. Sie konnte jetzt nicht einmal mehr sagen, sie sei arm wie eine Kirchenmaus, da sie nur mehr eine wilde Feldmaus war. In dieser Not erinnerte sie sich einer kleinen armen Arbeiterfamilie, einer Witwe mit ihrer Tochter, welche im Rufe einer ganz eigentümlichen Frömmigkeit standen und unter den armseligsten Umständen einer vollkommenen Zufriedenheit und Seelenruhe genossen, so daß der Pfarrer selbst, obgleich sie einer, wie er sagte, törichten und unwissenden Sekte angehörten, von ihnen geurteilt hatte, sie könnten ganz gut einen Begriff von den Urchristen der ersten Zeiten geben. Die beiden Personen hatten früher in Schwanau gelebt und die Tochter hatte in den Glorschen Fabriksälen gearbeitet. Justine, welche eine gewisse Zuneigung zu den Leutchen empfunden, war zu verschiedenen Malen von dem Vorsatze, dieselben zu bekehren und für ihre artig eingerichtete und verständige Kirche zu gewinnen, unwillkürlich abgestanden, sobald sie an die Ausführung hatte gehen wollen; dann waren Mutter und Tochter aus der Gegend weg und in die Nähe der Hauptstadt gezogen, und jetzt beschloß die schlaflose Justine, sie aufzusuchen und das Geheimnis ihres Friedens und ihres Glaubens zu erforschen und ihrer Glückseligkeit teilhaftig zu werden, wenn es möglich wäre. Sie beschloß auch, das schon am nächsten Tage ins Werk zu setzen.

Viertes Kapitel

Am Morgen, der einen schönen Tag ansagte, stand Justine denn auch in aller Frühe auf und rüstete sich zum Wandern; denn sie wollte, obschon sie beinahe drei Stunden weit zu gehen hatte, demütig zu Fuß pilgern, angeregt ohne Zweifel von dem wallfahrenden Mütterchen und weil sie so am ehesten ihren Gedanken überlassen war. Sie zog ein Paar ihrer ehemaligen starken Vorsteherinnenschuhe an, welche ihr jetzt trefflich zu statten kamen, und belud sich auch mit einem Korbe, in welchem sie für die guten Urchristen eine Gabe barg, eine Flasche guter reiner Sahne, ein frisches Weizenbrot, ein Dütchen Schnupftabak für die Mutter, welche, wie sie wußte, trotz ihrer Weltentsagung gerne ein Prischen nahm, wenn sie es haben konnte, und für die Tochter ein paar gute neue Strümpfe. So schürzte sie ihr Kleid und begab sich auf den Weg, statt des Pilgerstabs freilich einen Sonnenschirm in der Hand, der ihr nebst dem breitrandigen Strohhut genugsam Schatten gab.

Sie überlegte sich während des Gehens noch alles, was sie von den Frauen wußte, und befreundete sich immer mehr mit dem gefaßten Vorsatze.

Die Mutter Ursula war als arme Dienstmagd in die Gegend gekommen und hatte still und brav ihrer Pflicht gelebt. Allein sie liebte damals, wie sie sagte, die Welt und gab einem Sohn wohlhabender Landleute, gerührt von seiner Gutmütigkeit und Herzenseinfalt, Gehör, also daß sie sich zusammentaten, arm wie die Tierlein des Feldes, und ein Paar wurden. Denn der Mann wurde sofort von den Seinigen verstoßen und verlassen und sie gaben ihm nicht einmal einen leeren Holzkorb mit. Sie lebten nun kümmerlich als Tagelöhner in einer elenden entlegenen Hütte und waren verlassener, als alle Robinsone auf ihren Inseln. Sie lenkten mit ihrer Einfalt und Geduld alle Hartherzigkeit der Menschen auf sich, mitten in einer reichen und christlich milden Landschaft, wie der Magnet das Eisen; alles, was von hochmütigem Mißverstand ringsum vorhanden war, schien sich vereinigt gegen die Armen zu richten, so daß einer den andern am Helfen hinderte und sie noch dazu lachten; und niemand wußte warum, wie es in der Welt so gehen kann.

Das Frauchen war aber immer noch von Weltlust erfüllt. Sie lockte eine dicke Bauernkatze, die in der Nähe der Hütte im Felde schlich, zog ihr das Pelzröcklein aus und sott sie im Wasser, um den schwarzen Hunger zu stillen; auch nahm sie sorglich das Fett ab zum Kochen einiger Wassersuppen für den Fall, daß ein wenig Mehl oder Brot ins Haus käme. Allein diese Gewalttat wurde entdeckt, und die Geldbuße, welche der Frau dafür auferlegt wurde, nahm den Lohn eines ganzen Monats hinweg, welchen der Mann endlich nach langem Suchen bei einem Straßenbau hatte erwerben können. Deshalb trank derselbe in seiner gutmütigen Einfalt, auf den Rat anderer, vom nächsten Lohn sogleich einen Rausch, ehe man ihm das Geld nehmen konnte, und wurde dabei von einer unterhöhlten Erdlast erschlagen, da er nicht rechtzeitig vor dem Sturze floh. Damit war aber auch die Zeit der Sünde und der Weltlust für die Frau Ursula vorüber.

Um jene Zeit waren ärmliche namenlose Prediger erschienen, welche unter dem geringen Volke für irgend eine Sekte Anhänger suchten und die bekehrten Leute tauften. Sie lehrten das reine ursprüngliche Christentum, wie es nach ihrer Meinung ohne jede Gelehrsamkeit in der Bibel zu finden war, wenn man nur jedes Wort ganz buchstäblich und zwar in der deutschen Übersetzung, die ihnen zu Gebote stand, auffaßte. Die Hauptsache war, daß in Tat und Wahrheit ein neues geheiligtes Leben geführt werden müsse zu jeder Stunde des Tages und an jedem Orte, und daß ferner die Gläubigen unter sich einen festen Verband der Liebe und der gegenseitigen Anhänglichkeit bilden, um sich für die große Stunde des verheißenen Weltgerichtes, das bald kommen werde, zu stärken und bereit zu halten.

Diese Prediger sammelten bald eine Gemeinde um sich, bestehend aus hülfsbedürftigen dunklen Seelen, aus natürlichen Kopfhängern, aus schwachen Hochmütigen, welche selbst an ihrem geringen Orte einen Standpunkt suchten, von welchem aus sie besser sein konnten, als der Nachbar, aus guten Herzen, die ihre Liebe trieb, aus Unglücklichen, die einen Trost zu finden hofften, der ihnen anderwärts nirgends blühte. Einige von ihnen, wenn sie katholisch gewesen wären, hätten sich einfach in ein Kloster gemacht, andere, wenn es ihre Lebensverhältnisse mit sich gebracht hätten, wären Freimaurer geworden, wiederum andere, wenn sie bemittelt und gebildet gewesen wären, hätten sich irgend einem gemeinnützigen oder wohltätigen Verein oder einer gelehrten, oder einer musikalischen Gesellschaft angeschlossen, um sich aus dem Staube des gemeinen Lebens zu erheben. Alles dies ersetzte ihnen nun die stille gläubige Genossenschaft; da fanden sie nicht nur die Heiligkeit und das ewige Leben, sondern auch Kurzweil und Unterhaltung zur Genüge in fortwährendem Reden, Lehren, Disputieren, Beten und Singen.

Allein sie waren keineswegs geschätzt und beliebt, sondern von allen Seiten verfolgt und verlacht, von der Kirche, von den Freien, von den Orthodoxen, von den vornehmeren Frommen, vom Volke, von den Behörden. Besonders auf dem Lande wurden ihre Zusammenkünfte gestört und auseinandergesprengt, und die Unduldsamkeit, welche sich bei ihnen selbst frühzeitig einnistete, wurde auch reichlich gegen sie geübt.

Am Orte, in welchem die arme Witwe wohnte, waren die Sektierer besonders heftig verfolgt worden, und sie durften nicht mehr im Gemeindebann sich versammeln. Sie hielten ihren Gottesdienst daher in einer Wildnis, in dem abgelegenen Gemäuer einer zerstörten Zwingburg, welche man die Teufelsküche nannte. Sie kehrten sich nicht an den neuen Spott, der hiedurch gereizt wurde, und predigten und sangen gar andächtig zwischen dem Gebüsch und Unkraut.

Ursula hörte in ihrer verfallenden Hütte eines Sonntag Abends die frommen Lieder durch die stille Luft herüber tönen, just von daher, wo die goldenen Wolken über dem Walde standen. Es zog sie gar tröstlich, dem Glanz und dem Tone nachzugehen; sie nahm also ihr zweijähriges Töchterchen, das Agathchen, auf den Arm und ging, bis sie die verborgene Versammlung fand, setzte sich bescheiden auf ein Trümmerstück im Hintergrunde der Teufelsküche, das Kind auf dem Schoße in den Armen haltend, und lauschte aufmerksam auf jedes Wort, das gesprochen wurde. Verschiedene Prediger standen auf, welche neben der Verwaltung der Heilslehre jeder ein schlichtes Handwerk trieben und das Wort selbst auch ganz schlicht handhabten; denn noch kannten sie nicht einmal den theologischen Unterschied zwischen Peter und Paul und niemand wußte hier so recht, wer eigentlich die Römer gewesen seien, deren Soldaten den Heiland gekreuzigt haben.

Im Anfang war die arme Witwe vom Schatten einer Haselstaude bedeckt; doch wie die Sonne tiefer sank, überstreute sie die Witwe und das Kind mit spielenden Lichtern und zuletzt leuchtete das Bild ganz übergüldet aus dem feurigen Grün heraus. Dadurch fiel es dem Manne in die Augen, der eben predigte. Er unterbrach sich, als er die still aufhorchende Frau sah, und hieß sie mit lauter Stimme näher kommen und in dem Kreise der Gläubigen Platz nehmen, also daß die ganze Gemeinde den Kopf wandte und die Fremde wahrnahm.

Diese rührte sich aber nicht und blieb schüchtern sitzen, bis von einer Reihe von fünf oder sechs älteren Waschfrauen, die an hervorragender Stelle feierlich auf einem Baumstamme saßen, wie ebensoviele Bischöfe, eine sich erhob und das verlorne Schäflein mit seinem Jungen abholte und an der Hand herbeiführte.

So war sie nun in die Gemeinde aufgenommen und wuchs mit ihrem Kinde zu einem angesehenen Mitgliede derselben heran, eigentümlich und verschieden von allen andern, wie aus dem gleichen Erdreiche je nach ihrer Art die verschiedensten Pflanzen wachsen.

Die Waschfrauen zunächst einverleibten sie ihrem Verbande und verschafften ihr genügende Arbeit, so daß sie eine Wäscherin im Herren wurde, welche in den Häusern vierzig Jahre lang ohne Aufhören schaffte und sich abmühte Tag und Nacht, bis ihre Kräfte mehr als erschöpft waren. Während dieser Zeit hatte die Gemeinde sich längst Duldung errungen und zu einer gewissen Stattlichkeit entwickelt; die Glieder waren alle, durch gegenseitige Hülfe und geordnetes Leben emporgehalten, in einem behaglichen Zustande; die Prediger stellten sich schon mehr als Geistliche mit einiger Gelehrsamkeit dar und trugen bessere Röcke; die Versammlungen fanden in einem hellen freundlichen Betsaale statt, auch wurde der Landeskirche sowohl als andern sich ausbreitenden Sekten gegenüber schon eine kleine Kirchenpolitik getrieben.

Ursula aber und Agathchen ihre Tochter blieben sich immer gleich, verharrten in der Einfalt der ersten Zeit und wurden ohne ihr Wissen Musterbilder menschlicher Frömmigkeit. Die Tochter war schwach und kränklich von Körper; sie haspelte lange Jahre Seide in den Arbeitsräumen des Glorschen Hauses und lebte so mit ihrer Mutter zusammen, welche wusch. So lange sie so fortarbeiten konnten, erwarben sie zur Genüge, wessen sie bedurften, konnten ihren Religionsgenossen helfen und beisteuern, wo es Not tat, und ließen sich nicht suchen; und darüber hinaus hatten sie immer noch kleine Mittel, sich freundlich und dankbar zu erweisen gegenüber der Welt, für jeden kleinen Dienst, für jede Freundlichkeit, die ihnen erwiesen wurden. Sie verstanden ohne Absicht die Kunst, in der Armut reich zu sein, allein durch die unaufhörliche Arbeit und die eigene Genügsamkeit und Zufriedenheit. Der einzige Krieg, welchen sie unter sich führten, bestand in dem gegenseitigen Wetteifer mit eben solchen Freundlichkeiten und Wohltaten, wie sie den Fremden erwiesen, weil jedes, sobald es empfangen sollte, sich dagegen wehrte und behauptete, das sei unnötig und übertrieben.

Sonst lebten sie im tiefsten Frieden mit aller Welt. Jede Kränkung verziehen sie im Augenblicke der Tat und erwiderten nie ein rauhes Wort im gleichen Tone, da sie aus ihrer Frömmigkeit eine Selbstbeherrschung schöpften, welche sonst nur durch Geburt und Erziehung erworben wird. Zu gleichem Sinne unterdrückten sie ohne Anstrengung unbescheidene Neugierde und Tadelsucht und wie alle die kleinen Gesellschaftslaster heißen, und gegen die Ungläubigen und Weltkinder waren sie um so wohlwollender und duldsamer, je sicherer sie zu wissen glaubten, daß dieselben tief unglücklich, wohl gar verloren seien.

Das Unrecht nahmen sie hin, ohne sich seiner gerade zu erfreuen, aber auch ohne es zu bestreiten. Brüder des verstorbenen Mannes und Vaters hatten sich emporgeschwungen und lebten scheinbar in Wohlhabenheit und Ansehen, ohne das kleine Erbe, das dem Kinde und seiner Mutter zukam, jemals herauszugeben oder ihnen auch nur einige Zinsen davon zu gönnen. Die Hochfahrenden waren eben stets in Geldsachen gedrückt und mochten die mäßigsten Summen nicht entbehren, das aber nicht eingestehen und stellten sich daher, als anerkennten sie das Recht nicht, so klar es war. Es hätte die zwei Frauen nur ein Wort gekostet, jene dazu zu zwingen und ihr öffentliches Ansehen bloßzustellen; allein sie waren selbst von ihren Glaubensgenossen nicht dazu zu bewegen und blieben, so lange sie lebten, die armen geduldigen Gläubiger der hochfahrenden ungerechten Verwandten, so daß in Wahrheit man sie die Reichen und diese die Armen nennen konnte.

Mit der Zeit nun waren sie älter und alt geworden; die Arbeit fing an ihnen beschwerlich, ein tägliches Leiden zu werden, ohne daß sie sich derselben entschlagen wollten, und die kränkliche Tochter strengte sich doppelt und dreifach an, um der Mutter wenigstens die nötigste Erleichterung verschaffen zu können, und bei alledem blieben sie heiter und gefaßt und gewährten eher immer noch anderen Trost und kleine Hülfsleistungen, als daß sie solche beanspruchten.

Um diese Zeit kam das große Unglück über das Haus Glor, wo die zahlreichen Arbeiter über Bedürfnis und Vermögen hinaus fort beschäftigt wurden. Während nun manche solcher Arbeiter, die Haus und Hof besaßen und von der Sachlage wohl stille Kenntnis hatten, ihren Verdienst ruhig weiter bezogen und die Ärmeren vollends ihr Auskommen wie eine Schuldigkeit nach wie vor forderten, machte sich das arme schwache Agathchen allein ein Gewissen daraus.

Sie und ihre Mutter sagten sich, daß die verunglückten Herren mit jedem Tagelohn, den sie weiter auszahlten, ein gezwungenes Opfer brächten, welches sie nicht annehmen dürften oder wollten; sie beschlossen, ohne alle Überhebung, sondern aus reiner Güte, diesem Opfer aus dem Wege zu gehen, und zogen wirklich aus der Gegend hinweg. Agathchen, das alternde Mädchen, hatte freilich dabei noch den geheimen Plan, die Mutter ihrer Kundschaft zu entführen, bei deren Bedienung sie anfing zusammenzubrechen, wenn die großen Waschfeldzüge eines Morgens um drei Uhr begannen und drei Tage hindurch dauerten. Sie dachte, ein Haspel- oder Windewerk ins

Haus zu bekommen, wo sie dann die ruhende Mutter den ganzen Tag pflegen und zugleich für beide arbeiten könnte.

Sie fanden in der Nähe der Hauptstadt das gesuchte Unterkommen in einem kleinen Häuschen, welches ihnen der Seidenherr zum Wohnen gab. Dieses Gebäudchen befand sich in einem entlegenen Baumgarten und enthielt zwei kleine Gemächer in der Art, daß das eine nach dem Baumgarten hinausging und nur zu erreichen war durch das andere, welches an der Landstraße lag. Jenes war ein sonniger, freundlicher Aufenthalt im Grünen, da die Wiese mit den Bäumen dicht am Fenster lag. Dieses dagegen war ein dunkles unfreundliches Gelaß, dessen Eingang zugleich die Haustüre bildete und auf die staubige Landstraße ging. Neben der Türe gab es als Fenster nur noch ein kleines vergittertes Loch in der Mauer.

In diesem finstern Aufenthalt saß ein unzufriedenes und häßliches altes Weib, welches denselben hätte räumen sollen, aber auf Bitten der frommen Frauen dort gelassen worden war. Sie selbst wohnten in dem freundlichern Gemach. Zwar hatten sie dasselbe schon einmal mit dem dunkeln Loch vertauscht, als die böse Alte sich darüber beklagte und zankte, und diese in das helle Stübchen sitzen lassen; allein hier hatte sie wiederum nicht bleiben wollen, weil sie den Eingang nicht bewachen und nicht sehen konnte, was auf der Straße vorging. Die beiden Geduldüberinnen hatten also doch wieder nach hinten ziehen müssen und sie wohnte wiederum im Loch, wo sie unaufhörlich schalt und drohte und die Ein- und Ausgehenden belauerte, ausfragte und gegen die guten Leutchen einzunehmen versuchte. Denn sie hatten allerlei Zuspruch von Freunden und solchen, welche eines friedlichen Wortes bedürftig waren. Sie teilten auch alle kleinen Liebesgaben, die sie etwa erhielten und mit aufrichtigem Danke annahmen, sogleich mit dem Ungetüm, das die Teilung jedoch unwirsch abmaß und grob zurückwies, wenn sie ihm nicht rasch und pünktlich genug schien.

Sie fürchteten aber das Unwesen keineswegs und lebten in dessen Nähe, wie etwa fromme Einsiedler in der Nachbarschaft eines wilden Tieres oder eines schreckhaften Dämons.

Dies Weib war nun jene Sibylle der Verleumdung, welche man das Ölweib hieß, und die Jukundus Meyenthal aufsuchen wollte, um dem Unheil auf den Grund zu kommen, das er in der fröhlichen Nacht entdeckt hatte.

Als Justine das Häuschen erfragt und jetzt hergewandert kam, saß das Ölweib vor der Türe an der Straße und scheuerte mürrisch ein Pfännchen.

Die Sage erzählt, daß zur Zeit, als Attila mit seinen Hunnen erschien, in der Nähe von Augsburg eine wegen ihrer abscheulichen Häßlichkeit verbannte Hexe wohnte, welche dem zahllosen Heere, als es über den Lech setzen wollte, ganz allein und nackt auf einem abgemagerten schmutzigen Pferde entgegen geritten sei und «Pack' Dich, Attila!» geschrien habe, also daß Attila mit dem ganzen Heere voll Schrecken sich stracks gewendet und eine andere Richtung eingeschlagen habe, und so die Stadt von der verstoßenen Hexe gerettet und diese mit einem guten neuen Hemde belohnt worden sei. Aber diese Hexe hier verdiente um ihr Vaterland schwerlich ein neues Hemd.

Auch Justine wäre beinahe umgekehrt und entflohen, als sie das Ölweib vor der Türe sitzen sah mit dem großen viereckigen, gelblichen Gesicht, in welchem Neid, Rachsucht und Schadenfreude über gebrochener Eitelkeit gelagert waren, wie Zigeuner auf einer Heide um ein erloschenes Feuer.

Die Unholdin zischte die schöne und stattliche Justine an und fragte sie, indem sie sich aufrichtete, wohin sie wolle, was sie bei den Leuten zu tun habe; aber Justine faßte Mut und drang bei ihr vorbei durch die Finsternis und stand plötzlich bei den friedlichen Frauen im Sonnenschein, das frische Grün vor den Augen.

«Ei wie schön ist es hier», rief sie, indem sie Korb und anderes abstellte, den Hut weglegte und sich setzte. Ursula und Agathe hingegen gerieten vom Erstaunen über die Überraschung in die herzlichste Freude hinein. Ursula saß gichtbrüchig in einem Lehnstuhle und konnte sich nicht erheben; Agathchen aber ließ ihr halbes Dutzend Häspelchen, die sich mit glänzend roter Seide in der Sonne drehten, stille stehen. Eine vornehme gelassene Herzlichkeit verklärte das bleiche Gesicht der Tochter, die doch keine vornehme Erziehung genossen hatte. Justine bemerkte, daß auch sie nicht ganz sicher auf den Füßen stand; Agathchen erklärte lächelnd, daß diese sie freilich etwas zu schmerzen anfingen und zuweilen ein bißchen geschwollen würden. Aber sie klagte, so wenig wie die Mutter, mit einem einzigen Wörtchen. Vielmehr beschrieben sie mit unschuldiger Heiterkeit die schnurrige Hexe vor der Türe, als Justine nach der unheimlichen Erscheinung fragte, und wie man Geduld mit der armen Kreatur haben müsse, welche von bösen Geistern bewohnt und gewiß leidend genug sei.

Wie erstaunten sie aber, als Justine ihre einfachen Geschenke hervorholte. Die Strümpfe hätten dem Agathchen nicht willkommener sein können; denn es gestand, daß es doch fast keine Zeit mehr finde zum Stricken, besonders seit die Augen des Nachts beim Lämpchen nicht mehr recht sehen wollten. Ihrerseits hatte die Mutter das Päcklein frischen Schnupftabak schon geöffnet und mit einer beinahe zu lebhaften Befriedigung ihr kleines Horndöschen damit gefüllt. Hier war der einzige Punkt, wo das Kind die Mutter ein wenig beherrschte, indem es ihr nicht ganz so viel von der schwärzlichen Weltlust zukommen ließ, wie sie vielleicht, im Rückfall in ihre Jugendsünden, zu verbrauchen im Stande gewesen wäre. Doch lächelte jetzt Agathchen selbst gegen Justine hin, als die Mutter die frische Prise so fröhlich zu sich nahm.

Von der Sahne aber füllte Agathchen sogleich eine

Schale und schnitt ein Stück von dem weißen duftigen Brot, um es dem armen Weib draußen zu bringen. «Nicht so rasch!» sagte die Mutter leise, «damit sie nicht überrumpelt wird, wenn sie wieder an der Türe horcht! Tritt ein bißchen laut auf mit den Füßen!»

«Ach, sie tun mir ja zu weh, wenn ich damit stampfe!» erwiderte die Tochter und lachte selbst zu dem harmlosen Betrug, welchen sie spielen sollte. Doch hustete sie, ehe sie die Türe aufmachte, ein Weniges, und richtig sah man draußen in der Dämmerung des Vorraumes die unförmliche Gestalt des Weibes hinhuschen, behender als man von ihr erwartete.

Als es nun wieder stille war, wollten Mutter und Tochter doch wissen, auf welche Weise die junge Herrenfrau hieher gekommen sei und wohin des Weges sie gehe; denn sie bildeten sich nicht ein, daß sie nur zu ihnen allein so weit her habe kommen wollen.

Die Sonnenlichter, mit den Schatten der schwankenden Baumzweige vermischt, spielten auf dem Boden und an den Wänden des kleinen Stübchens; vor den offenen Fenstern summten die Bienen und ein grünes Eidechschen war von der Wiese herauf geklettert und guckte neugierig in das Gemach; ein zweites gesellte sich dazu und beide schienen der Dinge gewärtig, die da kommen sollten. Justine sah alles und fühlte diesen Frieden; aber sie fand keinen rechten Mut, die Stille zu unterbrechen, bis sie zu weinen anfing und nun bedrängt und beklemmt den Frauen anvertraute und erzählte, daß sie religionslos geworden sei und bei ihnen Rat und Aufschluß suche, worin ihr Glück bestehe und woher ihr Seelenfrieden komme. Sie hoffte ein Neues, noch nicht Erfahrenes, Übermächtiges zu erleben, dem sie sich ohne weiteres Grübeln hingeben könne. Sogleich tat die Ursula ihr Tabaksdöschen weg und Agathe legte nieder, was sie eben in den Händen hatte; beide sahen sich erschrocken an, falteten unwillkürlich die Hände, und Justine sah, wie jedes für sich leise betete und die Lippen bewegte, Agathchen mit rinnenden Tränen, die Mutter aber mit der ruhigeren Fassung des Alters. Keines getraute sich, ein Wort zu sagen; sie waren ganz erschüttert von der an sie herangetretenen Forderung, eine gelehrte und glänzende Person für das Heil zu gewinnen, und doch war die himmlische Fügung nicht zu verkennen und anzuzweifeln.

Ursula fing zuerst langsam an, einige Worte zu sprechen, während Agathchen einen Schemel zu Justinen hinschob, sich zu ihren Füßen setzte und ihre Hände ergriff und streichelte. Denn Justine war längst ihre geheime Liebe und der vornehmste Gegenstand all ihres Wohlwollens und ihrer Bewunderung gewesen.

Indessen kam die Sache in den gesuchten Gang, die Zungen lösten sich, und nun wetteiferten die beiden Wesen, dem Weltkinde die große Angelegenheit darzutun und einander das Wort abzunehmen und zu ergänzen, wie zwei Kinder, welche einem dritten das so eben von der Großmutter gehörte Märchen erzählen.

Aber es war nichts Neues und Unerhörtes, was sie vorbrachten, sondern die alte harte und dürre Geschichte vom Sündenfall, von der Versöhnung Gottes durch das Blut seines Sohnes, der demnächst kommen werde, zu richten die Lebendigen und die Toten, von der Auferstehung des Fleisches und der Gebeine, von der Hölle und der ewigen Verdammnis und von dem unbedingten Glauben an alle diese Dinge. Das alles erzählten sie wie etwas, das niemand so recht und gut wisse, wie sie und ihre Gemeinde, und sie brachten es vor nicht mit der menschlich schönen Anmut, die ihnen sonst innewohnte bei allem, was sie taten und sagten, sondern mit einer hastigen Trockenheit, eintönig und farblos, wie ein Auswendiggelerntes. Bei keinem Punkte wurden die Worte weicher und milder, nirgends die Augen wärmer und belebter, selbst das Leiden und Sterben Jesu behandelten sie wie einen Lehrgegenstand und nicht wie eine Gemüts- oder Gefühlssache. Es war eine wesenlose Welt für sich, von der sie sprachen, und sie selbst mit ihrem übrigen Wesen waren wieder eine andere Welt.

Dazu redeten sie, in einfältiger Nachahmung ihrer Prediger, unbeholfen und ungefällig, ja befehlshaberisch in Hinsicht auf das bei jedem zweiten Wort wieder geforderte Glauben.

Da sah Justine, daß die guten Frauen ihren Frieden wo anders her hatten, als aus ihrer Kirchenlehre, und ihn nicht mit dieser verschenken konnten; oder daß vielmehr nur sie mit ihrer besonderen Einrichtung auf diesem dürren Erdreich hatten wachsen können, weil sie die Nahrung aus den freien Himmelslüften zogen. Sie war vergeblich hergekommen; das Herz zog sich ihr zusammen, daß es beinahe still zu stehen drohte, und sie lehnte sich auf ihrem hölzernen Stuhle zurück, um sich zu erholen, während die Predigerinnen immer noch fortsprachen. Sie erholte sich auch nach und nach, war aber immer noch weiß, wie die getünchte Wand ringsumher, und suchte sich zu besinnen, wie sie, ohne die Frauen zu kränken, die Sache beendigen und fortkommen könne.

Plötzlich ertönte vor der Türe ein häßlicher Schrei, wie wenn einer Katze auf den Schwanz getreten würde. Erschreckt eilte Agathchen hin und öffnete die Türe, daß das volle Licht in die dunkle Vorkammer drang, und man sah einen schlanken hochgewachsenen Mann, welcher das Ölweib an der Kehle festhielt und ein Weniges an die Wand drückte. Beschämt und verlegen ließ er die Hexe aber sogleich wieder frei, als das Licht auf die Szene fiel, und auch aus Ekel, weil sie ihm in der Angst und Wut auf die Hand geiferte, die er nun abwischte. Jetzt ließ sich aber ein wohltönender Ausruf hören von Seite Justinens her, welche in dem Manne den Herren Jukundus Meyenthal erkannte; der kehrte sich zu ihr und sofort fielen sich beide Gatten um den Hals und hielten sich lange umfaßt. Dann betrachteten sie sich aufmerksam und sorglich die ernsten traurigen Gesichter und gingen endlich vor der Hand in das Stübchen der Frauen hinein an das Sonnenlicht.

Jukundus war, während Justine ihren Glaubensunterricht empfing, zur guten Stunde in die Höhle der Hexe gekommen. Sie hatte zuerst boshaft und zufrieden gelächelt, weil sie glaubte, der hübsche Mann und die schöne Frau hätten ein verbotenes Stelldichein bei den frommen Weibern, und diese böten endlich ihre schwache Seite dar und ein ganzer Krug voll Rosenöl werde aus diesem Abenteuer zu gewinnen sein.

Als aber Jukundus sein Verzeichnis anzuschwärzender Biederleute hervorzog, ihr sagte, um was es sich handle, in wessen Namen und Auftrag er gekommen, und sie ziemlich trocken und kurz zu fragen begann, was sie von jedem wisse oder was sich tun lasse, um denselben als Bösewicht in das verdiente Gerücht zu bringen und zur Strafe zu ziehen, sagte sie mürrisch: «Den kenne ich nicht! Die haben mir nichts getan!»

Dieses Tier hat doch wenigstens den Instinkt, nur diejenigen zu beißen, die es berührt oder gestoßen haben! dachte Jukundus und fragte, was ihr denn dieser oder jener von den früher Angefallenen getan habe?

Sie lachte sogleich heiser, als sie die Namen jener Opfer hörte und sich des gewichtigen Anteils erinnerte, welcher ihr an der lustigen Hetzjagd vergönnt gewesen. Jedoch gab sie keine Antwort auf die Frage, sondern begann mit schwerfälliger Beredsamkeit zu schildern, wie sie bei dem Aufbringen und Ausbreiten der bösen Nachreden und Anschuldigungen verfahren sei. Da brauche es zuerst nur eine bestimmte, an sich unschuldige Eigenschaft, einen Zustand, ein Kennzeichen des Betreffenden, einen Vorfall, das Zusammenkommen zweier Umstände oder Zufälle, irgend etwas, das an sich wahr und unbezweifelt sei und für die zu machende Erfindung einen Kern von Wirklichkeit abgebe. Auch seien nicht nur Erfindungen zu verwenden, sondern man könne auch mit Vorteil die von dem einen verübten Vergehen und Abscheulichkeiten auf den andern übertragen mittelst jener äußeren wirklichen Zufälligkeiten, oder das, was man selbst zu tun immer Lust verspüre oder vielleicht schon ein bißchen getan habe, einem andern anhängen. Auf solche Weise das oft unbillige Schicksal auszugleichen und zu verbessern, gewähre ein gewissermaßen göttliches Vergnügen, wie z.B. wenn man von zwei Menschen den einen wohl leiden möge, den andern hasse, der erste aber ein armer, böser, mißlungener Schwerenöter, der letztere ein unerträglicher Rechttuer sei, der nichts an sich kommen lasse. Da fühle man sich dann so recht wie eine Vorsehung, wenn man die Unreinlichkeiten und Gebrechen des guten Freundes und Dulders diesem abzunehmen und dem widerwärtigen Rechthaber aufzubürden verstehe. Ja, es sei etwas Großes, mit einem ausgestreuten Wörtlein ein stolzes Haus in Schmach und Ungemach zu stürzen, größer, als wenn ein Zauberer einen Sturm erregen und Schiffe auf dem Meer untergehen lassen könne.

Bei diesen Reden verriet das Weib weit mehr Welt- und Personenkenntnis, als ihr ungefüges Äußere und die ärmliche Lage hätten erwarten lassen; aber alle diese Kenntnis war verkümmert und verkrüppelt und wucherte nur um die Oberfläche der Dinge herum, wie ein Moosgeflecht. Auch glich sie trotz ihrer Verschmitztheit zuweilen einem Kinde, welches in Unwissenheit mit dem Feuer spielt und dabei eine Stadt anzündet.

Den oft verworrenen Worten und Anspielungen war mit Mühe zu entnehmen, daß das Weib den eigenen Eltern oder Großeltern vorwarf, eine vornehme Herkunft verläppert und sie dem Elend und der Dunkelheit ausgesetzt zu haben, daß sie einst mit einem Schuster verheiratet gewesen, der lang mit ihr gerungen, sie aber zuletzt besiegt und fortgejagt hatte, und daß sie sich jetzt mit Hausieren ernährte, indem sie bald diese, bald jene Ware ausfindig machte, mit welcher sie, wenn sie aufgelegt war, in allen Gassen herum streichen, von Haus zu Haus schleichen und ihrem finstern Treiben obliegen konnte.

Plötzlich unterbrach sich die Hexe in ihrer Rede und verlangte nochmals die Namen derjenigen zu sehen, die neuerdings verleumdet werden sollten, denn sie hatte über ihrem Reden unversehens Lust bekommen, wieder zu handeln und Vorsehung zu spielen.

Jukundus gab ihr den Zettel in die Hände, um zum letzten Überfluß noch zu sehen, wie sie im Einzelnen zu Werke ging, nachdem er sich im Allgemeinen schon überzeugt hatte, auf welcher Grundlage die große öffentliche Verfolgung aufgebaut sei.

Gleich beim ersten Namen, der einem ehrlichen Bürgersmann angehörte, rief sie: «Halt, den kenne ich doch! Wie konnte ich den übersehen? Das ist ja der saubere Herr, der mich einmal aus dem Hause gewiesen hat, als ich in seiner Küche mit den Dienstboten sprach! Der hat rasch hintereinander mehrere Erbschaften gemacht und ist reich geworden, während arme Verwandte am Hungertuch nagen! Der wird ein artiger Erbschleicher sein, wenn man die Sache näher untersucht und in einen vernünftigen Zusammenhang bringt. Denn ein paar alte Basen von ihm, die er beerbt hat, sind unvermutet gestorben, ja, was sage ich? Sein eigener Vater ist vor ein paar Jahren gestorben, ohne daß er sehr alt oder krank war, höchst wunderlich!»

Jetzt erschrak aber Jukundus über die Folgen seines Tuns und er entriß der Alten den Zettel, indem er rief: «Schweigt still, abscheuliche Ölhexe! und untersteht Euch nicht, ein einziges Wort von alledem zu wiederholen, was Ihr da lügt, oder Ihr habt es mit mir zu tun!»

«Mit Euch?» erwiderte die Unholdin, die ihn plötzlich mit aufgerissenen Augen anglotzte und dann zischte: «Was ist's mit Euch? was willst Du eigentlich von mir, Du Hund? Du verfluchter Spion? Willst Du mich bestechen und zu Schlechtigkeiten mißbrauchen? Wart, Dich wollen wir schön in die Mache nehmen! Man kennt Dich schon! Man kennt Dich schon, Du erzschlechter Kerl!»

Von der häßlichen Wut des Weibes und dem ungeheuerlichen Gesicht, das sie zeigte, gereizt, packte Jukundus, der sich schon zum Gehen gewandt hatte, sie einen Augenblick, sich vergessend, am Kragen und entlockte ihr eben dadurch den Schrei, welcher das Wiedersehen mit Justinen herbeiführte, so daß er die Verletzung des morgenländischen Gebotes:

Mit einer Blume nur zu schlagen
Ein Frauenbild, nicht sollst Du wagen!

welches ihm nachher einfiel, schließlich doch nicht bereute.

Ursula und ihre Tochter waren von dem Zusammentreffen der getrennten Gatten in ihrer Wohnung gerührt und erfreut; sie betrachteten es als eine weitere Fügung Gottes, wobei ihnen zweifelhaft erschien, ob die begonnene Glaubenslehre ihren Fortgang haben werde; denn sie trauten dem Herrn Meyenthal nicht ganz. Sie stellten daher die Sache einem Höheren anheim und schwiegen jetzt bescheiden von derselben; sogleich nahm auch Ursula ihr Tabaksdöschen wieder zur Hand.

Jukundus und Justine sprachen indessen nicht viel und trachteten, ins Freie zu kommen. Nachdem sie über ihr Zusammentreffen an diesem Orte das Nötigste sich erklärt hatten, verabschiedeten sie sich von den guten Christinnen, die Jukundus noch wohl kannte, und versprachen ihnen weitere Nachricht und Teilnahme. Als sie durch das Gelaß des Ölweibes gingen, war dieses nicht zu sehen und mußte sich versteckt haben. Doch kaum waren sie auf der Straße, so erschien ihr Gesicht unter dem Gitterfensterchen, wo sie ihnen gräuliche Schimpf- und Drohworte nachrief. Doch sie hörten nichts davon, da sie genugsam mit sich selber beschäftigt waren und mit einem neuartigen Glücksgefühl, doch immerfort in tiefem Ernste, neben einander hingingen.

Jukundus hatte in einem Gasthause ein Pferd stehen, auf welchem er die ziemlich weite Strecke hergeritten war; Justine hatte mit einem Bruder verabredet, auf einem aus der Stadt kommenden Dampfboote an der nächsten Landungsstelle zur gemeinsamen Rückfahrt zusammenzutreffen. Sie verabredeten daher, sich am nächsten Morgen wieder zu sehen und zwar bei den Großeltern auf dem Berge bei Schwanau, wohin Jukundus sich in aller Frühe aufmachen sollte. Dort wollten sie den ganzen Tag zubringen und sich aussprechen. So gingen sie für heute von einander und blickten sich dabei treuherzig und innig in die Augen, aber immer im tiefsten Ernste.

Der folgende Tag war ein Sonntag, der mit dem schönsten Junimorgen aufging. Justine war mit der Sonne wach; sie rüstete und schmückte sich, als ob es zu einem Feste ginge, indem sie gegen ihre letzte Gewohnheit das Haar in reiche Locken ordnete, ein duftiges helles Sommerkleid anzog, auch den Hals mit etwelchem feinen Schmucke bedachte. So ging sie, ungesehen von den noch schlafenden Ihrigen, den Weg nach der Höhe, das Gesicht leicht gerötet und rüstigen Schrittes. Die Großmutter war über ihre jugendliche und reizende Erscheinung ganz verwundert und auch zufrieden mit der Wendung, welche das Schicksal zu nehmen schien. Sie zwang, da sie beim Frühstück saß, die Enkelin, die noch nichts gegessen hatte, eine Schale Kaffee zu trinken. Doch ruhte Justine nicht lange, sondern brach wieder auf, um auf dem Bergwege, auf welchem Jukundus kommen mußte, ihm entgegen zu gehen. So wandelte sie in bänglich froher Erwartung in die Sonntagsmorgenstille hinein. Die Erde war überall, wo man hin sah, mit Blumen bedeckt, von den eben verblühenden Bäumen wehten die Blüten hinweg, wenn ein Lufthauch sich erhob. Jetzt begannen die Kirchenglocken in der Nähe und in der Ferne zu läuten, rings um den langhin gedehnten See, in den weißschimmernden Ortschaften; die tiefen vollen Töne der mächtigen Glocken flossen zusammen und erfüllten weit und breit die Luft wie ein unendliches Klangmeer, welches an das klopfende Herz Justines hinan schwoll und es in seine Tiefe zurück zu ziehen drohte. Allein sie kehrte nicht zurück, sondern eilte, getragen von den tönenden Wogen, dem Manne entgegen, der jetzt im Scheine der Morgensonne raschen Schrittes heran kam. Sobald sie einander gewahrten, kehrte das verloren gewesene Lachen in ihre Gesichter zurück, und sie umarmten und küßten sich herzlich.

Ohne darauf zu achten, wohin sie gingen, gerieten sie auf einen Waldpfad und bestiegen Arm in Arm die oberste Höhe des Berges, während sie in gegenseitigem Geplauder sich alles erzählten, was ihnen widerfahren und was sie gelebt und gedacht über die Zeit ihrer Trennung. Das Glockengeläute verlor sich indessen allmählig durch die hinter ihnen liegenden Waldungen, sowie durch das endliche Aufhören, und als der letzte Ton mit einem einzelnen Nachschlag verhallte, wurden sie doch der tiefen Stille inne, welche jetzt eintrat. Sie befanden sich am Rande einer geräumigen Waldlichtung, die eine schön gepflegte Baumschule umfaßte. In wohlgeordneten Reihen standen Tausende und wieder Tausende von winzigen Weißtännchen, Rottännchen, Fichtchen, Lärchlein, kaum drei bis vier Zoll hoch, die ihre hell grünen Köpfchen emporstreckten und einer festlichen Versammlung vieler Kleinkinderschulen glichen. Dann standen die gereihten Scharen kniehoher, dann brusthoher Bäumchen, wie wakkere Knabenschulen, bis ein Heer mannshoher Buchen-, Eichen-, Ahornjünglinge folgte und im Rücken derselben die schützende Gemeinde der alten Hochwaldbäume die Versammlung abschloß. Die ganze Pflanzschule war so sorgfältig und zierlich gehalten wie der Garten eines großen Herren, obwohl sie nur einer bäuerlichen Genossenschaft gehörte; die feierliche Stille erhöhte den überraschenden Eindruck, welchen der Anblick einer liebevollen Sorge hervorbrachte, die nicht mehr für das eigene Leben, sondern für ein kommendes Jahrhundert, für die Enkel und Urenkel waltete.

Im durchsichtigen Schatten junger Ahornstämmchen war von den Forstleuten eine Ruhebank angebracht worden, auf welche Jukundus und Justine sich niederließen, den tröstlichen Anblick schweigend und ruhevoll genießend.

«Siehst Du», sagte endlich Jukundus, indem er Justinens Hände ergriff, «so wie wir uns nur wieder gefunden haben, sehen wir gleich, daß die Welt überhaupt nicht so schlimm ist, als sie sich gerne stellen möchte. Alle diese hastigen und harten Selbstsüchtigen geben sich eigentlich doch alle ihre Mühe nur für ihre Kinder und erfüllen sogar Pflichten der Vorsorge für die ihnen unbekannten künftigen Geschlechter!»

«Hast Du mich auch noch ein bißchen lieb?» erwiderte Justine, welche in diesem Augenblicke nur für sich sorgen mochte. Jukundus blickte in die Ferne und sah durch ein paar Tannenwipfel hindurch eine Spanne des blauen Horizontes mit einem länglichen weißen Gebäude schimmern, das mehr zu ahnen als zu erkennen war.

«Kannst Du jenes weiß glänzende Ding sehen?» sagte er, «es ist einst ein Kloster gewesen, das vor siebenhundert Jahren ein Rittersmann zum Gedächtnis seiner Frau gestiftet hat, als sie ihm gestorben war. Er selbst ging in das Haus hinein und verließ es in seinem Leben nicht wieder. So lieb bist Du mir, wie dem seine Frau war, obgleich ich in kein Kloster gehen würde, wenn ich Dich verlöre. Aber der ganze glänzende und stille Weltsaal wäre für mich das Gotteshaus Deines Gedächtnisses, Deine Grabkirche! Doch laß uns nur den kleinen Ehrenhandel schlichten, der noch zwischen uns schwebt. Zur Buße und Sühnung sollst Du mir jenes grobe Wort noch einmal sagen, das uns entzweit hat, Du gröbliches Liebchen, aber mit lachendem Munde, damit es seinen bösen Sinn verliert! Schnell also, wie hieß es?»

Er legte hiebei den Arm um ihre Schultern und hielt mit der andern Hand ihr Kinn fest. Sie schüttelte aber den Kopf und verschloß, so dicht sie konnte, den Mund. Da klopfte er ihr sachte auf die Wangen, suchte ihr den Mund aufzumachen und sagte immer: «Schnell! heraus mit der Sprache, rühre Dein Zünglein!» bis sie voll Zärtlichkeit und Scherz das Wort rasch, aber fast unhörbar hersagte: Lumpazi! worauf Jukundus sie küßte.

Wie sie nun so sich umfaßt hielten und eine Weile schwiegen, sagte Justine unversehens:

«Jukundus, was wollen wir nun mit der Religion oder mit der Kirche machen?»

«Nichts», antwortete er. Nach einigem Sinnen fuhr er fort:

«Wenn sich das Ewige und Unendliche immer so still hält und verbirgt, warum sollten wir uns nicht auch einmal eine Zeit ganz vergnügt und friedlich still halten können? Ich bin des aufdringlichen Wesens und der Plattheiten aller dieser Unberufenen müde, die auch nichts wissen und mich doch immer behirten wollen. Wenn die persönlichen Gestalten aus einer Religion hinweg gezogen sind, so verfallen ihre Tempel und der Rest ist Schweigen. Aber die gewonnene Stille und Ruhe ist nicht der Tod, sondern das Leben, das fortblüht und leuchtet, wie dieser Sonntagsmorgen, und guten Gewissens wandeln wir hindurch, der Dinge gewärtig, die kommen oder nicht kommen werden. Guten Gewissens und ungeteilt schreiten wir fort; nicht Kopf und Herz oder Wissen und Gemüt lassen wir uns durch den bekannten elenden Gemeinplatz auseinanderreißen; denn wir müssen als ganze unteilbare Leute in das Gericht, das jeden ereilt!»

Justine schaute ihren Mann während dieser Reden unverwandt an und mit errötendem Gesicht, weil sie empfand, daß sie ihn längst so offen hätte zu ihr sprechen hören können, wenn sie sich eher ihm anvertraut hätte, als einem Kirchenmanne.

Mochten nun Jukundus Worte weise oder töricht sein, so gefielen sie ihr jedenfalls über die Maßen wohl, zum Beweise, daß sie jetzt ganz ihm angehörte.

«Amen!» sagte Jukundus, «ich glaube fast, ich fange auch an zu predigen!»

«Nicht Amen!» rief Justine, «fahre fort und sprich weiter! denke, diese Baumschule sei Deine Gemeinde und predige ihr, wie jener Heilige den Steinen oder ein anderer den Fischen!»

«Nein, die Kirche ist aus! hörst Du das Zeichen?» antwortete Jukundus lachend, als wirklich in der Ferne hier und dort die Glocken die Beendigung des Gottesdienstes verkündeten.

Sie erhoben sich und gingen langsam nach der Wohnung der Großeltern, so daß es Mittag wurde, bis sie dort anlangten. Die Alten hatten aber, um ein rechtes Versöhnungsfest bei sich zu sehen, die ganze Familie aus Schwanau herauf beschieden und ein einfach kräftiges Mal nach ländlicher Art bereitet. Alles war versammelt, als das versöhnte schöne Paar kam. Es herrschte aber zuerst einige Spannung und Befangenheit; doch als man sah, daß das verlorene Lachen wiedergekehrt war, verbreitete sich der Sonnenschein des alten Glückes im ganzen Hause. Die Stauffacherin glänzte wie ein Stern und ergriff fest wieder das Steuer, um das wiederhergestellte Glücksschiff zu lenken.

Justine zog nun zu ihrem Manne nach der Stadt, wo er ohne Unterbrechung wohl gedieh und seine Leichtgläubigkeit in Geschäfts- und Verkehrssachen verlor, ohne deswegen selbst unwahr und trügerisch zu werden.

Sie bekamen einen Sohn und eine Tochter, welche sie Justus und Jukunde nannten und die blühende, lachende Schönheit weiter vererben werden.

Sie besuchten öfter die frommen Frauen Ursula und Agathchen, wenn sie einen Spaziergang machten, und ließen es ihnen an nichts fehlen. Das Ölweib war fortgezogen, da es die vollkommene Unschuld und Güte nicht vertrug.

Der Pfarrer, dessen schwache Stunde Justine gesehen hatte, kam zuweilen auch wieder herbei und vertraute sich dem Paare gerne an. Er führte mit schwerem Herzen noch eine Zeit lang seinen bedenklichen Tanz auf dem schwanken Seile aus und war dann froh, durch Jukundis Vermittlung in ein weltliches Geschäft treten zu können, in welchem er sich viel geriebener und brauchbarer erwies, als Jukundus selber einst in Seldwyla und Schwanau getan hatte: denn er, der Pfarrer, glaubte nicht leicht, was ihm einer vorgab.

Anhang

ZUR TEXTGESTALT

Nachdem «Die mißbrauchten Liebesbriefe» schon im Oktober 1856 in der «Deutschen Reichszeitung» selbständig veröffentlicht worden waren, erschien der zweite Teil der «Leute von Seldwyla», zusammen mit einer Neuauflage des ersten Teils von 1856, unter dem Titel «Die Leute von Seldwyla. Erzählungen von Gottfried Keller. Zweite vermehrte Auflage in vier Bänden» erstmals 1874 in Stuttgart bei Göschen. Dieser Ausgabe folgt der vorliegende Text. Einzelne, besonders aufschlußreiche Varianten werden im Kommentar angeführt. Die Orthographie wurde im Interesse einer Einheitlichkeit der Gesamtausgabe behutsam und unter Wahrung des freilich oft unsicheren Lautstands modernisiert, die Interpunktion aber abgesehen von einer Normalisierung bei der Kennzeichnung direkter Rede strikt beibehalten. Sperrungen der Vorlage erscheinen als Kursivdruck. S. 77 gibt die Kursive den Wechsel von Fraktur in Antiqua wieder. Offensichtliche Druckfehler sind stillschweigend verbessert. Alle anderen Emendationen stimmen mit den in der von Thomas Böning besorgten Ausgabe ausgewiesenen (Gottfried Keller, Die Leute von Seldwyla. Frankfurt a.M. 1989. S. 667f.) bis auf folgende Ausnahmen überein:

S. 56, Z. 6 «nehmen, welches» statt «nehmen welches»,
S. 90, Z. 15f. «das, welches» statt «das welches»,
S. 133, Z. 28 «belasten», statt «belästigen»,
S. 229, Z. 4 «jeweilen» statt «zuweilen»,
S. 337, Z. 6 «hatte, sie» statt «hatte sie».

Zu den Editionsgrundsätzen der gesamten Erzählsammlung siehe auch Bd. 1: Zur Textgestalt, S. 299f.

ERLÄUTERUNGEN ZUM TEXT

[Einleitung zum zweiten Band]

7 Homer – im Altertum gaben sich verschiedene Städte und Regionen als Heimat Homers aus; nach einem in der «Anthologia Palatina» überlieferten Epigramm waren es sieben.
Nücke – Schrulle.
9 Accommodement – Vergleich.
Pentarchie – Herrschaft von fünf Mächten (bezogen auf die europäischen Großmächte von 1815–60: England, Frankreich, Österreich, Preußen und Rußland).
Kannegießer – s. Anm. zu Bd. 1, S. 178.

Kleider machen Leute

10 Falliment – Konkurs.
fechten – betteln.
Radmantel – radförmig geschnittener Mantel.
Habitus – Kleidung.
13 Schnepfe – Sumpfvogel.
15 Blödigkeit – Verlegenheit, Verzagtheit.
weil es noch Zeit ist! – hier: solange es noch ...
17 Kapitelsherr – Angehöriger eines geistlichen Gremiums.
18 Bocksbeutel – Frankenwein; nach einer an den Hodensack des Bocks erinnernden Flaschenform.
19 Comptoir – Büro.
Polacke – abwertend für Pole.
21 anprallen – aus voller Fahrt anhalten.
karneolfarbig – gelblich, in der Farbe des Karneols, eines Edelsteins.
22 Praga – Stadtteil in Warschau, Ort schwerer Kämpfe während des Polenaufstandes gegen die Russen 1831.
Ostrolenka – polnische Stadt, bei der die Russen am 26. Mai 1831 einen wichtigen Sieg errangen.
gebüßt – gestillt, befriedigt.
Hazardspiel – Glücksspiel.
Brabantertaler – Silbermünze.
25 pferchen – die hier anzusetzende, intransitive Bedeutung scheint sonst nicht belegt zu sein.

Desna – Nebenfluß des Dnjepr.
Volhynien – polnische Landschaft in der Ukraine.
28 Meerwunder – staunenswerte Erscheinung; oft mit dem Nebensinn des Entsetzlichen.
Kämbel – Kamel.
Philanthropie – Menschenliebe.
29 Weibergut – Helvetizismus; Mitgift.
30 Utopien – griech. Utopia, eigtl. Nicht-Ort, in der Tradition staatsphilosophischer Spekulation, seit Thomas Morus (1478–1535) neben ‹Atlantis› ein beliebter Name für erfundene Idealstaaten.
Jüngling am Scheidewege – Herakles.
32 Kollekteur – Lotterieagent.
kurz anbinden – kurzen Prozeß machen.
36 Fortuna – lat.; Personifikation des Glücks, aber auch seiner Unbeständigkeit.
Galion – eigtl. Bugfigur eines Schiffs.
Jakobsbrunnen – Brunnen in Palästina, der von Jakob gegraben worden sein soll.
Teich Bethesda – vgl. Joh. 5,1-9: ältere Textvarianten sind «Thal Josephat» (vgl. Joel 3) und «Brunnen Rogel» (vgl. 1. Kön. 1).
37 Ziegenbock – die Verbindung des Schneiderberufs mit dem Ziegenbock scheint volkstümlich verbreitet zu sein.
Schuh – ca. 30 cm.
38 Prälat – Inhaber der Kirchengewalt.
39 Werg – Hanf- oder Flachsabfall.
drapieren – (mit kunstvollem Faltenwurf) behängen.
Carbonarimantel – nach den Carbonari, einem Bund italienischer Verschworener, benannt.
40 Troddeln – typisch für die polnische Kleidung.
fadenscheinig – abgewetzt.
Wasserpolacke – schlesischer Pole.
Raphael – Erzengel; hier wohl eher: wie die Figur aus einem Gemälde Raffaelo Santis (1483–1520) aussehend.
41 Mirakel – Wunder.
42 infam – in Verruf geraten.
43 Dummheit – hier vielleicht Verwirrung.
47 Gevatterin – Bekannte.
51 Vorstellung – Vorhaltung.
55 desperat – verzweifelt.
57 Troja – Ursache des Trojanischen Kriegs war der Raub der Helena.
58 Katzenkopf – kleines Geschütz.

59 Stüber – kleine Münze.

Der Schmied seines Glückes

60 daß jeder der Schmied seines eigenen Glückes sein müsse – der Spruch geht auf die Sammlung des Römers Appius Claudius Caecus (um 300 v. Chr.) zurück.
Nimbus – Aura, Ansehen.
62 Schlacht von Waterloo – vernichtende Niederlage Napoleons (18. Juni 1815).
Mazeppa – Ukrainer, der der russischen Expansion vergeblich Widerstand zu leisten versuchte (1644–1709); in seiner Jugend soll er zur Strafe für eine erotische Ausschweifung, bei der man ihn ertappt hatte, nackt auf ein Pferd gebunden worden sein.
Kabinettsstück – Kleinod.
63 Zinsleinpicker – einer, der von den Zinsen seines Kapitals lebt; das zweite Kompositionsglied spielt darauf an, daß «Zinslein» im Alemannischen sowohl ‹kleiner Zins› als auch ‹Zeisig› bedeutet.
64 Ellenwaren – Stoffe, die nach Ellen (1 Elle = ca. ½–1 m) abgemessen wurden.
merkurialisch – nach Merkur, dem römischen Gott der Händler.
65 einsprechen – aufsuchen.
67 Perspektivfäßchen – der «kleine Operngucker» (vgl. S. 62).
68 eine ziemlich hübsche Frau – in früherer Fassung: «von etwa sechs und dreißig Jahren».
Gallaküraß – festliche Rüstung.
Zopfzeit – Ancien Régime des 18. Jhs.; nach dem männlichen Haarzopf.
Luntenstab – Spieß, an dem die Lunte befestigt ist.
69 Fuß – ca. 30 cm.
in weniger als drei Minuten aufs Herrlichste – in früherer Fassung: «in bester Form und in weniger als drei Minuten, denn der alte Herr hatte eigentlich fast keinen Bart.»
71 Zephir – linder Westwind.
73 natürlicher Sohn – unehelicher Sohn.
74 Triton – griechische Meeresgottheit.
76 Klunker – hier wohl Helvetismus für Glaskügelchen.
78 Talg oder Unschlitt – Tierfett, aus dem Kerzen hergestellt wurden.
Hornung – Februar.
um von den fallenden Spießen nicht angestochen zu werden –

in früherer Fassung: «In der kleinen Stadt R. wuchs auf solche Weise ein Eiszapfen vom Dache des Kirchturmes bis auf die Erde herunter und gefror an derselben fest, also daß eine Säule von lauterem Eis neben dem Turme stand. Weil aber die mutwillige Schuljugend den Zapfen täglich unten beleckte, so befürchtete man, er möchte dadurch unterhöhlt werden und mit Schaden über die Stadt hinstürzen, und der Stadtrat gebot deshalb, denselben bis zu zweidrittel seiner Höhe in Stroh einzubinden. Als nun die Wärme die Oberhand gewann, schmolz der Zapfen unschädlich bis zur Höhe des Strohes, der übrige Teil wurde mit Vorsicht umgelegt, daß er über den ganzen Kirchhof hinlag, und die fröhlichen jungen Burschen weissagten nun, je nach der kürzeren oder längeren Dauer der umgestürzten Säule würde es in diesem Jahrgange mit der Hartnäckigkeit der jungen Jungfern beschaffen sein. Die Mädchen widersetzten sich dieser Weissagung heftig, waren aber ängstlich begierig, wie es mit dem Eiszapfen ginge, welchen die Bursche allnächtlich mit Feuerbränden bearbeiteten, während sie am Tage aussprengten, die Jungfern hobelten ihn trotz der Gespensterfurcht alle Mitternacht mit heißen Bügeleisen, um ihr Schicksal zu beschleunigen.»

80 Äolsharfe – Saiten, die vom Wind (Aiolos ist eine griechische Windgottheit) zum Schwingen gebracht werden.

81 Styx – Unterweltsfluß, bei dem die Götter schwören.
es nimmt mich (...) wunder – Helvetismus: Ich möchte wissen.

82 Polykarpus – der ‹Fruchtreiche›.
quadriert – hier wahrscheinlich zweigeteilt.

83 Ausmittelung – ausmitteln bedeutet ‹ausfindig machen›.

84 Zoll – ca. 3 cm.
diesfalls – in dieser Sache.

85 vexieren – zum besten halten.
regalieren – bewirten.
Edukationsrat – Beamter einer Erziehungsbehörde.

88 Kreuzertrompetchen – billige Spielzeugtrompete.

91 verstürmt – aufgewühlt.
wo er erst vor einigen Tagen gewesen war – in erster Fassung folgte dieser Schluß: «So lange seine Barschaft reichte, lebte er im Gasthofe und setzte die Rolle des geheimnisvollen reichen Mannes fort, welche jetzt durch seine Melancholie noch interessanter wurde. Als er fertig war, tat er ohne weiteren Übergang sein Rasierstübchen wieder auf, in welchem er fortan still und ruhig verblieb bis an sein Ende. Er grübelte einzig in stillen Nächten über sein Schicksal nach und rechnete beson-

ders den Tag aus, wo er zuerst mit der Dame Litumlei in ein engeres Verhältnis getreten war, und so oft sich alljährlich dieser Tag erneute, stieß der Schmied seines Glückes ein halbes Dutzend Mal den Kopf gegen die Mauer seiner Barbierstube, aus Reue über die unzweckmäßige Verbesserung, welche er an seinem Glücke noch hatte anbringen wollen.»
Winde – Kletterpflanze mit trichterförmigen Blüten.

Die mißbrauchten Liebesbriefe

93 zutulich – freundlich, angenehm, liebenswert.
Comptoirist – kaufmännischer Angestellter.
93f. die «Gartenlaube» – populäre Wochenzeitschrift (1854–1944).
94 unterschreiben auf – abonnieren.
Kurt vom Walde – Pseudonyme dieser Art waren im «Jahrbuch der Junggermanischen Gesellschaft» wirklich zu finden.
instradieren – den Weg einer Beförderung festlegen, schicken.
96 Coterie – Clique.
unter Siegel – gemeint ist entweder die amtliche Kennzeichnung des zum Ausschank zugelassenen Weins oder die Abdichtung des Fasses.
gerieben – schlau, pfiffig.
97 «neue Sturm- und Drangperiode» – die Gründung einer solchen hatte die Junggermanische Gesellschaft 1858 beschlossen.
Herr Stralauer – im «Jahrbuch der Junggermanischen Gesellschaft» figurierte der Name Bruno Strahlau.
98 Gallizismus – eine für das Französische typische, in eine andere Sprache übernommene Wendung.
99 Skribent – abwertend für Schriftsteller.
100 Schriftner – Neubildungen dieser Art wurden von der Junggermanischen Gesellschaft ausdrücklich empfohlen.
101 Heine – Heinrich Heine (1797–1856) litt in seinen letzten Lebensjahren an einer schweren Krankheit.
Jabot – Rüsche, die den oberen Hemdverschluß verdeckt.
102 Bodmer und Lavater – gelehrte Schriftsteller in Zürich (1698–1783 bzw. 1741–1801); Lavater wurde hier von Goethe (1749–1832), Bodmer auch von Friedrich Gottlieb Klopstock (1724–1803), Christoph Martin Wieland (1733–1813) u.a. besucht.
Knittelvers – vierhebiger, paarweise gereimter Vers mit unregelmäßigen Senkungen.
103 verblümt – durch die Blume.

beinern – aus Knochen.

Anthropologie – Werk über die Wissenschaft vom Menschen.

«Frühlingsbriefe von einer Einsamen» – in der ersten Hälfte des 19. Jhs. wurde der Brief zu einer beliebten Literaturgattung, die als der Frau besonders angemessenes Medium galt.

104 Merkur – römischer Gott mit einem Stab als Attribut, um den sich zwei Schlangen winden.

Dorfgeschichte – Literaturgattung des 19. Jhs., z.B. «Romeo und Julia auf dem Dorfe».

Landdirne – «Dirne» für ‹Mädchen›, ‹junge Frau›.

110 Commis – kleiner kaufmännischer Angestellter.

111 Unterlehrer – zweitunterste Stufe einer siebenstufigen Lehrerhierarchie.

114 aus seinen Wörterbüchern – in früherer Fassung: «aus seinem Vollmer»; gemeint ist Vollmers «Vollständiges Wörterbuch der Mythologie aller Nationen der alten und neuen Welt», das Keller selbst besaß.

116 Schorenhans – «schoren» bedeutet ‹ausmisten›.

117 Apartes – Besonderes.

120 Tondruck – Druck mit matter, schwacher Färbung.

faksimilieren – originalgetreu nachbilden.

Gefährde – Gefahr.

122 Rinaldinilied – berühmtes Lied aus August Vulpius' (1762–1827) Roman «Rinaldo Rinaldini».

123 Zoll – s. Anm. zu S. 84.

Grützmaß – «Grütz» bedeutet im Schweizerdt. ‹Verstand›.

127 Ratz – Ratte.

131 Witwer – hier in der älteren, weiteren Bedeutung eines Mannes, der seine Frau verloren hat, ohne daß diese gestorben zu sein braucht.

133 aus dem Kuchen klauben – in früherer Fassung folgte: «Einzig ein anatomisches Lehrbuch mit Abbildungen, welches Viggi des gelehrten Anspruches wegen einem liederlichen Studenten abgekauft, studierte sie mit vieler Aufmerksamkeit und Neugierde, und sie führte mit ihm lange und vertrauliche Gespräche darüber, so daß ihm die Tage so angenehm verflossen, wie er es sich nie gedacht hätte.»

belasten – Lesart der Handschrift; die zugrundegelegte Ausgabe hat «belästigen».

137 dem Quark eine Ohrfeig' geben – in den Kot fallen.

Werg – s. Anm. zu S. 39.

Taffetkleid – aus Taft, einem glänzenden, steifen Seidenstoff.

sich bespitzen – sich einen Rausch antrinken.

138 Plaid – Umhang.

139 Fama – lat. Gerücht; schon früh personifiziert (Vergil, Aeneis IV. Buch, V. 173–188).

140 Frankomarke – Briefmarke; ein offenbar nur hier belegtes Wort.

141 Verweser – Stellvertreter.

143 Knaster – feiner Tabak, der in einem Korb (griech. kanastron) versandt wurde.
Tuchscherer – einer, der Fasern aus dem Wollgewebe schneidet.

149 Leimsieder – langweiliger Mensch.
Krähwinkelei – spießbürgerliche Beschränktheit.

151 der Engel mit dem feurigen Schwert – vgl. 1. Mose 3,24; die Cherubim und die Flamme des zuckenden Schwertes versperren die Rückkehr ins Paradies.

152 goldene Mittelstraße – der Ausdruck geht auf eine Ode des Horaz (65–8 v. Chr.) zurück (II. Buch Nr. 10).

154 Zopfzeit – s. Anm. zu S. 68.
Zeitkuh – dreijährige Kuh, die zur Zucht reif ist.

155 Ammonshorn – spiralförmige Versteinerung eines Kopffüßlers; nach dem ägyptischen Gott Ammon.
Maßwerk – geometrisches Ornament an gotischen Bauten, besonders zur Ausgestaltung der Fensterbögen.

156 blöd – s. Anm. zu S. 15.

161 die vier Spezies – Grundrechenarten.

162 schnackisch – wunderlich, auch: geschwätzig.

163 der große Pan – griech. Fruchtbarkeitsgottheit, die besonders zur Zeit der Mittagsruhe ‹panischen› Schrecken verbreiten konnte; das stehende Attribut «groß» geht auf Plutarch (um 100 n. Chr.) zurück.

165 einesmals – plötzlich.

171 bauen – bewirtschaften.

172 dem Orte zum Ansehen gereichten – in früherer Fassung hörte der Text schon hier auf.

Dietegen

Der Titel der Erzählung lautete ursprünglich «Das Leben aus dem Tode», dann «Leben aus Tod». Auf Anraten von Adolf Exner entschied sich Keller schließlich für «Dietegen». Der Handlung der Erzählung liegen zwei Episoden aus Melchior Schulers «Thaten und Sitten der Eidgenossen» von 1841/42 zugrunde, die in ihrer symmetrischen

Gegenläufigkeit Keller zu seiner Erzählung inspirierten (an Emil Kuh, 11. Juni 1874: «Die Symmetrie im ‹Dietegen› ist ja der Keim der ganzen kleinen Geschichte, da das Ineinandergreifen der beiden alten Rechtsbräuche des Lebenschenkens die Idee hergab.»):
«Ein noch junger Knabe, der aber schon viel gestohlen hatte, ward 1473 zum Tode durch den Strick verurteilt; man bat für ihn um seiner Jugend willen, und nun sollte er ertränkt werden – aus Gnade sagte man! Der Scharfrichter warf ihn in den Fluß und zog ihn am bestimmten Orte heraus, zerschnitt seine Bande und ließ ihn als tot liegen. Die Stadtknechte legten ihn in einen Sarg, der einen Spalt hatte; Knaben blickten durch denselben und fanden, daß der Mund sich bewege; Frauen hörten dies, eilten hinzu; da kam er zu sich selbst, lebte lange, ward ein Biedermann, nahm ein Weib und hatte schöne Kinder» (Melchior Schuler: Thaten und Sitten der Eidgenossen, Bd. 1).

«Der Rat verurteilte 1632 eine Kindsmörderin zum Tode. Da bot sich ein junger Mann von Regensburg an, sie zu heiraten. Nach uralter Sitte war ihr nun, auf Fürbitte der Geistlichkeit, das Leben geschenkt, das Paar ward auf dem Rathaus getraut und dann auf ewig verwiesen» (Bd. III).

173 Ruechenstein – «ue» ist im Schweizerdt. noch wie im Mittelhochdt. als Falldiphthong zu sprechen; «Ruech» bezeichnet im Schweizerdt. eine Krähenart oder den Haubentaucher sowie einen Geizhals oder einen ruchlosen Menschen.
Rät' und Burger – formelhaft; hier offenbar für Regierung und Volk.
Blutbann – Recht, die Todesstrafe zu verhängen; hier offenbar seine schriftliche Beglaubigung.
Blutgericht – Prozeß auf Leben und Tod.
173 f. beschnarchen – anfahren.
174 Hochnotpeinlichkeit – Verfahren auf Leben und Tod.
Landläufer – Herumtreiber, Vagabund.
mit dem Bunde und den Orten – der «Bund» bestand aus den

acht «Orten» Bern, Glarus, Luzern, Schwyz, Unterwalden, Uri, Zürich, Zug.

Strohkranz – Zeichen der Schande, vor allem auch als Strafe für den außerehelichen Verlust der Jungfräulichkeit.

Sittenmandate – die Lebensführung bis hin zur Kleidung betreffende Verordnungen, für deren Strenge und Anzahl Zürich im 16. und 17. Jh. bekannt war.

175 betreten – ertappen.

inquirieren – verhören.

Vordertreffen – vorderste Schlachtreihe.

177 diesfällig – einschlägig.

Stäuffe, Köpfe – altertümliche Bezeichnungen für Trinkgefäße.

178 von eilf Jahren – zuerst hatte Keller «vierzehn» hingesetzt, dann «dreizehn», dann «zwölf».

179 Bettelvogt – zuständig für die Kontrolle der Besitzlosen und Landstreicher.

Dietegen – ‹der Volkskrieger›.

Jammerhabitchen – s. Anm. zu S. 10.

umhersah – früher folgte: «Denn er war gänzlich unwissend über die Welt und das Pack hatte nicht um eines Wörtchens groß Begriff in dies schöne Gefäß hinein getan. Nie hatte das Kind ein Stück Spielzeug besessen, und wäre es nur das Geringste gewesen; keinen alten Reif, keinen weggeworfenen Peitschenstiel hatte man ihm gelassen, vielmehr sofort aus der Hand gerissen, wenn es dergleichen etwa gefunden und ergriffen hatte. Ein einziges Mal in seinem Leben hatte es einen halben Apfel gegessen, und das war schon lange her, als ein solcher beim Aufschütten unbeachtet zur Erde rollte. Aber sobald die Meisterin die bunte Frucht im Munde des Jungen gewahrte, nahm sie ihm den Überfluß weg und aß die übrige Hälfte selbst auf.»

Küfer – hier für einen, der für Lagerung und Ausschank des Weins zuständig ist.

180 Essighäfelchen – schweizerdt. «Hafen» bedeutet ‹Schale›, ‹Gefäß›.

181 f. Meerwunder – s. Anm. zu S. 28.

182 gravitätisch – würdevoll, hoheitsvoll.

Najade – Wassernymphe.

Galion – s. Anm. zu S. 36.

Galatea – Meeresgottheit.

183 Leda – Zeus zeugte mit ihr in Gestalt eines Schwans die Helena, je nach zugrundegelegtem Zeugnis auch beide oder nur einen der Dioskuren.

Europa – Zeus entführte sie in Gestalt eines Rinds; ein beliebtes Sujet.

184 Armensünderglöckchen – Glöckchen, das dem zum Tode Verurteilten umgehängt wurde.

Scharwächter – Scherge.

185 Armensünderhemd – s. oben.

schlecht – einfach, schlicht.

siebenjähriges Mädchen – zuerst «eilf-», dann «neun-».

186 Küngolt – Bedeutung unklar; Keller fand den Namen im «Züricher Kalender».

187 Waidmann – hier Bezeichnung für das Försteramt.

189 Regenbogenschüsselchen – Brakteat, goldene Hohlmünze; vgl. dazu «Martin Salander», 3. Kap.: «Regenbogenschüsseln» heißen dort die goldenen Tellerchen, woraus die «Erdmännchen und Weibchen» bei ihrem Gelage unter dem Regenbogen essen.

Schneck – Schneckenhaus.

190 «So gib mir die Hand darauf!» meinte die Heiratslustige; er tat es und nach ... – dafür früher: «‹Gut! so gib mir den Verlobungskuß!› Er hielt ihr den Mund hin, wußte aber nicht zu küssen, da er dergleichen, so lang er sich besinnen konnte, nie zu üben Gelegenheit hatte, weder mit Eltern noch mit sonstigen guten Leuten, und von den Seldwylerinnen war er heute nur einseitig geküßt worden. Die kleine Heiratslustige schalt daher nun, das gelte nicht, das sei nicht geküßt, und gab in der Eile einige Anweisung, indem sie ihm mit den Fingerchen förmlich den Mund spitzte und ihn darauf küßte. Nach ...»

192 Hirschfänger – Stichwaffe.

in einer Ecke – früher folgte: «Es war ein mächtiger Zweihänder, entsprechend der großen und festen Gestalt des Mannes.»

195 Aufschnitt – Angeberei; zur Mehrdeutigkeit des Worts vgl. das verwendete Verb «bewirten».

probieren – auf die Probe stellen.

strählen – kämmen.

Sittenspiegel – Anweisung zu vorbildlichem Benehmen.

197 Schwarzwild – Bären, Dachse und Wildschweine.

überwachen – früher folgte: «Das Forstwesen selbst war dazumal freilich noch höchst einfach und mit keinerlei Gelehrsamkeit verbunden. Das Brennholz holten sich die Bürger selbst, so viel sie brauchten, und es galt nur, ihnen den rechten Platz dazu anzuweisen. Mehr Mühe kostete die Verwaltung des Bauholzes, welches zu jener Zeit mit großer Verschwendung gebraucht wurde. Da mußten den Bürgern für ihr Bedürfnis schon die einzelnen Stämme bezeichnet, und was die

Stadt darüber hinaus für ihre Rechnung verkaufte, durch den Forstmeister abgeteilt werden. War dann eine Halde abgeholzet, so hatte er mit den Ratsmännern auszumachen, was für eine Holzart neu gepflanzt werden solle. Denn es ist ein Irrtum, wenn man glaubt, die vorsorgliche Pflege des Waldes sei vollständig neuen Ursprunges, vielmehr sind noch alte Ratsbeschlüsse vorhanden, in welchen die Anpflanzung geeigneter Hölzer unter Anführung der Gründe geboten wurde. Berghöhen wurden niemals gänzlich bloß gelegt, außerordentlich schöne und große Bäume wurden ehrenthalben um so sicherer stehen gelassen, je höher und weitsichtiger ihr Standort gelegen war, und es gab noch eine amtliche Vorliebe und Schonung für einzelne Riesen des Waldes, welche jetzt verschwunden ist.»

von etwa vierzig Jahren – früher: «vier oder fünf und vierzig.»

Unbilde – Härte.

199 der erste Mai – Tag traditioneller Frühlingsfeiern.

201 zutulich – s. Anm. zu S. 93.

202 Gespan – Genosse, Gefährte.

204 weil – hier vielleicht noch in der Bedeutung von ‹während›.

205 im Sinne tragend – früher folgte: «Denn eine Landschaft, in welcher der Mensch einmal verliebt war, verbleicht nie mehr in seiner Erinnerung, und wenn lange Alles verloren und vergessen ist, so wird ihre entschwundene Sonne, fern und mild, immer wieder lebendig und malt die verlassenen Gründe und Höhen vor das Auge.»

Claret – mit Gewürzen oder Kräutern und mit Honig angemachter Wein.

Malvasier – süßer Wein aus südl. Regionen, urspr. aus Napoli di Malvasia.

von vielleicht bald dreißig Jahren – früher: «vielleicht dreißig».

208 courtoisieren – werben.

210 Johannistag – 24. Juni, in der Magie sehr wichtiger Tag.

Hauptgebot – Zunftversammlung.

Lindenbäume – in der Sage wird die Linde mit der Hexerei in Beziehung gebracht.

211 von den zwei Königskindern oder «Es spielt ein Ritter mit einer Maid» – in vielen Variationen überlieferte Volkslieder.

213 Philtrum – zu griech. philein, lieben.

gang – mundartl. Imperativ zu gehen.

Hippomanes – Stutengeil; sehr starkes Aphrodisiakum; sonst auch der Ausfluß aus der Scheide rossiger Stuten.

214 sponsieren – schäkern, sich wie ein Verliebter benehmen.

Johannisfeuer – am Johannistag wurden seit alters auf den Bergeshöhen Sonnwendfeuer entfacht.

215 Fell – bis ins 17. Jh. hinein konnte «Fell» ohne despektierlichen Nebensinn auch die menschliche Haut bezeichnen.
216 hinter einander geraten – zu streiten anfangen.
217 vernichtet– dafür in der Handschrift: «ernüchtert».
218 Bann – Herrschaftsbereich.
219 Seckler – Säckler, Beutelmacher.
Gant – Helvetizismus; Versteigerung.
221 Dachreiter – Turm über dem Dachfirst.
224 die vier großen Propheten – Daniel, Ezechiel, Jeremia, Jesaja.
226 Burgunderkrieg – Krieg der Eidgenossenschaft (anfänglich auch Österreichs und Lothringens) gegen Karl den Kühnen, Herzog von Burgund (1433–1477).
Tag von Grandson – Schlacht vom 2. März 1476.
Gewalthaufen – das dem «verlorenen Haufen» folgende Hauptheer.
227 Hellebarde – Hieb- und Stoßwaffe mit langem Stiel und eiserner Spitze.
Rotte – Abteilung; ohne despektierlichen Nebensinn.
verlorene Knaben – s. Anm. zu S. 226.
228 verspätete verirrte – in der Handschrift: «verspätete und verirrte».
Stückkugel – Kanonenkugel.
229 jeweilen – Lesart der Handschrift; im Druck: «zuweilen».
Schlacht von Murten – am 22. Juni 1476; vorentscheidende Niederlage Karls des Kühnen, der am 5. Jan. 1477 bei Nancy fallen sollte.
unter dem Namen des törichten Lebens – 1477 gingen ca. 2000 Männer im Rahmen eines ‹das törichte Leben› oder nach seinem Eberbanner auch ‹Saubannerzug› genannten Unternehmens eigenmächtig gegen das mit Burgund verbündete Genf vor.
230 hinter der tollen Eberfahne – s. Anm. zu S. 229.
233 Und bist denn du ... – der Schluß der Rede wurde nachträglich eingefügt.
234 reisig – bewaffnet.
235 Nachwähr – Gewähr für die Zukunft.
Kopf – s. Anm. zu S. 177.
236 Maßliebchen – Gänseblümchen.
238 wie Küngolt im Anfange ... – nachträglich hinzugefügter Abschnitt, dem seinerseits noch der Abschnitt «Auch sie starb ...» nachgestellt wurde.
Mailänder Feldzüge – Feldzüge der Eidgenossenschaft gegen das von Frankreich eingenommene Mailand von 1511 und 1512; zu den späteren Ereignissen s. Bd. I, S. 313.

Das verlorene Lachen

240 Jukundus – ‹der Erfreuliche›; früher sollte der Name Gaudenz lauten (zu lat. gaudere, sich freuen).

sich erwahren – sich bewahrheiten.

241 Fährlichkeit – Gefahr.

243 Justine – von lat. iustus, gerecht.

Glor – aus lat. hilarius, ‹der Heitere›, sprachgeschichtlich nicht mit lat. gloria, Ruhm, verwandt.

245 Niederlassung – Ruheplatz.

248 dunkelnd – transitiv verwendet.

249 Staat – repräsentable Kleidung.

252 blauend – blau.

erstaunt – in der Handschrift dafür die oberdt. Form «verstaunt».

253 Spitzchen – schwacher Rausch.

254 überzwerch – quer.

256 Konjugationen der gegenwärtigen Zeit – Verbalformen der Gegenwart.

260 in den eingetretenen Revolutions- und Kriegsjahren – in der Zeit der Französischen Revolution und ihrer Folgeereignisse, die in der Schweiz mit der Besetzung durch französische Truppen und der Gründung der Helvetik zum Untergang der Alten Eidgenossenschaft führten.

261 Allmende – gemeinschaftlicher Grundbesitz; nach neueren Erkenntnissen scheint das Phänomen wesentlich jünger zu sein als die «alemannische Bodenteilung».

die Waldungen von Burg und Stift – nach der französischen Besetzung der Schweiz wurde feudaler und klerikaler Grundbesitz enteignet.

262 fast seltener – «fast» hier vielleicht noch mit alter, verstärkender Bedeutung.

Wolfhartsgeeren – «hart» bedeutet ‹Wald›, ‹Gebirgswald› und «ger» ‹Speer›.

Fuß – s. Anm. zu S. 69.

263 Spanne – Längenmaß, das dem Abstand zwischen Daumenspitze und Spitze des kleinen Fingers bei gespreizter Hand entspricht.

belieben – nahelegen.

270 Stern – Glück; aus der Astrologie entstandene, meist in negativen Aussagen auftretende Bedeutung.

Ehgaumer – ‹Rechtshüter›, verantwortlich für die Wahrung der Sitten und der Religion im allgemeinen, nicht nur der Ehe, wie es die moderne, eingeengte Bedeutung des ersten

Kompositionsglieds – «ê» bedeutet im älteren Dt. schlechthin ‹Gesetz› – offenbar auch Keller nahelegte.

Göthe – Anspielung auf entsprechende Äußerungen Goethes v.a. in «Reise in die Schweiz» (1797).

271 Mummerei – Maskerade.

Granatschmuck – aus Granat, einem in verschiedenen Zusammensetzungen auftretenden, unter die Edelsteine gerechneten Mineral.

272 Rosmarinzweig – in der Volksmedizin Abwehrmittel gegen Krankheiten und Geister.

hamletartige Szene im Johannesevangelium – Joh. 8,1-11.

273 Correggio – Antonio Allegri (gest. 1534); das fragliche Gemälde stammt in Wirklichkeit von einem anderen Maler.

274 In meines Vaters Hause . . . – Joh. 14,2.

276 Seidenweberei – im Kanton Zürich der Jahrhundertmitte ein wichtiger Wirtschaftszweig, der nur langsam von Hand- auf Maschinenproduktion umstellte; auf Export v.a. nach Nordamerika ausgerichtet, geriet er nach Jahrzehnten des Florierens in den 1870er Jahren in eine Rezession.

281 Stichwörter – Schlagwörter.

Tabernakel – in der kath. Kirche Verwahrungsort der geweihten Hostien.

285 Dramolet – kurzes Bühnenspiel.

286 die ewigen Ostern – in der Handschrift Singular («ewige»).

287 Wenn dann Strom und Bäche . . .; bis zum Sinken überladen . . . – vgl. Goethe, Faust I, V. 903–940.

‹Vor dem Sklaven . . . – Schiller, «Die Worte des Glaubens», V. 11f.

‹Und wer unter euch verständig ist . . . – vgl. 2. Mose 35,10-19.

Ringge, Ringgen – eigtl. Spange, hier mit Bedeutungsangleichung an Ring.

288 Geist der Liebe, Weltenseele . . . – aus Friedrich Rückert (1788–1866), «Geist der Liebe».

Und an dem Ufer steh' ich . . . – Goethe, «Iphigenie auf Tauris», V. 11f.

Ew'ges Flammenherz der Welt . . .; O bescheidenes Gemüt . . . – aus Rückerts Gedicht «Die sterbende Blume», dessen Aussage durch Auswahl und Anordnung der vorliegenden Verse ins Gegenteil verkehrt ist.

Galimathias – verworrenes, sinnleeres Gerede.

291 Kabbalistik – jüdische Geheimlehre.

Alchymie – mittelalterliche Lehre von der Verwandlung, besonders der Veredelung der Stoffe.

296 seit der letzten jener politischen Umgestaltungen – in den frühen 1830er Jahren erhielt der Kanton Zürich eine liberale Verfassung. Im folgenden finden sich detaillierte Anspielungen auf politische Vorgänge, die sich im Zürich der sechziger Jahre abspielten.
299 Reichstag – eigentlich feierliche Zusammenkunft der Machtträger im alten Deutschen Reich; hier ironisch für Versammlung.
Wechselplatz – ungedeckter Ort, wo das Wild wechselt.
300 notorisch – offenkundig, berüchtigt.
302 die heilige Elisabeth – hl. Elisabeth von Thüringen (1207–1231).
verlorener Haufen – s. Anm. zu S. 226.
Schubiak – Lump.
303 Sandführer – genaue Bedeutung unklar; vielleicht ‹Scharlatan›.
tausendjähriges Reich – nach Apk. 20,1-6 wird Christus mit seinen Märtyrern vor dem Weltende tausend Jahre herrschen.
Chladnische Klangfiguren – Ernst Florens Chladni (1756–1827) entdeckte, daß sich auf mit Sand bestreuten und in Schwingung versetzten Platten regelmäßige Figuren abzeichnen.
Silberfiligran – kunstvoll verflochtene Silberdrähte.
305 Witwe mit dem unerschöpflichen Ölkrüglein – vgl. 1. Kön. 17,7-16.
306 Tschakos – zylinder- oder helmartige Kopfbedeckung für Uniformierte.
307 Heringsseelen – das Innere des Herings, seine Schwimmblase.
Gemeindeseckelmeister – Vermögensverwalter der Gemeinde.
308 eine jener grimmigen Krisen – s. Anm. zu S. 276.
310 Weibergut – Mitgift, von der Frau in die Ehe gebrachtes Vermögen.
315 fadenscheinig – s. Anm. zu S. 40.
316 pantheistisch – in der Lehre des Pantheismus wird Gott mit dem allgemeinen Wirken der Natur gleichgesetzt.
317 Vorfallenheit – Ereignis, Begebenheit.
Mißwende – Wendung zum Schlimmen.
318 Wallfahrtsort – Einsiedeln.
auf die Bank sitzen – schweizerdt. «sitzen» bedeutet auch ‹sich setzen›.
Vorwitz – Neugier, Erlebnisdrang, Abenteuerlust; mit tadelndem Nebensinn.
321 Justine – wie auch an späteren Stellen hat die Handschrift hier «Jukunde».

322 irgend eine Sekte – gemeint sind wohl die Wiedertäufer.
324 Gemeindebann – Gebiet, über das sich die Macht der Gemeinde erstreckt.
325 das verlorne Schäflein – vgl. z.B. Matth. 18,12-14, Luk. 15,4-7.
326 herauszugeben – in der Handschrift «aushinzugeben».
329 Sibylle – weissagende Frau; im Alten Rom von sehr großer Bedeutung.
Attila – König der Hunnen aus der Zeit der Völkerwanderung (gest. 453); in vielen Sagen und Liedern wird an seine Eroberungen erinnert.
332 der vornehmste Gegenstand – Hauptgegenstand.
335 verläppern – eigentlich vom Geld gesagt: ziellos ausgeben, vergeuden.
337 Mit einer Blume nur ... – aus einem indischen Spruch.
341 Lumpazi – erst spät in die Handschrift gesetzt; latinisierende Weiterbildung zu «Lump», der die Endung -i (statt -ius) eine entschieden gutmütige Note verleiht.
342 jener Heilige den Steinen – wahrscheinlich der hl. Franziskus von Assisi (gest. 1226).
ein anderer den Fischen – vielleicht der hl. Antonius von Padua (gest. 1231).

NACHWORT

Fast zwanzig Jahre waren seit dem Erscheinen des ersten Teils der «Leute von Seldwyla» vergangen, als Gottfried Keller 1873/74 zusammen mit einer Neuauflage der ersten fünf Erzählungen von 1856 noch fünf weitere Seldwyler Geschichten dem Publikum vorlegte: «Kleider machen Leute», «Der Schmied seines Glückes», «Die mißbrauchten Liebesbriefe», «Dietegen» und «Das verlorene Lachen». In diesen zwanzig Jahren zwischen den fünfziger und den siebziger Jahren hatte sich einiges verändert, und Keller selbst greift das Stichwort des Zeitwandels in der Einleitung zum zweiten Teil ausdrücklich auf: Nicht nur war die fiktive Kleinstadt mit dem genial erfundenen Namen mittlerweile so populär geworden, daß «etwa sieben Städte im Schweizerlande darum [stritten], welche unter ihnen mit Seldwyla gemeint sei», auch hatte sich nach dem Urteil des Erzählers «mit dem wirklichen Seldwyla eine solche Veränderung zugetragen, daß sich sein sonst durch Jahrhunderte gleich gebliebener Charakter in weniger als zehn Jahren geändert hat und sich ganz in sein Gegenteil zu verwandeln droht» (S. 7). Wovon der Erzähler in der Einleitung *nicht* spricht – und sein Schweigen sagt wohl einiges aus –, das sind die Veränderungen, die sich in diesen Jahren mit dem *Autor* der Seldwyler Geschichten, mit Keller selbst zugetragen haben und die auf sein eigenes Verhältnis zu jenem Gemeinwesen, das er das «wirkliche Seldwyla» nennt und das er zum Gegenstand seines Erzählens machte, nicht ohne Einfluß geblieben sein konnten. Diese Veränderungen schlossen, wenn nicht einen fundamentalen Wandel seiner Standpunkte, so doch einen Wechsel der Erzähler-Perspektive mit ein, so daß die anscheinende Verwandlung Seldwylas in sein Gegenteil mindestens teilweise auch das Resultat des Perspektivenwechsels des Erzählers sein mag. Vergegenwärtigen wir uns kurz die Ausgangslage:

Die ersten fünf Erzählungen hatte Keller während seiner Berliner Zeit geschrieben, mit Blick aus der Ferne zur Heimat und als einer, der wohl schon einiges Ansehen als Schriftsteller genoß, aber noch immer kein Auskommen in seiner Schriftstellerei gefunden hatte, zeitweiliger Stipendiat des Zürcher Erziehungsrates, obwohl er sich schon Mitte dreißig näherte, notorisch in Geldnöten, die ihn zum Schuldenmachen zwangen und in peinliche Verlegenheiten gegenüber Freunden und der eigenen Mutter brachten. In gewisser Hinsicht war Berlin zum Exil geworden. Im Weihnachtsbrief an Mutter und Schwester schreibt er 1853: «Leider bin ich immer noch nicht so weit, daß ich heimkommen kann; indessen steht die Sache nicht so übel, als Ihr vielleicht denkt.» Hinsichtlich der Schulden und der Verdienstmöglichkeiten gibt er sich zwar zuversichtlich – nicht ganz zu Recht allerdings –, aber er möchte mehr erreicht haben, bevor er heimkehrt: «[...] meine Sachen müssen heraus sein und mein Zweck wegen des Theaters in Berlin erreicht [werden], damit ich gegenüber der Regierung, die auch dafür verantwortlich ist, etwas getan habe. Ich will überhaupt mit gutem Ansehen nach Hause kommen und als ein selbständiger Mann in jeder Hinsicht.» Doch noch im Oktober 1855 wiederholt er: «Ich bin leider noch nicht imstande, heimzukommen, obgleich ich ganz gewiß darauf gerechnet hatte [...]» (Brief an Mutter und Schwester vom 17. Okt. 1855), bis er im Spätherbst 1855 dann einigermaßen überstürzt abreist; es ist weniger eines Erfolgreichen Heimkehr nach Zürich als die Flucht eines unglücklich Verliebten aus Berlin: «Ich habe mich nun entschlossen, womöglich diesen Monat noch nach Hause zu kommen; denn ich kann es in Berlin nicht mehr aushalten. Mein Mißgeschick liegt eigentlich mehr in mir selbst. Ich könnte genug verdienen und tue es auch; wenn ich nur einmal ruhig und ohne Sorgen arbeiten könnte. Als ich den Roman fertig hatte, glaubte ich, diese Zeit sei herangekommen und war auf dem besten Wege. Da schlug mir der Teufel eine andere Geschichte dazwischen, offen gesagt, aber nicht zum Weitersagen, eine traurige Affäre mit jenem Frauenzimmer [Betty Tendering], welche diesen Sommer Dich besuchen wollte. Ich habe davon so viel Kummer und Verdruß gehabt, daß ich fast nichts tun konnte und wieder rückwärts kam; und es gibt in dieser Sache keinen anderen Ausweg, als daß ich von hier weggehe. Ich muß durchaus einmal meine Schulden auf einen Schlag bezahlen und gänzlich reinen Tisch machen, zu Hause sein und mich wohl befinden; dann kann ich erst vorwärts kommen» (Brief an die Mutter vom 11. Nov. 1855).

Aus der Berliner Ferne hatte sich dem Dichter auch Seldwyla zu jenem «wonnigen und sonnigen Ort» verklärt, wie er ihn in der Einleitung zum ersten Teil beschreibt, «schön gelegen, mitten in grünen Bergen, die nach der Mittagseite zu offen sind, so daß wohl die Sonne herein kann, aber kein rauhes Lüftchen.» Eine Welt der Geborgenheit, wo «die Gemeinde reich ist und die Bürgerschaft arm, und zwar so, daß kein Mensch zu Seldwyla etwas hat und niemand weiß, wovon sie seit Jahrhunderten eigentlich leben. Und sie leben sehr lustig und guter Dinge [. . .].» Ein Ort auch, wo die Zeit stille steht auf dem Punkt eines ewigen, wenn auch bescheidenen Genügens ohne Kampf ums tägliche Überleben: «Holz haben alle Bürger die Fülle und die Gemeinde verkauft jährlich noch einen guten Teil, woraus die große Armut unterstützt und genährt wird, und so steht das alte Städtchen in unveränderlichem Kreislauf der Dinge bis heute. Aber immer sind sie im Ganzen zufrieden und munter [. . .]» (Bd. I, S. 9). Das ist schon fast der alte Paradies-Topos einer unverfälschten, naturhaften Schweiz, wie er im 18. und 19. Jahrhundert in den europäischen Großstädten geträumt wurde.

Hier in Berlin ist Kellers Empfinden gegenüber dem fiktiven Städtchen Seldwyla spürbar durchzogen von jener «Anhänglichkeit an das kleine, aber schöne und teure Vaterland», von jenem Heimweh, das die Schweizer «in fremden, wenn auch den schönsten Ländern befällt», wie er es während seines Münchner Aufenthalts ebenfalls aus der Ferne in einem polemischen Aufsatz «Vermischte Gedanken über die Schweiz» als den «Nationalcharakter der Schweizer» bestimmt hatte.

Als Keller den zweiten Teil der Erzählungen herausgibt, ist er demgegenüber bereits seit dreizehn Jahren Staatsschreiber des Kantons Zürich und damit wohlbestallter Beamter in einem der höchsten und bestbezahlten Ämter des Zürcher Staatswesens, Ehrendoktor der Universität Zürich und anerkannter Schriftsteller weit über die Landesgrenzen hinaus. Er kennt nun aber auch das «wirkliche Seldwyla» inzwischen aus nächster Nähe und aus der Sicht dessen, der mitten im öffentlichen Leben steht und daran aktiv teilhat. Davon konnte natürlich der zweite Teil der «Leute von Seldwyla» nicht unberührt bleiben, selbst wenn Pläne und Ideen zu einzelnen der Erzählungen bereits in die Berliner Zeit und noch weiter zurück reichen. Das gewandelte Verhältnis zum Gemeinwesen «Seldwyla» reflektiert sich am unmittelbarsten in der Einleitung zum zweiten Teil und dann wieder in der letzten Erzählung «Das verlorene Lachen». Von sehnsüchtig liebevollen Heimwehphantasien einer aus der Ferne erträumten Heimat, die Geborgenheit und Mutterwärme gibt, ist da keine Rede mehr. Ernüchterung ist an ihre Stelle getreten: Die Seldwyler sind «zu gelungenen, beruhigten Leuten» geworden, «die sich nicht mehr von der braven übrigen Welt unterscheiden», durch den überall verbreiteten Wirtschafts- und Spekulationsgeist «mit einem Schlage Tausenden von ernsthaften Geschäftsleuten» gleichgestellt. «Dabei sind sie jedoch bereits einsilbiger und trockener geworden; sie lachen weniger als früher und finden fast keine Zeit mehr, auf Schwänke und Lustbarkeiten zu sinnen.» Nun, da der Dichter unter ihnen lebt und sie «schon wie andere Leute» aussehen, geht sein Blick wieder weg in die Ferne, diesmal in die zeitliche Ferne: «Es ereignet sich nichts mehr unter ihnen, was der beschaulichen Aufzeichnung würdig wäre, und es ist daher an der Zeit, in ihrer Vergangenheit und den guten lustigen Tagen der Stadt noch eine kleine Nachernte zu halten [...]» (S. 9). Freilich holt ihn dann spätestens im «Verlorenen Lachen» doch wieder die Gegenwart ein, und wenn wir aufmerksam genug hinter das Anekdotische von «Kleider machen Leute», das Schwankhaft-Burleske von «Der Schmied seines Glückes», das Satirische von «Die mißbrauchten Liebesbriefe» und das historische Novellenkostüm von «Dietegen» blicken, dann nehmen wir auch in diesen Geschichten aus den guten lustigen Tagen jene Gegenwartsprobleme wahr, denen Keller mit zunehmenden Bedenken gegenübersteht. Die kritischen Einleitungssätze über den einseitigen Erwerbssinn und gewöhnlichen Materialismus der «wirklichen» Seldwyler mögen zwar erst im Umkreis der Herausgabe des zweiten Teils von 1873/74 geschrieben sein, sie berühren sich indessen erstaunlich eng mit Äußerungen des Dichters, die sich bereits in Briefen an seine Berliner Freunde unmittelbar nach seiner Heimkehr finden. In ihnen fällt das Bild der Schweiz für den Heimkehrer auseinander in zwei Gesichter: Das eine entspricht dem von der Natur begünstigten wonnigen, sonnigen Seldwyla der Vorrede zu Teil I, das andere dem gewöhnlich gewordenen Seldwyla von Teil II. Es ist ein «goldenes Land» mit Leuten, die «am Golde hängen», wie er im Brief an Lina Duncker vom 6. März 1856 schreibt: «Übrigens ist es wundervoll hier und ein ganz goldenes Land; in den Leuten dagegen, wie überall, die leidenschaftlichste Geld- und Gewinnsucht: alles drängt und hängt am Golde. Gott besser's!» Und ganz ähnlich an Ludmilla Assing am 21. April 1856: «Die

Kehrseite von alledem [dem zuvor beschriebenen nationalen Festleben mit farbenprächtigen, exotischen Kostümumzügen, die Hrsg.], daß die Schweizer mehr als je, und so gut wie überall, nach Geld und Gewinn jagen; es ist, als ob sie alle Beschaulichkeit in jenen öffentlichen Festtagen konzentriert hätten, um nachher desto prosaisch ungestörter dem Gewerb und Gewinn und Trödel nachzuhängen.»

Der Perspektivenwechsel von Teil I zu Teil II umfaßt aber mehr als nur den gewandelten Blickpunkt eines Autors, der früher aus der weiten Ferne idealistisch verklärend seine Heimat schilderte, und nun, da er zu Hause ist, einigermaßen desillusioniert das Gold des Ideals in ein goldenes Land und geldgierige Leute auseinanderfallen sieht, so daß er jetzt in seinen Erzählungen von Seldwyla «die Freude am Lande mit einer heilsamen Kritik zu verbinden» sucht, wie er nach der Wiederaufnahme der Arbeit schreibt (25. Februar 1860 an Berthold Auerbach). Damit einher geht eine Fokusverschiebung im Verhältnis von Vordergrund und Hintergrund, von Einzelfiguren und Gesamtbild: Im ersten Teil findet sich ja die erzähltechnische Merkwürdigkeit, daß der Autor in der Einleitung zwar zuerst Geschichten von jenem Seldwyla ankündigt, das als Ort des lebenslustigen Müßiggangs und liebenswerter Skurrilitäten erscheint, sich dann aber im letzten Moment berichtigt, nichts typisch Seldwylerisches wolle er erzählen, sondern «einige sonderbare Abfällsel». Und in der Folge stehen dann in der Tat viel stärker einzelne Individuen im Vordergrund, Sonderlinge oder sonderbarliche Einzelschicksale, während das Gemeinwesen «Seldwyla» in den Hintergrund rückt, zur Folie des Hauptgeschehens wird und eine Rahmen- oder Einbettungsfunktion erhält. Es sind primär die Torheiten und Unzulänglichkeiten dieser *Individuen*, *ihre* seelischen Defekte und die Notwendigkeit zur Überwindung *ihrer* Idiosynkrasien und Charakterfehler, worauf das den Geschichten eingeschriebene ‹fabula docet›, die unterschwellige Moral in der offenkundigen Komik der einen und der tragischen Entwicklung der anderen Figuren abzielt. Wohl sind es *auch* soziale bzw. familiale Umstände, die aus einem Pankraz erst den Schmoller, aus dem Jüngsten der Frau Regel Amrain den entwicklungsgefährdeten Jugendlichen, aus den Bauern Manz und Marti in «Romeo und Julia auf dem Dorfe» die unversöhnlichen Todfeinde machen, und der letztlich selbstmörderische Fleiß, der Ordnungs- und Erwerbssinn der drei gerechten Kammmacher wie ihr zerstörerisches Konkurrenzdenken reflektieren *auch* das Wertsystem der bürgerlich-kapitalistischen Gesellschaft aus dem Geiste des asketischen Puritanismus im Sinne Max Webers. Aber Thema in Seldwyla I ist nicht das Funktionieren der Gesellschaft, sondern es sind die Dysfunktionen von einzelnen, die Anpassungsmängel und Verhaltensfehler der Individuen.

Im zweiten Teil scheint sich an dieser Konstellation vorerst wenig geändert zu haben. Auch da wird von skurrilen Gestalten und seltsamen Vorfällen, wundersamen Begebenheiten und grotesken Situationen berichtet. Lediglich in der letzten Erzählung, «Das verlorene Lachen», nimmt man unmittelbar einen Wandel im Brennpunkt wahr, der diese Geschichte im Korpus der Seldwylereien auf den ersten Blick fast wie einen Fremdkörper erscheinen läßt, indem hier gesellschaftliche Zustände viel stärker ins Zentrum rücken und die einzelnen Figuren zu beispielhaften Exponenten sozialer und politischer Umstände werden. Schauen wir jedoch genauer hin, so müssen wir feststellen, daß sich der Wandel in der Darstellung des Verhältnisses von Individuum und Gesellschaft und ihrer Wechselwirkung auch in den übrigen Erzählungen – mehr oder weniger genau faßbar – vollzogen hat. Plakativ gesagt geht der Fokuswechsel von der *Personen*kritik zur *Gesellschafts*kritik, von der Darstellung liebenswerter oder auch zerstörerischer Schwächen und Mängel einzelner Figuren vor dem Hintergrund eines beinahe idyllisch gezeichneten Gemeinwesens zur Darstellung fragwürdiger sozialer Mechanismen und verfehlter gesellschaftlicher Entwicklungstendenzen dieses Gemeinwesens, für welche die einzelnen Figuren und Handlungssituationen lediglich exemplarischen Charakter haben und Trägerfunktionen ausüben. Deutlich – für manche allzu deutlich – ist im «Verlorenen Lachen» der Bezug zu realen Vorkommnissen der zeitgenössischen Gegenwart geworden, unmißverständlich auch die persönliche Kritik des Autors an bestimmten politischen Entwicklungen in seiner unmittelbaren Umgebung, im Kanton Zürich der ausgehenden sechziger und der siebziger Jahre. «Seldwyla» also nur noch ein schlecht kaschierter Deckname für die zeitgenössische Schweiz und für Kellers zürcherische Umgebung, statt fabulierfreudiger Geschichten gesellschaftskritische ‹Tendenzliteratur›, die von den nachlassenden gestalterischen Kräften und der «Verdüsterung der Weltsicht des alternden Poeten» (G. Kaiser) zeugt? Früh schon hat man die Sache so gesehen. Keller selbst reagierte auf entsprechende Vorwürfe in der ersten Aufnahme der Erzählung durch die Kritik und das Publikum. So schreibt er am 31. Januar 1875 an Hermann Hettner, nachdem dieser als einer der ganz wenigen die Erzählung überschwänglich gelobt hatte («Das verlorene Lachen gehört zum Gewaltigsten, was ich an Novellenpoesie kenne.» [24. Dez. 1874]): «[...] Deine Lobsprüche konnten mich fast eitel machen, was mir sonst mit den Jahren vergangen ist. In Wahrheit aber hat es mir gut getan, daß Du die letzte Geschichte vom verlornen Lachen mir aufrecht hältst. Vischer in Stuttgart scheint sie laut einem hieher geschriebenen Briefe für tendenziös und zu lokal zu halten. Hienach dürfte man sich aber durch kein Konkretum mehr anregen lassen und keine Saite berühren, die eben tönt. Das ist zu abstrakt schulmäßig. Ich glaubte im Gegenteil einen Konflikt aufgreifen zu dürfen, wie er unter den scheinbar freisten Verhältnissen und bei gebildeten Zuständen zwischen Mann und Frau heute entstehen kann, und damit ein Novellenmotiv zu haben. Hier in Zürich, wo die Schule der Immanenztheologie [von David Friedrich Strauß] in Blüte steht und großen Zulauf hat, ist allerdings das 4. Bändchen mit roh stofflichem Interesse verschlungen worden und machte viel Redens. Man gab mir sogar zu verstehen, ich treibe mit dergleichen nur das Volk den Orthodoxen in die Hände usf., über das Poetische oder Literarische aber hörte ich kein Wort.» Tatsächlich sah Keller selber in der Erzählung einen würdigen Abschluß der ganzen Sammlung. Dem Verleger gegenüber kündigte er sie noch vor ihrer Beendigung in einem Brief vom Februar 1874 so an: «Ich habe daher den Grundstoff einer anderen projektierten Novelle [...] benutzt, um ein großes Mittelstück einzusetzen [nach Ermatinger die Darstellung der religiösen Erlebnisse Justines und der politischen Irrungen ihres Mannes] und das Ganze höher zu heben, so daß es als die bedeutendste der neuen Erzählungen einen nicht üblen Schlußstein bilden wird.» Und Emil Kuh stellte er sie folgendermaßen vor (Brief vom 6. Dez. 1874): «Seither ist endlich das 4. Bändchen hervorgekrochen, das Sie hoffentlich erhalten haben. Die letzte Geschichte [Das verlorene Lachen] hat ein dubioses Schicksal in Aussicht. Es sind konkrete hiesige Zustände darin, die jedermann in der Schweiz sogleich erkennt. Nun frägt sich's, ob der Eindruck nicht derjenige des Tendenziösen sein wird, obgleich es mehr unrichtig als billig wäre. Ich hatte zuerst nur einen burlesken Festlumpen im Auge, der im nüchternen Leben nicht zu brauchen ist. Dann geriet ich durch eine Veränderung des Titels in eine etwas höhere Stimmungsschicht und endlich auf den Gedanken, die etwas schnurrpfeiferliche Sammlung doch mit einem ernsteren Kultur- und Gesellschaftsbilde abzuschließen.»

Keller selbst setzt hier zwar «Das verlorene Lachen» von den übrigen Erzählungen ab, doch fragt es sich, ob das «Kultur- und Gesellschaftsbild» nicht bereits in den andern Geschichten des zweiten Teils – wenngleich nicht in so ernster Grundstimmung wie im «Verlorenen Lachen» angelegt sei und schon dort die eigentlich zentrale Thematik ausmache. Tatsächlich läßt sich in den Erzählungen des zweiten Teils bei aller stofflichen Vielfalt ein erstaunlich einheitlicher Grundgehalt erschließen, sobald wir nur für einmal – gegen die weitherum herrschende Meinung – «Das verlorene Lachen» nicht als ein den ‹Geist› der Seldwyler Geschichten sprengendes Anhängsel betrachten, sondern wenn wir gerade umgekehrt die Erzählung zusammen mit der Einleitung zum zweiten Teil als den eigentlichen Rahmen der ganzen Erzählsammlung sehen, der mit seinem unmittelbaren Gegenwartsbezug und seiner expliziten Gesellschaftskritik den Schlüssel zur Deutung aller fünf Erzählungen zu liefern vermag.

Die aktuellen und lokalpolitischen Ereignisse, deren zu unvermittelte oder gar tendenziöse und zusammenhangslose Verarbeitung im «Verlorenen Lachen» Keller zum Vorwurf gemacht wurde, betreffen die drei sozialen Sphären der *Ökonomie*, der *Politik* und der *Kirche*. Am engsten mit der Erzählhandlung verknüpft ist die Sphäre der Wirtschaft, denn es sind ökonomische Faktoren, welche die beiden von der Natur füreinander bestimmten Liebenden Jukundus Meyenthal und Justine Glor von Schwanau auseinander bringen. Aber nicht eigentlich der soziale Klassenunterschied zwischen der reichen Fabrikantentochter und dem vaterlos aufgewachsenen Seldwyler Kleinbürger wird bei Keller zum konfliktauslösenden Moment, sondern es ist die Unfähigkeit von Jukundus, sich im Rahmen der wirtschaftlichen Entwicklungsprozesse seiner Zeit einzupassen und ein selbständiges Auskommen zu finden. Zwei konkrete ökonomische Aspekte greift der Autor heraus und thematisiert sie in der Erzählung: Den Raubbau in der Holzwirtschaft zur Befriedigung der großen Nachfrage in den Städten und seitens der Industrie sowie die Entwicklungssituation in der Seidenweberei als bedeutendstem Wirtschaftszweig des Kantons Zürich im 19. Jahrhundert, die im Übergang von der Manufaktur der Heimproduktion zur industriellen Massenfertigung durch den mechanisierten Webstuhl stand, unter zunehmenden Konkurrenzdruck durch die Baumwollproduktion geriet und die über die wachsende Abhängigkeit vom Weltmarkt durch fernste Ereignisse, z.B. den Bankrott der amerikanischen Nicholas Biddle Bank oder den Bürgerkrieg in den Vereinigten Staaten in schwerste Krisen gestürzt werden konnte. Zuerst betätigt sich Jukundus als junger Ehemann durchaus erfolgreich im Holzhandel, der auf dem Holzreichtum von Seldwyla gründet und der in jenen Jahren in Schwung gekommen war. Doch bald schon macht ihm sein Gewerbe zu schaffen, denn: «Jetzt begannen die hundertjährigen Hochwaldbestände zu fallen und auch sofort dem Strich der Hagelwetter den Durchlaß auf die Weinberge und Fluren zu öffnen. Allein sie waren auch einmal jung und niedrig gewesen oder schon mehrmals vielleicht, und sie konnten wieder alt und hoch werden. Doch als die Axt auch an die jüngeren Wälder geriet, für das zuströmende Geld immer schönere Zwecke erfunden und die Berghänge dafür immer kahler wurden, fing es den Jukundus innerlich an zu frieren, da er von Jugend auf ein großer Freund und Liebhaber des Waldes gewesen. Während er an dem Handel einen ordentlichen Gewinn machte, begann er sich desselben mehr und mehr zu schämen; er erschien sich als ein Feind und Verwüster aller grüner Zier und Freude [...]» (S. 261f.). Und als gar die uralte Wolfhartsgeereneiche gefällt werden soll, wehrt er sich gegen die «Baumschlächterei» und versucht die ehrwürdige Eiche unter Hinweis auf die Disproportion zwischen der «verhältnismäßig kleinen Summe des Erlöses» und «dem unersetzlichen inneren Wert einer solchen Zierde» zu retten (S.

263). Was Keller hier einander gegenüberstellt, das ist erstens der Kreislauf der Natur mit den ihr eigenen Reproduktionsgesetzen und -zyklen und das «zuströmende Geld», d.h. der Kreislauf des Geldes mit *seiner* Zirkulationsgeschwindigkeit, und es ist zweitens der «innere» Wert der Dinge und ihr Marktwert. Womit Jukundus nicht fertig wird und was Keller kritisch zum Ausdruck bringt, das ist – einigermaßen modern ausgedrückt – die Verselbständigung der Ökonomie gegenüber der Ökologie, der wirtschaftlichen Marktgesetze gegenüber den allgemeinen Naturgesetzen, das ist aber auch – noch viel fundamentaler – die Ablösung des Werts einer Sache in Form des Marktpreises von der Sache selbst und den ihr zukommenden ‹realen› Qualitäten. Als System der gegenseitigen Absprachen über den Preis von Gütern, der Kommunikation und Information wird die Ökonomie zu einem reinen Sprach- und Gesellschaftsspiel unter den wirtschaftenden Subjekten, in dem die Reaktionsgeschwindigkeit in der Verarbeitung von Nachrichten wichtiger ist als die Wertschöpfung durch Arbeit. Wie der langsame und wortkarge, wenn auch arbeitsame Jukundus in diesem System der modernen Wirtschaft im schwiegerelterlichen Unternehmen hoffnungslos versagt, schildert Keller im «Verlorenen Lachen» (S. 276–279), sarkastisch beschreibt er diese Form des Wirtschaftens in der Einleitung zum zweiten Teil unter dem Stichwort der bei den Seldwylern populär gewordenen «Spekulationsbetätigung in bekannten und unbekannten Werten»: «Das gesellschaftliche Besprechen dieser Werte, das Herumspazieren zum Auftrieb eines Geschäftes, mit welchem keine weitere Arbeit verbunden ist, als das Erdulden mannigfacher Aufregung, das Eröffnen oder Absenden von Depeschen und hundert ähnliche Dinge, die den Tag ausfüllen, sind so recht ihre Sache. [...] Statt der ehemaligen dicken Brieftasche mit zerknitterten Schuldscheinen und Bagatellwechseln führen sie nun elegante kleine Notizbücher, in welchen die Aufträge in Aktien, Obligationen, Baumwolle oder Seide kurz notiert werden. Wo irgend eine Unternehmung sich auftut, sind einige von ihnen bei der Hand, flattern wie die Sperlinge um die Sache herum und helfen sie ausbreiten. [...] Immer sind sie in Bewegung und kommen mit aller Welt in Berührung. Sie spielen mit den angesehensten Geschäftsmännern Karten und verstehen es vortrefflich, zwischen dem Ausspielen schnelle Antworten auf Geschäftsfragen zu geben oder ein bedeutsames Schweigen zu beobachten. [...] Schon sammelt sich da und dort einiges Vermögen an, welches bei eintretenden Handelskrisen zwar zittert wie Espenlaub, oder sich sogar still wieder auseinander begibt, wie eine ungesetzliche Versammlung, wenn die Polizei kommt» (S. 8f.). Die Wirtschaft erscheint hier nur noch als eine Form sozialer Kommunikation und symbolischer Handlungen ohne Wirklichkeitssubstrat und nicht mehr als ein Austauschprozeß des Menschen mit der Natur in der Bearbeitung ihrer Ressourcen zur materiellen Selbsterhaltung und zur kulturellen Wertmehrung.

Lokalpolitische Ereignisse der 60er Jahre in Zürich sind das zweite Element, das Keller in gesellschaftskritischer Absicht in «Das verlorene Lachen» aufnimmt und im 3. Kapitel in recht ausladender Breite und z.T. erstaunlich nahe an den tatsächlichen Geschehnissen bis hin zum unheimlichen «Ölweib» wiedergibt. Es ist die Oppositionsbewegung der Demokraten, welche gegen das seit den dreißiger Jahren mit einem kurzen Unterbruch herrschende, sehr erfolgreiche ‹System› der Liberalen mit Alfred Escher als seinem mächtigsten Exponenten eine Verfassungsreform mit weitergehenden Volksrechten durchzusetzen versuchte und darin auch erfolgreich war. Was nun Keller veranlaßte, diese Ereignisse in seine Erzählung aufzunehmen, das waren nicht die politischen Auseinandersetzungen an sich, sondern es war der neue politische ‹Stil›, in dem gekämpft wurde, das, was Keller eine «dämonisch seltsame Bewegung» nannte, «welche mehr Schrecken und Verfolgungsqualen in sich barg, als manche blutige Revolution, obgleich nicht ein Haar gekrümmt wurde und kein einziger Backenstreich fiel» (S. 298). Gemeint sind damit die systematischen Verleumdungskampagnen, die ihren Anfang 1868 mit ausfällig polemischen Pamphleten des Rechtsanwaltes Dr. Friedrich Locher nahmen, der mit allen ihm zur Verfügung stehenden rhetorischen und journalistischen Mitteln die herrschende Kantonsregierung der Liberalen und ihren Verwaltungsapparat angriff, ihrem Handeln unlautere Motive unterstellte und sich in Andeutungen und Anspielungen auf unsaubere Machenschaften der regierenden Politiker erging. Wenn Keller von einer ‹Dämonisierung› des politischen Prozesses spricht, so meint er damit wieder ein Verselbständigungsphänomen, wie es die Spekulation in der Wirtschaft darstellt. Hier ist es die skrupellose Unterordnung der eingesetzten Mittel unter die politischen Zwecke. Statt eines rationalen Diskurses unter Gegnern im Rahmen eines regelgeleiteten und sachorientierten Argumentationsganges, wie er das liberale Ideal Kellers von der Politik war, wird in der dämonisierten Politik der Sachkonflikt über Feindbilder personalisiert und das politische Ziel verabsolutiert. Politik gerinnt zur Ideologie: Nicht die wirklichen Taten und Handlungen im politischen Raum und nicht der offene Streit der Meinungen im öffentlichen Leben sind es, die zählen, sondern die *Bilder* (das ‹Image›), die man von sich selbst und von seinem Gegner aufzurichten imstande ist und durchzusetzen vermag.

Der dritte konkrete Wirklichkeitsbezug, den Keller im «Verlorenen Lachen» herstellt, sind kirchenpolitische Ereignisse im Kanton Zürich, und hier rief seine Darstellung die heftigsten Reaktionen, z. T. von seiten der Abgebildeten selbst hervor. Es geht um die damals sehr populäre «Schule der Immanenztheologie», wie sie Keller im

Brief an Hettner (s. oben S. 372) nennt. Im Pfarrer von Schwanau verschmilzt er dabei das Wirken und die Botschaft des einflußreichen Theologen Heinrich Lang von Meilen, später an der St. Peters-Kirche in Zürich, mit jenem von Conrad Wilhelm Kambli in Horgen, der sich für die Verbindung von Kunst und Religion einsetzte und für die erneute Ausschmückung der reformierten Kirchen mit Gemälden und Fresken eintrat. Was Keller dieser Bewegung zum Vorwurf macht, ist – knapp ausgedrückt – der Tatbestand, daß sie unter dem Druck der modernen Naturwissenschaft zwar die Idee von der Existenz eines personalen Gottes preisgegeben habe, aber die Institution der Kirche durch Bewahrung der symbolischen religiösen Formen als Zeugen für ein Unerklärliches, Ahnungsvolles im menschlichen Gemüt aufrecht zu halten suche und sich bei der Frage der Unsterblichkeit der Seele um klare Entscheide herumdrücke – zu denen Keller selbst sich in Heidelberg in der Auseinandersetzung mit der Philosophie Feuerbachs durchgerungen hatte. Es ist die Ästhetisierung des Religiösen und die Musealisierung der Kirche, was Keller anprangert und worin er eine innere Unaufrichtigkeit dieser Theologie sieht: «Die Gemeinde hatte sich seit drei Jahrhunderten für stark genug gehalten, allen äußeren Sinnenschmuck zu verschmähen, um das innere geistige Bildwerk der Erlösungsgeschichte um so eifriger anbeten zu können. Jetzt, da auch dieses gefallen vor dem rauhen Wehen der Zeit, mußte der äußere Schmuck wieder herbei, um den Tabernakel des Unbestimmten zieren zu helfen. [...] Dann mußte wieder ein gedeckter Altartisch und ein Altarbild her, damit der unmerkliche Kreislauf des Bilderdienstes wieder beginnen könne mit dem ‹ästhetischen Reizmittel›, um unfehlbar dereinst bei dem wundertätigen, blut- oder tränenschwitzenden Figurenwerk, ja bei dem Götzenbild schlechtweg zu endigen, um künftige Reformen nicht ohne Gegenstand zu lassen» (S. 283f.). Erneut stehen wir vor dem

Phänomen der Verselbständigung eines Regelkreises, der sich vom ursprünglichen Wirklichkeitsbezug abgelöst hat, hier sind es die Symbole und Zeichen des Göttlichen und das Reden von Gott, ohne daß noch ein Gott oder ein Glaube an ihn dahinter steht. Keller nennt dies den «Kreislauf des Bilderdienstes mit ästhetischen Reizmitteln», ein weiterer Kreislauf, der neben den verselbständigten Kreislauf des spekulativen Geldes und den der politischen Gerüchteküche tritt. So ist es denn auch kein Wunder, daß der Pfarrer von Schwanau heimlich beim Seldwyler Spekulationsboom mitmacht – er bewegt sich damit in einer gleichen Sphäre scheinhafter Symbolwerte, eines «Scheinverkehrs», wie es Keller gelegentlich nennt. Freilich zittert dann in derselben Wirtschaftskrise, die das Unternehmen der Glor von Schwanau erschüttert, das von seiner Frau eingebrachte Vermögen ebenfalls «wie Espenlaub und begibt sich still auseinander», den Pfarrer als gebrochenen Mann zurücklassend.

Von zentraler Bedeutung für Keller ist bei all diesen Prozessen in Ökonomie, Politik und Religion, daß sie eine Form der «Spekulation» und des «Spekulantentums» sind, ein Begriff, den er nicht nur im ökonomischen Sinn braucht. So schreibt er z.B. im Zusammenhang mit der Schweizer Außenpolitik im Savoyerhandel von 1859/60 und der Haltung der Zürcher Vertreter Alfred Escher und Jakob Dubs in einem Aufruf: «Wir wollen nicht, daß die Züricher, die Ostschweizer überhaupt in das Gerücht eines falschen Spekulantenvolkes geraten, welches den Ernst des Lebens als ein Ränkespiel betreibt. Wir wollen nicht, daß die Beeidigung unserer Bataillone nach und nach zu einem leeren Schauspiel werde [...]» («Aufruf zur Wahlversammlung in Uster»). Eine Besinnung auf diesen Begriff ist aufschlußreich. Er entstammt ursprünglich dem Bedeutungsbereich des Sehens und Schauens (lat. speculari – umherspähen, sich umsehen; zu specere – sehen) und meinte in der mittelalterlichen Mystik noch durchaus positiv die «Betrachtung Gottes und seiner Schöpfung»; später ist Spekulation in der Philosophie ein tiefsinniges Nachdenken, Betrachten und Forschen und nimmt erst etwa im 18. Jahrhundert die negative Färbung eines von der Wirklichkeit losgelösten Erkenntnisstrebens an. Kaufmannssprachlich ist es das Vorausschauen auf einen noch nicht absehbaren Gewinn, später eine riskante Gewinnkalkulation. In der ursprünglichen Bedeutung gilt dabei die Verbindung zwischen dem geschauten Bild oder der Vorstellung, z.B. von Gott, und der Wirklichkeit Gottes als selbstverständlich und notwendig gewahrt, während die spätere Bedeutungsverschiebung gerade die Ablösung des Geschauten oder der Vorstellung von der Wirklichkeit zum Ausdruck bringt. Spekulationen sind Bilder von der Welt, hinter denen nichts mehr steht, Bedeutungen ohne Bedeutetes. Für Kellers Weltbild ist es nun nicht nur etwa eine moralische Forderung, sondern ein evolutionsgeschichtlich untermauerter Sachverhalt, daß zwischen dem Sehen bzw. dem Sehorgan und dem, was man sieht bzw. dessen Wesen, ein innerer Zusammenhang besteht, bestehen *muß*. Im «Grünen Heinrich» finden wir Heinrichs Wiedergabe der Lehre des Anatomen und Physiologen Jakob Henle, dessen Vorlesungen über Anthropologie Keller in Heidelberg besucht hatte: «Das Licht hat aber den Sehnerv gereift und ihn mit der Blume des Auges gekrönt, gleich wie die Sonne die Knospen der Pflanzen erschließt; es hat das Auge scheinbar selbständig sich gegenüber gesetzt, so daß, wenn das Auge des Tieres und des bewußtlosen Menschen sich schließt, für dasselbe auch kein Licht mehr in der Welt ist; aber im bewußten Menschen bleibt die Erfahrung, und durch die Generationen vereinigt die eingeborne Kunde wieder die Welle mit der Quelle, das Auge mit dem Lichte, so daß beide eines sind, und wenn ein Auge sich schließet, so weiß es: noch ist das Licht da und genug Augen, es zu sehen. Das Licht hat den Gesichtssinn hervorgerufen, die Erfahrung ist die

Blüte des Gesichtssinnes und ihre Frucht ist der selbstbewußte Geist; durch diesen aber gestaltet sich das Körperliche selbst um, bildet sich aus, und das Licht kehrt in sich selber zurück aus dem von Geist strahlenden Auge. Denn der Geist, welchen die Materie die Macht hat in sich zu halten, hat seinerseits die Kraft, in seinen Organen dieselbe zu modifizieren und zu veredeln, alles mit ‹natürlichen Dingen› [...]. Nur *diesen* Kreislauf können wir sehen und erkennen, und wir tun es; was darüber hinaus liegen sollte, das geht uns zunächst nichts an und darf uns nichts angehen [...].» Wieder ist von einem «Kreislauf» die Rede, einem natürlichen, materialistisch konzipierten Kreislauf, der von der Materie und dem Licht über das Auge und den Wahrnehmungssinn zur Erfahrung und zum Geist führt und den Weg von da wieder zurück nimmt. Es ist eine alte Lehre der neuplatonischen Mystik – von Goethe in die Verse gefaßt: «Wär' nicht das Auge sonnenhaft, wie könnten wir das Licht erblicken? – Läg' nicht in uns des Gottes eigne Kraft, wie könnt' uns Göttliches entzücken?» –, die hier bei Keller in evolutionstheoretisch-wissenschaftlichem Gewand wiederkehrt und die zum Grundbestand von Heinrichs Denken wird, eine Lehre, worin auch Poesie und Kunst ihre Wurzeln finden: «Heinrich faßte indessen alles Wissen, das er erwarb, sogleich in ausdrucksvolle poetische Vorstellungen, wie sie aus dem Wesen des Gegenstandes hervorgingen und mit demselben eines waren, so daß, wenn er damit hantierte, er die allerschönsten Symbole besaß, die in Wirklichkeit und ohne Auslegerei die Sache selbst waren und nicht etwa darüber schwammen wie die Fettaugen über einer Wassersuppe» (Band IV, 2. Kap.). *Symbole, die in Wirklichkeit und ohne Auslegerei die Sache selbst* sind: Diese Formel liefert den Schlüssel zum Verständnis sowohl des «Verlorenen Lachens» wie der übrigen Erzählungen im zweiten Teil der «Leute von Seldwyla». Denn hier zeichnet Keller eine Gegen-Welt zum obigen Grundsatz, worin der natürliche Konnex von Symbol und Sache zum Problem wird und damit der «Kreislauf» von Mensch und Natur, Geist und Materie, Bild und Wirklichkeit gerade *nicht* mehr gegeben, sondern gestört oder gar *zer*stört ist. Symptomatisch für die in Seldwyla II beschriebene Gesellschaft und ihre Exponenten ist die Substitution von Wirklichkeit und von realem, d.h. wirklichkeitsveränderndem Handeln durch Symbole und symbolisches Handeln, die ein von der Wirklichkeit unabhängiges Eigenleben annehmen und ihre Eigengesetzlichkeit haben: Eine Welt, in der Fettaugen über einer Wassersuppe schwimmen.

Exemplarisch und wegweisend ist dies in der Eingangserzählung «Kleider machen Leute» zur Darstellung gebracht. An dieser Geschichte vom armen Schneider, der irrtümlich für einen Grafen gehalten wird und sich schließlich nach einigem Zögern auch selbst für einen solchen ausgibt, ist besonders aufschlußreich, wie Keller das Motiv, das sich aus verschiedenen, sowohl anekdotischen wie historischen und literarischen Quellen speist, weitergestaltet und verarbeitet: Entscheidend für ihn sind nicht so sehr der außerordentliche Vorfall und die daraus resultierenden Verwicklungen im Sinne eines klassischen novellistischen Erzählens, sondern worauf er das Augenmerk richtet, das ist die Bildung und der Entwicklungsprozeß eines sozialen Lebens- und Handlungszusammenhangs, der auf der völlig falschen und irrtümlichen Deutung von bestimmten Symbolen, Zeichen und Anzeichen aufruht, aber in einer strengen inneren Logik und Dynamik sich als durchaus funktionierendes und überlebensfähiges Sozialsystem im Kleinen erweist, das nur durch einen Eingriff von außen, die demaskierende Maskerade der Seldwyler, zusammenfällt. In minutiösen, beinahe soziologisch anmutenden ‹Fallbeispielen› von sozialem Rollenspiel und symbolischen Handlungssequenzen bei Vorgängen wie dem Vorfahren einer Kutsche vor einem Gasthaus, dem Essen und Bewirten des Gastes oder dem geselligen Spiel demonstriert Keller die Möglichkeit des Funktionierens einer Gesellschaft allein auf der Basis des Rollenspiels und der symbolischen Handlungen, ohne daß das, *was* man spielt und symbolisch zum Ausdruck bringt, auch in Wahrheit gegeben sein muß. Nicht nur erhält sich dieses Sozialsystem auf der Basis symbolischer Handlungen ohne Realsubstrat, es findet dabei sogar eine Wertschöpfung und -vermehrung statt: der arme Schneider und falsche Graf wird reich, ehe er sich's versieht.

Thematisch sehr nahe verwandt ist die zweite Erzählung «Der Schmied seines Glückes». Auch hier beschreibt Keller den Aufbau eines sozialen Symbolsystems ohne Sachgrundlage, nur ist es hier die Hauptfigur, John Kabys, selbst, der sich im gesellschaftlichen Raum durch das gezielte Arrangement von Symbolen und Zeichen inszeniert, das von der harmlosen ‹Veredelung› des Eigennamens durch Buchstabenmanipulation über die sorgfältige Zusammenstellung sozialer Insignien wie einer vergoldeten Brille, einer goldenen Uhrkette, einer Busennadel etc. bis hin zur Erfindung der eigenen Biographie geht. Erneut ist nicht die Hauptfigur das eigentlich Zentrale und Interessante an der Geschichte, sondern es ist wiederum die Bloßlegung sozialer Mechanismen, die gerade dadurch deutlich zum Vorschein kommen, daß sie einer mit besonderer Bravour handhaben zu können glaubt und dabei mehr oder weniger zufälligen ‹äußeren› Faktoren wie etwa seiner eigenen Sexualität – seiner ‹Natur› – zum Opfer fällt. Hier tritt auch bereits als handlungsleitendes Motiv die Verknüpfung der sozialen Symbolsphäre mit dem ästhetischen Symbolsystem von Kunst und Literatur auf, indem John Kabys und sein ‹Adoptivvater› Adam Litumlei zur Herstellung eines Familiengeschlechts mit vergangener Ahnenreihe und die Zukunft sicherndem Erbfolger die Mittel der Kunst, eine Gemäldegalerie und einen von ihnen zusammen erdichteten Lebensroman einsetzen: Soziale Symbolsphäre in Stellung und Handeln von Personen und ästhetischer Fiktionsraum in Kunst und Literatur berühren sich. Als Nebenmotiv war diese Verbindung in Anspielungen und Hinweisen schon in «Kleider machen Leute» präsent: Die Köchin im Gasthaus zu Goldach bezieht ihre Menschenkenntnis zur Einschätzung des geheimnisvollen Gastes aus Trivialromanen. Wenzel Strapinski wird wiederholt mit Begriffen aus der Kunstsphäre in Zusammenhang gebracht: «Kommt, Freunde, seht hier unsern sanften Schneidergesellen, der wie ein Raphael aussieht [...]» (S. 40); «Er bedeckte ihre glühenden Wangen mit seinen fein duftenden dunklen Locken und sein Mantel umschlug die schlanke, stolze, schneeweiße Gestalt des Mädchens wie mit schwarzen Adlersflügeln; es war ein wahrhaft schönes Bild, das seine Berechtigung ganz allein in sich selbst zu tragen schien» (S. 34); «Nettchen hielt unwillkürlich die Pferde an, womit eine tiefe Stille über den Wald kam. Sie starrte unverwandt nach dem dunklen Körper, bis derselbe sich ihrem hellsehenden Auge fast unverkennbar darstellte und sie leise die Zügel festband, ausstieg, die Pferde einen Augenblick beruhigend streichelte und sich hierauf der Erscheinung vorsichtig, lautlos näherte. – Ja, er war es. Der dunkelgrüne Samt seines Rockes nahm sich selbst auf dem nächtlichen Schnee schön und edel aus; der schlanke Leib und die geschmeidigen Glieder, wohl geschnürt und bekleidet, alles sagte noch in der Erstarrung, am Rande des Unterganges, im Verlorensein: Kleider machen Leute!» (S. 46). Hier kommt auch Kellers Kritik an der Verselbständigung der Symbolwelt, sei es im Gesellschaftsleben, sei es in der Kunst, zum Ausdruck: Die Herauslösung der Symbole aus dem ursprünglichen Zusammenhang mit den Sachen, mit der Natur, führt zu Erstarrung und Tod. Nur Nettchens resolutes Wort: «Keine Romane mehr!» (S. 54) bricht den Bann einer künstlich aus Symbolen aufgebauten Welt und bringt die Geschichte ins rechte Lot.

Gerade das aber, die literarische Verwandlung von Wirklichkeit in Fiktion, in Zeichen des Wirklichen, ist das Thema der «Mißbrauchten Liebesbriefe». Nicht die versuchte Manipulation der Realität durch fiktive Geschichten, ‹Literatur›, ist hier indessen der Gegenstand des Erzählens wie im «Schmied seines Glückes», sondern die zweckentfremdende Ausbeutung von Wirklichkeit, von realen Gefühlen der Liebe und Zuneigung, wie sie Gritli zu ihrem Ehemann, Viggi Störteler, empfindet, durch diesen Möchtegern-Poeten zum Behufe der Entstehung schöner Liebesliteratur.

Ganz und gar nicht scheint dieser Problemkomplex der Verselbständigung gesellschaftlichen Lebens oder gesellschaftlicher Teilbereiche zu symbolischen Scheinwelten in der Erzählung «Dietegen» zum Gegenstand zu werden. In dieser Geschichte aus der Zeit der Burgunderkriege trifft am ehesten noch zu, was Keller in der Einleitung versprach: Nachernte in der Vergangenheit und den guten lustigen Tagen Seldwylas zu halten. Aber beachten wir nur einmal, welche Bedeutung die Thematisierung von Bildern, Bildwerken und Symbolen in dieser Erzählung spielt! Ganz markant wird an zwei Stellen das Auseinanderklaffen von symbolischer Bildwelt und Wirklichkeit signalisiert: zuerst in der Schilderung der üppig-sinnlichen, ja verwegenen mythologischen Darstellungen auf den Geschirren und Tischdecken der asketisch-puritanischen Ruechensteiner, Szenen, welche diese «in ihrem beschränkten Sinne» selbst gar nie wahrgenommen hatten. Entsetzt entdecken sie die «heidnische Greuelwelt» erst, als sich die zum Gastmahl eingeladenen, lebenslustigen und sinnenfreudigen Seldwyler herzhaft daran ergötzen (S. 183). Und gerade in einem Umkehrverhältnis dazu stehen die Kachelbilder am Ofen in Seldwyla, diesem scheinbar noch paradiesischen Ort kindlicher Unschuld. Es sind Bildwerke von der Erschaffung des Menschen und des Sündenfalls, auf denen sich die «Verstoßung aus dem Garten» um den ganzen Ofen herum in gleichen Bildern immer wiederholt. Freilich hatte «durch die Unaufmerksamkeit des Töpfers oder Bildners [...] auf dieser Platte Adam statt eines vertieften Nabels ein erhabenes rundes Knöpfchen auf dem Bauche, welches regelmäßig auf jeder Verstoßung wiederkehrte» (S. 229). Symbole als «die Sache, ohne die Sache zu sein, und doch die Sache» (Goethe). Könnte man, von diesen Thematisierungen der Diskrepanz von Bildinhalten und Lebensumgebung ausgehend, «Dietegen» nicht als die Geschichte zweier ‹ideologisierter›, konträrer Gesellschaften interpretieren, die beide auf ihre Weise den Realitätsbezug verloren haben und in ihren fixierten Vorstellungen von der Welt erstarrt sind, Ruechenstein in der Ideologie eines repressiven Ordnungsdenkens, Seldwyla in der konträren Ideologie permissiver Freiheitsvorstellungen?

Auch im «Verlorenen Lachen» dient eine Bildbeschreibung zur – ihrerseits metaphorischen – Veranschaulichung von Verzerrungsprozessen im Verhältnis von Realität und Bild dieser Realität. Die ganzen ideologischen ‹Hornhautverkrümmungen› der Verleumdungs-Politiker und ihre Schmutzkampagne bilden sich auf einer überdimensionierten Tapete ab, welche das Versammlungslokal jenes «allgemeinen Reichstags der Verleumdung und der Beschimpfung» (S. 299) ziert: «Dieselbe stellte eine großmächtige und zusammenhängende Schweizerlandschaft vor, welche um sämtliche vier Wände herum lief und die Gebirgswelt mit Schneespitzen, Alpen, Wasserfällen und Seen. Da aber der Saal, für welchen dieses prächtige Tapetenwerk früher bestimmt gewesen, um die Hälfte höher war, als der Raum, in welchen es jetzt verpflanzt worden, so hatte zugleich die Decke damit bekleidet werden können, also daß die gewaltigen Bergriesen, nämlich die Jungfrau, der Mönch, der Eiger und das Wetterhorn, das Schreck- und das Finsterarhorn, sich in ihrer halben Höhe umbogen und ihre schneeigen Häupter an der Mitte der niedrigen Zimmerdecke zusammenstießen, wo sie jedoch von Dunst und Lampenruß etwas verdüstert waren. An der Wand hingegen thronten die grünen Alpen, mit roten und weißen Kühen besäet, weiter unten leuchteten die blauen Seen, Schiffe fuhren darauf mit bunten Wimpeln [...]. – Auf dem ganzen gemalten Lande herum ging jedoch in der Höhe eines sitzenden Mannes eine dunkle Beschmutzung von den fettigen Köpfen der Stammgäste, die sich im Verlaufe der Zeit schon daran gerieben hatten» (S. 305f.).

Den Auftakt freilich zu allen diesen direkten und indirekten Thematisierungen von Symbolen, Bildern, Zeichen, die im zweiten Teil der «Leute von Seldwyla» im Vergleich zum ersten erstaunlich gehäuft auftreten, bildet schon ein Vergleich in der Einleitung zu diesem Teil, wo der Erzähler von Seldwyla als einer Zusammenstellung verschiedener Türmchen aus verschiedenen Orten, als einer «idealen Stadt» spricht, «welche nur auf den Bergnebel gemalt sei und mit ihm weiter ziehe, bald über diesen, bald über jenen Gau, und vielleicht da oder dort über die Grenze des lieben Vaterlandes, über den alten Rheinstrom hinaus» (S. 7). Unmittelbar bezogen ist hier das nebelhaft bewegliche Phantombild von Realität auf die *Dichtung*, auf die Erzählungen von Seldwyla als einem synthetischen und flüchtigen Konstrukt aus Versatzstücken konkreter Realitäten Zürichs, der Schweiz, der Menschheit. Zugleich indessen formuliert der Bildvergleich das thematische Grundmuster der Erzählsammlung: Daß die Bilder Phantome der Wirklichkeit sind und sich von dieser ablösen und wegbewegen können. Die Negation also jenes Grundsatzes von den «Symbolen, die in Wirklichkeit und ohne Auslegerei die Sache selbst» sind.

«Spekulation» und «Spekulantentum» als das Auseinanderklaffen von Wirklichkeit und Wirklichkeits-Abbildern, als die Verselbständigung von Symbolwelten zu in sich geschlossenen Regelkreisen und die verschiedenen

Gesellschaftsbereiche lenkenden Leitsystemen – das scheint in der Tat das grundlegende Hauptthema des zweiten Teils der «Leute von Seldwyla» zu sein. Dabei bringt der ironische, sarkastische, satirische oder auch bloß noch kritisch-ernste Erzählgestus, in dem Keller die Verselbständigungsphänomene von Ökonomie, Politik, Kunst, Literatur und Religion dem Leser vor Augen führt, deutlich zum Ausdruck, daß diese Prozesse für den Autor einen Verlust an realem Wirklichkeitssubstrat und Seinszusammenhang bedeuten, daß sie ein Sich-Verlieren des Menschen ans Wesenlose imaginärer Symbol- und Scheinwelten zur Folge haben. Unter kultursoziologischen Gesichtspunkten betrachtet, bringt er damit indessen in kritischer Zuspitzung und satirisch verzerrter Optik wesentliche Merkmale dessen zum Ausdruck, was seit Max Weber als Prozeß der Modernisierung bekannt ist: die Ausdifferenzierung und Verselbständigung von verschiedenen Wertsphären wie Wirtschaft, Religion, Kunst und Politik zu besonderen Regelsystemen («Kreisläufen», wie es Keller nennt), die je ihren eigenen Gesetzmäßigkeiten folgen und ihre eigenen Symbolsprachen, ‹Diskurse› entwickeln. Aus dieser Perspektive geißelt Keller z.B. im «Verlorenen Lachen» nicht einfach momentane und lokale Mißstände, sondern formuliert mit dem, was er das «ernstere Kultur- und Gesellschaftsbild» nennt, zugleich ein Stück Moderne-Kritik, deren Treffsicherheit, z.B. hinsichtlich des Auseinanderstrebens von Ökonomie und Ökologie, von Mensch und Natur auf Kosten der letzteren und wohl ebenso des ersteren, auch heute noch – oder gerade heute wieder – zu erstaunen vermag.

Michael Böhler

Diese Klassikerausgabe erschien im Juli 1990
im Birkhäuser Verlag Basel. Das Buch ist in 9/11 Punkt
Monotype-Plantin-Antiqua gesetzt und auf
satiniertes Werkdruckpapier gedruckt. Für den Einband
wurde ein Iris-Buchleinen verwendet. Umschlag-
und Einbandentwurf sowie die typographische Gestaltung
sind von Albert Gomm, Basel.